高等学校水利学科专业规范核心课程教材·水文与水资源工程

水环境保护（第2版）

主　编　武汉大学　张艳军
　　　　西安理工大学　李怀恩

高等学校水利学科教学指导委员会组织编审

中国水利水电出版社
www.waterpub.com.cn
·北京·

内 容 提 要

该书根据我国水环境保护需要，在水资源保护、规划与管理方面形成了一套理论体系和技术体系，内容吸纳了成熟的、先进的研究成果。其基本内容包括：绪论，水环境监测，水污染负荷预测，水污染迁移转化原理，水环境数学模型及预测，水环境质量评价，水环境保护规划与管理。

本书为水文水资源专业通用教材，也可供其他水利水电类专业应用和有关工程技术人员参考。

图书在版编目（CIP）数据

水环境保护 / 张艳军，李怀恩主编. -- 2版. -- 北京 : 中国水利水电出版社，2018.9(2024.6重印).
高等学校水利学科专业规范核心课程教材. 水文与水资源工程
ISBN 978-7-5170-6877-8

Ⅰ. ①水… Ⅱ. ①张… ②李… Ⅲ. ①水环境－环境保护－高等学校－教材 Ⅳ. ①X143

中国版本图书馆CIP数据核字(2018)第215379号

书　　名	高等学校水利学科专业规范核心课程教材　水文与水资源工程 **水环境保护（第2版）** SHUIHUANJING BAOHU
作　　者	主编　武汉大学　张艳军　西安理工大学　李怀恩
出版发行	中国水利水电出版社 （北京市海淀区玉渊潭南路1号D座　100038） 网址：www.waterpub.com.cn E-mail：sales@mwr.gov.cn 电话：(010) 68545888（营销中心）
经　　售	北京科水图书销售有限公司 电话：(010) 68545874、63202643 全国各地新华书店和相关出版物销售网点
排　　版	中国水利水电出版社微机排版中心
印　　刷	清淞永业（天津）印刷有限公司
规　　格	184mm×260mm　16开本　16.75印张　397千字
版　　次	2009年1月第1版第1次印刷 2018年9月第2版　2024年6月第4次印刷
印　　数	8001—10000册
定　　价	**50.50元**

总 前 言

随着我国水利事业与高等教育事业的快速发展以及教育教学改革的不断深入，水利高等教育也得到了很大的发展与提高。《国家中长期教育改革和发展规划纲要（2010—2020年）》《加快推进教育现代化实施方案（2018—2022年）》等文件的出台以及2018年全国教育大会和新时代全国高等学校本科教育工作会议的召开，更是对高等教育教学改革和人才培养提出了新的要求，要求把立德树人作为教育的根本任务，强调要坚持“以本为本”，推进“四个回归”，建设一流本科，培养一流人才。

为响应国家关于加快建设高水平本科教育、全面提高人才培养能力的号召，积极推进现代信息技术与教育教学深度融合，适应开展工程教育专业认证对毕业生提出的新要求，经水利类专业认证委员会倡议，2018年1月，教育部高等学校水利类专业教学指导委员会和中国水利水电出版社联合发文《关于公布基于认证要求的高等学校水利学科专业规范核心课程教材及数字教材立项名单的通知》（水教指委〔2018〕1号），立项了一批融合工程教育专业认证理念、配套多媒体数字资源的新形态教材。这批教材以原高等学校水利学科专业规范核心教材为基础，充分考虑教育改革发展新要求，在适应认证标准毕业要求方面融合了相关环境问题、复杂工程问题、国际视野及跨文化交流问题以及涉水法律等方面的内容；在立体化建设方面，配套增加了视频、音频、动画、知识点微课、拓展资料等富媒体资源。

这批教材的出版是顺应教育新形势、新要求的一次大胆尝试，仍坚持“质量第一”的原则，以原教材主编单位和人员为主进行修订和完善，邀请相关领域专家对教材内容进行把关，力争使教材内容更加适应专业培养方案和学生培养目标的要求，满足新时代水利行业对人才的需求。

尽管我们在教材编纂出版过程中尽了最大的努力，但受编著这类教材的经验和水平所限，不足和欠缺之处在所难免，恳请广大师生批评指正。

教育部高等学校水利类专业教学指导委员会

中国工程教育专业认证协会水利类专业认证委员会

中国水利水电出版社

2019 年 6 月

总　前　言（2008版）

随着我国水利事业与高等教育事业的快速发展以及教育教学改革的不断深入，水利高等教育也得到很大的发展与提高。与1999年相比，水利学科专业的办学点增加了将近一倍，每年的招生人数增加了将近两倍。通过专业目录调整与面向新世纪的教育教学改革，在水利学科专业的适应面有很大拓宽的同时，水利学科专业的建设也面临着新形势与新任务。

在教育部高教司的领导与组织下，从2003年到2005年，各学科教学指导委员会开展了本学科专业发展战略研究与制定专业规范的工作。在水利部人教司的支持下，水利学科教学指导委员会也组织课题组于2005年年底完成了相关的研究工作，制定了水文与水资源工程，水利水电工程，港口、航道与海岸工程以及农业水利工程四个专业规范。这些专业规范较好地总结与体现了近些年来水利学科专业教育教学改革的成果，并能较好地适用不同地区、不同类型高校举办水利学科专业的共性需求与个性特色。为了便于各水利学科专业点参照专业规范组织教学，经水利学科教学指导委员会与中国水利水电出版社共同策划，决定组织编写出版"高等学校水利学科专业规范核心课程教材"。

核心课程是指该课程所包括的专业教育知识单元和知识点，是本专业的每个学生都必须学习、掌握的，或在一组课程中必须选择几门课程学习、掌握的，因而，核心课程教材质量对于保证水利学科各专业的教学质量具有重要的意义。为此，我们不仅提出了坚持"质量第一"的原则，还通过专业教学组讨论、提出，专家咨询组审议、遴选，相关院、系认定等步骤，对核心课程教材选题及其主编、主审和教材编写大纲进行了严格把关。为了把本套教材组织好、编著好、出版好、使用好，我们还成立了高等学校水利学科专业规范核心课程教材编审委员会以及各专业教材编审分委员会，对教材编纂与使用的全过程进行组织、把关和监督。充分依靠各学科专家发挥咨询、评审、决策等作用。

本套教材第一批共规划52种，其中水文与水资源工程专业17种，水利水电工程专业17种，农业水利工程专业18种，计划在2009年年底之前全部出齐。尽管已有许多人为本套教材作出了许多努力，付出了许多心血，但是，由于专业规范还在修订完善之中，参照专业规范组织教学还需要通过实践不断总结提高，加之，在新形势下如何组织好教材建设还缺乏经验，因此，这套教材一定会有各种不足与缺点，恳请使用这套教材的师生提出宝贵意见。本套教材还将出版配套的立体化教材，以利于教、便于学，更希望师生们对此提出建议。

高等学校水利学科教学指导委员会

中国水利水电出版社

2008年4月

第 2 版前言

《水环境保护》一书是水文与水资源工程专业的核心课程之一，是根据国家高等学校水利学科教学指导委员会 2007 年 4 月制定的“十一五”教材建设规划和 2007 年 8 月审定的教材编写大纲编写的。该课程是为适应水利水电建设可持续发展需要而增设的，其主要任务是为水资源优化规划及管理提供水环境保护方面的理论与方法。

2018 年 1 月，根据教育部的《教育信息化“十三五”规划》和教育部高等学校水利类专业教学委员会对于《基于认证要求高等学校水利学科专业规范核心课程教材》和《高等学校水利学科专业规范核心课程数字教材》的要求，本教材在第 1 版的基础上引入了大量的数字化内容。此外，也结合了雒文生、李怀恩和张艳军对第 1 版的修订和完善成果，最终于 2018 年 7 月形成了本书。

在本书中，武汉大学雒文生和张艳军编写了第 1 章至第 5 章，西安理工大学李怀恩编写了第 6 章、第 7 章。全书由张艳军负责统稿。

在此成书之际，要特别感谢研究生王俊勃、董文逊以及其他所有使用过本教材的同学的帮助和校订。

由于编者水平有限，加之也是初次探索数字化教材，难免有不足之处，敬请读者与专家批评指正。

编　者

2018 年 7 月

续表

序号	资　源　名　称	资源类型
资源 5.2	实验—湖泊水温分层现象观察	微课
资源 5.3	湖泊水温	微课
资源 5.4	BOD-DO 模型	微课
资源 5.5	河流水质模型	微课
资源 5.6	水体的富营养化	微课
资源 5.7	第 5 章术语	拓展资料
资源 5.8	第 5 章　水温的模拟预测	课件
资源 5.9	第 5 章　河流水环境数学模型	课件
资源 5.10	第 5 章　湖泊、水库水环境数学模型	课件
资源 5.11	第 5 章课后习题答案	拓展资料
资源 6.1	第 6 章术语	拓展资料
资源 6.2	第 6 章　水环境质量评价	课件
资源 7.1	饮用水水源保护区污染防治管理规定	拓展资料
资源 7.2	第 7 章术语	拓展资料
资源 7.3	第 7 章　水环境保护规划与管理	课件

目　录

第 1 章

绪　论

资源 1.1

资源 1.2

1.1　水环境保护的意义、内容与任务

1.1.1　水环境保护的重要意义与作用

随着社会经济的迅速发展，人口的不断增长和生活水平的大大提高，人类对河流、湖泊、水库、港湾等的污染日趋严重，正在严重地威胁着人类的生存和可持续发展。正如许多科学家所预言的，如果人们在发展经济中不注意保护环境，最终将使自己失去赖以生存的环境而导致自身的毁灭。1992 年 6 月联合国世界环境与发展大会，通过了《关于环境与发展的里约热内卢宣言》，并组织各国参与制定《21 世纪议程》，号召各国立即行动起来，采取有效措施，切实保护环境，以保证经济社会的可持续发展。面对越来越严峻的污染公害，许多国家都制定了一系列关于水环境保护的法令、措施，规定工程规划、设计、施工和管理过程中，同时要对环境质量进行预测、评价和保护，使经济建设与环境保护协调发展。水环境污染在我国也较严重。2016 年，各流域水资源保护机构对全国 544 个重要省界断面的监测评价表明，Ⅳ类～Ⅴ类和劣Ⅴ类水质断面比例分别为 15.8%和 17.1%，历经多年的整治虽然我国的水环境问题有所改善，但仍然是制约我国经济发展的一个重要因素。吸收国外以往以牺牲环境为代价发展经济的惨痛教训，从自己的国情出发，1973 年我国制定了“全面规划，合理布局，综合利用，化害为利，依靠群众，大家动手，保护环境，造福人民”的总方针，以后又制定了工程建设与环境建设同时设计、同时施工、同时投产的“三同时”规定，并在尽可能减少新污染源的同时，对老污染源积极治理。对于水资源合理开发利用，除要知道未来各地水量的时空变化外，还必须预测、评价相应的水环境质量状况，进行水环境保护规划，确保用水安全，这已经成为工程规划设计与管理的一项必不可少的工作内容。可见，该门学科在保障社会经济可持续发展中具有非常重要的意义与作用。

1.1.2　水环境保护工作的任务与内容

环境是相对于一个主体事物周围的各种因素及其状态特征的总和。对于环境科学来说，人类是主宰世界的主体，所研究的是围绕人类生存、发展的环境，因此，我国的《中华人民共和国环境保护法》规定“环境是影响人类生存和发展的各种天然的和经过人工改造的自然因素的总体”。

环境包括自然环境和社会环境。自然环境是指包围地球表层的大气圈、水圈、岩

石圈和生物圈构成的各种自然因素及其状态的总和；社会环境则是指人类社会经济、政治、文化等社会诸因素及其状态的总和。显然，水环境是自然环境的一个重要组成部分，是指自然界各类水体，如河流、湖泊、水库、海洋、地下水、空中水等的数量、质量状态的总和。水量方面，如降水、蒸发、下渗、径流等的变化，是水文学研究的主要对象；水质方面，如水体的泥沙、水温、溶解氧，水中有机物、无机物、重金属，水生生物等的变化，是水环境科学主要研究的对象。水是水中各种物质的载体，水质状态与水量密切相关，例如，主要受工业废水污染的河流，丰水期一般水质较好，枯水期污染往往加重。因为水环境科学总是将两者作为一个整体来研究的，只是目标更集中在水质变化上。因此，本课程所指的水环境常常是把水量状态作为已知条件，重点研究水环境质量的变化。

水环境保护工作是一个复杂、庞大的系统的工程，其主要任务与内容如下。

(1) 水环境的监测、调查与试验，以获得水环境分析计算和研究的基础资料。

(2) 对排入研究水体（称受纳水体）的污染源的排污情况进行预测，即污染负荷预测，包括对未来水平年的工业废水、生活污水、流域径流污染的预测。

(3) 建立水环境模拟预测数学模型，根据预测的污染负荷，预测不同水平年研究水体可能产生的污染时空变化情况。

(4) 水环境质量评价，以全面认识环境污染的历史变化、现状和未来的情况，了解水环境质量的优劣，为环境保护规划与管理提供依据。

(5) 进行水环境保护规划，根据最优化原理与方法，提出满足水环境保护目标要求的水污染防治最佳方案。

(6) 环境保护的最优化管理，运用现有的各种措施，最大限度地减少污染。

本书重点论述水环境变化预测和水环境保护规划。

1.2 水体污染物及其危害

1.2.1 水体污染物

水中存在的各种物质（包括能量），其含量变化过程中，凡有可能引起水的功能降低而危害生态健康，尤其人类的生存与健康时，则称它们造成了水体污染，于是它们被称为污染物，如水中的泥沙、重金属、农药、化肥、细菌、病毒、藻类等（表1.1)。可以说，几乎水中的所有物质，当超过一定限度时都会形成水污染。因此，一般均称其为污染物。显然，水中的污染物含量不损害所要求的水体功能时，尽管它们存在，并不造成污染。例如，水体中适当的氮、磷、温度、动植物等，对维持良好的生态系统持续发展还是有益的。所以，千万不能认为水中有污染物存在就一定会造成水体污染。

1.2.2 水体污染物的分类与来源

进入水体的污染物种类繁多，危害各异，其分类方法依不同的要求可有多种。按污染物的属性进行分类，可归纳为物理性污染、化学性污染和生物性污染，其主要污染物、污染的危害标志及污染物的来源部门、场所，见表1.1。按进入水体的污染来源分布状况分类，可分为点源污染和非点源污染。点源污染主要指工业废水和城镇生活污水，它们有固定的排放口（点）；非点源污染主要指来自流域广大面积上的降雨径流污染，如泥沙、农药、化肥等污染，常称面源污染；又如航行的船舶的污染，称线源污染。

表1.1　　水污染类型、污染物、污染标志及来源

污染类型			污染物	污染标志	污染物来源
物理性污染	热污染		热的冷却水等	升温、缺氧或气体过饱和、富营养化	火电、冶金、石油、化工等工业
物理性污染	放射性污染		铀、钚、锶、铯等	放射性沾污	核研究生产、试验、医疗、核电站等
物理性污染	表观污染	水的混浊度	泥、沙、渣、屑、漂浮物	混浊、泡沫	地表径流、农田排水、生活污水、大坝冲沙、工业废水
物理性污染	表观污染	水色	腐殖质、色素、染料、铁、锰等	染色	食品、印染、造纸、冶金等工业污水和农田排水
物理性污染	表观污染	水臭	酚、氨、胺、硫醇、硫化氢等	恶臭	污水、食品、制革、炼油、化工、农肥
化学性污染	酸碱污染		无机或有机的酸碱物质	pH值异常	矿山、石油、化工、化肥、造纸、电镀、酸洗工业、酸雨
化学性污染	重金属污染		汞、镉、铬、铜、铅、锌等	毒性	矿山、冶金、电镀、仪表、颜料等工业
化学性污染	非金属污染		砷、氰、氟、硫、硒等	毒性	化工、火电站、农药、化肥等工业
化学性污染	耗氧有机物污染		糖类、蛋白质、油脂、木质素等	耗氧，进而引起缺氧	食品、纺织、造纸、制革、化工等工业、生活污水、农田排水
化学性污染	农药污染		有机氯、多氯联苯、有机磷等农药	严重时水中生物大量死亡	农药、化工、炼油、炼焦等工业、农田排水
化学性污染	易分解有机物污染		酚类、苯、醛等	耗氧、异味、毒性	制革、炼油、化工、煤矿、化肥等及地面径流
化学性污染	油类污染		石油及其制品	漂浮和乳化、增加水色、毒性	石油开采、炼油、油轮等
生物性污染	病原菌污染		病菌、虫卵、病毒	水体带菌、传染疾病	医院、屠宰、畜牧、制革等工业、生活污水、地面径流
生物性污染	霉菌污染		霉菌毒素	毒性、致癌	制药、酿造、食品、制革等
生物性污染	藻类污染		无机和有机氮、磷	富营养化、恶臭	化肥、化工、食品等工业、生活污水、农田排水

1.2.3　水污染的危害

资源1.3

水体受污染后，能使水体产生物理性、化学性和生物性的危害。物理性危害，是指恶化人体感官，减弱浮游植物的光合作用以及热污染、放射性污染带来的一系列不良影响；化学性危害，是指水中的化学物质降低水体自净能力，毒害动植物，破坏生态系统平衡，引起某些疾病和遗传变异，腐蚀工程设施等；生物性危害，主要指病源微生物随水传播，造成疾病蔓延；或水体富营养化，使藻类猛长，水体缺氧，鱼虾大量死亡。下面按水污染的危害特点分类做简要介绍。

1.2.3.1 耗氧有机物污染

耗氧有机物主要来自工业废水和生活污水中的碳水化合物、蛋白质、脂肪、木质素等，在微生物作用下氧化分解为CO_2、H_2O、NO_3—N等的过程中，不断消耗水中的溶解氧，例如，生产1.0t纸浆的废水排入河流，大约要消耗250kg的溶解氧，故称这类有机物为耗氧有机物。这类物质绝大多数无毒，但消耗溶解氧过多时，将造成水体的缺氧，致使鱼类等水生生物窒息而死亡。例如，一般鱼类生存的溶解氧临界值为3～4mg/L，水体的溶解氧浓度低于此值时，就会危及鱼类的生存。当水体中的氧耗尽时，有机物将在厌氧微生物作用下分解，产生甲烷、氨、硫化氢等有毒物质，使水变黑发臭，令人厌恶，严重毒化周围环境。

有机物分解释放出的营养元素N、P等，会引起湖泊、水库、河口等流速缓慢的水体富营养化，使藻类、水草等大量生长，并形成泡沫、浮垢，覆盖水面，阻止水体复氧，引起水体浑浊、恶臭等。大量藻类、水草死亡后沉入水底，久而久之，将导致湖泊的淤塞和沼泽化，破坏生态平衡。

有的耗氧有机物，如酚、苯、醛等本身就有毒性。酚污染的水有令人厌恶的药味，对神经系统危害较大，高浓度酚可引起急性中毒，以至昏迷而死亡；慢性中毒可引起头昏、头痛等。酚可在鱼体富集，产生不良气味，并抑制鱼卵胚胎发育。每升千分之几毫克的酚就足以破坏河水的饮用价值，每升百分之几毫克的酚就足以危及鱼类和农作物安全。苯胺是重要化工原料，受苯胺污染的水和空气，对神经系统有刺激作用，长期接触可影响肝功能并易患膀胱、前列腺和尿道等疾病。甲醛污染的水和空气对黏膜有强烈的刺激作用，它还是一种可疑的致癌物质。

1.2.3.2 可溶性盐类和酸、碱物质污染

碳酸盐类、硝酸盐类、磷酸盐类等可溶性物质，存在于大部分的工业废水和天然水中，它能使水变硬，在输水管道内结成水垢，降低输水能力；尤其容易产生锅垢，降低热效率，甚至造成锅炉爆炸。硬水会影响纺织品的染色、啤酒酿造以及食品罐头产品质量。

受酸性物质污染的水，如酸雨，可直接损害各种植物的叶面蜡质层，使广大范围的植物逐渐枯萎而死亡；可使土壤酸化，导致钙、镁、磷、钾等营养元素淋失，陆生生态遭受破坏；使湖泊、水库酸化，当pH值低于4.5时，将危及鱼类生存，腐蚀金属器具、文物和建筑物等。工厂排出的酸性废水，使水体酸化，影响游泳、划船等娱乐性活动，使水体失去灌溉、养殖价值。

许多工业，如肥皂厂、染料厂、橡胶再制厂、造纸厂及皮革厂排出的含氢氧化钠的废水，将影响水体的碱性和pH值。水中含氢氧化钠的量即使低于25mg/L，亦会使鱼致死。锅炉用水含碱时，因腐蚀会引起管道碎裂。长期应用pH值大于9的水灌溉，可使水稻烂秧、蔬菜死亡，土壤板结。其他如发酵速率、烘烤面包的质量、饮料的品味、啤酒酿造中的酵母菌活性等，都会因水的pH值而受影响。

1.2.3.3 重金属污染

相对密度达4.0以上的金属元素，常称之为重金属。工厂和矿山废水中常含有某些重金属，如汞、镉、铅、铬、铜、锌等。这些金属及其化合物非常稳定，极难降解，尽管在水中的浓度很低，也会因在食物链的传递中不断浓缩，而最终给人类带来严重疾病。例如，无机汞可在生物体中转化为毒性很强的有机汞（甲基汞），损害人体细胞内的酶系统蛋白质的巯基，引起中枢神经系统障碍。中毒者出现小脑性运动神经失调、语言障碍、视野缩小等症状。日本著名的水俣病就是长期食用受甲基汞污染的鱼、贝引起的。长期接触低浓度镉的化合物，容易引起肺气肿、肾病和骨疼病。如果，一个人每天从饮用水中摄取0.6mg的镉，由于长期在骨骼中蓄积，可使骨质疏松变形，导致骨疼病。铅中毒表现为多发性神经炎，头晕、头痛、乏力，还可造成心肌损伤。重金属中有些是人们必需的微量元素，但摄入过量，将会引起严重疾病。例如，铜是人体必不可少的，但长期饮用含铜高的水（大于100mg/L）可引起肝硬化。

1.2.3.4 有毒化学品污染

有毒化学品包括有机的和无机的，它们即使在很低的浓度下，对鱼类和水中微生物也有很强的毒性。如硫酸铜浓度为0.1～0.2mg/L、氰化物（以CN计）浓度为0.04～0.1mg/L以上时即可使鱼致死。农药是面源污染中最常遇到的一类有毒化学品。为防治农业病虫害，有些地方大量使用农药，如滴滴涕、六六六、对硫磷、内吸磷、砷化物等，许多化学性能比较稳定，不易分解消失，可长期残留在土壤和作物上，或受雨水冲刷进入水体，危害水生生物的生长和生存，并以食物链的方式危害人类。

1.2.3.5 水中悬浮固体

水中悬浮固体主要来自垦荒、农田、采矿、建筑引起的水土流失，以及工厂排放废水和生活污水等，它不仅淤塞河道，妨碍航运，促成洪水泛滥，而且妨碍水资源利用，污染水环境。悬浮物能够截断光线，妨碍水生植物的光合作用，并能伤害鱼鳃，浓度大时可使鱼类死亡。悬浮物沉积到水底，会将鱼的产卵场覆盖，妨碍鱼类繁衍。

1.2.3.6 油类污染

油类污染是水质污染的一个重要方面，近年来越来越引起人们的重视。污染水体的油主要来自油船、输油管和海上油井事故，船只的压舱水、洗舱水和船底废水，油厂、船厂等排放的废水以及各种机械泄漏在地面上的油类经雨水冲刷带入水域。

石油中含有数千种化合物，主要是烷烃、烯烃和芳香烃等碳氢化合物。油品进入水体后，先成浮油，后成油膜和乳化油。油膜在水面上扩展和漂浮，有一定的毒性和产生难闻的气味，会阻碍水分蒸发和氧气溶入水体。危及鱼类及鸟类生存，破坏渔场、海产养殖场及鱼的繁殖场所，影响水资源利用价值，包括降低游览娱乐价值。石油在水体中可经过光化学氧化作用和生物氧化作用而分解，产生多种化合物，甚至有一些是致癌物质。

1.2.3.7 热污染

热污染是一种能量污染。热电厂、核电厂、钢铁厂、焦化厂等的冷却水是热污染的主要来源。这种温度升高的水排放到天然水体后，引起水体温度过高，形成热污染。水温过高可产生一些不良的影响和危害：

(1) 水温增高，会降低水的饱和溶解氧浓度，同时促使水中有机物加速分解，增加氧的消耗，从而使水体的溶解氧降低。

(2) 水温过高，会破坏生态平衡的温度环境，加速某些细菌、藻类、水草的繁殖，厌氧发酵，可能导致水体的恶臭现象。

(3) 加大水中某些毒物的毒性，如温度升高 10℃，氰化钾对鱼的毒性可增加一倍。

(4) 不同地带分布的不同鱼类对水温有一个相应的适应范围，如热带鱼适于 15～32℃，温带鱼适于 10～22℃，寒带鱼适于 2～10℃。当受热污染的水体的温度超过相应的范围时，妨碍鱼类生长和繁殖，甚至引起大量死亡。

1.2.3.8　放射性污染

水体放射性污染物质，如放射性同位素铀-238（^{238}U）、锶-90（^{90}Sr）、铯-137（^{137}Cs）、镭-226（^{126}Ra）等，主要来自铀矿开采、选矿和精炼厂的废水，原子能工业和反应堆设施的废水，原子武器试验的沉降物，放射性同位素应用时产生的废水。放射性物质可在水中扩散、稀释，从一种环境介质转移到另一种环境介质，但不会因自然的物理、化学、生物作用而削减，只能按其固有的衰变速率随时间而衰减。衰变期往往很长，衰变过程中放出 α、β、γ 射线，引起生物体细胞、组织和体液中的原子、分子电离，直接破坏机体内某些大分子结构，如蛋白质分子链、核糖核酸分子链等断裂，使某些生物酶失去活性，还可直接破坏机体细胞和组织，严重者可使人在几分钟至几小时致死。尤其可积蓄在人体内部造成长期危害，引起贫血、白内障、不育症、致畸、恶性肿瘤、发育不良等多种疾病。受放射性物质污染的水体，还会通过水生生物和灌溉的农作物，以食物链的方式危害人类。

1.2.3.9　病源微生物污染

生物制品厂、制革厂、屠宰厂、洗毛厂、畜牧场、医院和生活污水中，常含有各种各样的病毒、病菌、寄生虫虫卵、原生动物，如肝炎病毒、霉菌毒素、霍乱杆菌、大肠杆菌、血吸虫虫卵、蛔虫卵等，人们饮用或接触受病源微生物污染的水体时，便会感染许多疾病，引起传染病蔓延。例如，曾经发生过的上海甲肝大流行，和至今尚在江西、湖北等省广泛存在的血吸虫病，都是通过水体污染流行的。

1.3　水文循环中水的污染与自净

1.3.1　水体的污染

地球上的水在太阳辐射作用下，不停地从海面、陆面和植物表面蒸发，化为水汽上升到高空，然后被气流带到其他地区，在适当的条件下凝结致云，形成降水，降落到地面上，然后在重力作用下，一部分渗入地下转化为土壤水和地下径流，一部分形成地表径流，汇入江河、湖泊、大海，再蒸发……自然界中水的这种不断蒸发、输送、凝结、降水、产流、汇流的往复循环，即蒸发→降水→径流→蒸发……称为水文循环，或自然界的水分循环。

在水文循环中，水与各种各样的物质接触，使那些物质混入或溶入其中，并经历着不断的物理、化学、生物等变化过程。因此，自然界的水体中存在着种类繁多的、可能使水体污染的不同物质，通常称之为污染物。当某些物质超过一定限度，危害人类生存和破坏生态平衡，影响水的用途时，称该水体受到了污染。否则，尽管水体中存在的可能造成污染的物质，但数量不多、没有危害该水体的应用功能时，则不形成水的污染。从水文循环的过程可知，水体的污染可以发生在水文循环的各个环节上。例如，降水形成中，若空气中的 SO_4^{2-}、NO_3^- 等溶入过多，使 pH 值低于 5.6，则可导致酸雨，即降水受到了污染；沿河流有大量的工厂废水和城镇生活污水排入，可能形成局部河段或整条河流的污染；挟带过多的氮（N）、磷（P）等植物营养素的农田径流进入湖泊和水库，长期富集时，可能出现富营养化污染；地面污水大量渗入地下，可使地下水污染。

从水文循环中还可看到，引起水体污染的原因，基本上可分为两大类：一类是由于自然地理因素引起的，称自然污染；另一类是人为因素引起的，称人为污染。前者指特殊的地质构造或其他自然条件，使一个地区的水体中某些化学元素富集（如存在铀矿、砷矿、汞矿等），或天然植物在腐烂过程中产生某些有毒物质等，地面地下径流将这些物质大量带入河流、湖泊。后者指由于人类活动造成的污染，如大量的工业废水不加处理而直接排放，农药、化肥随降雨径流进入水体等。二者相比，后者的影响是主要的，是水污染防治的主要对象。

1.3.2 水体的自净

污染物一方面在水文循环中不断地进入水体，称纳污；另一方面，污染物随水体的运动中不停地发生变化，自然地减少、消失或无害化，称自净。因此，当排入水体的污染物不多时，由于自然的净化作用，常常不会引起水体的污染。例如，中华人民共和国成立初期，工业基础非常薄弱，就很少有污染的情况发生。

水体自净是一个物理、化学、生物作用极其复杂的过程。物理净化过程，是指污染物在水体中混合、稀释、沉淀、吸附、凝聚、向大气挥发和病菌死亡等物理作用下使水体污染浓度降低的现象。例如，污水排入河流后，在下游不远的地方污染浓度就会大大降低，就主要是扩散作用混合、稀释的结果。化学净化过程，是指污染物在水中由于分解与化合、氧化与还原、酸碱反应等化学作用下，致使污染浓度降低或毒性丧失的现象。例如，水在流动中大气里的氧气不断溶入，使铁锰等离子氧化成难溶的盐类而沉淀，从而减少了它们在水中的含量。生物净化过程，是水体内的庞大的微生物群，在它们分泌的各种酶的作用下，使污染物不断发生分解和转化为无害物质的现象。例如，有机物在细菌作用下，部分转化为菌体，部分转化为无机物；接着细菌又成为水中原生动物的食料，原生动物又成为后生动物、高等水生动物的食品，无机物为藻类等植物吸收，使之发育成长，这样有机物便逐步转化为无害无机物和高等水生生物，达到无害化，从而起到净化作用。污水处理厂就是依据水体的自净原理，人为地在一个很小的范围内营造非常有利于水体净化的优良条件，使污水在很短的时间内转化为无害的物质，并从水中分离出去，从而达到净化。但也必须指出：污染物在水中的转化，有时也会使水体污染加重，如无机汞的甲基化，可使毒性大大增加。

1.3.3　水环境容量和水域纳污能力

水的污染浓度自然降低而恢复到较清洁的能力，称水的自净能力。当水体的自净能力大于污染物进入水体的强度时，水质将不断得到改善，趋于良好状态；反之，水质将不断恶化，严重者将导致污染，使水体丧失水环境保护所要求的功能，即环境质量低于规定的标准要求。显然，自然情况下，对于一定的水体，在满足规定的环境质量标准下，允许有一个年最大纳污量，此即常说的环境容量。某种意义上说，它体现了不造成污染的情况下水体的最大自净能力。在水功能区管理中，把在一定设计水文条件和排污情况下，为满足水功能区水质目标要求，水体所能容纳某种污染物的最大数量，称为水功能区水域纳污能力。当水体接收的污染物不超过这一数量时，由于自净作用将不会导致污染；否则，需要控制污染物排入水体的数量，以满足人类对环境的需要。由于水环境容量一般不可能全部被利用，因此，它常常大于水域的纳污能力。两者可通过水环境数学模型和水功能区的水质目标确定，具体计算将在第 7 章论述。

1.4　水环境保护的生态工程措施

生态工程是随着环境保护和污染防治工作的深入发展，于 20 世纪 60 年代兴起的一项着眼于生态系统可持续发展的系统工程技术，不过，其概念至今尚无统一的定义。最早，美国生态学家 H. T. Odum 教授将它定义为“为了控制系统，人类应用主要来自自然的能源作为辅助能对环境的控制”（1962）。“对自然的管理就是生态工程，更好的措辞是与自然结成伙伴关系”（1971）。我国生态学家马世骏定义为“生态工程是应用生态系统中物种共生与物质循环再生原理，结构与功能协调原理，结合系统最优化方法设计的分层多级利用物质生产工艺系统。生态工程的目标是在促进自然界良性循环的前提下，充分发挥物质的生产潜力，防止环境污染，达到经济效益与生态效益同步发展”（1987）。生态工程在环境保护与整治的理念上，遵循生态学综合性、协调性、再生性和循环利用的原理，设计有利于资源最大程度利用和污染最小排放的系统方法与技术。简言之，生态工程可理解为，依据生态学原理，进行优化设计的能使资源充分利用、循环利用、且污染程度最小的可持续发展的综合性系统工程技术，它是各种适宜的环境保护与治污技术的多层次优化组合系统，强调经济发展与环境保护同步进行，人与自然和谐共处。我们认为：生态工程理论与技术将随生产发展不断向前发展，为人类提供越来越好的生产生活环境，绝非是使环境完全恢复到原始状态的自然水平。社会在发展，环境在变化，我们的目标是未来的环境更美好。复古的思想和片面追求生产而牺牲环境的思想都是错误的。

生态工程是实现“循环经济”发展模式的重要技术手段。近年来，在工业化过程中，人们逐渐认识到，生态恶化是经济发展难以为继的根源，主要是工业发展所采用的“高增长、高消耗、高污染”的生产模式引起的，只有效法自然生态系统法则，建立循环经济模式，发展生态农业、生态工业和生态消费体系，即以生态工程技术为手段指导经济发展，才能使整个自然生态体系保持永续利用。于是形成了现代的“循环经济”发展模式。即遵循自然生态系统的物质循环和能量流动规律构建经济系统，使不

同企业间共享资源和互换副产品的产业共生组合，上游生产过程产生的废物成为下游生产过程的原材料，实现化废为宝与综合利用，达到产业间资源的最优化配置，使区域的资源在经济循环中得到永续利用，从而实现资源可持续利用的环境和谐型经济发展。

作为实现可持续经济发展的重要手段，水环境保护生态工程措施主要有流域（区域）合作综合整治、清洁生产、水土保持、生态农业、水利工程、人工湿地技术和污水处理厂技术等。

1.4.1 流域（区域）合作综合整治

流域是河流的集水区域，是水流自上而下沿河网向出口汇集的系统单元，有极强的整体性。显然，对于水环境，上下游、干支流、左右岸将相互影响、相互制约，尤其是上游的人类活动最终都会对下游产生影响，不论二者是否属于同一行政单位或同一国家。因此，水环境保护不能允许流域内的各个行政单位各自为政，只考虑自己的利益进行整治与管理。国内外的经验一再证明，只有全流域通盘考虑，依据循环经济和生态工程原理，结合流域各单位特点，相互合作，互利共赢，进行综合整治，才是最有效、最经济的途径。为实现流域（区域）合作有效地防治水污染和保护水环境，主要经验如下。

1. 建立权威性的流域水污染防治和水资源保护、利用的管理机构

这是许多国家经过长期实践，从各单位分散进行水污染防治花钱多、效果差的教训中，总结出来的一条最基本的经验。例如，英国在英格兰和威尔士，根据1973年的水法，取消了原来的29个河道管理局、157个给水企业、1390个污水治理机构，成立了一个新的流域水管理机构——泰晤士河水务管理局，下辖10个区域管理局，对全流域的水源、供水、防洪、排水、防海潮、污染控制、污水处理、渔业、航运、水上娱乐等全面规划与管理。这种流域统一的管理体制能同时满足四方面的要求：①能有效地开发保护和合理利用水资源，如修建水库调节流量、开发地下水等；②实行经济合理的取水制度，杜绝水的浪费；③通过污水处理等措施，有效地控制排入受纳水体的水质；④实现处理后的净化水的再利用，扩大水资源的应用。我国对长江、黄河等大流域分别成立了水资源保护局，共属水利部和国家环保局领导，在环境保护上起到了一定的协调作用，但还不是水量水质统一管理的权威机构。

2. 制定和实施水环境保护的法律法规及相关标准

许多国家，尤其是发达国家，为了有效地保护水环境，都制定了一系列水污染控制和水资源保护的法令，如水环境质量标准、污染物排放标准、技术政策、实施细则等。依据这些法令进行环境规划与管理，并在实施过程中不断改进和完善。例如，美国为了保护水体和饮用水源的水质，制定和实施了许多联邦、州和地方的水污染控制法。其中国家级的主要有三个：清洁水法（Clean Water Act）、海洋倾倒法（Ocean Dumping Act）和安全饮用水法（Safe Drinking Water Act）。清洁水法规定了点源污染、油污染和有毒有害物质污染的管理，其中明确提出两个全国性目标：①到1985年杜绝污染物排于航运水体；②到1983年达到为保护鱼类、贝类和野生动物及其繁殖栖息的水质标准。规定直接向通航河道排放者，既要遵守污染物排放标准，又要遵守受纳水体的水质标准，同时还规定污染物排放标准和排放数量。对向公共污水处理

厂排放者，根据制定的预处理标准控制这类排放者的排放废水水质，以保证污水处理厂的正常运行。该法还规定对城市修建污水处理厂提供财政补贴。

我国近年来，对水环境保护立法非常重视，制定和实施了《中华人民共和国水污染防治法》《中华人民共和国海洋环境保护法》《中华人民共和国水法》《关于防治水污染技术政策的规定》《中华人民共和国水污染防治法实施细则》《地表水环境质量标准》（GB 3838）、《生活饮用水卫生标准》（GB 5749）等，使我国的水环境保护进入了更加健全的法制时代。

3. 实施综合性的水环境保护技术措施

国内外的长期实践证明，对于区域水污染防治，任何一种单一的治理措施，如污水处理厂、人工湿地等，都不能完全解决问题，而应采用多种技术措施对流域或区域进行总体的、综合的和系统的治理。其主要措施有清洁生产、水土保持、生态农业、水利工程、人工湿地和污水处理厂等。

4. 实现水环境保护的产业化

环境保护部门，既要严格执法，对污染环境的单位进行惩治，又要积极帮助他们采取经济高效的技术和生产工艺，在保护环境中促进经济发展。例如，英国在泰晤士河的治理中，泰晤士河水务管理局，与相关的企业、农业、矿业、城市管理等部门合作，帮助他们采取技术整改，提供技术支持与咨询，开发绿色旅游等，不仅使环境得到不断改善，而且开创了防治污染和水环境保护的负投入，1987—1988 年，产业化年收入 5.97 亿英镑，总支出 3.86 亿英镑，上缴政府 2.11 亿英镑。

1.4.2　清洁生产

用清洁生产的方法保护环境，就是不断采用先进的科学技术和管理方法，消灭或最大程度地减少生产过程中的污染物排放，从产生污染的源头控制污染。

清洁生产的概念由联合国环境规划署 1989 年正式提出，定义为“清洁生产是一种新的创造性思想，该思想将整体预防的环境战略持续应用于生产过程、产品和服务中，以增加生态效益和减少人类和环境的风险。对生产过程，要求节约原材料和能源，淘汰有毒原材料，削减所有废物的数量和毒性。对产品，要求减少从原材料提炼到产品最终处置的全生命周期的不利影响。对服务，要求将环境因素纳入设计和提供的服务中”。《中国 21 世纪议程》的定义是“清洁生产是指既可满足人们的需要，又可合理地使用自然资源和能源，并保护环境的实用生产方法和措施，其实质是一种物料和能耗最少的人类生产活动的规划和管理，将废物减量化、资源化和无害化，或消灭于生产过程之中”。

清洁生产是从污染的源头最大程度地减少污染的方法，该法通过改进生产技术、设备、工艺和循环利用、重复利用以及不断提高管理水平等措施，使原材料最大限度地转化为产品，能源最大限度地得到利用，尽量减少浪费，从而使排放的污染物大大减少，实现从污染的源头削减污染物的产生，因此，是一种现代法定采用的环境保护方法。例如，火力发电厂，用的原材料主要是煤炭和水，采用设备主要是锅炉和汽轮发电机。煤经过锅炉燃烧，使水转化为蒸汽，再通过汽轮发电机发出电能。显然，设备越先进，管理水平越高，煤转化为电能的效率就越高，同样的发电量的耗煤耗水就

越少，产生的污染物废渣、废气、废水也就越小。为了进一步减少排污量，可将废渣加工为建筑材料、废气中的SO_2回收加工成硫酸，冷却水重复利用，使污染降低到最低限度，并尽可能地不产生污染，实现火力发电的清洁生产。

1993 年 10 月，国务院、国家经贸委和国家环保局提出了在企业内推行清洁生产，1997 年国家环保局发布了《关于推行清洁生产的若干意见》和《企业清洁生产审计手册》，2003 年 1 月《中华人民共和国清洁生产促进法》正式实施，清洁生产在全国展开。严格执行清洁生产审计，评价产品质量、成本、单位产品能耗、排污等指标在国内外同类行业中的先进性，以促进企业不断采用新技术、新工艺和提高管理水平。

1.4.3 水土保持措施

水土流失，是指流域表面的土壤在植被较差的情况下，因降雨径流、风力、重力、冰川等因素影响，表层的土壤和水分流失，造成土地干旱、沙化和生态退化，洪涝灾害加剧，严重威胁人类生存的一种环境恶化现象，已被 1992 年的环境与发展大会列为八大环境问题之一。水土保持就是针对该问题提出来的，其任务就是采取各种科学技术、措施、方法预防和治理水土流失，创造有利于经济快速持续发展的生态环境。

我国水土流失主要有两种类型，即水力为主的侵蚀和风力为主的侵蚀。前者为地面植被差、坡度陡的情况下，降雨径流冲刷造成的土壤侵蚀，近年遥感普查为 179 万 km^2，每年流失土壤达 50 亿 t（占世界流失总量的 1/5），其中约 20 亿 t 直接入海（黄河占 60%，长江占 25%），其余部分则淤积于江河、水库、湖泊中，是最主要的水土流失方式；后者为植被差的西北和北部风沙地区，主要由风力作用造成的侵蚀，面积约 109.5 万 km^2。可见，我国的水土流失情况是非常严峻的，并且由来已久，1949 年中华人民共和国成立以来，一直受到党和国家的特别关注，投入了大量人力、物力和科技力量，开展防治水土流失的研究与实践，并取得了举世瞩目的成果。作为水环境保护，以下主要讨论水力侵蚀型的水土保持措施。

20 世纪 50 年代前，水土保持措施多偏重于单项治理，如等高耕作、坡地改梯田、护岸工程等，缺乏整体性、系统性和综合性，难以抗击大暴雨洪水袭击。总结以往的经验和大量的科学试验，进入了以小流域为生态单元的系统治理和区域经济协调发展的生态工程，即在区域整体规划的指导下进行小流域综合治理。坚持生物措施、工程措施、农业措施相结合，根据水土流失规律，应用生态学原理，优化农、林、牧、副等行业的用地结构，使各项技术措施相互协调，实现生态-经济-社会效益相统一的综合治理目标。水土保持措施种类繁多，大体上分为生物措施、农耕措施和工程措施三类。

1. 生物措施

根据流域的气候、土壤地质和地形地貌条件，同时考虑环境效益和经济效益，因地制宜的选种不同的树种、营造不同的草地，尽量增加植被覆盖率，这是治理水土流失的根本措施。一般在坡度大于 30°的山头地带建设耐旱的松杉防护林带；在坡度 25°间建设果木林带，如种植柑橘、柿子、板栗等；25°以下的坡脚建设固坡的林草带或梯田。治理顺序，应从山顶向坡脚推进。对于水土流失严重暂时还来不及综合治理的地区，可采用封山育林的办法解决。

2. 农耕措施

在挨近坡脚的地带，地面坡度小，土壤水分高，为解决当地群众的粮食问题，常常安排适量的耕作区，如梯田、坡耕地。对于这样的地方，可以采取适宜的农耕技术措施，减少或免除水土流失。

3. 工程措施

该项措施依所处的位置和作用，可分为坡面治理工程、沟道治理工程。

（1）坡面治理工程。对于分水岭至沟谷河道之间的坡面区，控制水土流失的措施主要有梯田、旱井（水窖）、截水沟等。梯田是在坡面上沿等高线建设的水平状或具反坡的台阶式田块，带有田埂，能使暴雨径流的流速大大减缓，下渗和蓄水能力大大增强，是广泛采用的保水保土和利于农作的重要措施。旱井是建于田边村旁的经过防渗处理的口小肚大的集水池，蓄积雨水径流，供当地人畜用水或灌溉，在干旱半干旱地区得到普遍推广。田边地旁修筑的截水沟，拦截田块坡地的地面径流，并安全地输送到蓄水工程或沟谷河道中，保证大暴雨情况下梯田等不被冲毁。

（2）沟道治理工程。为了防止沟道冲刷，采取的治理措施主要有沟头防护工程、谷坊、拦沙坝（淤地坝）和护岸工程。沟头防护工程是防止因为坡面径流冲刷而引起沟头向上游发展，在沟头修建的加固工程。谷坊是为防止沟道下切，在支沟、毛沟中修建的小坝，以固定沟床侵蚀基点，蓄洪拦沙，减缓流速，淤积的田块还可发展农业生产，是一项大量采用的沟道整治技术，可因地制宜，修建不同类型的谷坊。淤地坝是将洪水挟带的泥沙引入沟旁的低凹地，而在沟道中修筑的小坝，也是一种有效的减水减沙措施。护岸工程，是为防止沟岸冲刷坍塌而修建的工程，如在顶冲的河岸构筑顺坝、丁坝，在堤坡上种草，在邻堤的滩地营造防浪林等。

1.4.4 生态农业工程

生态农业工程，即利用生态学原理，依据生态系统内物质循环和能量转化的基本规律建立的一种农、林、牧、副、渔相互结合、相互利用的综合生产模式。其生产结构是初级生产者农作物的产物能依食物链的各营养级进行多层次转化、循环与利用，充分发挥资源、能源效益。生态农业注重利用生物防治技术防治病虫害，尽量减少农用化学品的使用，科学用药施肥，确保食品安全。作为生态农业物质循环利用途径的一个最简单的实例，如图 1.1 所示，为我国古代珠江三角洲地区桑基鱼塘的生态工程模式。农民在桑园基地内建造两层楼房，楼上住人，楼下养蚕，旁边建池塘，池塘上有水上厕所，粪便及养蚕的废料做养鱼的饲料，塘泥则是桑园的肥料，构成一个比较完整的生态循环系统，在基本不产生污染的情况下，持续生产蚕丝和鱼产品。对于农业径流污染来说，实现生态农业将是控制面源污染的最有效的方法之一。

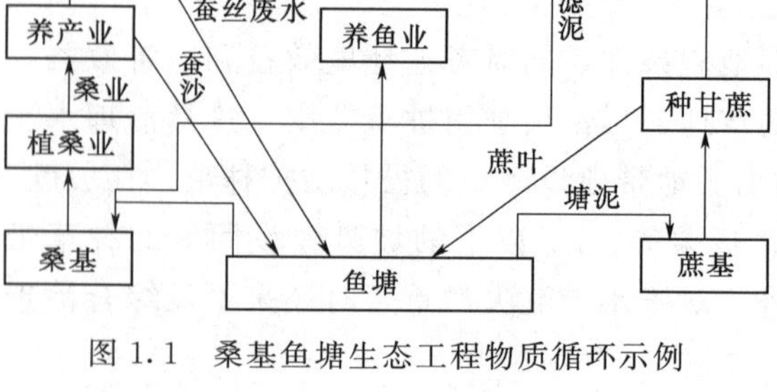

图 1.1　桑基鱼塘生态工程物质循环示例

1.4.5　水利工程

这里所说的水利工程，主要指对河流有重要控制作用的大型工程，包括水库、水电站、堤防、引水渠等。通过对水利工程系统的优化调度，将会积极提升人类的生产生活环境，如消除洪旱灾害，生产清洁能源、减少河道淤积，增加枯季径流，改善水质，保护湿地等。例如，黄河干流上修建的龙羊峡、刘家峡、万家寨、三门峡和小浪底水库，近年来，通过对水库群的合理调度，进行调水调沙、水量调度、防洪防凌调度、兴利调度、环境保护调度，极大地优化了水资源配置，保护了生态环境和河流健康。2002—2006 年 5 次调水调沙，使 3.6 亿多 t 的泥沙冲刷入海，主河槽槽底高程平均下降了 1m 多，下游河道的安全过水能力从 $1800m^3/s$ 提高到 $3500m^3/s$；使 1972—1998 年的 27 年中有 21 年间发生的断流现象（尤其 1997 年断流达 226d），至今再也没有出现过；使黄河口湿地以年均 0.33 万 hm^2 的速度在增长，野生植物增至 393 种，鸟类增至 283 种，湿地环境大大改善。当然，也有极少数的水利工程，因建设或调度不当，对环境造成危害，对此可以通过科学设计与调度予以避免。

1.4.6　人工湿地污水处理系统

湿地是地球上水陆交互作用形成的独特生态系统，对净化水体、保护水环境具有非常重要的作用。根据 1971 年签订的《关于特别是作为水禽栖息地的国际重要湿地公约》（简称《湿地公约》），湿地是指自然的或人工的，长久的或暂时性的沼泽地、泥炭地、水域地带，静止的或流动的淡水、半咸水、咸水水体，包括低潮时水深不超过 6m 的水域。即是说，所有季节性或常年积水地段，包括沼泽、泥炭地、湿草甸、湖泊、河流及洪泛平原、河口三角洲、滩涂、海岸带红树林、水库、池塘、水稻田以及低潮时水深小于 6m 的海岸带，均属湿地范畴。湿地就是地球表面水陆交互作用的水体系统，被誉为“地球之肾”。它在调节径流、蓄洪抗旱、污水净化、水禽栖息繁衍、水产养殖、调节气候、淤地造陆、改善环境等方面有着其他系统不可替代的作用。为了更好地保护湿地，发挥湿地的重要作用，我国 1992 年加入《湿地公约》，并且已有 21 处被列为国际重要湿地。

湿地除天然者外，近年来，国内外主要为净化污水，设计建造了许多工程化的湿地，称人工湿地处理系统，简称人工湿地。人工湿地系统，因处理的污水种类不同、所处自然地理条件不同，其系统结构也多种多样。但就一个单元湿地来说，一般都由下面几个部分组成：

（1）单元湿地构筑物，如氧化生态塘、厌氧生态塘、兼氧生态塘等，其中常常设填料，如土壤、砂、砾石等，构成填料床，其上附着微生物或栽种植物。

（2）进、出水系统，如进、出水渠道、管道，为污水能在单元体内均匀流动，没有死水区，一般应使进、出水在断面上分布均匀。

（3）被处理的污水，连续或间歇地向单元湿地供给污水。

（4）优化的植物生态系统，如浮水植物（浮萍、凤眼莲、藻类等）、挺水植物（芦苇、香蒲等），它们除吸收污水中的营养盐，降低污染物浓度外，还可向根部输氧，促进根系周围的好氧微生物生长。对成熟的植物应及时收获，作为植物资源利用，以免造成二次污染。

（5）适宜的降解水中污染物的微生物种群，如好氧菌、兼氧菌、厌氧菌、藻类、原生动物，一般都能自动形成。

（6）适合当地气候条件和污水情况的水生高级动物，如某些种类的鱼、虾、贝，以捕食菌藻和原生动物，将污染物最终转化为可供人们利用的肉食品。下面以滇池入湖河道污水净化工程为例，进一步了解人工湿地系统的结构、作用、效果。

滇池是昆明市人民供水的来源地。全市90%的工业分布在滇池地区，每天滇池要向市区供应20万t工业和生活用水。由于滇池位于该市下游，该市的废水、污水又排入滇池。随着工农业的迅速发展，滇池受到了严重污染，成为全国严重富营养化的湖泊之一。为了治理滇池，探讨经济、有效的污水净化方法，在滇池的主要入湖河流宝象河边的某公司苗圃基地内建设人工湿地系统示范工程，进行净化河流污水的试验。该系统工艺流程如图1.2所示，用地面积1400m^2，水力负荷为0.275～0.32t/(m^2·d)。试验污水直接取自宝象河，其水质指标为：BOD_5 28～57mg/L、COD_{Mn} 7.0～20mg/L、TN 0.2～16mg/L、TP 0.5～8.0mg/L、DO 0.5～1.0mg/L。

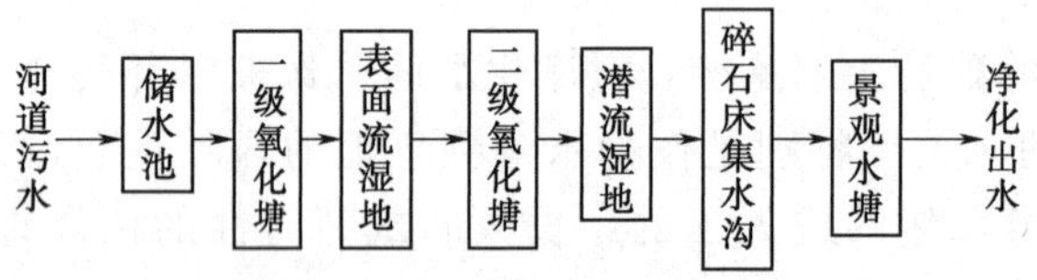

图1.2　宝象河污水人工湿地处理系统示范工程工艺流程

该处理系统，按工艺流程由下列单元组成：储水池、一级氧化塘、表面流湿地、二级氧化塘、潜流湿地、碎石床集水沟、景观水塘。其具体功能为：

（1）储水池，用于调节水流和沉积泥沙。

（2）一级氧化塘（实际为兼氧塘），种植水葫芦、大藻，二者均为浮水植物，耐污性强，生长快，一方面可以输送氧气到根系周围，促进那里的好氧微生物分解污水中的有机物成为营养盐，供植物吸收利用；另一方面，水葫芦、大藻对水面的覆盖，造成离根系较远的水体为强厌氧环境，促使那里的污染物厌氧分解。

（3）表面流湿地，接纳一级氧化塘的出水，其填料为沙土，水流从床面流过，床面上种植的植物为香蒲、芦苇、水芹菜，系由当地70余种水生植物筛选出来的吸收去除污染物能力比较强的种群。

（4）二级氧化塘，种植水芹菜和大藻，强化一级氧化塘的去污效果。

（5）潜流湿地，接收二级氧化塘的出水，其填料为碎石，上面种植的植物为香蒲、菖蒲、美人蕉、水葱、旱伞竹，水流以潜流的方式通过碎石床，利用湿地植物的生长、对悬浮物过滤和碎石床生物膜的降解，继续去除污水中的碳、氮、磷污染物。

（6）碎石床集水沟，接收潜流湿地的出水，沟底为碎石，上面种植的植物为香蒲、美人蕉，主要作用是对净化后的水流曝气增氧，最后流入景观水塘。

该人工湿地示范工程2003年2月完成，3个月后，随着植物生长的完善，系统进入稳定运行状态。2004年3—6月，对系统进行15次水质监测。结果表明，对这里的河道污水中COD_{Mn}、BOD_5、TN、TP的去除率分别达67%、74%、83%和65%，处理后的水质良好，景观水塘生长了许多小鱼，并到上游的集水沟里繁衍生息，一些水鸟也在湿地筑巢觅食，湿地生态系统勃勃生机。该系统单位污水处理建设投资为135元/m^3，处理费不足0.02元/m^3，与同类工程相比，是经济、合理的。

1.4.7 污水处理厂

建设污水处理厂集中处理工业废水和生活污水，在城镇污水处理中是最普遍最常用的方法。相对于清洁生产从源头减少污染而言，该法则属于末端消除污染的方法。其处理的大体过程是：把企业生产排放的废水和居民的生活污水，通过管网系统输送到集中处理的工厂——污水处理厂，在那里经过一系列物理、化学和生物的许多不同的去污过程，使污水的净化程度达到要求的处理标准后，再排入受纳水体，如河流、湖泊等。

污水处理厂视污水情况和要求处理的程度将有所不同。根据处理程度不同，城镇污水处理可分为预处理、一级、二级和三级（高级）处理。

1. 废水在企业和工厂内预处理

为使工厂输往污水处理厂的污水满足输水管道和处理厂的水质要求，如不能腐蚀管道，不能有剧毒、放射性物质、重金属等，在出厂之前要针对这些污染物做特殊处理，使出厂的污水必须满足国家规定的排放标准。

2. 一级处理

一级处理主要是去除污水中的漂浮物、沉淀物（砂石、煤渣等）和调节pH值，一定程度上减少了污水的物理性污染。有些情况下，这样处理即能达到受纳水体的要求。但多数情况都达不到向天然水体排放的标准。此时则要求做进一步的处理，如二级处理。对此，一级处理则为二级处理的前端部分。

3. 二级处理

二级处理是城镇污水处理厂最常见的，它不仅要清除漂浮物、沉淀物等，还要去除大部分呈胶体状态和溶解状态的有机物、氧化物、硫化物、氮、磷等有害物质，净化后的出水水质应满足二级污水处理标准。采用的方法，主要是以生化处理为主体工艺的活性污泥法和生物膜法。前者，利用污水处理中产生的含有大量微生物的污泥，称活性污泥，制造最有利的生物新陈代谢环境（如供氧、水温、pH值等），循环不断地用以降解水中的污染物，使之迅速净化，如好氧活性污泥法、厌氧活性污泥法，图1.3是好氧活性污泥法二级处理厂比较典型的工艺流程；后者，是将大量的微生物附着在填料（塑料球、塑料网等）上，形成薄膜，称生物膜，让污水均匀地流过生物膜，从而

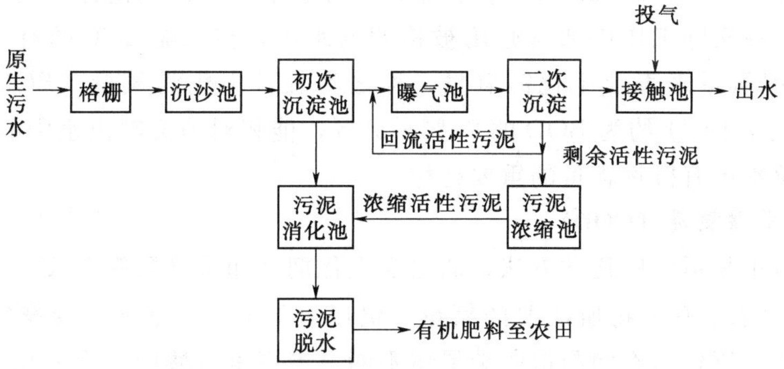

图1.3 好氧活性污泥法二级处理厂典型工艺流程图

区，例如，有的水域被划为保护区、保留区、开发利用区，有的被明确规定为生活饮用水水源保护区、渔业用水区、工业用水区、农业用水区、景观娱乐用水区等。我们不能要求所有的水域都能满足各种用水功能，那样做将是非常不经济的，实际上也无必要。很显然，要求水体的功能越强，水质标准将越高，为此，用于水资源保护所付出的代价也越大。所以，在水环境保护规划时，首要的任务就是综合各种条件，合理确定各水体的功能。水体功能不同，要求的水质标准也不同。水质标准视实际相应的水体功能而定，如果水质达不到规定的标准，也就难以达到所要求的功能。许多国家都根据本国的实际情况，针对水体功能要求，制定了一系列的水质标准。例如我国制定的《地表水环境质量标准》《生活饮用水水质标准》《渔业水质标准》《农田灌溉用水水质标准》，等等。

表 1.2、表 1.3、表 1.4 是我国在《地面水环境质量标准》（GB 3838—88）、《地表水环境质量标准》（GHZ B 1—1999）基础上，2002 年颁布的现行的《地表水环境质量标准》（GB 3838—2002）。该标准包括的水质评价指标项目有 109 项：其中表 1.2 为基本水质指标项目 24 项，是水质评价时必须要求的；表 1.3 为集中式生活饮用水地表水源地补充项目 5 项，是评价这类水质另外补充的；表 1.4 为集中式生活饮用水地表水源地特定项目 80 项，是评价这类水质时，根据那里的特殊情况从这些项目中特别指定的某些项目。按照地表水环境功能分类，规定了水环境质量应控制的项目及限值，以及水质评价、水质项目的分析方法和标准的实施与监督。该标准依据地表水水域环境功能，自高到低在表 1.2 中将水质依次划分为五类：Ⅰ类主要适用于源头水、国家自然保护区；Ⅱ类主要适用于集中式生活饮用水地表水源地一级保护区、珍稀水生生物栖息地、鱼虾产卵场等；Ⅲ类主要适用于集中式生活饮用水地表水源地二级保护区、鱼虾类越冬场、洄游通道、水产养殖区等渔业水域及游泳区；Ⅳ类主要适用于一般工业用水区及人体非直接接触的娱乐用水区；Ⅴ类主要适用于农业用水区及一般景观要求水域。

表 1.2　　地表水环境质量标准基本项目标准限值

序号	分类 标准值 项目		Ⅰ类	Ⅱ类	Ⅲ类	Ⅳ类	Ⅴ类
1	水温/℃		人为造成的环境水温变化应限制在：周平均最大温升不大于 1，周平均最大温降不大于 2℃				
2	pH 值（无量纲）		6～9				
3	溶解氧/(mg/L)	≥	饱和率 90%（或 7.5）	6	5	3	2
4	高锰酸盐指数/(mg/L)	≤	2	4	6	10	15
5	化学需氧量（COD）/(mg/L)	≤	15	15	20	30	40
6	五日生化需氧量（BOD_5）/(mg/L)	≤	3	3	4	6	10
7	氨氮（NH_3—N）/(mg/L)	≤	0.15	0.5	1.0	1.5	2.0
8	总磷（以 P 计）/(mg/L)	≤	0.02（湖、库 0.01）	0.1（湖、库 0.025）	0.2（湖、库 0.05）	0.3（湖、库 0.1）	0.4（湖、库 0.2）

续表

序号	分类 标准值 项目		Ⅰ类	Ⅱ类	Ⅲ类	Ⅳ类	Ⅴ类
9	总氮（湖、库，以N计）/(mg/L)	≤	0.2	0.5	1.0	1.5	2.0
10	铜/(mg/L)	≤	0.01	1.0	1.0	1.0	1.0
11	锌/(mg/L)	≤	0.05	1.0	1.0	2.0	2.0
12	氟化物（以F^-计）/(mg/L)	≤	1.0	1.0	1.0	1.5	1.5
13	硒/(mg/L)	≤	0.01	0.01	0.01	0.02	0.02
14	砷/(mg/L)	≤	0.05	0.05	0.05	0.1	0.1
15	汞/(mg/L)	≤	0.00005	0.00005	0.0001	0.001	0.001
16	镉/(mg/L)	≤	0.001	0.005	0.005	0.005	0.01
17	铬（六价）/(mg/L)	≤	0.01	0.05	0.05	0.05	0.1
18	铅/(mg/L)	≤	0.01	0.01	0.05	0.05	0.1
19	氰化物/(mg/L)	≤	0.005	0.05	0.02	0.2	0.2
20	挥发酚/(mg/L)	≤	0.002	0.002	0.005	0.01	0.1
21	石油类/(mg/L)	≤	0.05	0.05	0.05	0.5	1.0
22	阴离子表面活性剂/(mg/L)	≤	0.2	0.2	0.2	0.3	0.3
23	硫化物/(mg/L)	≤	0.05	0.1	0.2	0.5	1.0
24	粪大肠菌群/(个/L)	≤	200	2000	10000	20000	40000

表1.3　集中式生活饮用水地表水源地补充项目标准限值　单位：mg/L

序　号	项　　目	标准值	序　号	项　　目	标准值
1	硫酸盐（以SO计）	250	4	铁	0.3
2	氯化物（以Cl计）	250	5	锰	0.1
3	硝酸盐（以N计）	10			

表1.4　集中式生活饮用水地表水源地特定项目标准限值　单位：mg/L

序号	项　目	标准值	序号	项　目	标准值
1	三氯甲烷	0.06	10	三氯乙烯	0.07
2	四氯化碳	0.002	11	四氯乙烯	0.04
3	三溴甲烷	0.1	12	氯丁二烯	0.002
4	二氯甲烷	0.02	13	六氯丁二烯	0.0006
5	1，2-二氯乙烷	0.03	14	苯乙烯	0.02
6	环氧氯丙烷	0.02	15	甲醛	0.9
7	氯乙烯	0.005	16	乙醛	0.05
8	1，1-二氯乙烯	0.03	17	丙烯醛	0.1
9	1，2-二氯乙烯	0.05	18	三氯乙醛	0.01

续表

序号	项　目	标准值	序号	项　目	标准值
19	苯	0.01	50	丁基黄原酸	0.005
20	甲苯	0.7	51	活性氯	0.01
21	乙苯	0.3	52	滴滴涕	0.001
22	二甲苯①	0.5	53	林丹	0.002
23	异丙苯	0.25	54	环氧七氯	0.0002
24	氯苯	0.3	55	对硫磷	0.003
25	1，2-二氯苯	1.0	56	甲基对硫磷	0.002
26	1，4-二氯苯	0.3	57	马拉硫磷	0.05
27	三氯苯②	0.02	58	乐果	0.08
28	四氯苯③	0.02	59	敌敌畏	0.05
29	六氯苯	0.05	60	敌百虫	0.05
30	硝基苯	0.017	61	内吸磷	0.03
31	二硝基苯④	0.5	62	百菌清	0.01
32	2，4-二硝基甲苯	0.0003	63	甲萘威	0.05
33	2，4，6-三硝基甲苯	0.5	64	溴氰菊酯	0.02
34	硝基氯苯⑤	0.05	65	阿特拉津	0.003
35	2，4-二硝基氯苯	0.5	66	苯并（a）芘	2.8×10^{-6}
36	2，4-—氯苯酚	0.093	67	甲基汞	1.0×10^{-6}
37	2，4，6-三氯苯酚	0.2	68	多氯联苯⑥	2.0×10^{-5}
38	五氯酚	0.009	69	微囊藻毒素-LR	0.001
39	苯胺	0.1	70	黄磷	0.003
40	联苯胺	0.0002	71	钼	0.07
41	丙烯酰胺	0.0005	72	钴	1.0
42	丙烯腈	0.1	73	铍	0.002
43	邻苯二甲酸二丁酯	0.003	74	硼	0.5
44	邻苯二甲酸二（2-乙基己基）酯	0.008	75	锑	0.005
45	水合肼	0.01	76	镍	0.02
46	四乙基铅	0.0001	77	钡	0.7
47	吡啶	0.2	78	钒	0.05
48	松节油	0.2	79	钛	0.1
49	苦味酸	0.5	80	铊	0.0001

① 二甲苯：指对-二甲苯、间-二甲苯、邻-二甲苯。
② 三氯苯：指 1，2，3-三氯苯、1，2，4-三氯苯、1，3，5-三氯苯。
③ 四氯苯：指 1，2，3，4-四氯苯、1，2，3，5-四氯苯、1，2，4，5-四氯苯。
④ 二硝基苯：指对-二硝基苯、间-二硝基苯、邻-二硝基苯。
⑤ 硝基氯苯：指对-硝基氯苯、间-硝基氯苯、邻-硝基氯苯。
⑥ 多氯联苯：指 PCB-1016、PCB-1221、PCB-1232、PCB-1242、PCB-1248、PCB-1254、PCB-1260。

对应地表水上述五类水域功能，将地表水环境质量标准基本项目标准值分为五类，不同功能类别分别执行相应类别的标准值。同一水域兼有多类使用功能的，执行最高功能类别对应的标准值。

水质标准是水环境评价、规划、管理的依据，当实际水质达不到要求的水质标准时，就应采取适当的防治措施，如对排放的废水进行处理，保证水质达到用水的要求。

对水环境质量进行评价，就是根据功能区的水质要求，按一定的原则和方法，将水质调查监测资料或预测的水质指标项目与要求的水环境质量标准进行比较，确定它的质量是否满足功能区对水质的要求，例如，是否超标，如果超标，超多少，等等。或综合评价出功能区的水质类别，为水环境保护规划和优化管理提供依据。

水环境质量评价，一般包括历史性回顾评价、现状评价和预断评价，主要是后两种。现状评价是根据近期调查监测的水质资料对水环境现实状况所作的评价，依此指导当前的水环境管理工作；影响评价或称预断评价，是对将来工农业发展的某一水平情况下或设计的某工程实施后可能导致的污染状况预先做出的评价，为此，需要采用污染负荷预测模型，预测将来排入水体的污染物量，进一步由水环境模型预测未来的水质状况，评价出预测水平年的或某工程实施后水环境质量好坏及类别。评价方法，最基本的是对照要求的标准规定的各个项目进行单因子评价，说明各项因子的达标情况，超标的还应说明超标项目和超标倍数等；另外，为从总体上衡量某一水体的综合情况与哪类水质近似，从而评价出水体质量的总体类别。具体评价方法将在后面的章节中专门论述。

思考题与习题

1. 水环境保护主要包括哪些内容？水环境模拟预测在水环境保护中有何作用？

2. 如何衡量水体环境质量的好坏和水体是否受到污染？

3. 水体污染与水文循环有何联系？试从水文循环的各个环节上给以说明？

4. 何谓点源污染和非点源（面源）污染？各自有何特点？

5. 水体的自净，从性质上说，表现为哪 3 个方面？各自有何特点？各举两例说明。

资源 1.5

6. 酸雨是怎样形成的？有何危害？

7. 水体污染，从性质上说，可分为哪 3 种类型？每类污染的主要标志是什么？

8. 有机物污染水体主要有哪些危害？有哪些指标衡量其污染程度？

9. 何谓重金属？其危害有何特点？试举例说明。

资源 1.6

10. 何谓放射性污染？其危害有何特点？

11. 何谓 BOD、BOD_5、COD？为什么可以用这些指标反映水中有机物的浓度？

12. 何谓 DO？它与水质的好坏有何关系？

13. 何谓 TN、TP？他们与水环境质量有何关系？

资源 1.7

14. 水环境保护生态工程措施主要有哪些？

15. 何谓清洁生产？怎样保证其实现？

16. 何谓湿地？有何作用？人工湿地与自然湿地有何不同？一般由哪些湿地单元组成？

17. 用哪些指标反映水环境质量的优劣？怎样评价水环境的好坏？

18. 什么是水环境数学模型？水环境数学模型在水资源保护中都有哪些作用？

19. 何为水环境？水环境、水生态和水质量有何区别？

20. 结合“三条红线”，谈谈水功能区划的重要意义。

第2章

水 环 境 监 测

2.1 水环境监测的对象与内容

2.1.1 水环境监测的对象与一般程序

水环境监测，就是通过适当的方法对影响环境质量因素（称环境质量指标）的代表值进行测定，从而确定水环境质量及其变化趋势。水环境监测的对象，可分为受纳水体的水质监测和水的污染源监测。前者包括地表水（如江、河、湖、库、大海等）和地下水；后者包括工业废水、生活污水等。监测的目的，主要是为水环境研究、模拟、预测、评价、规划、管理和制定环境政策、标准等提供基础资料和依据。

水环境监测的程序一般为：对监测区域有关水环境情况调查分析→监测断面、采样点（站网）优化布设→采样点的水样采集与保存→水样的环境指标测定（化验分析）→测定数据的整编与刊布。

2.1.2 监测项目

水环境监测的水质项目，随水体功能和污染源的类型不同而异，其污染物种类繁多，可达成千上万种，不可能也无必要一一监测，而是根据实际情况和监测目的，选择环境标准中那些要求控制的影响大、分布范围广、测定方法可靠的环境指标项目进行监测。例如《地表水环境质量标准》(GB 3838—2002）中，规定的基本水质指标项目为24项，如水温、pH值、溶解氧、化学需氧量等，是水质评价时必须要求的；若水体为集中式生活饮用水地表水源地，还需补充5个项目（如氯化物、铁、锰等），以及在集中式生活饮用水地表水源地特定的80个目项中再据实际需要选若干项。又如我国《地表水和污水监测技术规范》（HJ/T 91—2002）中，对工业废水分别黑色金属矿山、钢铁工业、火力发电、医药生产、染料，等等，列举了相应的监测指标项目。

2.1.3 水质监测指标的分析方法（测定方法）

正确选择监测的水质指标的分析方法，或简称测定方法，是获得准确测定结果的关键因素之一。选择测试分析方法考虑的原则是：方法成熟、准确，操作简便，抗干扰能力好，成果可靠。根据上述原则，各国在大量实践基础上，对各类水体的水质都编制了相应的测试分析方法技术规范。这些方法有以下三个层次，它们构成完整的监测分析方法体系。

1. 国家标准分析方法

我国已编制了60多项包括采用在内的标准测试分析方法，如《水质pH值的测定玻璃电极法》（GB 6920—86）、《水质溶解氧的测定碘量法》（GB 7489—87）等。这些是一系列比较成熟、准确度高、国家法定的方法，是用于评价其他测试分析方法的基准方法。

2. 统一分析方法

有些项目的测试分析方法还不够成熟，但又急需测定，为此，经过比较研究，暂时确定的全国统一的分析方法。待不断完善成熟后，则可上升为国家标准分析方法。

3. 等效方法

与上述两类方法的灵敏度具有可比性的分析方法称为等效方法。这类方法常常是一些比较新的技术，测试简便快速，但必须经过方法验证和对比实验，证明其与标准方法或统一方法是等效的才能使用。

按照测试方法所依据的原理，常用的方法有化学法、电化学法、原子吸收分光光度计法、离子色谱法、气相色谱法、等离子体发射光谱法等。其中，化学法目前在国内外水质常规监测分析中还普遍被采用，约占各项测定方法总数的50%以上。

2.2　水质监测采样位置的布设

为了监测水质的时空变化，首先必须在研究水体的许多地点布置监测断面、采样垂线和水质采样点，称此为采样位置布设；然后按规定的时间在采样点采集水样，并按规定的测定方法对水样进行测试分析，确定各个水质指标的数值；最后，将它们整编、刊印成册，提供有关部门应用。地表水、地下水的水体特点不同，其采样位置布设方式将有比较大的差异，以下分别论述。

2.2.1　地表水

2.2.1.1　基础资料的收集

为了合理、经济、有效地布设水质监测采样位置，应尽可能地了解和收集欲监测地区的有关资料，主要有：河流、湖泊、水库的水文、气候、地质、地貌资料；水体沿岸的城镇、工业、农业发展情况及排污情况；水资源分布及利用情况；历年的水质资料等。

2.2.1.2　采样位置的布设

综合分析有关资料基础上，根据监测目的和监测项目，合理确定监测断面、采样垂线和采样点位置。

1. 监测断面的布设

按下述原则布设监测断面：①有大量污废水排入河流的主要居民区、工业区的上下游；②湖泊、水库、河口的主要入口和出口；③饮用水源区、水资源集中水域、水上娱乐区等功能区；④较大支流汇河口上游和回合后与干流充分混合处，受潮汐影响的河段等；⑤国际河流出入国境线的出入口处；⑥尽可能与水文测验断面重合。

（1）河流监测断面的布设。污染源对水体水质影响较大的河段，监测断面可设对照、控制、消减三个断面；否则，布设一个控制断面即可。所谓对照断面，是指能反映进入本河段前水质情况的断面，如排污口的上游断面；控制断面是指能反映本河段水质情况的断面，河段较长时可设多个；消减断面，是指布置在下游污染物已被稀释的断面。

（2）湖泊、水库监测断面的布设。在进出湖泊、水库的河流汇合处、各功能区中心、湖库中心、深水区、浅水区、滞留区、不同鱼类的洄游产卵区等处布设监测断面。

2. 采样垂线和采样点的布设

设置监测断面后，应进一步根据水面的宽度确定断面上的采样垂线，再根据采样垂线的深度确定采用点数目和位置。

对于监测断面，为反映水质的横向变化，需沿横向设置一定数量的采样垂线。当水面宽小于50m时，只设一条中泓垂线；水面宽50～100m时，在左右近岸有明显水流处各设一条垂线；水面宽100～1000m时，设左、中、右三条垂线；水面宽大于1500m时，至少要设5条等距离采样垂线；较宽的河口应适当增加垂线数。

在一条垂线上，为反映水质沿深度的变化，需沿水深设置一定数量的采样点。当水深不超过5m时，只在水面下0.3～0.5m处设一个采样点；水深5～10m时，在水面下0.3～0.5m处和河底以上约0.5m处各设一个采样点；水深10～50m时设3个采样点，它们分别在水面下0.3～0.5m处、河底以上0.5m处和水深1/2处；水深超过50m时，应适当增加采样点。

2.2.1.3 采样时间和采样频率的确定

为反映水质随时间的变化，必须确定合理的采样时间和采样频率，其原则是：对于较大水系的干流和中小河流，全年采样不少于6次，采样时间为丰水期、枯水期和平时期，每期采样2次；城市工业区、污染较重的河流、游览水域、饮用水源地全年采样不少于12次，采用时间为每月1次或视具体情况选定；底泥每年在枯水期采样1次。潮汐河流，全年丰、平、枯水期采样，每期采样2d，分别在大潮期和小潮期进行，每次应采集当天涨、退潮水样分别测定。排污渠每年采样不少于3次。设有专门监测站的湖库，每月采样1次，全年不少于12次；其他湖库，每年枯、丰水期各1次。污染较重的湖库，应酌情增加采样次数。背景断面每年采样1次。

2.2.2 地下水

2.2.2.1 调查研究和收集资料

这项工作包括：①收集监测地区的水文、气象、地质、地貌方面的和以往观测的环境资料；②调查监测区域内城市发展、工业布局、资源开发和土地利用情况，了解化肥和农药施用面积和施用量，查清污水灌溉、排污、纳污和地表水污染情况；③测量地下水位和水深变化情况；④确定主要污染源和污染物；⑤根据地区特点把地下水划分为若干水文地质单元。

2.2.2.2 采样井点的布设

目前，地下水监测以浅层地下水（潜水）为主，应尽可能利用各地质单元中原有的水井。还可对深层地下水（承压水）的各层水质进行监测。孔隙水以第四纪为主，基岩裂隙水以监测泉水为主。

1. 背景值监测井点的布设

背景值监测点应设在污染区外围不受或少受污染的地方。对于新开发区，应在没有施加污染源之前设置。

2. 监测井点的布设

对于工业区和重点污染源所在地区的监测井（点），主要根据污染物在地下水中的扩散形式确定。例如，渗坑、渗井和堆渣区在含水层渗透性较大的地区易造成条带状污染，污灌区的污水渗透到地下易造成块状污染，此时监测井应在地下水流方向和垂直方向上布设，以监测地下水中的污染物沿流在这些方向的分布，渗坑、渗井和堆渣区在含水层渗透性较小的地区易造成点状污染，其监测井应布设在离污染源较近的地方。一般监测井在水面下0.3～0.5m处取样，若有多水层分布可分层取样。

2.2.2.3 采样时间和采样频率

每年应在丰水期和枯水期分别采样测定，或按地区特点分四季采样，已建立长期观测点的地方，可按月采样。

每一采样期至少采样1次，对饮用水源区监测点，每一采样期监测2次，其间隔至少10d，对有异常情况的测点，应适当增加监测次数。

2.2.3 水污染源

水污染源包括点污染源和非点污染源（主要为面污染源），前者的污水排放有固定地点的排污口，如工业污水源、生活污水源、医院污水源等；后者的污水源来自广大的面积上，如降雨径流形成的污染。这里说的水污染源是指前者，后者将在第3章论述。

2.2.3.1 资料收集

调查研究和收集有关资料，查清欲监测区的用水情况，污水（废水）类型、主要污染物及排污去向和排污量，车间、工厂或地区的排污口数量及分布位置，是否直接排入江河、湖库等天然水体，有无排入渗坑等。然后进行综合分析，确定监测项目、监测点位置、选定采样时间和频率、采样方法。

2.2.3.2 采样点布设

水体的点污染源一般经管道或沟渠排放，过水断面比较小，断面上通常只有一个采样点，因而直接确定采样点位即可。

1. 对工业废水

（1）在车间废水排放口设置采样点，监测一类污染物。这类污染物主要有汞、镉、砷、铅、六价铬的无机化合物和有机氯化合物等强致癌物质。

（2）在工厂废水总排放口设置采样点，监测二类污染物。这类污染物主要有悬浮物、硫化物、挥发酚、氰化物、有机磷化合物，还有镭、铜、锌、氟的无机化合物、硝基苯类、苯胺类。

（3）已有废水处理设施的工厂，在处理设施的排放口或进出口布设采样点。

（4）在排污渠道上应在渠道较直、流量稳定的地点设置采样点。

2. 对生活污水和医院污水

采样点一般设在居民区或医院的总排放口。对于污水处理厂，应在进出口分别布设采样点。

2.2.3.3　采样时间与频率

我国《地表水和污水监测技术规范》（HJ/T 91—2002）中规定对于污染源污水的监督性监测应符合如下要求："地方环境监测站对污染源的监督性监测每年不少于1次，如被国家或地方环境保护行政主管部门列为年度监测的重点排污单位，应增加到每年2～4次。因管理或执法的需要所进行的抽查性监测或对企业的加密监测由各级环境保护行政主管部门确定。"

工业废水的污染物含量和排放量常随工艺条件及开工率的不同而有很大差异，故采样的时间和频率的选择，也应随工厂的不同而有所不同，尤其尚未掌握工厂排污规律之前，应增加采样频率；之后，再过渡到规范规定的采样时间和频率。

2.3　水样的采集与保存

2.3.1　水样的采集

为了在现场顺利完成采样工作，采样前，要根据监测项目的性质和采样方法的要求，选择适宜材质的盛水容器和采样器，并清洗干净。此外，还要准备好交通工具，如船只、车辆。对采样器具的材质要求化学性能稳定，大小和形状适宜，不吸附欲测组分，容易清洗并可反复使用。

2.3.1.1　地表水水样的采集

采集表层水样时，可用桶、瓶直接采样，一般将其沉至水面下0.3～0.5m处采集。采集深层水样时，可使用带有重锤的采样器沉入水中指定的位置（采样点）采集，对于溶解气体（如溶解氧）的水样，常用双瓶采样器采集。此外，还有许多结构复杂的采样器，如深层采水器、电动采水器、自动采水器、连续自动定时采水器等，按使用说明对指定的水体位置采集水样。

2.3.1.2　地下水水样的采集

从监测井中采集水样，常用抽水机抽取地下水取样。抽水机启动后，先放水数分钟，将积留在管道内的杂质及陈旧水排出，然后用采样器接取水样。对于无抽水设备的水井，可选择合适的专用采水器采集水样。

对于自喷泉水，可在涌水口处直接采样。

2.3.1.3　底质样品（沉积物）的采集

底质监测断面的布设与水质监测断面相同，其位置应尽可能与水质监测断面一致，以便于将沉积物的组分及其物理化学性质与水质监测情况进行比较。

由于底质比较稳定，故采样频率远较水样低，一般每年枯水期采样1次，必要时可在丰水期增采1次。

底质样品采集量视监测项目、目的而定，一般为1～2kg。表层底质样品一般采用抓式采样器或锥式采样器采集。前者适用于采集量较大的情况，后者采集量较小。管式泥心采样器用于采集柱状样品，以便了解底质中污染物的垂直分布。

2.3.2　水样的运输与保存

各种水质的水样，从采集到分析测定这段时间里，由于环境条件的改变，微生物新陈代谢活动和化学作用的影响，都可能引起水样中某些水质指标的变化。为将这些变化降低到最低程度，应尽可能地缩短运输时间、尽快分析测定和采取适当的保护措施，有些项目则必须在现场测定。

2.3.2.1　水样的运输

对采集的每一个水样，都要做好记录，在采样容器上贴好标签，尽快运送到实验室。运输过程中，应注意：①要塞紧样品容器口的塞子，必要时用封口胶等密封；②为避免水样在运输过程中因震动、碰撞损坏和沾污，最好将样瓶装箱，并用泡沫塑料等填充物塞紧；③需冷藏的样品，应放入冷藏设备中运输，避免日晒；④冬季应防止水样结冰冻裂样品瓶。

2.3.2.2　水样的保存

储存水样的容器可能吸附欲测水样中的某些组分，或沾污水样，因此要选择性能稳定、杂质含量低的材料制作的容器。常用的容器材质有硼硅玻璃、石英、聚乙烯、聚四氟乙烯。其中石英、聚四氟乙烯杂质含量少，但价格昂贵，一般常规监测中广泛使用硼硅玻璃、聚乙烯材质的容器。

如果采集的水样不能及时分析测定时，应根据监测项目的要求，采取适当的保存措施储放。保存水样的措施一般有：①选择材质性能稳定的容器，以免沾污水样；②控制水样的 pH 值，如用 HNO_3 酸化，可防止重金属离子水解沉淀；或用 NaOH 碱化，使水样中的挥发性酚生成稳定的酚盐，防止酚的挥发等；③加入适宜的化学试剂进行固定，如生物抑制剂，抑制氧化还原反应和生化作用；④冷藏或冷冻，降低细菌活性和化学反应速度。作为保存水样的一般指导，推荐的水样保存技术列在表 2.1 中，供参考。

表 2.1　　水样的保存技术

序号	监测项目	容器材质	保存方法	最长保存时间
1	pH 值	P、G	低于水体温度（2～5℃冷藏最好）	6h
2	钙、镁总量	P、G	2～5℃冷藏	7d
3	溶解氧：电极法	G	现场测定	4～8h
	碘量法	G	加 $MnSO_4$ 和碱性 KI 试剂	4～8h
4	总氮	P、G	加 H_2SO_4 酸化至 pH<2	24h
5	总磷	P、G	加 HNO_3 酸化至 pH<2，2～5℃冷藏	数月
6	氯化物	P	2～5℃冷藏	28d
7	硫酸盐	P、G	2～5℃冷藏	28d
8	钙、镉、锰、铜、铁、镁、铅、锌	P	加 HNO_3 酸化至 pH<2	6 个月
9	铬	P	加 HNO_3 酸化至 pH<2	6 个月
10	汞	P、G	加 HNO_3 酸化至 pH<2，并加 $K_2Cr_2O_7$ 使其质量浓度为 $\rho(K_2Cr_2O_7)=0.5g/L$	数月

注　G—有硼硅玻璃；P—塑料。

2.4　水环境指标的测定

反映水环境质量的指标众多，物理性的，如水温、颜色、臭味、悬浮物SS、电导率、浊度、溶解性总固体、氧化还原电位；金属化合物类的，如汞、镉、铜、铅、锌、铬、砷、铍、镍、硒、锑、钍、铀、铁、锰、钙、镁等；非金属无机物类的，如酸度、碱度、pH值、溶解氧、氯化物、氟化物、含氮化合物、含磷化合物、硫化物等；有机化合物类的，如化学需氧量COD、高锰酸盐指数、生化需氧量BOD、总有机碳TOC、总需氧量TOD、总磷TP、总氮TN、挥发酚、矿物油等；生物类的，如细菌总数、总大肠菌群数、叶绿素a浓度等。其具体测定方法，在有关技术规范里均有详细说明，这里仅就常见的一些水环境指标，说明其测定原理和方法。

2.4.1　水温

水温的测定应在现场进行。常用的测量仪器有水温计、颠倒水温计和热敏电阻温度计。作为一例，介绍最常见的水温计法。水温计是安装在金属半圆槽壳内的水银温度计，下端连一金属储水杯，温度计的水银球部悬于杯中，槽壳顶部系以适当长度的具有刻记的绳子。测温范围通常为－6～41℃，最小分度为0.2℃。测量时。将水温计置于要求深度的水中，放置5min后，迅速提出水面并读数。

2.4.2　悬浮物

水中的悬浮物分可滤悬浮物和不可滤悬浮物，其和称总悬浮物。它们表征水中溶解性物质、不溶性物质和总的悬浮性物质含量指标。

2.4.2.1　总悬浮物浓度 *TSS*

水中的悬浮物，使水体浑浊，透明度降低，影响水生生物呼吸与代谢活动；使江道、湖库淤积，加重洪水灾害，破坏环境。因此，为必测的水环境指标。

总悬浮物浓度是水样在一定温度下蒸发、烘干后剩余的物质质量除以水样的体积，即单位水样含的总悬浮物量。其测定方法是取适量（如500mL）振荡均匀的水样盛于一定重量的蒸发皿中，在蒸汽浴或水浴上蒸干，移入103～105℃烘箱内烘至恒重，蒸发皿增加的质量即总悬浮物量。据此计算总悬浮物浓度如下：

$$TSS=(A-B)/V \tag{2.1}$$

式中：TSS为总悬浮物浓度，mg/L；A为总悬浮物和蒸发皿一起的质量，mg；B为蒸发皿的质量，mg；V为盛于蒸发皿里的水样体积，L。

2.4.2.2　可滤悬浮物浓度 *FS*

可滤悬浮物浓度是指将滤过后的水样盛于一定质量的蒸发皿中蒸干，移入103～105℃烘箱内烘至恒重，蒸发皿增加的质量即可滤悬浮物量。据此，类似式（2.1）可计算的可滤悬浮物浓度。

2.4.2.3　不可滤悬浮物浓度——悬浮物浓度 *SS*

水样过滤后留在过滤器上的固体物质（包括悬浮的泥沙、不溶于水的各种污染物等），于103～105℃温度下烘至恒重后得到的物质量G，除以水样的体积V，即得计

算的悬浮物浓度 SS，其计算式为

$$SS=G/V \tag{2.2}$$

式中：SS 为悬浮物浓度，mg/L；G 为悬浮物质量，mg；V 为水样的体积，L。

2.4.3　pH 值

水的 pH 值用来表示水中酸、碱的强度，是常用的水质指标之一。pH 值是溶液中氢离子活度的负对数，即

$$pH=-\lg\{H^+\}=1/\lg\{H^+\} \tag{2.3}$$

如果忽略离子强度的影响，用浓度表示时，则

$$pH=-\lg[H^+]=1/\lg[H^+] \tag{2.4}$$

式中：$\{H^+\}$、$[H^+]$ 分别为氢离子活度和氢离子浓度，mol/L。

测定水的 pH 值的方法有玻璃电极法和比色法。

2.4.3.1　比色法

比色法基于各种酸碱指示剂在不同 pH 值的水溶液中显示不同的颜色，而每种指示剂都有一定的变色范围。将一系列已知 pH 值的缓冲溶液加入适当的指示剂制成标准色液并封装在小安瓿瓶内。测定某水样的 pH 值时，取与缓冲溶液同样的水样，加入与标准系列相同的指示剂，然后进行比较，以确定水样的 pH 值。

2.4.3.2　玻璃电极法

玻璃电极法测定 pH 值，是以 pH 玻璃电极为指示电极，饱和甘汞电极为参比电极，二者与阻抗转换及放大器、pH 指示表一起组成 pH 计，如图 2.1 所示。测定时，将 pH 计的两极插入欲测的水样中，即可由 pH 指示表上读出要测的 pH 值。该法的测试原理为：如图 2.1 所示，两极与被测溶液组成的原电池，其电动势（电位差）$E_{电池}$ 为

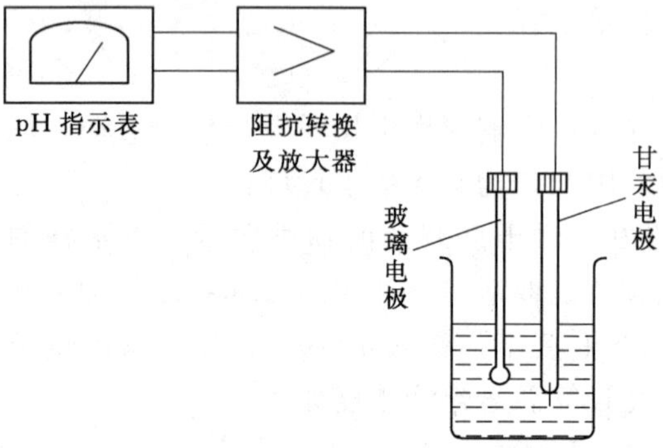

图 2.1　pH 计及其测定水样 pH 值示意图

$$E_{电池}=\varphi_{甘汞}-\varphi_{玻璃} \tag{2.5}$$

式中：$\varphi_{甘汞}$ 为饱和甘汞电极的电位，不随被测溶液中氢离子活度 $\{H^+\}$ 变化，可视为定值；$\varphi_{玻璃}$ 为玻璃电极的电位，随被测溶液中 $\{H^+\}$ 变化，可由能斯特方程表达为

$$\varphi_{玻璃}=\varphi_0+0.059\lg\{H^+\}=\varphi_0-0.059\lg pH \tag{2.6}$$

代入上式，得

$$E_{电池}=\varphi_{甘汞}-(\varphi_0-0.059\lg pH)=K+0.059\lg pH \tag{2.7}$$

式中：φ_0、K 为常量。

设 pH 标准溶液和被测溶液的 pH 值分别为 pH_s 和 pH，电动势分别为 E_s 和 E，由上式可解得被测溶液的 pH 值为

$$pH = pH_s + (E_s - E)/0.059 \tag{2.8}$$

可见，pH 是以标准溶液的 pH_s 为基准，25℃条件下（$E_s - E$）每变化 59mV，则 pH 值相应地变化 1 个单位，从而在 pH 指示表上反映出 pH 值。

为校正温度对测定 pH 值的影响，依上述原理制造的 pH 计上都设有温度补偿装置。为简化操作、使用方便和适于现场测定，已广泛使用复合 pH 电极，制成袖珍式 pH 计。

2.4.4 溶解氧 DO

溶解于水中的分子态氧称为溶解氧。溶解氧的含量，与大气压力、水温及含盐量等因素有关，大气压力下降、水温升高、含盐量增加，都会导致溶解氧含量减少。

用作溶解氧测定的水样在采集时必须十分小心。一般情况下，水中的溶解氧是不饱和的，如果较长时间的暴露于空气中，因大气复氧、生物降解等作用，就会导致错误的测定结果。因此采样时应使水样不与空气接触和避免搅动，不致引起水样中溶解氧的变化。最好是采集的水样就在现场测定。

测定溶解氧的方法有碘量法和溶解氧测定仪法。

2.4.4.1 碘量法

碘量法是测定水样中溶解氧的基本方法。在没有干扰的情况下，此方法适用于各种溶解氧浓度大于 0.2mg/L 和小于氧的饱和浓度两倍（约 20mg/L）的水样。如有氧化物质或还原物质干扰时，可采用修正的碘量法。

1. 碘量法

该法的操作和化学反应过程如下。

（1）在水样中加入硫酸亚锰和碱性碘化钾（NaOH—KI），硫酸亚锰与碱性碘化钾中之氢氧化钠作用，生成氢氧化锰的白色沉淀：

$$MnSO_4 + 2NaOH = Na_2SO_4 + Mn(OH)_2 \downarrow \text{（白色沉淀）} \tag{2.9}$$

（2）水中若有溶解氧存在，则氧与氢氧化锰立即作用，生成棕色的碱性氢氧化锰沉淀：

$$2Mn(OH)_2 + O_2 = 2MnO(OH)_2 \downarrow \text{（棕色沉淀）} \tag{2.10}$$

若水样中无溶解氧，则所得沉淀为白色，测定无须继续进行。

（3）加酸入后，碱性氢氧化锰即被溶解而生成硫酸锰：

$$MnO(OH)_2 + 2H_2SO_4 = Mn(SO_4)_2 + 3H_2O \tag{2.11}$$

（4）硫酸锰与先前加入的碘化钾作用析出碘：

$$Mn(SO_4)_2 + 2KI = MnSO_4 + K_2SO_4 + I_2 \tag{2.12}$$

（5）用硫代硫酸钠标准溶液滴定所析出的游离碘（以淀粉为指示剂），此碘量相当于水样中所含的溶解氧量：

$$2Na_2S_2O_3 + I_2 = Na_2S_4O_6 + 2NaI \tag{2.13}$$

因此，可根据所用的硫代硫酸钠标准溶液的数量计算出水样的溶解氧浓度 DO：

$$DO = M \times V \times 8 \times 1000 / V_{水} \tag{2.14}$$

式中：DO 为被测水样的溶解氧浓度，mg/L；M 为滴定消耗的硫代硫酸钠标准溶液的浓度，mol/L；V 为滴定消耗的硫代硫酸钠标准溶液的水样体积，mL；8 为氧的换算值，g/mol；$V_{水}$ 为水样体积，mL。

该法适用于比较清洁的水。当水中含有氧化物质、还原物质及有机物时，会干扰测定的准确性，此时，应根据不同的干扰物质采用修正的碘量法。

2. 修正的碘量法

（1）叠氮化钠修正法。亚硝酸盐是溶解氧测定中常常遇到的干扰物质，可在测定中加入叠氮化钠将亚硝酸盐分解后再用碘量法测定。分解亚硝酸盐的反应如下：

$$2NaN_3 + H_2SO_4 = 2NH_3 + Na_2SO_4 \quad (2.15)$$

$$HNO_2 + NH_3 = N_2O + N_2 + H_2O \quad (2.16)$$

叠氮化钠修正法除加入叠氮化钠外，其他操作步骤与碘量法相同。

（2）高锰酸钾修正法。该法用来防止由于亚硝酸盐、铁及有机物等产生的干扰。在此法中，水样预先在酸性条件下用高锰酸钾处理，加入过量的高锰酸钾，氧化上述干扰物，剩余的高锰酸钾则用草酸钾去除之。此后，即可按碘量法测定，只是碱性碘化钾溶液的用量需稍多加一些，以避免先前为了便利高锰酸钾氧化作用而加入的酸的影响。

2.4.4.2　溶解氧测定仪法

溶解氧仪是快速测定溶解氧浓度的一种仪器，形式多种多样，但其设计原理基本上是一样的。溶解氧仪由电化学探头和显示探头测定结果的记录仪组成。探头是将两个金属电极——金阴极和银阳极浸没在一个电解质溶液（如 KCl 溶液）中，电极和电介质溶液则被封装在一个用氧半透膜外包的塑料小室内，电极通过导线与读取溶解氧数据的记录仪连接，如图 2.2 所示。这种氧半透膜能阻挡水和溶解固体，而只允许氧和一些其他气体通过。探头的工作电源打开时，两极间存在一个0.5～0.8V 的外加电压，水中的溶解氧扩散通过薄膜，并在阴极上还原，产生与溶解氧浓度成正比的扩散电流。电极反应如下：

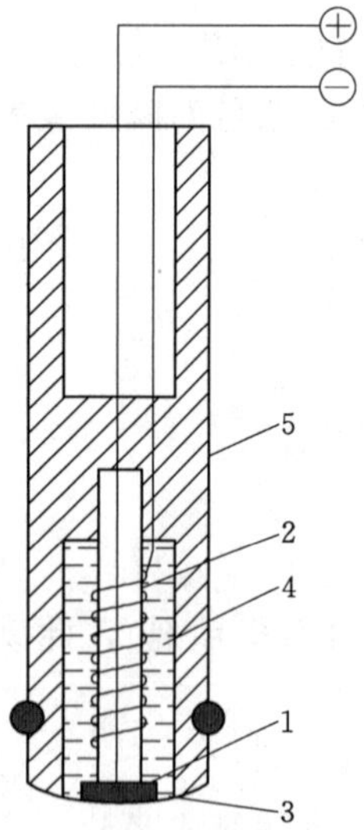

图 2.2　溶解氧测定仪探头构造
1—黄金阴极；2—银丝阳极；
3—氧半透膜；4—KCl 溶液；
5—壳体

在阴极处　$O_2 + 2H_2O + 4e = 4OH^-$　(2.17)

在阳极处　$4Ag + 4Cl = 4AgCl + 4e$　(2.18)

这样，电子从阳极流向阴极，产生一个扩散电流。在一定温度下，这个稳定以后的扩散电流与水样中氧的浓度成正比。于是，根据电流计的读数，就可测得水样中的溶解氧浓度。电流计的读数转换为溶解氧浓度读数（即记录仪表上的读数），是由碘量法测值标定的。膜材料对温度十分敏感，溶解氧仪内部一般都装有热电偶以补偿温度的变化。

测定水样的溶解氧时，要适当用电极探头搅动水样，以防止薄膜附近氧被还原减少而使读数偏低。市售的各种溶解氧测定仪，在使用时，应仔细阅读其说明书，严格按照说明书操作，以保证测定准确可靠。

2.4.5 有机化合物

天然水体和污水中常含有许多有机物质，它们降解时会大量消耗水中的溶解氧，恶化水环境，因此，是环境监测中一项非常重要的指标。

水中有机物质种类繁多，难以一一测定。除有毒有机物外，一般都以水中有机物分解为无机物需要的氧量间接地综合表征水中有机物浓度，如化学需氧量 COD、生化需氧量 BOD 等指标。

2.4.5.1 化学需氧量 COD

化学需氧量是指水样在一定条件下，用强氧化剂氧化 1L 水样中的还原性物质（主要是有机物）需要消耗的溶解氧量，以氧的 mg/L 表示。根据强氧化剂的不同：用重铬酸钾 $K_2Cr_2O_7$ 测定的称重铬酸钾需氧量，习惯上就叫化学需氧量，记作 COD_{Cr}；用高锰酸钾 $KMnO_4$ 测定的称高锰酸钾需氧量，习惯上常称高锰酸盐指数，记作 COD_{Mn}。

1. 化学需氧量 COD_{Cr}

其测定原理是：于水样中加入一定量的重铬酸钾，在强酸性溶液中，加热回流 2h 的情况下，氧化水样中的还原性物质（主要为有机物），剩余的重铬酸钾以试铁灵做指示剂，用硫酸亚铁铵标准溶液滴定，当溶液颜色由黄到绿转灰蓝，最后变至棕红色时即为滴定终点。根据消耗的硫酸亚铁铵的量可计算出水样中的有机物质被氧化所消耗的重铬酸钾量和换算出水样的溶解氧浓度。

COD_{Cr}的测定步骤是：①取水样 20mL 于锥形瓶中；②加入 0.4g 的 $HgSO_4$ 混匀，以消除 Cl^- 的干扰；③加入重铬酸钾标准溶液［0.25mol/L（$1/6K_2Cr_2O_7$）］100mL 和沸石数粒，并混匀；④接上回流装置，自冷凝管上口加入催化剂 Ag_2SO_4—H_2SO_4 溶液 30mL 并混匀；⑤回流加热 2h 后冷却；⑥自冷凝管上口加入 80mL 水于反应液中；⑦取下锥形瓶，加入试铁灵指示剂 3 滴；⑧用硫酸亚铁铵标准溶液［0.1mol/L $(NH_4)_2Fe(SO_4)_2$］滴定，当锥形瓶水样由蓝绿色变为红棕色即为滴定终点，记下应用的标准液数量。

由上述测定结果，按下式计算化学需氧量 COD_{Cr}：

$$COD_{Cr}=(V_0-V_1)\times c\times 8\times 1000/V \tag{2.19}$$

式中：COD_{Cr}为测定水样的化学需氧量，mg/L；V_0为以 20mg 水代替水样进行空白实验消耗硫酸亚铁铵标准溶液的体积，mL；V_1为滴定水样消耗硫酸亚铁铵标准溶液的体积，mL；c 为硫酸亚铁铵标准溶液浓度，mol/L；8 为（1/2）O 的摩尔质量，g/mol；V 为水样体积，mL。

重铬酸钾氧化性很强，可将绝大部分的有机物氧化，但吡啶不被氧化，芳香族有机物不易被氧化，挥发性直链脂肪组化合物、苯等存在于蒸汽相，氧化不明显。

用 0.25mol/L 的重铬酸钾溶液可测定大于 50mg/L 的 COD_{Cr}值；用 0.025mol/L 的重铬酸钾溶液可测定 5～50mg/L 的 COD_{Cr}值，但准确度较差。

2. 高锰酸盐指数

以高锰酸钾溶液为氧化剂测定的化学需氧量 COD_{Mn}，称高锰酸盐指数。按测定溶液的介质不同，分为酸性高锰酸钾法和碱性高锰酸钾法。由于碱性条件下，高锰酸钾的氧化能力比酸性条件下稍弱，此时不能氧化水样中的氯离子，故碱性高锰酸钾法常用于测定含氯离子浓度较高的水样。

酸性高锰酸钾法适用于氯离子浓度不超过300mg/L的水样。当高锰酸盐指数超过5mg/L时，应将水样稀释后再测定，其测定过程如下：①取水样100mL（原样或稀释后的）于锥形瓶中；②加入5mL硫酸溶液（1+3）并混匀［硫酸溶液（1+3）为将1份硫酸加至3份纯水中煮沸，滴加高锰酸钾溶液至溶液保持微红色］；③加入10.0mL高锰酸钾标准溶液[$(1/5KMnO_4)=0.01mol/L$]后，将锥形瓶放入沸水浴内加热30min；④取出锥形瓶，趁热加入10.0mL草酸钠标准溶液[$(1/2Na_2C_2O_4)=0.01mol/L$]，充分振摇，使红色褪尽；⑤自滴定管加入高锰酸钾标准溶液，至溶液变为微红色即为滴定终点，记录用量V_1。

根据上述测试结果，按下式计算高锰酸盐指数：

（1）水样不稀释时。

$$COD_{Mn}=[(10+V_1)K-10]M\times8\times1000/100 \tag{2.20}$$

式中：COD_{Mn}为高锰酸盐指数，mg/L；V_1为滴定水样消耗高锰酸钾标准溶液量，mL；K为校正系数（每毫升高锰酸钾标准溶液相当于草酸钠标准溶液的毫升数）；M为草酸钠标准溶液浓度，mol/L；8为氧（1/2 O）的摩尔质量，g/mol；100为取的水样体积，mL。

（2）水样用纯水稀释时。

$$COD_{Mn}=\{[(10+V_1)K-10]-[(10+V_0)K-10]f\}M\times8\times1000/V_2 \tag{2.21}$$

式中：V_0为空白实验中滴定水样消耗高锰酸钾标准溶液量，mL；V_2为分取水样体积，mL；f为稀释水样中稀释水的比值（例如10.0mL水样用纯水稀释至100mL，则$f=0.9$）；其他项的意义同不稀释的计算式。

2.4.5.2 生化需氧量BOD

生化需氧量是指水样在有溶解氧的条件下，好氧微生物分解单位水体有机物的生物化学过程中所消耗的溶解氧量，以mg/L计。

水中有机物好氧分解大体分为两个阶段：第一阶段主要是含碳有机物氧化分解为二氧化碳和水，和含氮有机物矿化为氨氮，称碳化阶段；接着展开的第二阶段，主要是含氮有机物在硝化菌作用下分解为亚硝酸盐和硝酸盐，称硝化阶段。

水中有机物的生物氧化分解过程是一个缓慢的过程，需要很长的时间才能终结，有人认为需100d左右才能基本完成。不少实验证明，对于多数有机物，经过5d约能完成70%～80%，20d约能完成95%～99%。于是，一般情况下，各国都用5d、温度20℃作为生化需氧量测定的标准条件，以便可做相对比较。这样测定的生化需氧量称五日生化需氧量，记为BOD_5。其测定方法，一是水样培养测定法；二是BOD测定仪法。

1. 水样培养测定法

由于氧在水中的溶解度有限，当有机物浓度较小时，可直接测定；而当浓度比较高时，水样需做稀释，以保证整个测定过程中水中含有溶解氧。故测定方法可分为直接测定法和稀释测定法。

(1) 直接测定法。如果水样的 BOD_5 不超过 7.0mg/L，并且其中溶解氧在测定开始时能够经曝气达到近似饱和，则不必进行稀释，可直接测定。很多清洁的河流、水库、湖泊等即属这种情况。该法的测试过程大体是：①首先将水样的水温调至 20℃ 左右和使溶解氧近于饱和；②取生化需氧量培养瓶数个，分别用调好的水样充满，并立即测出水样起始的溶解氧浓度，和将培养瓶密封以免空气中的氧气进入瓶内；③将密封的培养瓶置入培养箱，在恒温 20℃ 下培养 5d，然后测定末了的溶解氧浓度；④初始浓度与末了浓度之差，即为五日生化需氧量 BOD_5。

(2) 稀释测定法。绝大多数的污水，如生活污水，一般其 BOD 都有 150～200mg/L，远远超过 7.0mg/L。显然，对于这种情况不能应用直接测定法确定 BOD_5。此时，应将水样稀释（称稀释水样）后测定，然后考虑稀释比，计算水样的 BOD_5。

1) 制备稀释水。稀释水一般用蒸馏水配制，先用经活性炭吸附及水洗处理的空气曝气 2～8h，使之接近饱和，然后在 20℃ 下放置数小时。临用前加入少量氯化钙、氯化铁、硫酸镁等营养盐溶液及磷酸盐缓冲液，混匀备用。若水样中缺乏微生物，应于稀释水中接种。例如，在每升稀释水中加入生活污水上层清液 1～10mL，称此为稀释水。

2) 配置稀释水样。应用稀释水按照适当的稀释倍数对水样进行稀释，稀释后的水样称稀释水样。为了获得可靠的测定结果，正确的稀释水样应满足培养 5d 后的溶解氧减少 40%～70% 之间，且不少于 2.0mg/L，终了时剩余的溶解氧浓度不少于 1.0mg/L。为此，针对某一水样通常应配制 3～4 个稀释水样，分别测定 BOD_5，从中选取符合上述要求的结果。稀释倍数可按经验估计：对于地表水，表 2.2 列出了根据其高锰酸盐指数 COD_{Mn} 估算稀释倍数的系数值，将 COD_{Mn} 乘以相应的系数，即得该地表水样的稀释倍数；对于工业废水，其稀释倍数由 COD_{Cr} 值分别乘以系数 0.075、0.15、0.25 获得。

表 2.2　由高锰酸盐指数估算稀释倍数的系数值

高锰酸盐指数 COD_{Mn}/(mg/L)	系数	高锰酸盐指数 COD_{Mn}/(mg/L)	系数
<	—	10～20	0.4、0.6
5～10	0.2、0.3	>20	0.5、0.7、1.0

3) 计算五日生化需氧量 BOD_5。

$$BOD_5 = \frac{(c_1 - c_2) - (B_1 - B_2) f_1}{f_2} \tag{2.22}$$

式中：BOD_5 为五日生化需氧量，mg/L；c_1、c_2 分别为稀释水样在培养前和经 5d 培养后的溶解氧浓度，mg/L；B_1、B_2 分别为稀释水在培养前和经 5d 培养后的溶解氧浓度，mg/L；f_1 为稀释水用量在稀释水样中所占比例；f_2 为水样用量在稀释水样中所占比例。

2. 气压计库仑式 BOD 仪测定法

气压计库仑式 BOD 仪的测定原理如图 2.3 所示。装在培养瓶中的水样用电磁搅拌器进行搅拌，当水样中的溶解氧因微生物降解有机物被消耗时，则培养瓶内上部空间中的氧气将随时溶入水样，使培养液保持良好的溶解氧浓度。同时水样中生成的二氧化碳从水中逸出，被置于瓶中的吸附剂吸收，使瓶内的氧分压和总气压下降。下降量被电极式压力计检出，并转换为电信号，经放大器放大并送入继电器电路接通恒流电源及同步电机。与此同时，电解瓶内酸性硫酸铜溶液自动电解产生氧气供给培养瓶，待瓶内气压回升至原压力时，继电器断开，电解电极和同步电机停止工作。此过程反复进行，使培养瓶内上部空间始终保持恒压状态，以保证水样生化反应的正常进行。根据库仑定律，反应过程所消耗的氧量与电解所需的电量成正比，可由消耗的电量计算水样的生化耗氧量。仪器能自动显示测定结果，记录生化需氧量过程。可见，该法不仅可以测定五日生化需氧量 BOD_5，还可绘出生化需氧量曲线，分析碳 BOD、氮 BOD 和降解系数。

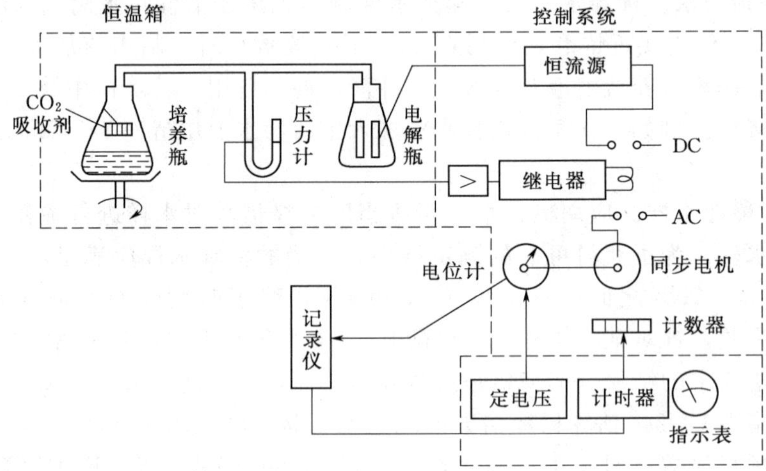

图 2.3　气压计库仑式 BOD 仪的测定原理

研究表明，用气压计库仑式 BOD 仪测定的 BOD 值一般比水样培养法测定的高一些。原因主要是：前者，整个测试过程中水样是搅动的，并保持良好的溶解氧浓度，有利于生化作用的正常进行；后者，水样是静止的，随着测试的进行，水样的溶解氧浓度逐渐降低，对生化作用越来越不利。

2.4.6　氮素化合物

水和废水中的氮素化合物有多种形态，对于水环境比较关心的指标有：有机氮、氨氮、亚硝酸盐氮、硝酸盐氮和总氮，其多少，均以每升水中含的氮元素毫克数表示。这些指标中，前 4 种在生物化学作用下可以相互转化，如有机氮分解转化为氨氮，再氧化为亚硝酸盐氮和硝酸盐氮，被生物吸收后又变为有机氮；后者是前 4 者的总和。氮是植物生长的重要营养元素，过量时可能使水中的藻类猛长，形成富营养化，破坏水体的生态平衡。因此，氮素常是水环境监测的一项重要指标。

2.4.6.1 有机氮

有机氮是指以有机物形式存在的氮元素，如蛋白质、氨基酸、肽、胨、核酸、尿素、有机胺和硝基化合物、重氮化合物等中的氮素。

常用的有机氮测定法是基耶达（Kjeldahl）法。其测定方法如下：①如图2.4所示，将一定量的水样放入凯式烧瓶，调节pH值至7，用蒸馏法（利用水样中各污染成分具有不同的沸点而使其彼此分离的方法）除去水样中原有的氨氮；②加入浓硫酸和催化剂（K_2SO_4、$HgSO_4$），加热煮沸，使有机氮消化转变成氨氮，水色由黑变清时，为保证完全氨化，继续煮沸20min；③加入$NaOH—Na_2S_2O_3$溶液，在碱性介质中蒸馏出氨，用硼酸溶液吸收，以分光光度计法测出氨氮含量，该结果就是水样中的有机氮。

该法测定的有机氮不包括硝基化合物和重氮化合物，但由于水中这两种化合物一般很少，因此对测定结果影响不大。

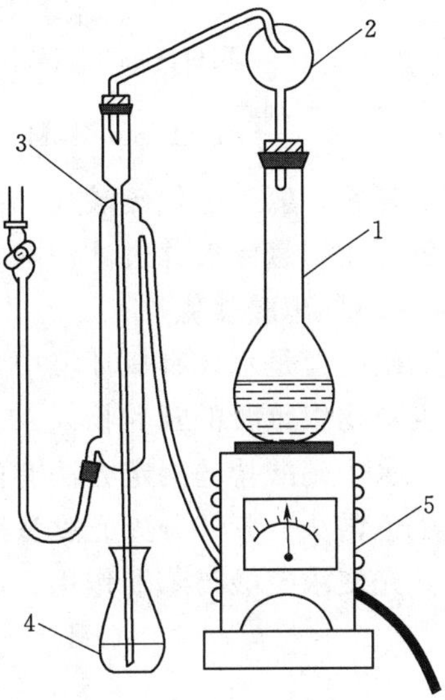

图2.4 氨氮蒸馏装置
1—凯氏烧瓶；2—定氮球；3—冷凝管及导管；4—收集瓶；5—电炉

2.4.6.2 氨氮

氨氮是有机氮化合物，如蛋白质、氨基酸等氧化分解的第一步产物，在水中以游离氨NH_3和离子氨NH_4^+形式存在的氮，二者的组成比取决于水的pH值。

氨氮的测定常用纳氏试剂分光光度法，即在水样中加入纳氏试剂（碘化钾的强碱溶液K_2HgI_4+KOH），它能与氨氮生成一种黄棕色胶态化合物NH_2Hg_2IO，其反应式如下：

$$2K_2HgI_4+3KOH+NH_3 \longrightarrow 7KI+2H_2O+\underset{\text{黄棕色}}{NH_2Hg_2IO} \quad (2.23)$$

此黄棕色的深浅与氨氮的含量成正比，故可用分光光度计（波长425nm）直接进行比色定量测定。

如果水样中的氨氮浓度大于1mg/L时可以直接测定；如果氨氮浓度小于1mg/L或水样有色或浑浊度较高时，则应先蒸馏后再用纳氏试剂比色法测定。

2.4.6.3 亚硝酸盐氮

亚硝酸盐氮$NO_2^-—N$是水体中以NO_2^-形式存在的氮素化合物，是氨氮硝化过程中产生的一种中间产物，浓度一般都比较低，天然水中的含量常不超过0.1mg/L，即使污水处理厂的出水也很少会超过1mg/L。

测定亚硝酸盐氮常用N—(1-萘基)—乙二胺分光光度法，其测定方法是：在pH值1.8±0.3的酸性介质中，亚硝酸盐与对氨基苯磺酰胺反应，生成重氮盐，再与N—(1-萘基)—乙二胺偶联生成红色染料，其红色的深浅与氨氮的含量成正比，故可用分光光度计于波长520nm处进行比色定量测定。显色反应式如下：

$$NH_2SO_2C_6H_4NH_2 \cdot HCl + HNO_2 \xrightarrow{\text{重氮化}} NH_2SO_2C_6H_4N{\equiv}NCl + 2H_2O \qquad (2.24)$$

$$NH_2SO_2C_6H_4N{\equiv}NCl + C_{10}H_7NHCH_2CH_2NH_2 \cdot 2HCl$$
$$\xrightarrow{\text{偶联}} \underset{\text{红色染料}}{NH_2SO_2C_6H_4N{=}NNHCH_2CH_2(C_{10}H_7)} \cdot 2HCl + HCl \qquad (2.25)$$

$$NH_2SO_2C_6H_4N{\equiv}NCl + C_{10}H_7NHCH_2CH_2NH_2 \cdot 2HCl$$
$$\xrightarrow{\text{偶联}} \underset{\text{红色染料}}{NH_2SO_2C_6H_4N{=}NC_{10}H_6NHCH_2CH_2NH_2} \cdot 2HCl + HCl \qquad (2.26)$$

氯胺、氯、硫代硫酸盐、聚磷酸钠和高铁离子有明显干扰，水样有色或浑浊，可加氢氧化铝悬浮液并过滤消除之。

2.4.6.4　硝酸盐氮

硝酸盐是水体有氧环境中含氮有机化合物经无机化作用最终阶段的分解产物，是水生植物很重要的营养物。

水中硝酸盐的测定方法有酚二磺酸分光光度法、镉柱还原法、戴氏合金还原法、离子色谱法、紫外分光光度法等。一般采用酚二磺酸分光光度法，其测定原理是：

先使浓硫酸与苯酚作用，制成酚二磺酸：

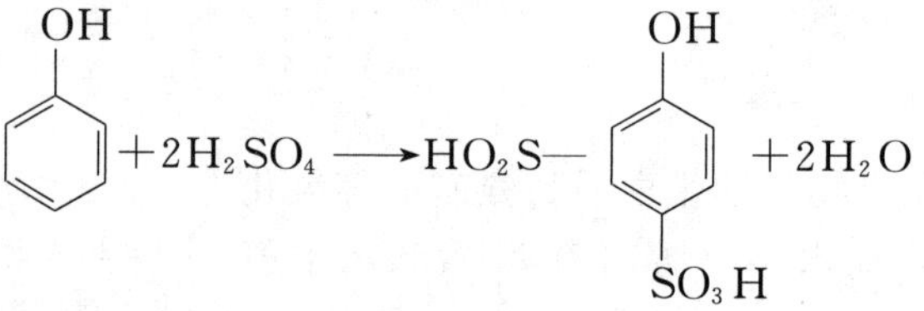

(2.27)

将水样蒸发至干，加入酚二磺酸，硝酸盐与酚二磺酸作用生成硝基酚二磺酸：

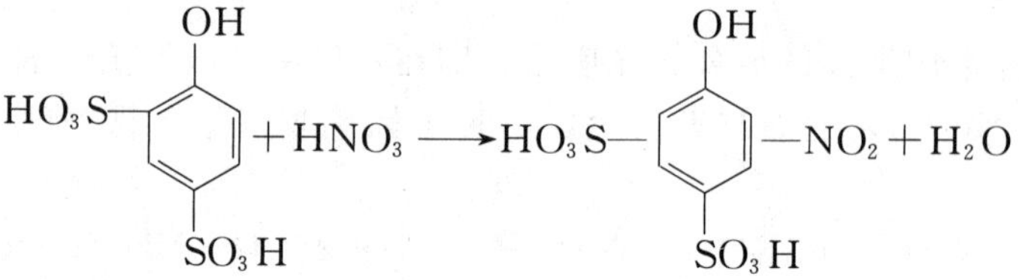

(2.28)

然后，在碱性溶液中，硝基酚二磺酸进行分子重组，生成一种黄色化合物：

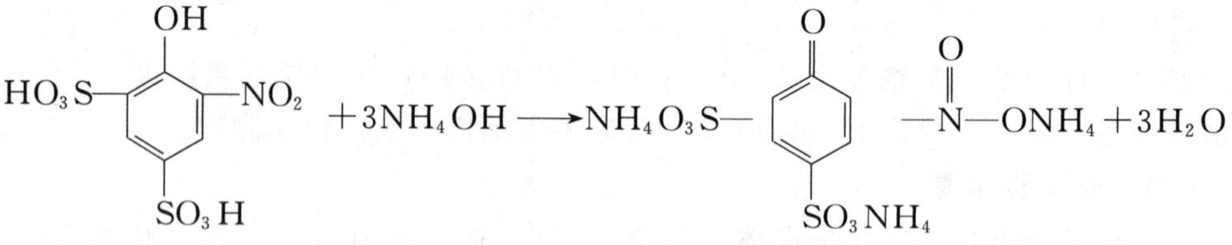

黄色化合物

(2.29)

根据生成黄色的深浅，可用分光光度计于波长 410nm 处测其吸光度，与标准溶液比色定量测定硝酸盐氮的浓度。

2.4.6.5　总氮

水体的总氮含量，一般采用测定有机氮、氨氮、亚硝酸盐氮、硝酸盐氮后加和的方法计算。如果仅需要测定总氮，则可应用过硫酸钾氧化-紫外分光光度法测定。该法的原理是，在水样中加入碱性过硫酸钾溶液，于过热水蒸气中将有机氮化合物及氨氮、亚硝酸盐都氧化成硝酸盐，再用前面介绍的硝酸盐氮测定法测定硝酸盐氮含量，此即总氮含量。

2.4.7 含磷化合物

磷是生物生长必需的元素之一，是衡量水体是否存在富营养化危险的一项重要指标。天然水体和废水中含有的磷绝大多数以各种形式的磷酸盐存在，也有有机磷的化合物。从化学形态上看，它们可分为正磷酸盐（PO_4^{3-}、HPO_4^{2-}、$H_2PO_4^-$）、缩合磷酸盐（$P_2O_7^{4-}$、$P_3O_{10}^{5-}$、$HP_3O_9^{2-}$等）和有机磷化合物。水中各形态磷化合物磷元素含量之和即为总磷。

水中总磷的测定，常用钼酸铵分光光度法。该法的原理是：在中性条件下用过硫酸钾使水样消解，将所含磷全部氧化成正磷酸盐。在酸性介质中，正磷酸盐与钼酸铵反应，在锑盐存在下生成磷钼杂多酸后，立即被抗坏血酸还原，生成蓝色的络合物，对此应用分光光度法测定总氮含量。测定方法大体如下：

（1）取500mL水样加入1mL浓度为1.84mg/L的硫酸，并调节pH值不高于1，于冷处保存。

（2）从上步配置的水样中取25mL试样于50mL的具塞刻度管中。

（3）向试样中加4mL过硫酸钾（浓度5g/L），将具塞刻度管盖紧，放在大烧杯中置于高压蒸汽消毒器中加热（压力1.1kgf/cm²❶、温度120℃）30min进行消解，冷却后用水稀释至标线。

（4）向消解液中加入1mL抗坏血酸溶液（浓度100g/L）混匀，30s后加2mL钼酸盐标准溶液（即将13g钼酸铵溶于1001mL水中和溶解0.35g酒石酸锑钾于1001mL中的溶液徐徐加到300mL硫酸1+1中配置的溶液）中充分混匀，生成蓝色络合物。

（5）使用光程为30mm比色皿，在700nm波长下，以水做参比，测定吸光度。扣除空白试验的吸光度后，从工作曲线上查得磷的含量，即总磷浓度。

工作曲线的绘制如下进行：取7支具塞刻度管分别加入0.0mL、0.50mL、1.00mL、3.00mL、5.00mL、10.0mL、15.0mL磷酸盐标准液（1mL此标准液含2.0μg磷），加水至25mL，然后按上述测定步骤进行测试，以水做参比，分别测定吸光度，扣除空白试验的吸光度后，和对应的磷的含量绘制工作曲线。

2.4.8 水生生物

水中常常存在着大量的水生生物群落，它们与其赖以生存的水环境之间存在着互相依存又互相制约的密切关系。当水体受到污染而使水环境情况发生变化时，各种不同的水生生物由于对环境的适应能力不同而产生不同的变化，适应者大量繁殖和发展，不适应者大量减少甚至灭绝，据此可以了解污染对水生生物的直接危害，判断水体污染的类型和程度。因此，对水生生物监测也是水环境监测的重要组成部分。

---

❶ 千克力每平方厘米（kgf/cm²）为废除的计量单位，1kgf/cm² = 9.80665×10⁴Pa，全书下同。

水环境中的生物群落，依生存空间不同，可分为浮游生物、着生生物和底栖生物。浮游生物主要指悬浮在水体中的生物，多数个体小、游动能力差或完全没有游泳能力。浮游生物可分为浮游动物和浮游植物两大类。在淡水中，前者主要由原生动物、轮虫、枝角类和桡足类组成；后者主要是藻类。它们是水生食物链的基础，直接影响鱼虾等高级水生动物的生存、结构变化和发展。着生生物是指附着于长期浸没于水中各种基质（水中的植物、动物、石头、人工建筑物）表面的生物群落，如附着的细菌、真菌、藻类、原生动物、轮虫、甲壳动物、线虫、软体动物等。底栖动物是栖息在水体底部淤泥层、石块间等介质中的肉眼可见的无脊椎动物，包括水生昆虫、大型甲壳类、软体动物、环节动物、圆形动物、扁形动物等许多门类。它们的移动能力差，环境比较稳定的情况下群落结构也比较稳定。可见，水生生物的种类、数量、结构等特征，从生命层面上凸现环境质量的状况，是水环境因素不可或缺的部分。

我国水环境生物监测技术规范中，对采样断面布设、水样采集与保存、水生物指标测定方法等都做了规定，供监测中执行。

评价水环境质量的水生生物指标很多，如生物多样性指数、生物指数、细菌总数、大肠菌群数，藻类浓度、叶绿素 a 浓度等。以下就几个常见的指标的测定方法论述于下。

2.4.8.1　生物种类多样性指数

香农-威尔姆（Shannon－Wilhm）对底栖大型无脊椎动物调查结果表明，清洁水环境中，生物种类极其多样，数量上彼此协调，保持着适度的生态平衡；当水体受到污染，尤其严重污染后，不适应的生物或死亡或逃离，使该水域的生物种类减少；适应的生物种群生存下来，并在个数上大大膨胀。他们根据这种清洁水域生物种类多，每一种的个数少，而污染水域生物种类少，而每一种的个数大大增加的规律，建立了如下的水体生物种类多样性公式（称香农指数）：

$$d=-\sum_{i=1}^{s}\frac{n_i}{N}\log_2\frac{n_i}{N} \tag{2.30}$$

式中：d 为生物多样性指数；n_i 为水体底部采样面积中第 i 种动物的个数；N 为水体底部采样面积中各类动物的总个数；s 为采样面积中的动物种类数。

上式表明，$\overline{d}$值越大，水质越好；反之，$\overline{d}$值越小，水质越差。威尔姆对美国十几条河流调查结果表明：$\overline{d}>3$ 时，河水清洁；$\overline{d}=1\sim3$ 时，为中等污染；$\overline{d}<1$ 时，为严重污染。

2.4.8.2　细菌总数

细菌总数是指 1mL 水样在营养琼脂培养基中，于 37℃经 24h 培养后，所生长的细菌菌落总数，以个/L 计。它是判断饮用水、水源水、地表水等水体污染程度的指标之一。其测定程序如下：

（1）用蛋白胨 10g、牛软膏 3g、氯化钠 5g、琼脂 15g、蒸馏水 1000mL 一起混匀加热溶解，调 pH 值为 7.4～7.6，分装后，121℃下 20min 灭菌，制成营养琼脂培养基备用。

（2）用作细菌培养测试的器皿、培养基等进行灭菌处理，以保证测定的细菌完全为水样所含的细菌。

(3) 以无菌操作法用灭菌吸管吸取混合均匀的水样 1mL 注入灭菌平皿中，再取 1mL 注入另一灭菌平皿中做平行接种。

(4) 将融化并冷却至 46℃左右营养琼脂培养基倾入灭菌平皿中，每皿约 15mL，旋摇平皿使其混合均匀。同时另将营养琼脂培养基倾入灭菌的空平皿内做对照。

(5) 待琼脂培养基冷凝后，翻转平皿，使皿底在上，将它们置于恒温箱内保持 37℃培养 24h，取出计数每个平皿内的菌落数目。

(6) 记下各平皿中的菌落数，求出同一水样两平皿的平均菌落数，若对照样确无菌落，该菌落数即测定的 1mL 水样的细菌总数。

2.4.8.3 总大肠菌群

总大肠菌群是指那些能在 35℃、48h 内使乳糖发酵产酸、产气的革兰氏阴性的无芽孢杆菌，以每升水样中所含有的大肠菌群细菌总数表示。

粪便中存在有大量各种水域的大肠菌群细菌，其在水体中存活时间和对氯的抵抗能力与肠道致病菌（如沙门氏菌等）相似，因此，总大肠菌群常常作为水环境的一项重要的生物性指标。其测定方法有多管发酵法和滤膜法。前者可用于各种水样，但操作比较烦琐、费时；后者操作简便、快速，但不适合浑浊水样。

1. *多管发酵法*

该法是根据大肠菌群细菌能发酵乳糖、产酸产气以及革兰氏阴性、无芽孢、呈杆状等特性，将不同量的水样接种到含乳糖的培养基中，经培养后根据阳性结果测算水样中总大肠菌落数。其测试程序如下：

(1) 制备培养基。该项测试的培养基有单、双料乳糖胆盐发酵培养液和亮绿乳糖培养液 3 种。

1) 单料乳糖胆盐发酵培养液，其成分为蛋白胨 20g、猪胆盐（或牛、羊胆盐）5g、乳糖 10g、0.4%溴甲酚紫溶液 2.5mL、蒸馏水 1000mL。将蛋白胨、胆盐、乳糖溶入蒸馏水中，调 pH 值至 7.4，加溴甲酚紫溶液混匀，分装各试管（其中置一小导管），每管 10mL，以 115℃、20min 灭菌。

2) 双料乳糖胆盐发酵培养液，其成分除蒸馏水仍为 1000mL 外，其余皆为单料的 2 倍。调制方法与单料的相同。

3) 亮绿乳糖培养液，其成分为蛋白胨 10g、乳糖 10g、牛胆盐 2g、亮绿 0.0133g、蒸馏水 1000mL。除亮绿外，将其他成分溶于蒸馏水中，调 pH 值至 7.2，加入亮绿并混匀，分装到各个带有小导管的试管中，每管 10mL，以 115℃、20min 灭菌。

(2) 推测性检验。

1) 取 10mL 水样接种到盛有 10mL 双料乳糖胆盐发酵培养液试管中，共 5 份；取 1mL 水样接种到盛有 10mL 单料乳糖胆盐发酵培养液试管中，也为 5 份；另取 1mL 水样接种到盛有 9mL 灭菌生理盐水中并混匀，用 5mL 灭菌吸管从中吸取 5mL，分别加入 5 支盛有 10mL 单料乳糖胆盐发酵培养液试管中，共 5 份。

2) 轻摇试管，使液体混匀后，置于培养箱控温 (36±1)℃培养 24h。

3）观测每管是否产气，若有产气该管则为推测性检验阳性，管液中有大肠菌群；若无产气该管则为推测性检验阴性，管液中没有大肠菌群。

（3）证实性检验。

1）自推测性检验阳性管中取一接种环培养液接种到亮绿乳糖培养液（BGB）管中，置于培养箱控温（36±1）℃培养 48h。

2）观测 BGB 管的产气情况，如有气体产生，即可确定“大肠菌群阳性”；否则，则为“大肠菌群阴性”。

3）记下 BGB 管的阳性试管数，查表 2.3 大肠菌群（MPN）检索表，可得出水样中大肠菌群的 MPN 值。

（4）MPN 值的计算。现举例说明：假设推测性检验 15 支试管中的阳性管数为：接种量 10mL 的管中有 5 支管阳性；接种量 1mL 的管中有 4 支管阳性；接种量 0.1mL 的管中有 2 支管阳性。当把以上阳性管溶液转种到 BGB 管里，作为证实性检验所给的结果继续为阳性的分别为：5 支、3 支、1 支，那么查表 2.3，可知水样大肠菌群的 MPN 值为每 100mL 水样中 110，即每升水样中 1100。

表 2.3　　大肠菌群（MPN）检索表

（总接种量 55.5mL，其中 5 份 10mL 水样，5 份 1mL，5 份 0.1mL）

接种量/mL			MPN/100mL	接种量/mL			MPN/100mL	接种量/mL			MPN/100mL	接种量/mL			MPN/100mL
10	1	0.1		10	1	0.1		10	1	0.1		10	1	0.1	
0	0	0	0	1	3	0	8	3	0	0	8	4	3	0	27
0	0	1	2	1	3	1	10	3	0	1	11	4	3	1	33
0	0	2	4	1	3	2	12	3	0	2	13	4	3	2	39
0	0	3	5	1	3	3	15	3	0	3	16	4	3	3	45
0	0	4	7	1	3	4	17	3	0	4	20	4	3	4	52
0	0	5	9	1	3	5	19	3	0	5	23	4	3	5	59
0	1	0	2	1	4	0	11	3	1	0	11	4	4	0	34
0	1	1	4	1	4	1	13	3	1	1	14	4	4	1	40
0	1	2	6	1	4	2	15	3	1	2	17	4	4	2	47
0	1	3	7	1	4	3	17	3	1	3	20	4	4	3	54
0	1	4	9	1	4	4	19	3	1	4	23	4	4	4	62
0	1	5	11	1	4	5	22	3	1	5	27	4	4	5	69
0	2	0	4	1	5	0	13	3	2	0	14	4	5	0	41
0	2	1	6	1	5	1	15	3	2	1	17	4	5	1	48
0	2	2	7	1	5	2	17	3	2	2	20	4	5	2	56
0	2	3	9	1	5	3	19	3	2	3	24	4	5	3	64
0	2	4	11	1	5	4	22	3	2	4	27	4	5	4	72
0	2	5	13	1	5	5	14	3	2	5	31	4	5	5	81
0	3	0	6	2	0	0	5	3	3	0	17	5	0	0	23
0	3	1	7	2	0	1	7	3	3	1	21	5	0	1	31
0	3	2	9	2	0	2	9	3	3	2	24	5	0	2	43
0	3	3	11	2	0	3	12	3	3	3	28	5	0	3	58
0	3	4	13	2	0	4	14	3	3	4	32	5	0	4	76
0	3	5	15	2	0	5	16	3	3	5	36	5	0	5	95

续表

接种量/mL			MPN/100mL	接种量/mL			MPN/100mL	接种量/mL			MPN/100mL	接种量/mL			MPN/100mL
10	1	0.1		10	1	0.1		10	1	0.1		10	1	0.1	
0	4	0	8	2	1	0	7	3	4	0	21	5	1	0	33
0	4	1	9	2	1	1	9	3	4	1	24	5	1	1	46
0	4	2	11	2	1	2	12	3	4	2	28	5	1	2	63
0	4	3	13	2	1	3	14	3	4	3	32	5	1	3	84
0	4	4	15	2	1	4	17	3	4	4	36	5	1	4	110
0	4	5	17	2	1	5	19	3	4	5	40	5	1	5	130
0	5	0	9	2	2	0	9	3	5	0	25	5	2	0	49
0	5	1	11	2	2	1	12	3	5	1	29	5	2	1	70
0	5	2	13	2	2	2	14	3	5	2	32	5	2	2	94
0	5	3	15	2	2	3	17	3	5	3	37	5	2	3	120
0	5	4	17	2	2	4	19	3	5	4	41	5	2	4	150
0	5	5	19	2	2	5	22	3	5	5	45	5	2	5	180
1	0	0	2	2	3	0	12	4	0	0	13	5	3	0	79
1	0	1	4	2	3	1	14	4	0	1	17	5	3	1	110
1	0	2	6	2	3	2	17	4	0	2	21	5	3	2	140
1	0	3	8	2	3	3	20	4	0	3	25	5	3	3	180
1	0	4	10	2	3	4	22	4	0	4	30	5	3	4	210
1	0	5	12	2	3	5	25	4	0	5	36	5	3	5	250
1	1	0	4	2	4	0	15	4	1	0	17	5	4	0	130
1	1	1	6	2	4	1	17	4	1	1	21	5	4	1	170
1	1	2	8	2	4	2	20	4	1	2	26	5	4	2	220
1	1	3	10	2	4	3	23	4	1	3	31	5	4	3	280
1	1	4	12	2	4	4	25	4	1	4	36	5	4	4	350
1	1	5	14	2	4	5	28	4	1	5	42	5	4	5	430
1	2	0	6	2	5	0	17	4	2	0	22	5	5	0	240
1	2	1	8	2	5	1	20	4	2	1	26	5	5	1	350
1	2	2	10	2	5	2	23	4	2	2	32	5	5	2	540
1	2	3	12	2	5	3	26	4	2	3	38	5	5	3	920
1	2	4	15	2	5	4	29	4	2	4	44	5	5	4	1600
1	2	5	17	2	5	5	32	4	2	5	50	5	5	5	>1600

如水样含菌量少，也可按 100mL、10mL、1mL 接种，那么其实际 MPN 值应为表中的 MPN 值除以 10；反之，如含菌量较多，也可接种 1mL、0.1mL、0.01mL，其实际 MPN 值应为表中的 MPN 值乘以 10。其余依此类推。

2. 滤膜法

滤膜是一种微孔薄膜，孔径为 0.45μm，水样过滤时，能将水中的细菌截留在薄膜上，将该滤膜贴于品红亚硫酸钠培养基上，37℃恒温培养 24h，大肠菌群细菌在滤膜上长出具有特征性的菌落，直接计数这些菌落数，从而计算出每 100mL 水样含的大肠菌群数。其测定程序如下：

（1）制备培养基和试剂。

1）品红亚硫酸钠培养基。其成分为蛋白胨 10g、酵母浸膏 5g、牛肉膏 5g、乳糖 10g、琼脂 15～20g、磷酸氢二钾 3.5g、无水亚硫酸钠 5g、5%碱性品红酒精溶液

20mL、蒸馏水 1000mL。制备方法为：先将琼脂加到 500mL 蒸馏水中，煮沸溶解，再加到另一 500mL 蒸馏水中，加入磷酸氢二钾、蛋白胨、酵母浸膏和牛肉膏，加热溶解，倒入已溶解的琼脂，补足蒸馏水至 1000mL，混匀后调 pH 值为 7.2～7.4，再加入乳糖，分装，115℃灭菌 20min，储存备用，称此为储备培养基。将储备培养基加热融化，用灭菌吸管按比例吸取一定量的 5%碱性品红酒精溶液置于空的灭菌试管中；再按比例称取所需的无水亚硫酸钠置于另一灭菌试管中，加灭菌水少许，溶解后置于沸水浴中 10min 灭菌。用灭菌吸管吸取已灭菌的亚硫酸钠溶液，滴加于碱性品红酒精溶液试管内至深红色褪成粉色为止。将此亚硫酸钠溶液与碱性品红混合液全部加到已融化的储备培养基内，混匀后立即将此种培养基 15mL 倒入已灭菌的空平皿内，待冷凝后置于冰箱内备用，称此为品红亚硫酸钠培养基（平皿培养基）。

2）乳糖蛋白胨培养液。其成分为蛋白胨 10g、牛肉膏 3g、乳糖 5g、氯化钠 5g、1.6%溴甲酚紫乙醇溶液 1mL、蒸馏水 1000mL。制法为：将蛋白胨、牛肉膏、乳糖、氯化钠置于蒸馏水中加热溶解，调 pH 值为 7.2～7.4，再加入 1mL1.6%溴甲酚紫乙醇溶液混匀，分装于有导管的试管中，以 115℃、20min 高压灭菌，置于冷暗处备用。

3）革兰氏染色试剂与方法。

a. 结晶紫色液。结晶紫 1g、95%酒精 20mL、1%草酸铵溶液 10mL 混匀。

b. 革兰氏碘液。碘 1g 和碘化钾 2g 混合，加蒸馏水少许，震摇溶解后，再将 300mL 蒸馏水的剩余部分加入。

c. 脱色剂。95%乙醇。

d. 沙黄复染液。将沙黄 0.25g 溶于 10mL 的 95%酒精中，溶解后加蒸馏水 90mL。

e. 染色法。将培养 18～24h 培养物涂片，在火焰上固定，滴结晶紫色液，染 1min 后水洗；再滴加革兰氏碘液，1min 后水洗；再滴加脱色剂，摇动玻片，直至无紫色脱落为止，然后水洗；滴加沙黄复染液，1min 后水洗，待干后进行镜检。呈蓝色者为革兰氏阳性菌，呈红色者为革兰氏阴性菌。

（2）将滤膜放入烧杯中，加蒸馏水洗净和煮沸灭菌。

（3）把灭菌滤膜取出，粗面向上，贴放在灭菌的滤床上固定好，加水样 100mL，在负压 0.5 大气压（1 个大气压＝10^5Pa）下抽滤。

（4）水样滤完后，将滤膜移放到品红亚硫酸钠培养基上，截留细菌面向上，与培养基完全贴紧，然后将平皿倒置，放入培养箱保持 37℃培养 18～24h。

（5）在品红亚硫酸钠培养基上培养后的大肠菌群有以下特征：紫红色，具有金属光泽的菌落；深红色，不带或略带金属光泽的菌落；淡粉色，中心较深的菌落。对于可疑菌落应进一步做革兰氏染色检验，若为革兰氏阴性无芽孢杆菌，再接种乳糖蛋白胨培养液，37℃培养 18～24h，产酸产气者即为大肠菌群阳性。

（6）计数滤膜上的总大肠菌群菌落数 n，可得 100mL 水样含的大肠菌群数 M：

$$M=n/V \tag{2.31}$$

式中：M 为大肠菌群浓度，个/L；V 为过滤的水样体积，L；n 为总大肠菌群菌落数，个。

思考题与习题

1. 试述监测各类水体水质的目的和确定监测项目的原则。

2. 以河流为例，说明如何设置监测断面和采样点？

3. 试述碘量法与溶解氧仪法测定溶解氧的原理和方法，其各有何优缺点？

资源 2.1

4. 水中各种含氮化合物是怎么相互转化的？试述各种形态的化合物氮素的测定原理与方法。

5. 试述下列水环境指标的含义与表达单位：pH 值、DO、COD_{Cr}、COD_{Mn}、BOD、BOD_5。

6. 化学需氧量 COD_{Cr} 与高锰酸盐指数 COD_{Mn} 在测定上有何不同？二者数量上有何关系？

资源 2.2

7. 表 2.4 所列数据为某水样 BOD_5 测试中应用试剂的情况，试计算每种稀释水样的 BOD_5 值。

资源 2.3

表 2.4　　某水样 BOD_5 测试中应用试剂的情况

编号	稀释倍数	水样体积/mL	$Na_2S_2O_3$ 标准液浓度/(mol/L)	$Na_2S_2O_3$ 标准液用量/mL	
				当天	5d
A	50	100	0.0125	9.16	4.33
B	40	100	0.0125	9.12	3.10
空白	0	100	0.0125	9.25	8.76

8. 试述多管发酵法和滤膜法测定总大肠菌群数的程序，怎样表示测定结果？

9. 为何某些水样需要加入化学试剂进行固定保存？

第3章

水污染负荷预测

3.1 概　　述

水污染负荷是反映对某水体输入污染物强度的度量。对于研究水体，如河流、湖泊、水库等，输入的污染物数量、分布和强度是不断变化的，某一水域某一时段内的输入污染物数量称污染负荷量，其变化过程称污染负荷过程。根据污染源在流域上的分布特征不同，污染负荷的来源可分为点源和非点源。前者有一定的排污口和排放地点，如工厂废水、城镇居民区的生活污水，都由管道或渠道集中后，在某一地点排入研究水体；后者则没有集中的排污口，如降雨径流污染、船舶污染等，尤其降雨径流来自广阔的流域面积上，排入河流的地点高度分散，故称非点源。后者中，基本上是降雨径流污染，因此，常称之为面源污染。两者的形成机制、性质显著不同，预测方法也相差很大。

污染负荷预测，目的是为了运用水环境数学模型，根据预测的污染负荷进一步计算受纳水体在设计条件下，BOD、COD、DO、TN、TP、温度、藻类等环境要素随时间、空间的变化，为优化水资源利用、水环境规划和管理方案提供依据。例如，某一地区有多个经济社会发展方案，各方案的经济结构不同，其排污的污染物种类、数量、强度、分布都不相同，由此可预测出各方案带来的环境效应和环保投资，从而为最终优选发展方案提供重要依据。

资源 3.1

3.2 点源污染负荷预测

点污染源一般分生活污水和工业废水两种类型。前者指人们日常生活中用水，如淘米、洗菜、盥洗、淋浴、洗涤、卫生、冲厕等使用后排出的污水。家庭供水应用后几乎全部变成了生活污水，通过居民区的化粪池简单处理后，由地下管道汇集起来排出。可见，生活污水含有相当多的淀粉、蛋白质、氨基酸、脂肪、木质素等有机物，并有细菌、寄生虫卵，还可能包括病菌、病毒等致病微生物，但一般不含有毒物质。生活污水的成分比较固定，但随地区不同，污水的浓度将有所不同，见表 3.1。具体情况常常可以通过对当地的生活污水调查分析获得。工业废水是指工矿企业生产过程中使用后排放的污水，其中的污染物成分随产品的不同将有很大的差异，如造纸厂废水含有大量的木质素、碱和游离氯，煤气厂、焦化厂、炼油厂废水含有比较多的酚和氨，电镀厂废水含有重金属铬、镉化合物和剧毒物质氰化物，火电厂的冷却水则比较清洁等；再是各种企业的万元产值耗水率也有一定的差别。可以通过地区各行各业废水调查，分析它们的废水组成和耗水率。

表 3.1　　城市生活污水的典型成分

污水成分	浓度/(mg/L)		
	高	中	低
总固体	1200	720	350
总溶解固体	850	500	350
总悬浮固体	350	220	250
BOD_5	400	220	100
COD_{Cr}	1000	500	110
总有机炭 TOC	290	160	250
总氮（以 N 计）	85	40	80
有机氮	35	15	20
游离氮	50	25	8
亚硝酸盐氮	0	0	12
硝酸盐氮	0	0	0
总磷（以 N 计）	15	80	0
有机磷	5	3	4
无机磷	10	5	1
氯化物	50	50	3
碱度（以 $CaCO_3$ 计）	200	100	30
油脂	150	100	50

污染物负荷量预测涉及地区的经济结构组成、国内经济产值、工业产值、农业产值、社会人口、万元产值废水排放量、人均生活污水排放量、各种污染物浓度等，影响因素错综复杂，一般均依据国民经济发展计划、长远发展规划和结合对过去资料的统计分析，确定适合的预测模型对污染负荷进行预测。由于种种因素的制约，使预测的准确度受到一定的限制，因而在实际工作中，常同时采用几种方法预测，比较分析后，采用合理可靠的成果。

以下先介绍几种常用的、与污染负荷预测有关的数学模型，在此基础上，进一步讲述工业废水和生活污水污染负荷预测方法。

3.2.1 污染负荷影响因素预测

影响点源污染负荷的主要因素有人口增长、工业产值、万元产值废水排放量、人均生活污水排放量、各种污染物浓度等，可根据具体情况采用适当的模型预测这些因素的未来变化，进而对污染负荷做出预测。

3.2.1.1 指数外延预测模型

如预测事件是一组随时间变化的数据，其变化发展趋势符合指数增长规律，可由以往的资料建立指数曲线方程，依此来推测未来事件发展趋势与状态。指数增长模型的一般形式为

$$P=P_0(1+\alpha)^t \tag{3.1}$$

式中：P_0为基准年（$t=0$）的变量值，基准年一般可根据国民经济发展计划情况确定；t为从基准年开始至预测年份的时间；P为预测的第t年的变量值；α为预测期内预测变量的平均增长率。

α不是一个固定不变的常数，而是一个随时间变化的数值。譬如说α指发展增长率，例如，某地在预测国民经济1990—2100年期间的变化时，按当地计划部门提供的情况，前10年的平均增长率为6%～7%，后10年为8%～9%。又如用于人口预测，则平均年增长率可根据国家及地区计划的人口增长率来确定。

3.2.1.2　皮尔生长曲线预测模型

生长曲线预测模型种类颇多，其中皮尔模型比较常用，现以万元产值工业废水排放量预测为例介绍如下：万元产值工业废水排放量是一个比较宏观的特征参数，它代表一个地区整个工业，或其中某一行业平均生产万元价值产品产生的工业废水量，而不表示个别企业的废水生产率的大小；且已经包括生产工艺的改进，各种节水措施等科学技术进步、生产管理水平提高等因素的作用，因而万元产值工业废水量是逐年减少的（负增长），一直减少到某一极限值，但不可能减少到零。

皮尔生长曲线方程描述的是正增长曲线，当预测变量P（如万元产值工业废水量）为衰减变化时，则需通过下式转换为增长变化：

$$P=2A-p \tag{3.2}$$

式中：P为正增长的皮尔生长曲线变量值；p为衰减变化（负增长）的曲线变量值；$2A$为p的上限值，由实际资料估计。

皮尔生长曲线方程为

$$P=\frac{K}{1+b\mathrm{e}^{-at}},\quad a>0,b>0 \tag{3.3}$$

式中：a、b、K为三个参数。

已知时间序列（P_i，t_i），上式可写成

$$P_i=\frac{K}{1+b\mathrm{e}^{-at_i}} \tag{3.4a}$$

由该式导出

$$\frac{P_{i+1}-P_i}{P_i}=(\mathrm{e}^a-1)-\frac{\mathrm{e}^a-1}{K}P_{i+1} \tag{3.4b}$$

令

$$Z_i=\frac{P_{i+1}-P_i}{P_i},\alpha=\mathrm{e}^a-1,\beta=-\frac{\mathrm{e}^a-1}{K} \tag{3.4c}$$

可得如下的线性方程形式：

$$Z_i=\alpha+\beta P_{i+1} \tag{3.5}$$

应用最小二乘法原理，可由实际系列（Z_i，P_i）求得参数α、β，再求得a和K

$$a=\ln(\alpha+1),K=-\frac{\mathrm{e}^a-1}{\beta}=-\frac{\alpha}{\beta} \tag{3.6}$$

将求得的a和K代入式（3.3），得n个方程：

$$\ln\left(\frac{K}{P_i}-1\right)=\ln b-at_i,\quad i=1,2,\cdots,n$$

由此可导出参数 b 的公式为

$$b=\exp\left[\frac{a}{n}\sum_{i=1}^{n}t_i+\frac{1}{n}\sum_{i=1}^{n}\ln\left(\frac{K}{p_i}-1\right)\right] \tag{3.7}$$

将参数 a、b、K 代入式（3.3），即得生长曲线方程 $P(t)$。当预测变量为衰减变化时，将 $P(t)$ 代入式（3.2），即得呈减变化的预测变量 $p(t)$。

【例 3.1】 有 9 组时间系列资料（t_i，p_i）列于表 3.2 中第（2）、（3）栏，试依此推求皮尔生长曲线方程，并预测 1990 年的预测变量值。

表 3.2　　$2A=600$ 时 P_i、Z_i 计算表

年份 i	t_i	p_i	P_i	Z_i	$P_i-\overline{P}_i$	$(P_i-\overline{P}_i)^2$	P_iZ_i
(1)	(2)	(3)	(4)	(5)	(6)	(7)	(9)
1977	1	533	67				
1978	2	485	115	0.7164	−90.25	8145	82.836
1979	3	438	162	0.4089	−43.25	1871	66.242
1980	4	400	200	0.2346	−5.25	28	46.920
1981	5	380	220	0.1000	14.75	218	22.000
1982	6	367	233	0.0591	27.75	770	13.770
1983	7	365	235	0.0086	29.75	885	2.021
1984	8	362	238	0.0128	32.75	1073	3.046
1985	9	361	239	0.0042	33.75	1139	1.004
	$\sum$		1642			14129	237.389
	平均		205.25	0.19305			

解：

（1）原系列为减变量变化 p_i，需按式（3.2）转换为增变量变化 P_i，列于第（4）栏，并由 p_i 系列估计得 $2A=600$。

（2）由式（3.4c）计算 Z_i，列于第（5）栏。

（3）按最小二乘法由 P_i、Z_i 计算得

$$\beta=\frac{\sum P_iZ_i-n\overline{P}\,\overline{Z}}{\sum(P_i-\overline{P})^2}=-0.0056,\alpha=\overline{Z}-\beta\overline{P}=1.3425$$

（4）按式（3.6）计算得：$a=0.8512$，$K=240$。

（5）由式（3.7）计算得：$b=6.36$。

（6）将 A、a、b、K 代入式（3.3）和式（3.2），即得减变量情况下的皮尔生长曲线预测模型：

$$p=2A-P=600-\frac{240}{1+6.36\mathrm{e}^{-0.8512t_i}} \tag{3.8}$$

据此预测 1990 年（$t_i=14$）的预测变量值为 360。

3.2.1.3 龚柏兹预测模型

龚柏兹曲线也是一种常用的生长曲线，它的数学模型的一般形式为

$$P=ka^{b^t} \tag{3.9a}$$

式中：P 为预测变量；t 为时间；k、a、b 为参数。

对不同的参数值，龚柏兹曲线有不同的形状和变化趋势，既可以是增长曲线，也可以是下降曲线。k 为曲线的上限或下限值。

已知时间系列值（t_i，P_i），应用龚柏兹曲线拟合，即可求得参数 k、a、b。现介绍一种较简单的求解方法，具体步骤如下：

（1）时间系列值的个数 N 应能被 3 整除，即等分为 3 组，每组 $n(=N/3)$ 项。

（2）将各组变量值 P_{1i}、P_{2i}、P_{3i} 取对数，并求得三组数据值的和为 $\sum \lg P_{1i}$、$\sum \lg P_{2i}$、$\sum \lg P_{3i}$。

（3）利用下列公式计算参数 k、a、b：

$$b^n = \frac{\sum \lg P_{3i} - \sum \lg P_{2i}}{\sum \lg P_{2i} - \sum \lg P_{1i}} \tag{3.9b}$$

$$\lg a = (\sum \lg P_{2i} - \sum \lg P_{1i}) \frac{b-1}{(b^n-1)^2} \tag{3.9c}$$

$$\lg k = \frac{1}{n}(\sum \lg P_1 - \frac{b^n-1}{b-1}\lg a) \tag{3.9d}$$

将求得的 k、a、b 代入式（3.9a），即得该模型的预测方程。

【例 3.2】 表 3.3 为某地用水总量时间系列数据（t_i，P_i），试用龚柏兹曲线模型预测 2000 年该地区的用水总量。

表 3.3　　某地用水总量时间系列数据（t_i，P_i）及预测

年份	t_i	t_{ji}	P_i，P_{ji}/亿 t	$\lg P_i$	$\sum \lg P_i$
1980	0	1	4.94	0.6937	2.3429
1981	1	2	6.21	0.7931	
1982	2	3	7.18	0.8561	
1983	3	1	7.74	0.8887	2.7388
1984	4	2	8.38	0.9232	
1985	5	3	8.45	0.9269	
1996	6	1	8.73	0.9410	2.9254
1997	7	2	9.42	0.9741	
1998	8	3	10.24	1.0103	

解：

（1）由式（3.9b）～式（3.9d）计算参数 b、a、k

$$b^3 = \frac{2.9254-2.7388}{2.7388-2.3429} = 0.4713$$

$$b = 0.7782$$

$$\lg a = (2.7388-2.3429)\frac{0.7782-1}{(0.4713-1)^2} = -0.3141$$

$$a = 0.4852$$

$$\lg k = \frac{1}{3}\left[2.3429 - \frac{0.4713-1}{0.7782-1}(-0.3141)\right] = 1.0306$$

$$k=10.73$$

（2）将 b、a、k 代入式（3.9a），得预测模型

$$P_i=10.73\times0.4852^{0.7782^{t_i}}$$

（3）预测 2000 年的用水总量：

$$P_i=10.73\times0.4852^{0.7782^{1.0}}=10.12(\text{亿 t})$$

3.2.2 工业废水污染负荷预测

工业废水污染负荷包括工业生产过程中排放的废水量和各种污染物量，其预测程序一般是：先根据一个地区的社会经济发展计划预计不同设计水平年的工业总产值（或各行业的总产值）及万元产值废水排放量，由此得到预测的工业废水排放量；将其乘以废水的污染物浓度，即得预测的污染物多少。

1. 工业废水排放量预测

一个地区工业废水的排放量，是由工业中的各个行业的废水排放量组成的，因此将设计水平年各个行业的废水排放量扣除相应的重复用水后累加，即得预测的该地区工业废水排放量。其预测方程为

$$Q_{gt}=\sum_{i=1}^{n}V_{it}d_{it}(1-P_{it})\times10^{-4} \tag{3.10}$$

式中：Q_{gt} 为某地区第 t 年的工业废水排放量，万 t/a；V_{it} 为第 t 年该地区 i 行业的工业产值，万元/a；d_{it} 为第 t 年该地区 i 行业平均的万元工业产值废水排放量，t/万元，与行业性质、物价变化、科技进步、地区水资源状况等有关，可根据该地区的发展规划和资料分析预测；P_{it} 为第 t 年该地区 i 行业工业用水重复率，是节约用水的一项重要指标，水资源规划中对各行业一般都有明确要求；n 为该地区第 t 年的工业行业数。

2. 污染物排放量预测

某地区某种污染物排放量按下式计算：

$$W_{gt}=\sum Q_{git}m_{it}(1-R) \tag{3.11}$$

式中：W_{gt} 为某地区第 t 年某种污染物排放量（即污染负荷量），万 t/a；m_{it} 为该地区第 t 年 i 行业排放废水的某种污染物浓度，t/m^3；Q_{gjt} 为该地区第 t 年 i 行业的废水排放量，万 m^3/a；R 为污水处理率，由该地区经济发展规划确定。

工业废水污染负荷预测涉及许多行业和众多因素，且相互关系复杂，是一个很大的社会、经济与环境系统问题。解决这一问题比较好的和切合实际的办法是，结合政府社会经济发展规划进行。例如，陕西省关中地区渭河流域工业产值预测，参照陕西省各行业发展速度，制定了该流域各时期各行业的经济年平均增长率，以 1995 年为基准年，对各行业 2010 年、2020 年水平年的产值进行了预测，见表 3.4 所示。在此基础上，进一步结合各个时期各行业的万元工业产值废水排放量、用水重复利用率、废水处理率和废水污染物浓度，由式（3.10）、式（3.11）预测得 2010 年、2020 年水平年的各行业废水排放量 Q_{gt} 及 COD 排放量，即污染负荷量 W_{gt}，见表 3.5，为 2010 水平年的值。另外，还探讨了其他 3 个以环境条件为约束的工业经济结构优化方案的污染负荷预测成果。

表 3.4　　关中渭河流域各工业行业产值预测结果

工业行业	工业产值/10^6元			年均增长率/%		
	1995 年	2010 年	2020 年	1995—2000 年	2001—2010 年	2011—2020 年
采掘业	2327	9317	20859	10.11	9.48	8.39
食品业	8882	43122	100522	12.67	10.33	8.83
纺织业	5031	20942	45667	11.22	9.36	8.11
服装业	3864	19322	46658	12.70	10.65	9.22
造纸业	3773	18652	43626	12.37	10.68	8.87
电力业	4278	20110	46256	11.47	10.44	8.69
石油业	390	1866	4203	10.96	11.03	8.46
化工业	7081	35711	80334	12.78	10.70	8.44
建材业	4254	25312	65407	13.95	11.97	9.96
冶金业	8062	40449	94863	11.90	11.08	8.90
机械业	37896	195211	470058	12.26	11.19	9.19
其他工业	2270	11700	28835	11.26	11.70	9.44
合计	88109	441713	1047289	12.25	10.90	9.02

表 3.5　　关中渭河流域各工业行业污染负荷预测结果（2010 年水平年）

序号	行业	产值/10^6元	占总值比例/%	用水量/10^6m^3	废水排放量/10^6m^3	COD 产生量/(t/a)	COD 负荷量/(t/a)	优化目标	主要约束条件
1	采掘	9317	2.11	41.93	6.64	2144.36	1073.32	最小 COD	2010 水平年政府规划目标
2	食品	43122	9.76	146.62	29.56	23420.00	12902.96		
3	纺织	20942	4.74	136.12	28.62	130316.44	77200.602		
4	服装	19322	4.37	42.51	7.96	5852.64	2225.88		
5	造纸	18652	4.22	298.44	62.74	656691.36	386767.88		
6	电力	20110	4.55	522.85	97.88	59354.92	39383.44		
7	石油	1866	0.42	5.22	0.98	186.16	215.96		
8	化工	35711	8.08	171.41	35.55	37995.64	20569.52		
9	建材	25312	5.73	75.93	14.00	1957.88	0		
10	冶金	40449	9.16	283.14	58.71	3877.60	0		
11	机械	195211	44.19	566.11	117.39	16676.44	0		
12	其他	11700	2.65	22.23	4.36	2636.04	1347.84		
合计		441713	99.98	2312.51	464.37	941109.48	543686.4		

3.2.3　生活污水污染负荷预测

生活污水污染负荷预测也分两个方面：一是生活污水的排放量；二是排放的各种污染物量。

3.2.3.1　生活污水排放量预测

某地区生活污水排放量预测按下式计算：

$$Q_{st}=365\times10^{-3}a_tb_t\alpha \text{ 或 } Q_{st}=365\times10^{-3}D_tb_t \tag{3.12}$$

式中：Q_{st}为某地区设计水平年（t）的生活污水排放量，万 m^3/a；a_t为该地区设计水平年的人均每日生活用水量，L/(人·d)；b_t为该地区设计水平年的城镇或乡村人口数，万人；α 为该地区生活用水中变为污水而排放的比例系数，称生活污水排放系数；$D_t=a_t\alpha$，为该地区设计水平年的人均每日生活污水排放量，L/(人·d)。

设计水平年的人均每日生活用水量，或人均每日生活污水排放量，可根据研究地区的长期社会经济发展规划确定。例如，湖北省某地区水资源规划中，预计城镇用水定额 2005 年为 200L/(人·d)，2010 年为 230L/(人·d)；农业人口用水定额 2005 年、2010 年均为 100L/(人·d)，生活污水排放系数 α 为 0.8。结合预测的城镇和农业人口，2005 年为 9.4 万人、17.5 万人，2010 年为 9.9 万人、18.4 万人，由式（3.12）预测得 2005 年、2010 年城镇和农业的生活污水排放量分别为 549.0 万 t、511.0 万 t 及 664.9 万 t、537.3 万 t。

3.2.3.2 生活污水污染物负荷量预测

对于某一地区其生活污水污染物负荷量预测计算式为

$$W_{st}=Q_{st}c_s \tag{3.13}$$

式中：W_{st}为某水平年 t 某地区生活污水的某种污染物负荷量；c_s 为该地区生活污水 Q_{st} 中某种污染物的浓度。

c_s可以通过对该地区城镇和农村生活污水的资料统计分析确定。例如，上面曾经提到的湖北某地区，经统计分析，生活污水主要污染物为 COD_{Cr}、BOD_5，城镇居民的生活污水浓度 COD_{Cr} 为 300mg/L，BOD_5 为 150mg/L，农业人口生活污水浓度 COD_{Cr}为 200mg/L，BOD_5为 100mg/L。结合上面预测的城镇、农业生活污水排放量，即可由式（3.13）预测得 2005 年排放的生活污水 COD_{Cr}、BOD_5 负荷量分别为 2669.0t、1334.5t，2010 年为 3069.3t、1534.7t。

工业废水和生活污水排放比较均匀、稳定，其负荷过程一般可按全年平均分配。

3.3 面源污染负荷预测

资源 3.2

3.3.1 面源污染负荷及其形成

面源污染是流域面积范围上高度离散排放污染物的污染源所形成的污染。其中最多、最主要的是在降雨径流的淋洗和冲刷作用下，大气、地面和地下分布的各种各样的污染物，被带入江河、湖泊等水体而造成的污染，因此，常称降雨径流污染为面源污染。如图 3.1 所示，降雨径流污染是一个相当复杂的过程：首先，降雨期间雨滴淋洗大气中的飘浮物，从而使降水含有一定的杂质。不过，杂质一般都很少，不致污染水资源。但在燃煤企业特别集中的地区，也可能产生严重污染，如酸雨。降雨落到地面后，若为透水区，如裸地、荒坡、草地、森林、农田等，雨滴较大时，溅击土壤，使之剥离、分散，然后在地面径流淋溶、冲刷下，吸附在泥沙颗粒上的和溶于水中的污染物随径流进入江河、湖泊；入渗的雨水，在渗流过程中不断溶解沿途介质中的污染成分，同地下径流一起以溶解态的形式注入江河。若在不透水区，如混凝土路面、街道、屋顶等，雨水仅产生地面径流，冲刷和淋溶雨前堆积在地面的污染物，以吸附态、溶解态的形式流入江河湖海。可见，降雨径流污染负荷的形成可分为3个子过程：①降雨径流过程，这既是淋溶、冲刷污染物的动力，又是水污染物质的载体；②产沙输沙过程，流失的泥沙除本身就是一种很重要的污染物外，同时还对其他污染物有强烈的吸附作用，使之随泥沙迁移。近些年来许多实验表明，约有98%的养分（氮、磷等）是随泥沙流失的；③污染物随水流运动中的迁移转化过程，例如，污染物随泥沙的沉浮、BOD降解、氮、磷被藻类吸收。以上3个子过程相互影响、相互作用，最终形成流域出口或某一断面的径流过程和污染物负荷过程。显见，面源污染负荷计算远比点源复杂得多。其主要特点是污染物分布范围广、种类多，如氮、磷、农药、有机物、重金属、病菌、病毒和寄生虫等，分散在整个流域上；再是具有明显的随机性和间歇性，大的污染负荷主要发生在暴雨径流期间，量大、集中，枯水期则很小；另外是监测、控制和处理都比较困难。近些年来的大量研究表明，面源污染是一个很大的污染源，数量上大体与点源相当，是引起湖泊、港湾等富营养化的重要原因。

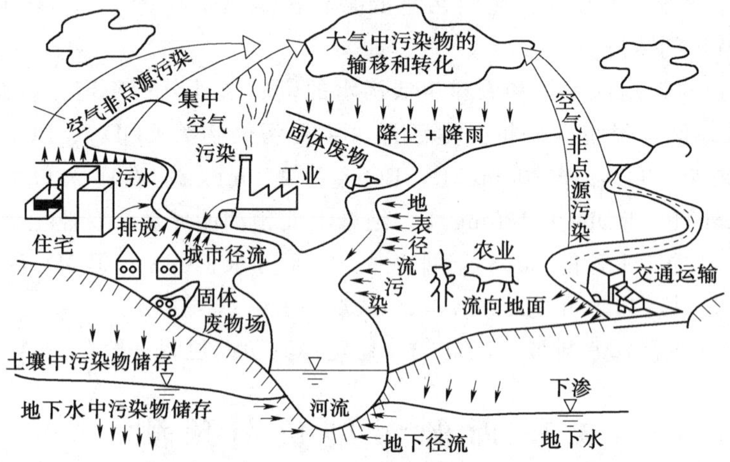

图3.1　降雨径流污染形成示意图

根据降雨径流污染形成的特点，面源污染负荷预测一般按下述步骤进行：

（1）将研究区域按地形、地貌、土壤和土地利用情况划分为若干类型的单元区。

（2）对每种类型选择代表小区，开展一定时间（至少一个水文年）的降雨径流污染试验。

（3）根据试验资料建立代表小区的降雨径流污染负荷计算模型。

（4）将建立的各代表小区的计算模型应用于相应类型的单元区，计算研究区域的面源污染负荷。

3.3.2　面源污染负荷模型

如上所述，面源污染过程包括降雨径流过程、产沙输沙过程和污染物随水流运动的迁移转化过程。各个过程的计算，有些方法很简单，有些则非常复杂，实际预测时，可根据资料情况和规划管理要求选择适当的方法。面源污染负荷模型，一般可分为经验公式法、单位线法和以物理成因分析为基础的数学模型法三类。前者从概念上说，有一定的成因基础，但就每个过程计算，基本上采用综合分析的经验公式进行。资料比较充分时，该法可以获得较为可靠的成果。

面源污染负荷预测，类似水文中的降雨径流预报，一是预测降雨产生的污染物负荷量，称产污量（类似净雨量）；二是负荷过程（类似流量过程）。

3.3.2.1 经验公式法产污量预测

1976 年 Haith 提出一套用经验公式预测面源污染负荷的方法。该法主要用于污染控制规划，预测不同治理水平下的面源污染产污量。该法计算的基本程序是：①针对各地自然地理、土地利用等特点，将研究流域划分为许多单元小区；②按经验公式根据设计降雨计算各单元的径流量、土壤流失量和产污量；③各单元区产污量之和，即研究流域的产污量。

1. 划分单元区

把流域划分为若干个单元小区，一般为单元子流域，要求每一单元小区的作物、土壤、管理、地形、气候条件等基本一致，并认为每个单元对流域输出总负荷的贡献是互相独立的。

2. 计算各单元区的径流量、土壤流失量和产污量

（1）径流量。采用美国水土保持局（SCS）提出的径流曲线数（CN）方程计算：

$$R_s=\frac{(P-0.2S)^2}{P+0.8S} \tag{3.14}$$

式中：R_s 为地面径流量，mm；P 为降雨量，mm；S 为流域土壤蓄水能力，$S=25400/CN-254$，CN 为径流曲线数，mm。

CN 是综合反映前期土壤湿润程度、水文土壤类型和土地利用情况对降雨产生地面径流影响的参数。美国水土保持局根据大量试验资料，将前期土壤湿润程度分为湿、中、干三个等级；土地利用情况分为耕地、牧场、草原、森林、商业区、工业区、居民区等十大类，有些其中还细分许多子类；对于水文土壤类型，依土壤下渗和透水能力分为 A、B、C、D 四类，制定了详细的 CN 查算表。可由单元小区的上述情况，查表确定 CN。进而由式（3.14）计算地面径流量。需要指出的是，SCS 的 CN 值查算表是根据美国大量试验资料制定的，用于我国时，则需根据实测资料进行实验，以保证计算成果有一定的可靠性。

（2）土壤流失量。采用美国农业部农业研究所根据全国多年观测资料分析所得的通用土壤流失方程 USLE 计算，其计算公式为

$$M_s=KR_pL_sCB \tag{3.15}$$

式中：M_s 为单位面积上土壤流失量，即土壤侵蚀模数，t/hm^2；K 为土壤可蚀性因子，根据淤泥和细沙百分数、沙子百分数、有机质百分数、土壤质地和渗透性查图确定；R_p 为降雨能量因子，反映降雨的雨滴能量对土壤侵蚀的作用，根据暴雨强度、雨量由综合分析的 R_p 计算公式推求；L_s 为坡度-长度因子，根据坡面长度和坡度由

公式计算；C为植物覆盖因子，根据土地利用和植物覆盖情况查表确定；B为侵蚀控制措施因子，根据土地利用情况和控制土壤侵蚀措施查表确定。

以上各因子的计算，在美国有一整套具体的图、表和公式。由于经验性较强，用于我国，还需要做进一步的系统研究。

我国对通用土壤流失方程也开展过一些小范围的研究。例如，曾茂林根据西峰水保站在南小河沟坡耕地径流小区的试验资料，分析得土壤流失方程为

$$M_s=0.01P^{0.9}I_{30}^{1.3}K(L/20)^{1.8}(J_s/5)^3CB \tag{3.16}$$

式中：M_s为土壤侵蚀模数，t/km^2；P为次暴雨量，mm，应大于临界侵蚀雨量10mm，否则对产沙无效，取作零；I_{30}为次降雨中最大连续30min内的平均雨强，mm/h；L为坡面长度，m；J_s为坡面坡度，%；K为土壤可蚀因子，取0.4；C为植被覆盖因子，对休闲地取1.0，对秋作物取0.8；B为侵蚀控制措施因子，对梯田取0.05，林地取0.19，草地取0.18。

该式计算值与实测值非常相近，相关系数达0.98，可用于估算西北黄土高原沟壑区坡耕地的降雨侵蚀流失量。

（3）产污量。第k个单元区单位面积上第t天径流携带输出的污染物量，分溶解态和固态计算

$$LD_{kt}=0.1CD_{kt}\times R_{s,kt}\times TD_k \tag{3.17}$$

$$LS_{kt}=10^{-3}CS_{kt}\times MS_{kt}\times TS_k \tag{3.18}$$

式中：LD_{kt}为k单元区单位面积上，某种溶解态污染物第t天的产出量，kg/hm^2；LS_{kt}为k单元区单位面积上，某种固态污染物第t天的产出量，kg/hm^2；CD_{kt}为k单元区第t天某种溶解态污染物的浓度，mg/L；CS_{kt}为k单元区第t天某种固态污染物的浓度，mg/kg；$R_{s,kt}$为k单元区第t天的地表径流量，cm；MS_{kt}为k单元区单位面积上第t天的土壤流失量，t/hm^2；TD_k为k单元区溶解态污染物沿地表向流域出口输移的比例系数；TS_k为k单元区固态污染物沿地表向流域出口输移的比例系数。

3. 流域污染物负荷量

将流域中各单元小区第t天产生的某种溶解态污染物相加，得全流域第t天产生的该种溶解态污染物负荷量，若干天的相加，进一步得到全流域这些天的该种溶解态的污染物产出量；同理，求得全流域这些天的该种固态的污染物产出量，其计算式如下：

$$LD=0.1\sum_{t=1}^{n}\sum_{k=1}^{m}CD_{kt}R_{s,kt}TD_kA_k \tag{3.19}$$

$$LS=0.001\sum_{t=1}^{n}\sum_{k=1}^{m}CS_{kt}MS_{kt}TS_kA_k \tag{3.20}$$

式中：LD、LS分别为全流域$1\sim n$天的溶解态和固态的污染物产出量；CD_{kt}、CS_{kt}分别为k单元第t天某种污染物溶解态和固态的浓度；A_k为k单元的集水面积；其他符号意义同前。

该模型在美国3个实际流域应用，经与实测资料对比，表明有较好的精度，用于环境规划是可行的。例如皮奎亚溪（Pequea Creek）流域，位于宾夕法尼亚州东南

部，面积 391km²。土地利用情况为：农田占 75%，林地占 25%，流域内无重要工业区和城市。1977 年 2 月到 1978 年 5 月，测有 35 场暴雨的流量、泥沙、溶解态氮、固态氮、总磷等资料，预测与实测对比见表 3.6。预测径流量偏小，主要是 1978 年 1 月的一次大雨和融雪径流预测偏小造成的，这表明径流计算中采用的度-日融雪方程的精度不高。预测径流量偏低对营养负荷预测结果的影响不大，是因为这次径流中的营养物的浓度相当低。总体看来，预测精度尚好。

表 3.6　Pequea Creek 流域面源污染产污量预测与实测结果对比

项　目	预测值	实测值
径流量/($10^6 m^3$)	51	83
输沙量/(10^6 kg)	250	272
溶解氮/(10^3 kg)	129	130
固态氮/(10^3 kg)	725	797
总磷/(10^3 kg)	331	235

我国的许多资料都表明，暴雨径流量与面源污染负荷量（产污量）之间存在很好的相关关系，如图 3.2 所示。因此，常常按水文学方法，如降雨径流相关图法、初损后损法等，由暴雨推求径流量，然后依建立的产污量与径流量相关图或相关方程，直接预测各种产污量。

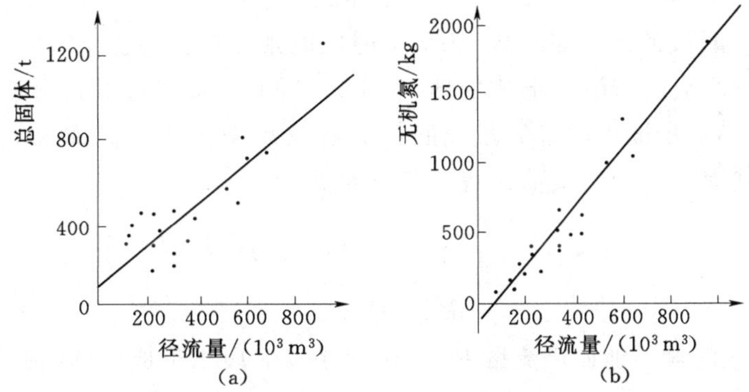

图 3.2　于桥水库果河径流量与产污量关系

3.3.2.2　水污一体单位线法面源污染负荷过程预测

一场降雨产生的污染物量，称产污量，不管是溶解态的还是固态的，总是与径流一起经坡面汇流和河网汇流，形成流域出口的污染物负荷过程线，如图 3.3 中的污染负荷过程 $L(t)$，与地面径流过程 $Q_s(t)$ 比较相似，但也有所差异，主要表现在 $L(t)$ 的峰值常比 $Q_s(t)$ 的峰值出现的早，其原因多是降雨初期产生的径流污染物浓度较大所致。考虑这种情况，我国不少单位采用水量单位线由净雨推求流量过程，用污染物单位线由产污量推求污染物负荷过程。但这样把二者完全分开计算，有违水与水中污染物相互掺合、混为一体、共同运动的机理，可能使两个过程彼此脱节。针对这种情况，雒文生（2006）根据单位线原理和质量守恒原理，提出水污一体单位线法计算径

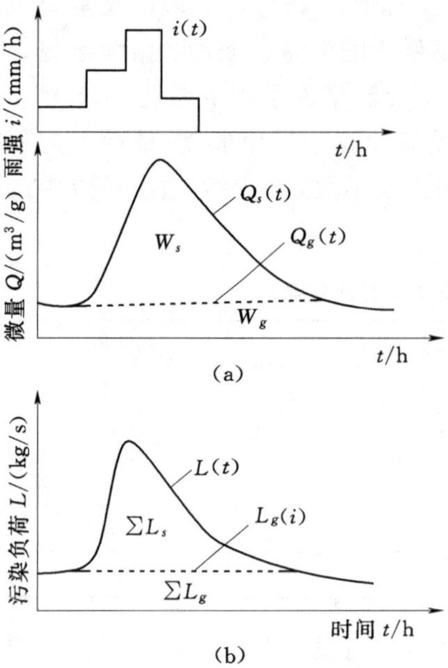

图 3.3 一次暴雨的流量、污染负荷过程线

流过程和污染负荷过程。

水污一体单位线法，是指用单位线推求的各个时段的地表净雨形成的地表径流中，自然而然地包含了相应的产污量，并表现为该时段产流量中的污染物浓度，依此同时推求径流过程和污染负荷过程。其计算程序如下。

（1）计算地面产流（地面净雨）过程。按流域的产流方案，如降雨径流相关图法、初损后损法等，由降雨过程计算地面产流过程，即各时段地面产流量 R_{sj}。

（2）计算地面径流的产污过程。按流域的产污计算方案，如图 3.2 所示的地面径流量与产污量相关图，由上步计算的地面净雨过程，类似由降雨过程计算净雨过程那样，推求地面产流的产污过程，即各个时段的产污量 W_{sj}。

（3）计算各时段地面产流量的污染物浓度 ρ_{sj} 按下式计算：

$$\rho_{sj}=\frac{L_{sj}}{W_{sj}} \tag{3.21}$$

式中：L_{sj} 为第 j 时段的产污量；W_{sj} 为第 j 时段的地面产流量。

（4）计算时段地面产流量形成的地面径流过程和负荷过程。按分析的流域单位线和第（1）、第（3）步推求的各时段地面产流量及污染物浓度，推求流域出口各自形成的地面径流过程和污染物负荷过程，其计算式为

地面径流
$$Q_{sj,i}=\left(\frac{R_{sj}}{10}\right)q_{i-j+1}\,,0\leqslant i-j+1\leqslant l \tag{3.22a}$$

污染负荷
$$L_{sj,i}=\rho_{sj}Q_{sj,i} \tag{3.22b}$$

式中：$Q_{sj,i}$ 为第 j 时段的地面产流量 R_{sj}（mm）在 i 时段末形成的地面径流流量，m^3/s；$L_{sj,i}$ 为第 j 时段的产污量 L_{sj}（kg）在 i 时段末形成的污染负荷，kg/s；q_{i-j+1} 为地面产流量 10mm 单位线在 $i-j+1$ 时段末的流量，m^3/s；l 为单位线的时段数；ρ_{sj} 为第 j 时段地面产流量的污染物浓度，kg/m^3。

（5）计算流域出口断面的地面流量过程及其污染物负荷过程。将上步计算的 $Q_{sj,i}$、$L_{sj,i}$ 分别依时程叠加，得出口断面的地面流量过程和污染物负荷过程，即

地面径流
$$Q_{si}=\sum_{j=1}^{m}Q_{sj,i}=\sum_{j=1}^{m}\left(\frac{R_{sj}}{10}\right)q_{i-j+1} \tag{3.23a}$$

污染负荷
$$L_{si}=\sum_{j=1}^{m}L_{sj,i}=\sum_{j=1}^{m}\rho_{sj}Q_{sj,i} \tag{3.23b}$$

式中：Q_{si}、L_{si} 分别为第 i 时段末的地面径流流量和污染物负荷；m 为地面产流时段数。

（6）计算域出口断面的流量过程和污染物负荷过程。将上步计算的 Q_{si}、L_{si} 分别加上相应的基流流量和基流的污染负荷，即得出口断面的流量过程和污染物负荷过程

流域流量过程　　$Q_i = Q_{si} + Q_{gi}$　　(3.24a)

流域负荷过程　　$L_i = L_{si} + L_{gi}$　　(3.24b)

式中：Q_i、L_i 分别为第 i 时段末的流量和污染负荷；Q_{gi}、L_{gi} 分别为第 i 时段末的基流流量和基流污染负荷。

【例 3.3】 某流域集水面积 122km^2，已分析得该流域的 10mm 地面净雨的单位线，如表 3.7 中第（4）栏，并按该流域的产流计算方案和产污计算方案求得某场降雨的地面净雨过程和产污过程，列于表中第（2）、第（3）栏，现用水污一体单位线法预测该次暴雨形成的径流过程和无机氮负荷过程。

解： 具体计算见表 3.7。表中第（5）、第（7）栏分别为第 1、2 时段地面净雨产生的流量过程，由第（4）栏的单位线推求；第（6）、第（8）栏分别为第 1、2 时段地面净雨产生的无机氮负荷过程，用第 1 时段净雨产生的径流量的无机氮浓度 $\rho_{s1} = 7320/(1000 \times 122 \times 30) = 0.002\text{kg/m}^3$ 乘第（5）栏，即得第（6）栏；同理，得第（8）栏；该次暴雨洪水的基流 $Q_{gi} = 10\text{m}^3/\text{s}$，与第（5）栏、第（7）栏一起合成第（9）栏的流域出口流量过程；基流的无机氮浓度很小，可以忽略不计，即 $L_{gi} = 0$，于是由第（6）栏、第（8）栏合成第（10）栏的无机氮负荷过程。由第（10）栏无机氮负荷过程计算总负荷量为 11934kg，与第（3）栏的总产污量正好平衡，说明计算是正确的。

表 3.7　　某流域面源污染（无机氮）负荷过程预测计算

时间 t /h	地面净雨 /mm	产污量 /kg	单位线 /(m^3/s)	净雨 30mm 产生的		净雨 21mm 产生的		流量过程 /(m^3/s)	负荷过程 /(kg/s)
				流量 /(m^3/s)	无机氮 /(kg/s)	流量 /(m^3/s)	无机氮 /(kg/s)		
(1)	(2)	(3)	(4)	(5)	(6)	(7)	(8)	(9)	(10)
0			0	0	0			10.0	0
3	30.0	7320	3	9	0.018	0	0	19.0	0.018
6	21.0	4612	12	36	0.072	6.3	0.011	52.3	0.083
9			50	150	0.300	25.2	0.045	185.2	0.345
12			20	60	0.120	105.0	0.189	175.0	0.309
15			10	30	0.060	42.0	0.076	82.0	0.136
18			7	21	0.042	21.0	0.038	52.0	0.080
21			5	15	0.030	14.7	0.026	39.7	0.056
24			3	9	0.018	10.5	0.019	29.5	0.037
27			2	6	0.012	6.3	0.011	22.3	0.023
30			1	3	0.006	4.2	0.008	17.2	0.014
33			0	0	0	2.1	0.004	12.1	0.004
36						0	0	10	0
合计	51.0	11932	113	339	0.678	237.3	0.427	706.3	1.105

3.3.2.3　SWAT数学模型法面源污染负荷预测

SWAT（Soil and Water Assessment Tools）数学模型，20世纪90年代初期由美国农业部农业研究所研制，是具有良好物理基础的、流域尺度的动态过程计算模型。其主要目的是模拟预测土地利用、土地管理方式等情况变化对流域径流、水质的影响。10多年来，经历了SWAT94.2、SWAT96.2、SWAT98.1、SWAT99.2和SWAT2000等5个版本的不断发展和完善。不同版本的改进主要有：SWAT94.2引进了水文响应单元；SWAT96.2添加了植物截留、壤中流计算，富营养化物质和杀虫剂输送计算、蒸散发能力计算、气候变化分析和施肥、灌溉等管理选项；SWAT98.1对融雪模块、水质模拟及营养物质循环进行了修正，增加了牧场等管理选项，增进了模型在南半球的适应性；SWAT99.2增加了城市径流计算方法，改进了对水库、湖泊、湿地等水体水量平衡的计算方法；SWAT2000的改进主要在于改善"气象因子发生器"，提供更多的蒸发能力计算方法，增加了格林-安普特（Green&Ampt）下渗方程和马斯京根（Muskingum）径流演算法。经多次改进后的最新版本，与GIS软件相结合，功能强，可视效果好，操作更简便。

该模型在国外，尤其在加拿大和北美得到广泛应用。在我国，近年来正在越来越多地应用于面源污染研究，表明有广泛的适应性。以下简要介绍该模型SWAT2000的基本原理与方法。

1. 模型基本原理

SWAT模型模拟预测流域水文过程，分为水文循环的陆面部分（即产流和坡面汇流部分）和水文循环的水面部分（即河道汇流部分）。前者的计算结果即为各子流域内河道的水、沙、营养物质和化学物质等的输入过程；后者则是将前者通过河段演算至流域出口的径流过程和污染负荷过程。

（1）单元区划分。为了能够正确反映流域下垫面和水文气象条件的地区变化特征影响，SWAT模型利用数字高程模型DEM（Digital Elevation Model）和流域资料，考虑每个单元区自然地理情况比较一致的原则，将整个流域划分为许多单元子流域（或单元区）。流域划分为单元区的方法有三种，即自然子流域、山坡和网格。一般按子流域划分单元区，可以比较真实地反映流域的水文形成过程。再者，为反映蒸发随植被覆盖和土壤的不同而变化，还进一步划分水文响应单元（HRU），分别计算产流量。

（2）输入有关信息资料。这些信息可分为：气象数据、水文响应单元信息、地下水运动数据、河流参数。气象数据包括每天的降雨量、蒸发量、最高最低气温、相对湿度、太阳辐射量、风速等数据；水文响应单元信息，是指单元子流域内具有特定土地利用和土壤类型组合地块，各种不同的管理措施，如耕作方式、耕深，作物生长期的开始和停止日期，施肥种类、数量和日期，灌水日期，草地的载畜能力等；地下水运动数据，包括渗透系数、土层结构、土壤容重、空隙率、含水量等；利用DEM数据生成单元子流域的河网，计算流域面积、坡度、坡长和河流的主河道长度、平均坡降等。

（3）单元子流域水文及污染负荷计算。

1）径流过程计算。SWAT模型径流计算的结构流程如图3.4所示。通过地表径流，土壤水、壤中流、深层地下水和地表汇流、壤中流汇流和地下汇流，计算单元子流域的径流过程，其中洪峰流量用推理公式法计算。

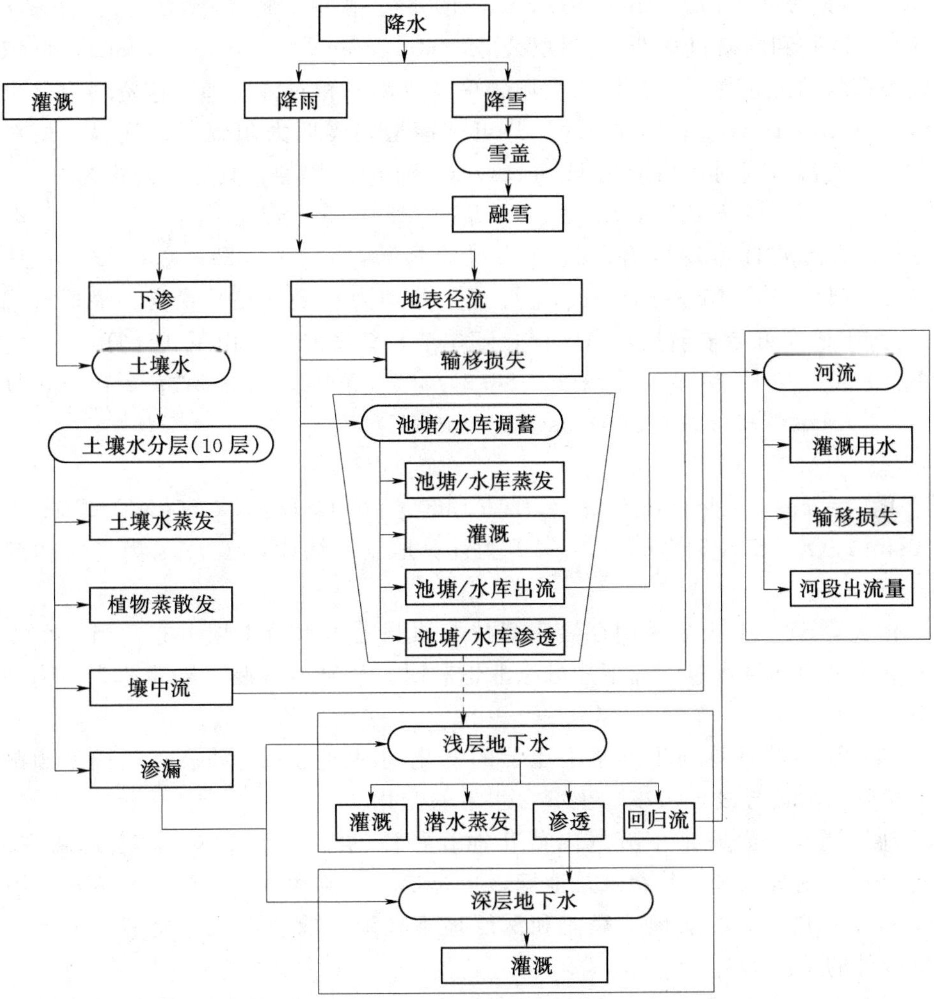

图 3-4 SWAT 模型径流计算结构示意图

用 SCS 曲线数法计算地表产流量，再用 Green&Ampt 下渗公式计算土壤水、壤中流、深层地下深层地下水，通过地表汇流、壤中流汇流和地下汇流，计算单元子流域的径流过程。洪峰流量用推理公式法计算，再结合无因次过程线推求洪水过程。SWAT 模型中土壤含水量按如下的水量平衡方程计算：

$$SW_t = SW_0 + \sum_{i=1}^{t}(R_{day} - Q_{surf} - E_a - w_{seep} - Q_{gw}) \tag{3.25a}$$

式中：SW_0、SW_t分别为初始的和 t 时的土壤含水量；R_{day} 为第 i 天的降雨量；Q_{surf} 为第 i 天的径流量；E_a 为第 i 天的蒸发量；w_{seep} 为地下径流量；Q_{gw} 为第 i 天的回归流水量。

流域蒸发包括水面蒸发、土壤蒸发和植物蒸散发。水面蒸发由实测资料或蒸发能力公式估算；植物蒸散发由蒸发能力和叶面指数的线性关系式计算；土壤蒸发由蒸发能力和土壤含水量计算。在 SWAT2000 模型中，提供了 3 种计算蒸发能力的模型，即彭曼-蒙特斯公式（Penman - Monteith，1965）、普里斯特利-泰勒公式（Preistley - Taylor，1972）和哈格里夫斯-沙门尼公式（Hargreaves - Samani，1985），可依据研究流域的资料情况选择。当流域有太阳辐射、气温、相对湿度和风速资料时，可选用 Penman - Monteith 模型；Preistley - Taylor 模型则需要太阳辐射、气温、相对湿度资料；仅有气温资料时，可应用 Hargreaves - Samani 模型，其计算公式为

$$ET_0=a(RA_{\max}/L)(T+17.8)(T_{\max}-T_{\min})^b \tag{3.25b}$$

式中：ET_0为流域日蒸发能力；a、b 为经验参数，$a=0.0023\sim0.0032$，$b=0.5\sim0.6$；L 为汽化潜热，MJ/kg；T、$T_{\max}$、$T_{\min}$分别为日平均和日最高、最低气温，℃；$RA_{\max}$为太阳最大可能辐射量，MJ/m^2，随季节、纬度变化，由下式计算：

$$RA_{\max}=30\{1.0+0.0335\sin[2\pi(t_j+88.2)/365][XT\sin(2\pi\times LAT/360)\sin(SD)+\cos(2\pi\times LAT/360)\cos(SD)\sin(XT)]\} \tag{3.25c}$$

式中：$XT=\cos^{-1}[-\tan(2\pi\times LAT/360)\tan(SD)]$，$0\leqslant XT\leqslant\pi$；$SD=0.4102\sin[2\pi(t_j-80.25)/365)]$；$LAT$ 为计算地点的纬度，（°）；t_j 为自年初起算的天数。

a. 渗漏，SWAT 模型采用存储演算技术预测土壤水沿土层分布，当一个土层中的蓄水量超过田间持水量，而下层处于非饱和时。便产生渗漏。渗漏速率由饱和水力传导率控制。

b. 壤中流，其计算与土壤水沿土层的变化同时进行，用动态存储模型预测，该模型考虑到水力传导度、坡度、土壤含水量的变化。

c. 池塘调蓄，池塘是子流域内截获地表径流的小型蓄水体，假定远离主河道，不接受上游子流域来水。其蓄水是池塘蓄水容量、入流和出流、渗流和蒸发的函数。

d. 地下径流，分浅层地下径流和深层地下径流，前者汇入子流域内河流，后者汇入流域外的下游河流。

e. 输移损失，其发生在间歇性河流地区，为洪水时产生的蒸发、渗漏和填洼损失。

2）计算土壤侵蚀和输沙过程。SWAT2000 模型采用改进的通用土壤流失方程 MUSLE（Williams，1995）计算土壤侵蚀与输移，它比通用土壤流失方程 USLE 有更好的精度和实用性。该方程如下：

$$sed=11.8(Q_{\text{surf}}\times q_{\text{peak}}\times area_{\text{hru}})^{0.56}K_{\text{USLE}}\times C_{\text{USLE}}\times P_{\text{USLE}}\times LS_{\text{USLE}}\times CFRG \tag{3.26}$$

式中：sed 为日产沙量，t；Q_{surf} 为日地表径流量，mm；q_{peak} 为峰值流量，m^3/s；$area_{\text{hru}}$为单元区面积，hm^2；K_{USLE}、C_{USLE}、P_{USLE}、LS_{USLE}分别为 *USLE* 方程中的土壤可蚀性因子、作物经营管理因子、土壤侵蚀防治措施因子和坡度-长度因子；*CFRG* 为地面粗糙度因子。

3）N、P 和农药污染负荷过程。随地表径流流失的溶解态氮或杀虫量，计算式为

$$X_{\text{surf}}=B_x\times conc_{x,\text{moble}}\times Q_{\text{surf}} \tag{3.27}$$

式中：X_{surf}为随地表径流流失的溶解态氮或杀虫剂的量；B_x为溶解态氮或杀虫剂的下渗系数，表示氮或杀虫剂在地表径流中的浓度与在下渗水流中的浓度比；$conc_{x,\mathrm{moble}}$为表土层中氮或杀虫剂的浓度；Q_{surf}为日地表径流量。

随地表径流流失的溶解态磷的含量，计算式为

$$P_{\mathrm{surf}}=\frac{P_{\mathrm{solution,surf}}\times Q_{\mathrm{surf}}}{\rho_b\times depth_{\mathrm{ly}}\times k_{d,\mathrm{surf}}} \tag{3.28}$$

式中：P_{surf}为随地表径流流失的溶解态磷的含量；$P_{\mathrm{solution,surf}}$为地表 10mm 土层中溶解态磷的含量；$Q_{\mathrm{surf}}$为地表径流量，mm；$\rho_b$为 10mm 表土层的体积密度；$depth_{\mathrm{ly}}$为表土层厚度（10mm）；$k_{d,\mathrm{surf}}$为磷的土壤分配系数，即 10mm 表土层中溶解磷浓度与地表径流中溶解态磷浓度之比。

地表径流中随泥沙迁移的吸附态氮、磷或杀虫剂含量，计算式为

$$X_{\mathrm{sed}}=0.001\times conc_{x,\mathrm{sed}}(sed/area_{\mathrm{hru}})\varepsilon \tag{3.29}$$

式中：X_{sed}为地表径流中随泥沙迁移的 N、P 或杀虫剂的含量；$conc_{x,\mathrm{sed}}$为沉积物中吸附态氮、磷或杀虫剂的含量；sed 为某日产沙量；$area_{\mathrm{hru}}$为单元区面积；ε 为系数。

4）研究流域出口的径流和污染负荷过程计算。

a. 径流过程计算。将各个单元区的径流过程作为主河道（或河段）入流，汇流演算到研究流域出口叠加即得。汇流计算包括 3 个部分，即河段输移损失、河道汇流演算和水库调蓄演算。

（a）河段输移损失，为水流向下游运动中的蒸发、渗漏，以及灌溉引水等损失。

（b）河道汇流演算，SWAT2000 模型中，提供了两种河道汇流计算方法，即变动存储系数模型和马斯京根法（Muskingum）。后者应用比较普遍，其演算公式为

$$Q_{\mathrm{out},2}=C_1\times Q_{\mathrm{in},2}+C_2\times Q_{\mathrm{in},1}+C_3\times Q_{\mathrm{out},1} \tag{3.30}$$

$$C_1=\frac{\Delta t-2Kx}{2K(1-x)+\Delta t},\quad C_2=\frac{\Delta t+2Kx}{2K(1-x)+\Delta t},\quad C_3=\frac{2K(1-x)-\Delta t}{2K(1-x)+\Delta t}$$

式中：$Q_{\mathrm{in},1}$、$Q_{\mathrm{in},2}$分别为河段在时段初、末的入流量；$Q_{\mathrm{out},1}$、$Q_{\mathrm{out},2}$分别为河段在时段初、末的出流量；Δt 为计算时段；x 为流量比重因子；K 为槽蓄系数，具有时间因次。

（c）水库调蓄演算，根据水库调控规则和水库水量平衡方程，由入流、降雨、蒸发、渗漏演算水库出流过程。对于缺乏实测资料的小水库，可以规定一个出流量。

b. 输沙过程计算。将各子流域的输沙过程作为河段的泥沙输入，采用河流动力学方法进行演算，从而得到研究流域出口的输沙过程。

c. 污染负荷过程计算。将各单元子流域的污染负荷过程作为河段的污染源输入，通过迁移转化演算，从而得到研究流域出口的污染负荷过程。

2. 模型流程

SWAT 模型采用命令结构的方式来控制整个计算系统的运行，如图 3.5 所示。通过子流域命令，进行分单元产流计算；通过汇流演算命令，模拟河网和水库群系统的汇流过程；通过叠加命令，把实测的数据和点源数据输入到模型中同模拟值相比较；通过输入命令，接受其他模型的输出；通过转移命令，把某河段（或水库）的出

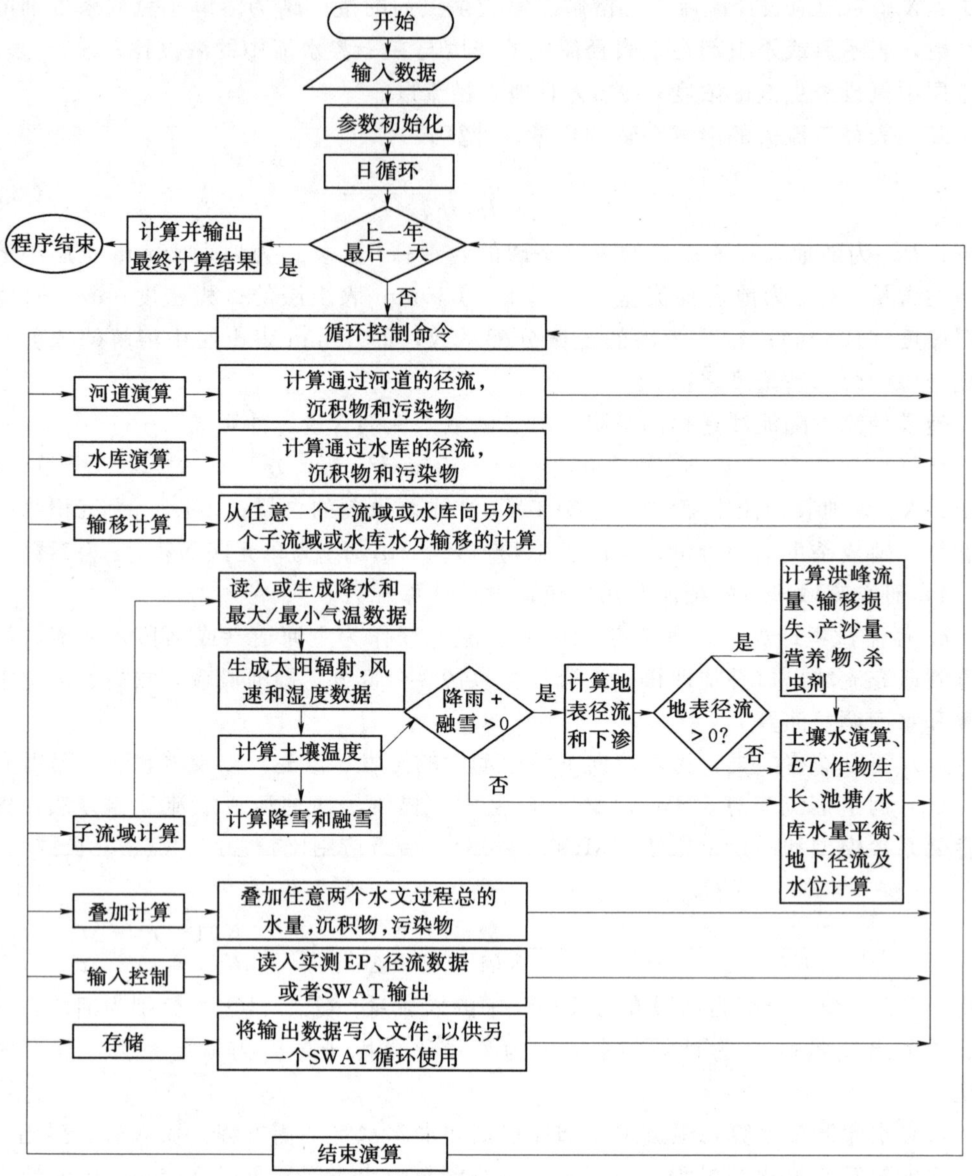

图 3.5　SWAT 模型径流计算结构示意图

流转移到其他的河段（或水库）中，也可直接转移做灌溉用水。

思考题与习题

1．何谓点源污染和面源污染？两种污染源各有何特点？

2．运用皮尔生长曲线模型进行预测的条件是什么？

3．万元工业产值废水排放量受哪些因素的影响？如何进行预测？

4．试述工业废水排放量预测的方法步骤。

资源 3.3

5. 试述城镇生活污水放量预测的方法步骤。

6. 试述面源污染负荷的形成机理与过程。

资源 3.4

资源 3.5

7. 某流域的流域面积为 $122km^2$，测得 19 次降雨的地面径流量 W 及其产生的无机氮负荷量 W_N，见表 3.8，试点绘该流域的地面径流量 W 与无机氮负荷量 W_N 相关图，并计算其相关方程。该流域发生一次降雨，历时 3 个时段（每时段 3h），计算得各时段降雨产生的地面径流量依次为 $100\times10^3m^3$、$350\times10^3m^3$、$50\times10^3m^3$，求本次降雨产生的无机氮总量及各时段的数量。

表 3.8　　某流域 19 次降雨的地面径流量及无机氮量

场次	1	2	3	4	5	6	7	8	9	10
$W/(10^3m^3)$	80	170	1050	800	160	380	650	370	180	370
W_N/kg	54	108	1923	1346	162	323	1076	640	208	384
场次	11	12	13	14	15	16	17	18	19	
$W/(10^3m^3)$	370	700	600	450	180	250	500	510	300	
W_N/kg	500	1045	1000	490	269	380	615	500	384	

8. 习题 7 中，已分析得该流域的 3h 10mm 地面净雨单位线见表 3.9，试按习题 6 计算的结果，用水污一体单位线法推求那次降雨产生的无机氮负荷过程。

表 3.9　　某流域 3h 10mm 地面净雨单位线

时间 t/h	0	3	6	9	12	15	18	21	24	27	30	33
单位线/(m^3/s)	0	3	12	50	20	10	7	5	3	2	1	0

9. 简述 SWAT 模型预测面源污染负荷的原理。

第 4 章

水污染迁移转化原理

4.1　污染物在水中的迁移转化

资源 4.1

资源 4.2

水环境数学模型，是根据排入水体的污染物，即污染负荷，模拟预测受纳水体未来水质状况的一种数学手段和工具。好的模型，应尽可能全面准确地反映污染物在水中的迁移转化规律。对其认识得越深刻，建立的模型将越正确，预测的精度和可靠程度将越高。

污染物在水中的迁移转化是一种物理的、化学的和生物学的极其复杂的综合过程。其中各种过程有其本身的特性和规律，是水质分析和建模的基础。

4.1.1　污染物在水中的迁移过程

污染物在水中的物理迁移过程，主要包括污染物随水流的输移与混合，受泥沙颗粒和底岸的吸附与解吸、沉淀与再悬浮，底泥中污染物的输运等。

4.1.1.1　对流（移流）与扩散

一般情况下排入河流的工业废水和生活污水中的污染物，主要呈溶解状态和胶体状态，它们形成微小的水团，随水流一起迁移和扩散混合。由于这样的作用，污水从排放口排入河流后，污染物在随水流向下游迁移的同时，还不断地与周围的水体相互混合，很快得到稀释，使污染浓度降低，水质得到改善。因此，随水流迁移与扩散是水体自净的一个重要作用。迁移扩散运动主要包括污染物随水流的移流、分子扩散、紊动扩散和离散（也称弥散）等形式。

1. 移流作用的输移

河水移流运动，是指以时均流速为代表的水体质点的迁移运动，也称对流运动。对于某点污染物沿流向 x 的输移通量为

$$F_x = uc \tag{4.1}$$

式中：F_x 为过水断面上某点沿 x 方向的污染物输移通量，$mg/(m^2 \cdot s)$；u 为该点沿 x 方向的时均流速，m/s；c 为该点污染物的时均浓度，mg/m^3。

对于整个过水断面，污染物的输送率则为

$$F_A = \bar{u}\bar{c}A = Q\bar{c} \tag{4.2}$$

式中：F_A 为断面 A 上的污染物输送率，mg/s；$\bar{u}$ 为断面平均流速，m/s；$\bar{c}$ 为平均浓度，mg/m^3；A 为过水断面积，m^2；Q 为流量，m^3/s。

2. 分子扩散作用的输移

扩散是由于物理量在空间上存在梯度使之在空间上趋于均化的物质迁移现象。水

中污染物由于分子的无规则运动，从高浓度区向低浓度区的运动过程，称分子扩散。其扩散过程服从费克（Fick）第一定律：

$$M_{mx}=-E_m(\partial c/\partial x) \tag{4.3}$$

式中：M_{mx}为某点在x方向由于分子扩散作用污染物于单位时间通过单位面积的质量，称分子扩散通量，mg/(m^2·s)；c为该点的污染物浓度，mg/m^3；E_m为分子扩散系数，一般变化在$10^{-9}\sim10^{-8}$m^2/s之间；$\partial c/\partial x$为沿x方向的浓度梯度。

3. 紊动扩散作用的输移

河川中水体的流动一般都是紊流，亦称湍流。紊流运动中所包含的各种物理量，如任一点的流速、压力、浓度、温度等都随时间的变化而随机脉动。紊动扩散就是由紊流中涡旋的不规则运动引起的。紊动扩散通量，可类似分子扩散通量的费克定律表达：

$$M_{tx}=-E_{tx}(\partial c/\partial x) \tag{4.4}$$

式中：M_{tx}为沿x方向污染物的紊动扩散通量，mg/(m^2·s)；E_{tx}为x方向的紊动扩散系数，m^2/s。

4. 离散（弥散）作用的输移

前面讲污染物的移流作用输送时，是以断面平均流速和平均污染浓度进行计算的。但在实际流场中，流速在断面上的分布往往是很不均匀的，岸边和底部较小，表面和中心较大，污染浓度也不均匀，流速在过水断面上具有一定的梯度，即所谓的剪切流。这种情况下，污染物随水流的输送，除前面已讲的移流输送、分子扩散输送、紊动扩散输送之外，还有一个类似扩散作用的离散作用输送问题。

在河流中，横断面上流速分布不均匀时，即使$t=0$时污染物瞬间在整个过水断面A上均匀排入，如图4.1所示。这些污染物将随过水断面上不同质点的流速向下游运移，经过一段时间后，在$t=t'$时，大多数以平均流速移到了断面B，但有些流的较快，则超前了；有些流的较慢，则滞后了，这就导致污染物在B断面纵向有显著的离散。称这种现象为剪切流中的纵向离散或弥散。

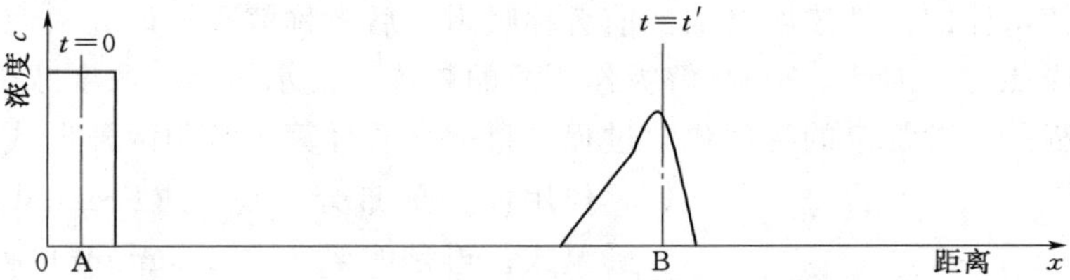

图4.1 河流污染物向下游流动中的纵向离散示意图

离散作用引起的污染物输送通量，也可用费克第一定律的形式描述，即

$$M_{dx}=-E_{dx}(\partial c/\partial x) \tag{4.5}$$

式中：M_{dx}为污染物沿x方向的离散输送通量，mg/(m^2·s)；c为断面平均污染浓度，mg/m^3；E_{dx}为纵向离散系数，m^2/s，反映离散作用的大小。

在绝大多数的河流中，污染物的纵向离散作用远远大于紊动扩散作用。一般E_m具有$10^{-9}\sim10^{-8}$m^2/s的数量级，E_{tx}具有$10^{-2}\sim10^{-1}$m^2/s的数量级，E_{dx}可达$10\sim10^3$m^2/s

的量级。因此在天然河流中，对于扩离散，一般纵向离散作用将起主导作用。

由于移流和扩离散作用的存在，使废水排入河流后，在河流中一般出现三种不同混合状态的区段。

（1）垂向混合河段。从排污口到下游污染物沿垂直（水深）方向达到混合均匀的断面所经历的区段，称垂向混合河段。天然河流水深一般较浅，故该区段的长度相对很短。该段的污染浓度沿垂向、横向和纵向都有明显变化，需要建立三维水质模型进行模拟预测。

（2）横向混合河段。从垂向均匀混合断面到下游污染物在整个过水断面上均匀混合的区段，称横向混合河段。该河段，水的污染浓度沿横向和纵向有明显变化，水深方向则基本均匀，可作为二维水质问题处理。

（3）纵向混合河段。横向混合河段之后的河段，称纵向混合河段。该河段中，水质浓度在过水断面上基本均匀，仅在纵向产生比较明显的变化，可作为一维水质问题分析计算。

费希尔（H. B. Fischer，1979）以断面各处的浓度与平均浓度之差不超过 5%作为达到断面完全混合的标准，分排污口在河流中心和在岸边两种情况，导出顺直河流中从排污口到断面完全混合的距离的计算式：

对于河流中心排污

$$L=\frac{0.1uB^2}{E_y} \tag{4.6a}$$

对于岸边排污

$$L=\frac{0.4uB^2}{E_y} \tag{4.6b}$$

式中：L 为从排污口至断面完全混合的纵向距离，m；u 河流断面平均流速，m/s；E_y为横向扩散系数，m^2/s。

4.1.1.2　吸附与解吸

水中溶解的污染物或胶状物，当与悬浮于水中的泥沙等固相物质接触或与河岸、河床接触时，将程度不同地被吸附在它们的表面，使水体中的污染浓度降低；相反，被吸附的污染物，当水体条件（如流速、浓度、pH 值、温度等）改变时，也可能又溶于水中，使水体的污染浓度增加。前者称吸附，后者称解吸。研究表明，吸附能力远远大于解吸能力，因此，吸附-解吸作用总的趋势是使水体污染浓度减少。

吸附过程是一种复杂的物理化学过程。目前水质计算中常用两种形式来描述这种作用：一是弗劳德利希（Freundlich）吸附等温式；再是朗缪尔（Langmuir）吸附等温式。具体采用何种公式形式，可通过拟合实际资料确定。下面主要讲述前者。

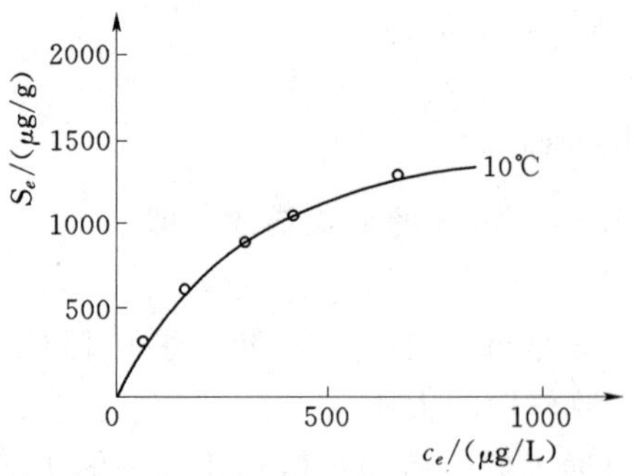

图 4.2　湘江某断面汞的吸附等温线

在吸附平衡条件下，点绘水中泥沙吸附浓度 S_e与水污染浓度 c_e的关系曲线，如图 4.2 所示，称吸附等温线。该等温线的数学表达式称吸附等温式。弗劳德利希吸附等温式为

$$S_e=kc_e^{1/n} \tag{4.7a}$$

式中：S_e为吸附达到平衡时水中泥沙的吸附浓度，μg/g；c_e为吸附平衡时水体的污染物浓度，μg/L；k、n为经验常数。

k、n与水体温度、污染物性质、浓度等因素有关，可通过试验资料率定。如图4.2所示的吸附等温线，是湘江某断面水样在温度10℃的情况下泥沙对汞（Hg）的吸附等温线，其$k=36.0$，$n=1.84$。

由式（4.7a）进一步导出泥沙对水中污染物的吸附速率方程：

$$\frac{dS}{dt}=k_1\zeta^{-b}\frac{c}{W}-k_2\zeta^b S \tag{4.7b}$$

式中：S为t时的泥沙吸附浓度，μg/g；ζ为无量纲化的S值，数值上与S相等，但为无量纲；c为t时的水体污染浓度，μg/L；W为水体的含沙量，g/L；b为与活化能有关的指数；k_1、k_2分别为吸附速率系数和解吸速率系数，s^{-1}。

通过对污水水样S、c、W过程的观测，可分析求得k_1、k_2和b。例如，湘江株洲河段分析表明：镉（Cd）的$k_1=2.71\times10^{-3}\sim6.39\times10^{-3}s^{-1}$，$k_2=3.21\times10^{-6}\sim1.83\times10^{-5}s^{-1}$，$b=0.50\sim0.77$；汞（Hg）的$k_1=0.63\sim1.61s^{-1}$，$k_2=5.57\times10^{-10}\sim3.82\times10^{-9}s^{-1}$，$b=1.98$。$k_1$比$k_2$可大几个数量级，对污染物的吸附计算$k_1$起决定性作用。

4.1.1.3 沉淀与再悬浮

水中悬浮的泥沙既是一种污染物，也是可溶性污染物吸附剂，其沉淀与再悬浮对水环境变化具有重要影响，水质计算中必须予以考虑。水环境数学模型中关于污染物沉淀与再悬浮的计算，可采用两种途径进行：一是按照河流动力学原理，先计算河段含沙量变化过程和冲淤过程，然后考虑泥沙对污染物的吸附-解吸作用，进一步算出污染物的沉淀与再悬浮。这种方法考虑因素全面，计算精度高，笔者1989年在对四川省紫兰坝电站的水库核放射污染模拟预测时提出这种方法，成功地计算出该水库将来的核放射性污染状况。但这种方法需要资料多，计算工作量大。二是采用一个沉浮系数直接估算，其公式形式一般为

$$\frac{dc}{dt}=-k_c c \tag{4.8}$$

式中：c为水中污染物在t时的浓度；k_c为沉浮系数，沉淀时取正号，表示水中污染物减少，再悬浮时取负号，表示该项作用使水体污染浓度增加。

k_c与水流速度、泥沙组成、温度等因素有关，可通过实际模拟计算进行优选。

4.1.2 天然水流的扩散系数和离散系数

4.1.2.1 分子扩散系数 E_m

水中所含物质的分子扩散系数大小，主要与影响分子扩散运动的温度、溶质、压力有关，与水的流动特性无关，即分子扩散系数各向同性。水质计算中，分子扩散一般仅用于静止水体或流速很小时的情况。各物质在水中的分子扩散系数变化不大，约$10^{-9}\sim10^{-8}m^2/s$，例如，20℃下O_2、NH_3、酚的E_m分别为$1.8\times10^{-9}m^2/s$、$1.76\times10^{-9}m^2/s$、$0.84\times10^{-9}m^2/s$。

4.1.2.2　紊动扩散系数 E_t

紊动扩散是紊动水流脉动流速引起的，紊动扩散系数的大小主要与水流的紊动特性有关，从而使垂向、横向和纵向的紊动扩散系数各异，即各向异性。

1. 垂向紊动扩散系数 E_{tz}

对于一般的宽浅型河流，可根据雷诺比拟方法，即认为水流的质量交换与动量交换等同，紊动扩散系数等同于涡黏系数，依此导得明渠垂向平均紊动扩散系数 E_{tz} 为

$$E_{tz}=0.068Hu_* \tag{4.9}$$

式中：E_{tz} 为垂向平均紊动扩散系数，m^2/s；H 为水深，m；$u_*=\sqrt{gHJ}$，为摩阻流速，m/s；g 为重力加速度，m/s^2；J 为水力坡降，无量纲。

对于水域广阔且比较深的湖泊、水库、海洋，温暖季节常常存在温度分层，即表面同温层、中间温跃层和下部同温层。这种情况下，根据实测资料分析，E_{tz} 的变化范围大体为：湖、海表面同温层 $E_{tz}=(10\sim100)\times10^{-4}\,m^2/s$，中间温跃层 $E_{tz}=(0.01\sim1)\times10^{-4}\,m^2/s$，下部同温层 $E_{tz}=(0.1\sim10)\times10^{-4}\,m^2/s$，底部边界层 $E_{tz}=(1\sim10)\times10^{-4}\,m^2/s$；河口、海湾的 $E_{tz}\approx(1\sim10)\times10^{-4}\,m^2/s$。温跃层的 E_{tz} 最小，表明对垂向紊动扩散具有抑制作用。

2. 横向紊动扩散系数 E_{ty} 与离散系数 E_{dy}

天然河流纵、横断面变化较大，岸边也会有各种建筑物，同时还可能有支流汇入、河道弯曲、岔道等情况，使垂向和横向的流速分布更不均匀，从而引起比较大的横向紊动扩散。目前仍采用垂向扩散系数的描述形式来表达横向紊动扩散系数，即

$$E_{ty}=\alpha Hu_* \tag{4.10a}$$

式中：α 为经验性系数。

对于顺直明渠，费希尔对 70 多个试验资料统计分析，发现除灌溉渠道 $\alpha=0.24\sim0.25$ 外，几乎所有情况的 α 值都在 $0.10\sim0.20$ 范围内。对于弯曲和不规则的天然河道，α 值一般在 $0.4\sim0.8$（河道收缩时取较小值，扩展时取较大值）；如果弯曲比较大，二次环流影响强烈，则取 $\alpha=1\sim3$，或参考能反映弯曲影响的公式计算。

对比宽深比 $B/H\leqslant100$ 的河流，宜用泰勒公式计算：

$$E_y=(0.058H+0.0065B)u_* \tag{4.10b}$$

式中：B 为河流平均宽度，m；其余符号意义同前。

3. 纵向紊动扩散系数 E_{tx}

由于纵向离散系数 E_d 远比纵向紊动扩散系数大，一般可大出几十倍至上百倍，故常将纵向紊动扩散系数并入纵向离散系数中一起考虑。从有限的资料看，E_{tx} 与 E_{ty} 可能处于同样的量级，约为 E_{ty} 的 3 倍。

4.1.2.3　河流纵向离散系数 E_d

河流纵向离散系数 E_d，视资料条件的不同，可采用下述三种途径计算。

1. 由断面流速分布资料推求

在天然河流中，河宽远远大于水深，横向流速不均匀对 E_d 的影响远大于垂向流速不均匀的影响。费希尔考虑这一实际，将天然河流简化为平面二维水流，如图 4.3

所示，然后按照埃尔德（J. W. Elder）由垂向流速分布推导纵向离散系数的方法，导得天然河道中纵向离散系数 E_d（即 E_{dx}）的计算公式为

$$E_d = -\frac{1}{A}\int_0^B q'(y)\int_0^y \frac{1}{E_{ty}H(y)}\int_0^y q'(y)\mathrm{d}y\mathrm{d}y\mathrm{d}y \tag{4.11}$$

如图 4.3 所示，该式近似为

$$E_d = -\frac{1}{A}\left\{\sum_{k=1}^{n}\left[\sum_{i=1}^{k}\left(\sum_{i=1}^{k}q_i'\Delta y_i\right)\frac{\Delta y_i}{E_{ty,i}\overline{H}_i}\right]q_k'\Delta y_k\right\} \tag{4.12a}$$

$$q_i' = (H_i + H_{i+1})(\overline{u}_i - u)/2 = \overline{H}_i(\overline{u}_i - u), E_{ty,i} = 0.23\overline{H}_i u_{*i}, u_{*i} = \sqrt{g\overline{H}_i J} \tag{4.12b}$$

式中：E_d 为纵向离散系数；A 为过水断面积；B 为水面宽；J 为河流纵坡降；u 为断面平均流速；$\overline{u}_i$ 为第 i 块部分断面的平均流速；Δy_i 为整个过水断面划分为 n 块中的第 i 块面积的水面宽；H_i、H_{i+1}、$\overline{H}_i$ 分别为第 i 块部分面积的左边、右边及平均水深；$E_{ty,i}$ 为第 i 块面积的横向紊动扩散系数；u_{*i} 为第 i 块面积的摩阻流速；g 为重力加速度。

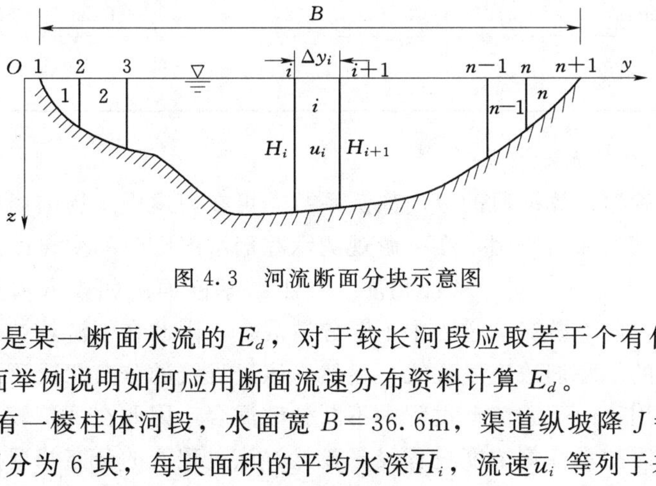

图 4.3 河流断面分块示意图

上式计算的是某一断面水流的 E_d，对于较长河段应取若干个有代表性断面求得的 E_d 平均。下面举例说明如何应用断面流速分布资料计算 E_d。

【例 4.1】 有一棱柱体河段，水面宽 $B=36.6\text{m}$，渠道纵坡降 $J=0.0001$，整个断面自左至右划分为 6 块，每块面积的平均水深 $\overline{H}_i$，流速 $\overline{u}_i$ 等列于表 4.1 中，横坐标 y 的起点 y_1 在左岸水边线上，依此计算该断面处的 E_d。

解： 按公式（4.12）列表计算，见表 4.1。

（1）全断面面积 A 为：$A = \sum_{i=1}^{n}\Delta A_i = 78.1\text{m}^2$。

（2）断面平均流速 u 为：$u = \frac{Q}{A} = \sum_{i=1}^{n}\Delta Q_i \Big/ A = \frac{50.5}{78.1} = 0.647(\text{m}^2/\text{s})$。

（3）计算式（4.12a）中大括号 {·} 里的部分：从表 4.1 最末栏知：$\{\cdot\} = -1672\text{m}^4/\text{s}$。

（4）按式（4.12a）计算纵向离散系数 E_d：$E_d = -\{\cdot\}/A = -1672/78.1 = 21.4(\text{m}^2/\text{s})$。

表 4.1 **河流纵向离散系数 E_d 计算表**

分块面积编号 i，k	(1)	1	2	3	4	5	6	
横向坐标 y/m	(2)	0	6.1	12.2	18.3	24.4	30.5	36.6
平均水深$\overline{H}_i$/m	(3)	1.22	2.13	3.05	3.05	2.13	1.22	
平均流速$\overline{u}_i$/(m/s)	(4)	0.43	0.61	0.76	0.76	0.61	0.43	
分块的水面宽 Δy_i/m	(5)	6.1	6.1	6.1	6.1	6.1	6.1	
$\Delta A_i=\overline{H}_i\Delta y_i/\mathrm{m}^2$	(6)	7.44	13.0	18.61	18.61	13.0	7.44	
$\Delta Q_i=\overline{u}_i\Delta A_i/(\mathrm{m}^3/\mathrm{s})$	(7)	3.20	7.93	14.14	14.14	7.93	3.20	
$\overline{u}_i-u/(\mathrm{m/s})$	(8)	−0.217	−0.037	0.113	0.113	−0.037	−0.217	
$q_i'\Delta y_i/(\mathrm{m}^3/\mathrm{s})$	(9)	−1.62	−0.48	2.10	2.10	−0.48	−1.62	
$\sum_{i=1}^{k}q_i'\Delta y_i$ /(m³/s)	(10)	0	−1.62	−2.10	0	2.10	1.62	0
	(11)	−0.81	−1.86	−1.05	1.05	1.86	0.81	
$E_{ty,i}=0.23\,\overline{H}_i\sqrt{g\,\overline{H}_iJ}/(\mathrm{m}^2/\mathrm{s})$	(12)	0.0097	0.0224	0.0384	0.0384	0.0224	0.0097	
(11) $\Delta y_i/(E_{ty,i}\overline{H}_i)$/m	(13)	−417	−238	−55	55	238	417	
$[\sum_{i=1}^{k}(11)\Delta y_i/(E_{ty,i}\,\overline{H}_i)]$/m	(14)	0	−417	−665	−710	−665	−417	0
	(15)	−209	−536	−682	−682	−536	−209	
(15) $q_k'\Delta y_k/(\mathrm{m}^4/\mathrm{s})$	(16)	339	257	−1432	−1432	257	339	
$\{\sum_{i=1}^{k}(15)q_k'\Delta y_k\}/(\mathrm{m}^4/\mathrm{s})$	(17)	0	339	596	−836	−2268	−2011	−1672

2. 由现场示踪剂试验推求

为了比较准确地计算河段的纵向离散系数，可在河道中选择适当的位置瞬时以点源方式投放示踪剂，如诺丹明，在下游观测示踪剂浓度随时间变化的过程线来推求纵向离散系数 E_d。示踪剂为非降解性物质，在上游某断面瞬间投入河流后，由于水流的迁移扩散作用，向下游流动过程中不断分散混合，因此在下游较远的断面上测得的是一条比较平缓的示踪剂浓度过程线。显然，该过程线的分布状况反过来也反映了河段的迁移扩散作用，向下游流动过程中不断分散混合，因此在下游较远的断面上测得的是一条比较平缓的示踪剂浓度过程线。显然，该过程线的分布状况反过来也反映了河段的迁移扩散特征。尤其下游的监测断面均取在纵向混合区时，两监测断面过程线间的差异则比较好地反映了该河段污染物随水流迁移中的纵向离散特征。基于这一事实，该方法采用由下游不同断面观测的示踪剂浓度过程线推求 E_d。当选取的下游断面均在纵向混合区时，浓度计算为一维水质问题，可由后面讲述的一维水质迁移转化基本方程解得下游 x 处的示踪剂浓度变化过程为

$$c(x,\ t)=\frac{M}{\sqrt{4\pi E_d t}}\exp\left[-\frac{(x-ut)^2}{4E_d t}\right] \tag{4.13}$$

式中：x 为以投放示踪剂的断面为起点至下游量测断面处的距离；t 为以投放示踪剂的时刻为零点起算的时间；$c(x,\ t)$ 为 x 处 t 时刻的示踪剂浓度；M 为瞬时面源强度，等于投放的示踪剂质量除以过水断面积；u 为河段平均流速；E_d 为纵向离散

系数。

由式（4.13）可求得 x 处该过程线 $c(x, t)$ 的方差 σ_t^2 为

$$\sigma_t^2 = \int_0^{\infty} c(t-\bar{t})\mathrm{d}t \Big/ \int_0^{\infty} c\mathrm{d}t = \frac{2E_d x}{u^3}, \bar{t} = \int_0^{\infty} ct\mathrm{d}t \Big/ \int_0^{\infty} c\mathrm{d}t \tag{4.14}$$

当用纵向混合河段距离分别为 x_1、x_2 的两个断面计算时，可得各断面浓度过程线的方差分别为

$$\sigma_{t1}^2 = \frac{2E_d x_1}{u^3}, \quad \sigma_{t2}^2 = \frac{2E_d x_2}{u^3} \tag{4.15}$$

取 $\overline{t_1} = x_1/u$，$\overline{t_2} = x_2/u$，由 $\sigma_{t1}^2 \sigma_{t2}^2$ 解得 E_d 为

$$E_d = \frac{u^2}{2}\frac{\sigma_{t2}^2 - \sigma_{t1}^2}{\overline{t_2} - \overline{t_1}} \tag{4.16}$$

由于两个断面的示踪剂浓度过程线可以测得，依此计算它们的 $\overline{t_1}$、$\overline{t_2}$ 和 σ_{t1}^3、σ_{t2}^2，从而可按式（4.16）求得纵向离散系数 E_d。

3. 由经验公式估算

在缺乏断面流速分布资料和示踪剂试验时，可用经验公式估算。这类公式很多，但都有一定的局限性，选用时需用当地资料检验，以保证成果的可靠性。

费希尔于 1975 年提出的公式为

$$E_d = 0.011\frac{u^2 B^2}{H u_*} \tag{4.17a}$$

刘享立（H. Liu）1980 年提出的公式为

$$E_d = \gamma \frac{u_* A^2}{H^3} \tag{4.17b}$$

麦克奎维-凯弗（Mcquivey - Keefer）1974 年提出的公式为

$$E_d = 0.115\frac{Q}{2BJ}\left(1 - \frac{F^2\gamma}{4}\right) \tag{4.17c}$$

爱尔德提出的公式

$$E_d = 5.93H\sqrt{gHJ} \tag{4.17d}$$

Seo 和 Cheang（1966）由美国 26 条河流收集的 59 个实测资料，得到的公式为

$$E_d = 5.915\left(\frac{B}{H}\right)^{0.62}\left(\frac{u}{u_*}\right)^{1.428} H u_* \tag{4.17e}$$

以上式中：H 为平均水深；摩阻流速 $u_* = \sqrt{gHJ}$；J 为水力坡降；u 为断面平均流速；A 为过水断面积；B 为河段平均水面宽；Q 为河段流量；g 为重力加速度；弗劳德数 $Fr = u/(gH)^{1/2}$；γ 为经验系数，一般取 0.5～0.6。式中各项符号的单位，量纲和谐，按其意义选取即可。

4.1.3 水中有机污染物的降解与转化

有机污染物在水中迁移扩散的同时，还在微生物的生物化学作用下分解和转化为其他物质，从而使水体中有机污染浓度降低，称这种现象为降解。根据降解过程中水体的溶解氧状态，可分为好氧情况和厌氧情况。有机污染物排入水体后，若水体中存在溶解氧，称该水体处于好氧情况，此时受好氧微生物新陈代谢作用使有机物发生氧

化分解和转化，生成水、二氧化碳、氨、硝酸盐等无机物和转化为水生生物等；同时也使水中的溶解氧不断消耗，当溶解氧过低时，会使鱼类以至原生动物大批死亡，病源菌大量繁殖，正常的生态平衡和物质循环被破坏。溶解氧耗尽后，水体进入厌氧状态，有机物会受厌氧微生物的代谢作用发生分解与转化，生成甲烷、二氧化碳、氨、硫化氢和一些厌氧微生物，使水体变黑发臭，造成令人厌恶的水污染现象。目前，在我国水的有机污染是最大量、最普遍、最经常遇到的水环境问题，研究水中有机物降解转化规律，对预测和防治水的有机污染具有重要意义。

4.1.3.1　水中有机物的好氧降解转化过程

在有溶解氧的条件下，水中有机污染物由于好氧微生物（主要是好氧菌）的作用被氧化分解而无机化，从而使有机污染得以净化。这是一个相当复杂的新陈代谢过程，如图4.4所示。该图表明，微生物通过自身不断的生命活动——呼吸、氧化、合成等过程，即新陈代谢，把吸收的一部分有机物氧化分解为简单的无机物，如CO_2、H_2O、NH_3、NO_3^-、…，耗氧量为O_a，并释放出自身生长、活动所需的能量；在一定的能量支持下，吸收的另一部分有机物被同化，合成微生物新的细胞体。组成微生物新的细胞质也在不停地通过呼吸而氧化，其耗氧量为O_b，称内源呼吸，也代谢出CO_2、H_2O、NH_3、…，同时也放出能量。这一有机物无机化的过程，主要是碳水化合物（如糖、淀粉、醇类等）降解为CO_2和H_2O以及蛋白质降解为CO_2、H_2O、NH_3、H_2S、…的无机化过程。该过程中消耗的溶解氧（O_a、O_b）称碳化需氧量CBOD，即一般所说的BOD。至此，有机物已被无机化，降解为无机物。该过程中产生的NH_3还不稳定，还会在亚硝酸菌和硝酸菌作用下进一步被氧化为亚硝酸盐（NO_2^-）和硝酸盐（NO_3^-），同时也放出能量和合成新的细胞。氨被氧化为NO_2^-、NO_3^-的过程，称硝化过程。该过程中消耗的溶解氧量称硝化需氧量NBOD，即图4.4中的O_c、O_d与硝化中的内源呼吸耗氧之和。CBOD与NBOD一起，即一般所说的BOD。

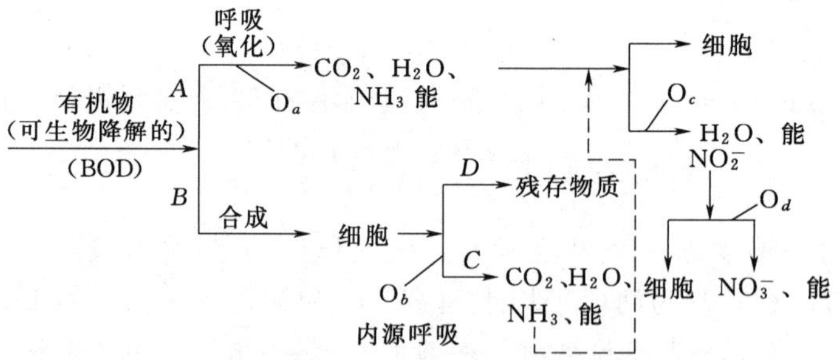

图4.4　水中有机物好氧微生物降解转化示意图

在有机废水排放的水体中一般也含一些硝化细菌，因此在生物氧化的初期也会发生硝化作用，但这个过程常常要在5～7d或10d以后才明显表现出来。所以对水体含氮有机物较多时，为了更好地反映这一情况，可分别对CBOD和NBOD模拟预测。

碳水化合物和含氮有机物氧化分解的CO_2、H_2O、NO_3^-和释放的能量，可为菌、藻等微生物所吸收，并为原生动物、后生动物、高级水生动植物利用，逐步转化为人们所需的物质供人类享用，形成自然界的物质循环。当这种循环能在不危害人类生存和发展的情况下进行时，称之为良性循环，或可持续发展；否则，物质循环中某些环节发生失衡，破坏了循环的正常进行，将会污染环境，危害人类的生存与发展，称生态平衡被破坏，即不可持续发展。我们的任务，就是要研究各种经济有效的措施，促进自然界的物质良性循环，既发展生产，又使环境更美好。

碳化过程和硝化过程都是耗氧过程，前者是有机物无机化，后者是无机化的氨氮继续氧化和稳定化。二者反应中的微生物群落不同、生成物不同、氧化速度不同，因此，在有机污染模拟预测计算中，应根据具体情况，确定是分别计算还是合起来作为一个指标分析。二者合起来作为一个指标计算比较简单，工作量小，当碳水化合物占主导地位时，合起来计算将是合适的。

4.1.3.2 水中有机物的厌氧降解过程

水中缺乏溶解氧 O_2 的情况下，有机污染物则在兼性厌氧菌和专性厌氧菌的作用下氧化分解和转化，最终达到无机化。此时氧化所需的氧，不是来自水中的游离氧 O_2，而是有机物分子中的结合氧。专性厌氧微生物，系在完全缺乏溶解氧 O_2 的水中生存繁衍的微生物，如甲烷菌，它们不能在有溶解氧的水中生存。兼氧性微生物，则是一种好氧、厌氧下都能生存繁衍的微生物，如水解菌群和产酸菌群，它们主要将高分子有机物分解为低分子有机物，再供专性厌氧菌转化为甲烷（CH_4）等无机物。厌氧降解转化过程可发生在有机污染严重的河段、水体、湖泊的下层和底部，如图 4.5 所示。自然条件下这种反应往往不完全，兼性厌氧菌分解产生的 H_2S、NH_3，会使水体变黑发臭，应采取措施尽量避免。例如，图 4.5 中，当上层溶解氧充分时，加上光合作用，可使底部厌氧分解的 H_2S、CO_2、NH_3 氧化还原为 H^+、SO_4^{2-}、NO_3^-，为植物利用，避免恶臭的发生。

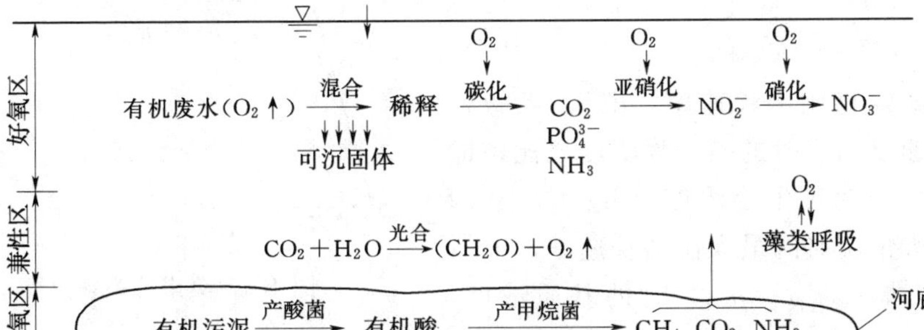

图 4.5 水体中的有机污染物的降解转化示意图

一般认为水体有机物厌氧分解可分为两大阶段：①产酸发酵阶段，兼性厌氧菌将大分子有机物质，如糖、淀粉、木质素、脂肪、蛋白质等分解为较小的短链有机物（如有机酸、醇类）和无机物 NH_3、CO_2、H_2S 等，该阶段的产物大部分呈酸性；②产气阶段，专性厌氧菌，主要是甲烷菌，将第一阶段的产物转化为甲烷（CH_4）、二氧化碳、氨等气体。由于整个厌氧转化过程中释放的能量很少，大分子有机物转化为小分子无机物时尚保持大量的生物能，故甲烷气本身具有很高的能量，每立方米甲烷气燃烧时可产生2万～3万kJ的热量。两个阶段的分解转化必须彼此协调，若第一阶段的产物不能在第二阶段连续转化为CH_4、CO_2、NH_3等，则会发生酸性积累，妨碍甲烷菌的活性，导致第二阶段工作的破坏，使有机物无法转化为无机性的最终产物。

有机物的厌氧降解要比好氧降解复杂，需要的时间也长得多，对温度、pH等环境条件的要求也比较严格，但在分解中由于不需要游离氧和阳光，可在密闭的厌氧系统中进行。这一原理正在广泛应用于有机废水的处理中。

资源4.3

4.1.4　污水生化反应动力学

生化反应动力学主要涉及两个方面的问题：

（1）水中微生物（主要是菌、藻等）增长速率。

（2）水中有机污染物的降解速率。20世纪50年代以来，国内外一些学者在生化反应动力学方面做过不少工作，这些试验研究大多是在好氧条件下进行的，不过后来的实践表明，好氧情况下得到的反应动力学成果也适用于厌氧情况。

这些成果中比较有代表性的是劳伦斯－麦卡蒂模式（A. W. Lawrence－P. L. McCarty，1920）。他们以微生物生理学为基础，将莫诺特（J. Monod）方程引入污水控制领域，更深入地说明了微生物生长与有机物降解间的关系，以下着重介绍这种模式。

4.1.4.1　微生物增长速率方程——莫诺特方程

该方程是20世纪40年代初莫诺特在根据单纯基质培养纯菌种的大量试验基础上提出的。如图4.6所示，是观测微生物比增长速率μ与基质浓度S间的关系曲线，类似于米氏酶促反应方程，其数学表达式为

$$\mu=\frac{\mu_m S}{K_S+S} \tag{4.18}$$

式中：μ为微生物比增长速率，d^{-1}，系微生物浓度增长速度与当时的微生物浓度之比，即$(dX/dt)/X$；X为微生物浓度，mg/L；μ_m为基质浓度较大情况时的最大比增长速率，d^{-1}；K_S称半速常数，为$\mu=\mu_m/2$时的基质浓度，mg/L。

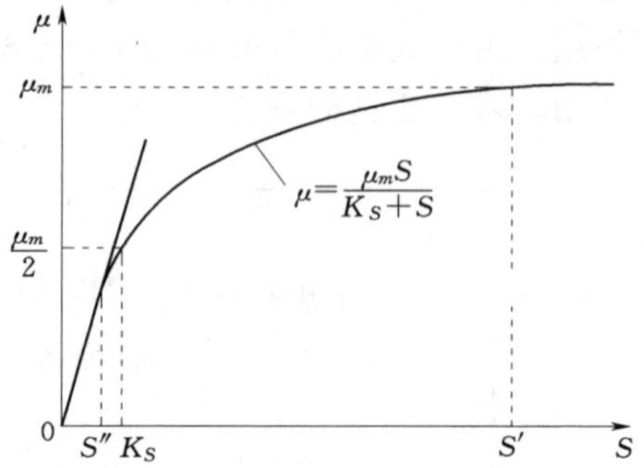

图4.6　莫诺特关系曲线

μ_m、K_S可由$\mu-S$试验曲线根据式（4.18）求得。

微生物浓度的变化速率dX/dt由式（4.18）直接导得

$$\frac{dX}{dt}=\frac{\mu_m S}{K_S+S}X \tag{4.19}$$

4.1.4.2　基质降解速率方程

根据实验，微生物增长与其消耗基质之间存在下面的关系：

$$dX=-y_0 dS \tag{4.20}$$

式中：y_0称产量常数，系消耗单位浓度的基质而增长的微生物浓度，于是有

$$\mu=\frac{\mathrm{d}X/\mathrm{d}t}{X}=-y_0\frac{\mathrm{d}S/\mathrm{d}t}{X}$$

由此得如下的基质降解速率方程：

$$\frac{\mathrm{d}S}{\mathrm{d}t}=-\frac{\mu X}{y_0}=-\frac{\mu_m}{y_0}\frac{SX}{K_S+S} \tag{4.21}$$

当基质浓度很高时，S与K_S相对甚小，可以忽略不计，由上式可得

$$\frac{\mathrm{d}S}{\mathrm{d}t}=-\frac{\mu_m}{y_0}X \tag{4.22}$$

表明高基质浓度时，有机物的降解速度与基质浓度无关，仅与微生物浓度成比例。

当基质浓度较低时，S与K_S相比甚小，可以忽略不计，由式（4.21）可得

$$\frac{\mathrm{d}S}{\mathrm{d}t}=-\frac{\mu_m X}{y_0 K_S}S \tag{4.23}$$

这种情况下微生物浓度相对已经比较高，养料则较少，其增长速率很小，微生物量基本维持稳定，所以可以近似看作是一级反应动力学问题，即

$$\frac{\mathrm{d}S}{\mathrm{d}t}=-K_1 S \tag{4.24}$$

式中：$K_1=\mu_m X/(y_0 K_s)$近似常数，称基质比降解系数，简称降解系数，d^{-1}。许多研究表明，当$BOD_5<300\mathrm{mg/L}$时，S作为BOD_5浓度，式（4.24）基本成立，因此该式在水环境模拟预测中得到广泛应用。

资源 4.4

4.2　水体的耗氧过程和复氧过程

4.2.1　水体的氧平衡

天然水体中溶解氧的多少是评价水环境质量优劣的一项极其重要的指标，是水质预测的一个重要任务。为了有效地预测，则需深刻认识水体的耗氧过程和复氧过程，通过氧平衡计算，预测未来条件下水中溶解氧的变化。

水中溶解氧的变化是一个不断消耗又不断补充的动态平衡过程。从氧平衡的概念可知：某水体在某一时段内溶解氧的变化量，必将等于该时段补给水体的溶解氧量减去消耗的溶解氧量。当补给量大于消耗量时，水体的溶解氧将增加；反之，则减少。

某一水体的耗氧过程可分为以下几个方面：

（1）水中有机物BOD在被氧化过程中变为无机物，其耗氧量为CBOD，这是废水排入水体初期的主要耗氧过程。

（2）水中氨氮继续硝化，转化为亚硝酸盐、硝酸盐过程中的耗氧，其耗氧量为NBOD。

（3）河床底泥中的有机物在厌氧条件下发酵，分解为有机酸、甲烷、二氧化碳、氨、硫化氢等还原性气体，当它们逸出底泥迁移到水体后，有些被氧化，从而消耗水中的溶解氧。另外，底泥有机物在流速较大时发生再悬浮，将像水中的有机物一样耗氧。

（4）水生生物，尤其藻类，由于呼吸作用而耗氧。

（5）水中其他还原性物质引起的耗氧。

（6）流出本水体的水流，将挟带一定的溶解氧输送到下游。

水体溶解氧的补充来源如下：

（1）水体与大气接触过程中，大气中的氧会源源不断地向水体扩散和溶解，称水体的大气复氧，是水体溶解氧的主要来源。

（2）水中生长的光合型水生生物，主要是藻类，白天通过光合作用，吸收 CO_2，在合成含碳化合物的过程中放出氧，并溶于水中。

（3）流入本水体的水流水中挟带的溶解氧，随水流带入本水体。

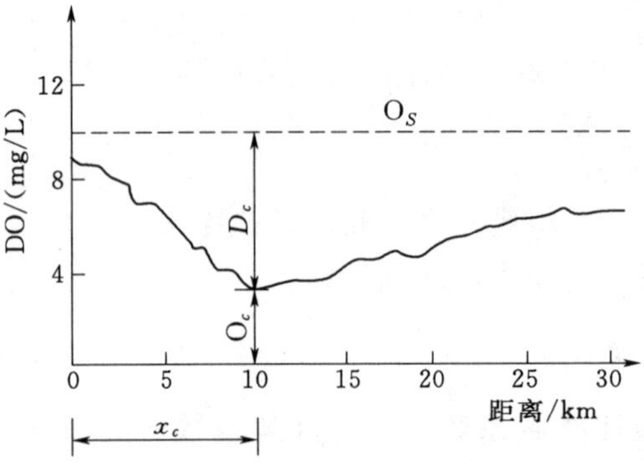

图 4.7　水流的耗氧过程和复氧过程

由于各类污染物及氧源对水中溶解氧的影响，如图 4.7 所示，污水自排污口（$x=0$）进入水体后在随水流向下游迁移扩散的同时，由于有机物的氧化分解、藻类呼吸作用等使水中的溶解氧不断消耗；另外，由于复氧作用和藻类光合作用，使水在流动中的溶解氧不断得到补充。二者的共同作用，使水中的溶解氧 DO 在距排污口下游的一段距离内，因耗氧超过复氧而沿程逐渐下降，直至最低点；尔后，随着复氧作用大于耗氧作用，溶解氧浓度沿程不断增长，并逐渐趋于溶解氧的饱和浓度 O_S。图中溶解氧 DO 随流程 x 表现出的从下降到上升的变化过程线，称氧垂曲线，它是耗氧与供氧动态平衡的综合结果。氧垂曲线的最低点，称临界点，这时的溶解氧浓度达到最小值，称临界溶解氧浓度 O_c；氧亏 D 达最大值，称临界氧亏 $D_c(=O_S-O_c)$；起始断面到这里的距离，称临界距离 x_c。

4.2.2　水体的耗氧过程和复氧过程

4.2.2.1　水中有机污染物耗氧及其主要影响因素

资源 4.5

1. 水中有机污染物耗氧过程

有机废水排入水体后，在有氧条件下，可测得它的耗氧过程（即生化降解过程）BOD－t，其形式如图 4.8 中的 $y(t)$。首先是 CBOD 氧化分解过程 $y_c(t)$，如线（1）；然后是 NBOD 氧化分解过程 $y_N(t)$，如线（2）。前者称碳化阶段的降解耗氧过程，后者称硝化阶段的降解耗氧过程，后者一般较前者滞后 10d 左右。图中纵坐标 BOD 表示从开始

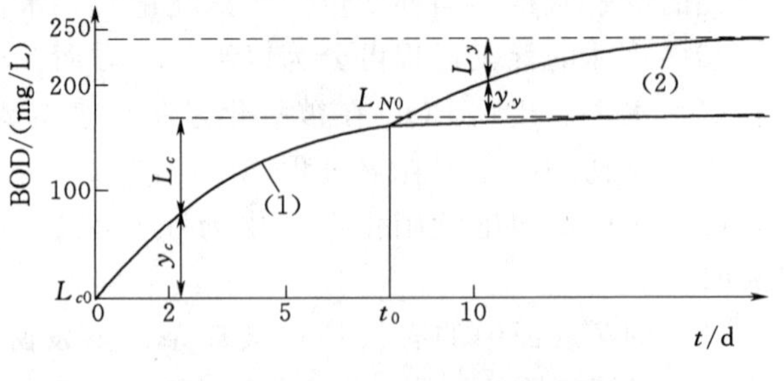

图 4.8　有机物的氧化降解曲线

（1）—含碳有机物降解曲线；（2）—硝化曲线

到某时刻 t 的生化需氧量（即耗氧量 y），L_{c0}、L_c 分别表示 $t=0$ 和 t 时水中的剩余 CBOD 浓度，L_{N0}、L_N 分别表示 $t=t_c$ 和 t_c 以后的剩余 NBOD 浓度。对于含氮有机物较多的污水，可分别计算它们的降解耗氧过程。通常情况，都把二者合在一起按 BOD 进行计算。

（1）BOD 耗氧过程。BOD 耗氧过程系水中 CBOD 和 NBOD 一起的降解耗氧过程，按剩余 BOD 的降解反应动力学方程直接计算。剩余 BOD 以 L 代表，其降解速率按一级反应进行，即

$$\frac{\mathrm{d}L}{\mathrm{d}t}=-K_1L \tag{4.25}$$

式中：L 为 t 时的剩余 BOD 浓度，即水中实际存在的有机物浓度，mg/L；K_1 为 BOD 降解的耗氧系数，d^{-1}。

对上式积分，得剩余 BOD 的降解衰减过程为

$$L=L_0\mathrm{e}^{-K_1t} \tag{4.26}$$

式中：L_0 为起始时刻的剩余 BOD。

BOD 耗氧过程，由 $y=L_0-L$ 知，应为

$$y=L_0(1-\mathrm{e}^{-K_1t}) \tag{4.27}$$

（2）CBOD 耗氧过程。碳化阶段 CBOD 的降解，一般亦按一级反应动力学计算，即

$$\frac{\mathrm{d}L_c}{\mathrm{d}t}=-K_cL_c \tag{4.28}$$

式中：L_c 为 t 时的剩余 CBOD 浓度，mg/L，从图 4.2 可知，它等于起始的水中存在的 CBOD 浓度 L_{c0} 减去 t 时间内已氧化降解的 CBOD 浓度 y_c，即 $L_c=L_{c0}-y_c$；K_c 为 CBOD 的耗氧系数，d^{-1}。

上式积分，得 CBOD 的降解衰减过程：

$$L_c=L_{c0}\mathrm{e}^{-k_1t} \tag{4.29}$$

显然，其耗氧过程为

$$y_c=L_{c0}-L_c=L_{c0}(1-\mathrm{e}^{-k_1t}) \tag{4.30}$$

（3）NBOD 耗氧过程。硝化阶段 NBOD 的降解，也可按一级反应动力学计算，即

$$\frac{\mathrm{d}L_N}{\mathrm{d}t}=-K_NL_N \tag{4.31}$$

式中：L_N 为（$t-t_c$）时水中剩余 NBOD 浓度；K_N 为 L_N 的降解耗氧系数。

式（4.31）积分，得 L_N 的降解过程：

$$L_N=L_{N0}\mathrm{e}^{-K_N(t-t_c)},t\geqslant t_c \tag{4.32}$$

式中：L_N 为以 t_c 作起点（$t-t_c$）时的剩余 NBOD 浓度；t_c 为硝化过程比碳化过程滞后的时间；L_{N0} 为 $t=t_c$ 时的水中剩余 NBOD 浓度；K_N 为 L_N 的降解耗氧系数。

L_N 的耗氧过程为

$$y_N=L_{N0}=L_N=L_{N0}(1-\mathrm{e}^{-k_N(t-t_c)}),t\geqslant t_c \tag{4.33}$$

2. 影响 K_1 的主要因素与处理方法

降解耗氧系数 K_1 的大小实际上体现了水中好氧微生物对有机物降解转化的速度，因此，影响微生物活性的许多因素都会直接、间接地影响 K_1 值。例如，作为微生物食料的污水特性，包括污染物成分、组成比例、浓度大小等，还有微生物的生存环境特性，包括水温、pH 值、溶解氧浓度、水动力学因素（流速、水深、糙率、风浪等）、悬浮物等等。以下讨论主要影响因素及其处理方法。

（1）污水特性的影响。有机废水有的来自生活污水，有的来自造纸、制革、制糖等工业废水，来源不同，所含的碳水化合物、脂肪、蛋白质等成分与比例亦不同，微生物作用下的降解速度就会不同。尤其河流、湖泊、水库的水质错综复杂，千差万别。为反映这种影响，一般均取原水样在实验室试验测定 K_1，然后以此为基础，再考虑其他因素的影响逐一予以修正。

（2）pH 值的影响。有机污染物的生物降解反应都具有酶催化的性质，过高或过低的 pH 值都会影响酶的活性，从而影响有机物在水环境中的降解速率。因此，在对 BOD 室内测定时，pH 值一般都保持在 7～8 之间，基本反映天然状态的情况。

（3）水温的影响。像其他的许多化学反应一样，生化需氧量的反应速度也随温度而变化。BOD 降解系数 K_1 与温度的关系可根据阿累尼乌斯（Arrhenius）公式导得

$$K_{1,T}=K_{1,20}\theta^{T-20} \tag{4.34}$$

式中：$K_{1,T}$、$K_{1,20}$ 分别为温度 T℃和标准状态温度 20℃时的耗氧系数，d^{-1}；θ 为温度系数，一般取 $\theta=1.047$。

对于 NBOD 的 K_N，其温度改正公式与上式一致，只是其中的 θ 取 1.017。

（4）水力特征的影响。许多研究者指出，实验室内测定的 K_1 值 $K_{1,L}$ 与实际河流中的 K_1 在同样温度下也有很大差别。日本建设省下水道研究室对日本隅田川的 K_1 值试验研究表明，河流实际的 K_1 值约为实验室采集该河水样分析值的 2.31 倍。波斯柯（BOSK）则提出用下述公式修正实验室测定的数值：

$$K_1=K_{1,L}+\frac{\alpha u}{H} \tag{4.35}$$

式中：K_1 为由河流实际监测资料分析的 K_1 值，d^{-1}；$K_{1,L}$ 为该河流水样实验室条件下测定的 K_1 值，d^{-1}，并按河流实际水温做了修正；u 为该监测河段的平均流速，m/s；H 为该监测河段的平均水深，m；α 为经验系数，可由春尼-杨（Tierney - Young）（1974）提出的 α 与河流比降 J 的关系（表 4.2）查取。

表 4.2　α 随河流比降 J 的变化

J/(m/km)	0.33	0.66	1.32	3.3	6.6
α	0.10	0.15	0.25	0.40	0.60

作者研究我国南水北调中线工程的有机污染自净系数时，应用汉江下游水质监测资料分析 K_1 的结果表明，式（4.35）的关系基本合适。式（4.35）一定程度上体现了水流的动力复氧作用，为水中好氧微生物活动创造了比培养箱里好得多的供氧条件，故使天然水流的 K_1 远大于实验室静态情况下的测定结果。

4.2.2.2　底泥耗氧

底泥耗氧，根据实测资料分析，随底泥状态的不同将有很大差异。处于沉积状态的底泥，增加水体耗氧的作用很小，但当底泥受到冲刷悬浮时，则会引起水体耗氧的大幅增加。

1. 沉积底泥耗氧

河水中的溶解氧在底泥中不会浸透太深，这是因为浸入底泥的溶解氧会因有机物分解而很快被耗掉，所以只有底泥的表层处于好氧分解状态，稍深的地方则为厌氧分解。厌氧分解的有机酸、甲烷、二氧化碳、氨、硫化氢等，它们会逐渐扩散到上层或释放到水体中，被表层底泥或水体中的溶解氧氧化，从而消耗水中的溶解氧。底泥使水体增加的BOD耗氧速度可表达为

$$\frac{\mathrm{d}L'}{\mathrm{d}t}=K_a H^{-1} \tag{4.36}$$

式中：L'为底泥使水体增加的剩余BOD，mg/L；H为水深，m；K_a为底泥耗氧系数，mg/(m^2·d)，表示单位面积底泥在单位时间向水中释放有机物而增加的耗氧量。

日本在隅田川两个断面上对底泥取样分析，测得河床单位面积上10d的平均耗氧速率为0.0272g/(m^2·h)和0.038g/(m^2·h)。泰晤士河底泥的监测分析为0.04g/(m^2·h)。可见一般情况下沉积底泥对河水溶解氧平衡的影响很小。

2. 底泥再悬浮的耗氧

河床沉积的底泥，当水流速度增大时，如暴雨洪水，可能冲刷而悬浮于水中，这使悬浮的底泥的耗氧速度要比沉积状态的大得多。杉木昭典1965年采集隅田川三个断面处的底泥，与水一起搅拌，同时测定BOD_5，测得它们的底泥的耗氧速度分别为125g/(kg·d)、57g/(kg·d)、20g/(kg·d)，都相当大。对此，可根据前面讲的吸附与解吸、沉淀与再悬浮计算方法分析。

4.2.2.3　水生植物呼吸耗氧

水生植物主要指水中的藻类，其呼吸作用将不断地消耗水中的溶解氧，耗氧速度为

$$\frac{\mathrm{d}O}{\mathrm{d}t}=-R \tag{4.37}$$

式中：R为水生植物呼吸耗氧系数，mg/(L·d)，与藻类浓度、温度等因素有关，可通过黑白瓶试验或经验公式估算。

4.2.3　水体的复氧过程

大气中的氧溶入水体的现象，称水体大气复氧作用，是水中溶解氧最重要、最普遍的补给来源。据英国水质污染研究所对泰晤士河河口段的估计，河水总需氧量979t/d中，大气供氧量792t/d；占总需氧量的81%，可见大气供氧量是水体氧源的主要对象。

资源 4.6

4.2.3.1　大气对水体的复氧作用与复氧方程

水体大气复氧是一个极为复杂的过程，至今虽有许多研究，并提出多种复氧理论，如分子扩散理论、双膜理论、薄膜更新理论、大漩涡模型等，但都是基于气体向

水中转移的不同设想而导出的，尚缺乏试验方面的严格论证。下面着重介绍应用比较广泛的前两种理论。

1. 分子扩散理论

大气对水体的复氧作用，可以看作是一种气相和液相之间的分子扩散过程，如图4.9所示，其扩散通量可用费克（Fick）定律表示：

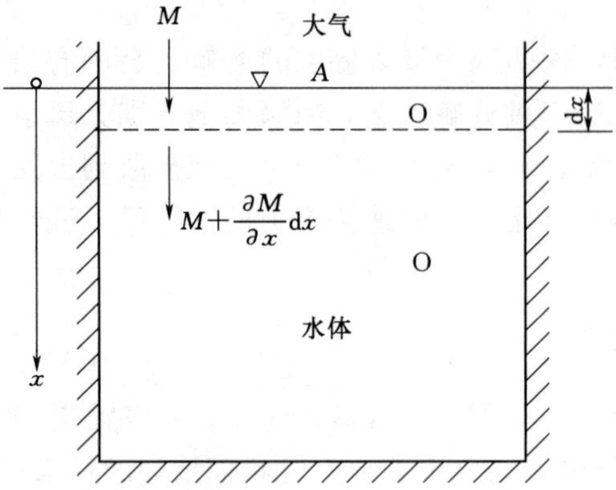

图4.9　分子扩散理论的水体复氧模式

$$M=-E_m\frac{\partial O}{\partial x} \tag{4.38}$$

式中：M为氧分子扩散通量；E_m为氧在水中的分子扩散系数，水温20℃时等于$1.762\times10^{-4}\mathrm{m^2/d}$；O为溶解氧浓度；$x$为水面面积$A$下的深度。

dt间扩散进入微元水体（A dx）中的溶解氧为$MA\mathrm{d}t$，输出微元水体的为$[M+(\partial M/\partial x)\mathrm{d}x]A\mathrm{d}t$，由质量平衡原理：d$t$间进入和迁出的溶解氧量之差，应等于因大气复氧作用使微元的溶解氧增加量，即

$$MA\mathrm{d}t-\left(M+\frac{\partial M}{\partial x}\mathrm{d}x\right)A\,\mathrm{d}t=\left[\left(O+\frac{\partial O}{\partial t}\mathrm{d}t\right)-O\right]A\mathrm{d}x \tag{4.39}$$

将式（4.38）代入式（4.39）整理后，得

$$\frac{\partial O}{\partial t}=E_m\frac{\partial^2 O}{\partial x^2} \tag{4.40}$$

布莱克（Blak）和费尔普斯（Phelps）用傅里叶级数求解上式，得到水体大气复氧作用使水体溶解氧浓度的变化过程为

$$O_t=O_S-0.811(O_S-O_0)\left(e^{-K't}+\frac{1}{9}e^{-9K't}+\frac{1}{25}e^{-25K't}+\cdots\right) \tag{4.41}$$

式中：O_t、O_0分别为时间$t=t$和$t=0$时的水体溶解氧浓度；O_S为水体的饱和溶解氧浓度；系数$K'=\pi^2E_m/(4H^2)$；H为水体平均水深。

饱和溶解氧浓度O_S是一定的大气压和水温下溶解氧达到的平衡浓度，对于一般的河水、湖水等天然水体可按下式计算：

$$O_S=\frac{468}{31.6+T} \tag{4.42}$$

式中：O_S以mg/L计；水温以℃计。

斯持里特（Streeter）、赖特（Wright）、凯尔（Kehr）等在应用式（4.41）中，认为流速小时，需取$E_m=1.42\mathrm{cm^2/h}$（约为真值的20倍）。不过，我们2003年对静态水体进行复氧试验，表明式（4.41）是完全正确的，无须人为地加大E_m；对于流动水体，则应在此基础上，进一步考虑紊动作用的复氧。

2. 双膜理论

双膜理论是惠特曼-刘易斯（Whitman - Lweis，1924）提出的。他们认为在气相

和液相之间的界面上，存在气体和液体两层薄膜，如图 4.10 所示。气膜、液膜处于停滞状态，属层流区，气体通过分子扩散从气膜进入液膜；膜外为紊流（即湍流）区，属紊动扩散混合，移出液膜的溶解氧能很快在水体中混合均匀。认为水体紊动不管有多么强烈，气膜、液膜总是存在，但强烈的紊动作用可以减小薄膜的厚度。由于分子扩散发生的气体转移慢于混合发生的转移，故气体向液膜转移的速度受控于薄膜间的分子扩散。当水体未被氧气饱和时，氧分子从气相转入液相，这时对于像氧气这样的微溶气体，阻力主要来自液膜。当身体过饱和时，被溶解的气体还会释放出来。

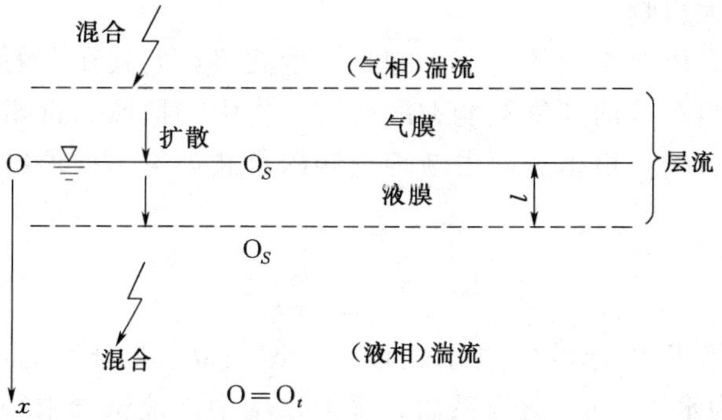

图 4.10 双膜理论的水体复氧模式

在紧贴大气的液膜（厚度为 l）表面总能得到充足的氧量，水表面的溶解氧处于饱和状态，为饱和溶解氧浓度 O_S；而在液膜的下层界面上的浓度，可近似假定为水体的溶解氧浓度 O，于是由分子扩散定律可得氧溶入液膜的速度为

$$\frac{\mathrm{d}m}{\mathrm{d}t}=AE_m\,\frac{O_S-O}{l} \tag{4.43}$$

式中：$\mathrm{d}m/\mathrm{d}t$ 为 t 时刻氧溶入水体的转移速度；E_m 为液膜中氧的分子扩散系数；l 为液膜厚度；O_S 为液膜表面的饱和溶解氧浓度；O 为水体中的溶解氧浓度。

式（4.43）两端除以水体体积 V，由于 $\mathrm{d}[(m/V)/\mathrm{d}t]=\mathrm{d}O/\mathrm{d}t$，代表水体平均的溶解氧浓度随时间的变化；水流基本平稳下，水深 $H=V/A$，则得

$$\frac{\mathrm{d}O}{\mathrm{d}t}=\frac{AE_m}{Vl}(O_S-O) \tag{4.44a}$$

令

$$K_2=\frac{AE_m}{Vl}=\frac{E_m}{lH}=\frac{K_L}{H} \tag{4.44b}$$

称 K_2 为复氧系数；$K_L=E_m/l$ 称氧分子向水体的迁移系数。代入上式，得现在广泛采用的水体大气复氧方程：

$$\frac{\mathrm{d}O}{\mathrm{d}t}=K_2(O_S-O) \tag{4.45}$$

该式表明：水体的大气复氧速度与氧亏（O_S-O）成正比。该式在水质模拟预测中得到普遍应用，但确定 K_2 的方法却是经验性的，这是因为液膜厚度 l，既没有办法实测，也没有理论可以证明。

3. 环境因素对 K_2 的影响与修正

（1）水温影响。水体温度的升高提高了水分子扩散的动能，从而使 K_2 随温度上

升而增加。根据试验，K_2与水温的关系为

$$K_{2,T}=K_{2,20}1.0241^{T-20} \tag{4.46}$$

式中：$K_{2,T}$、$K_{2,20}$分别为水温T℃和20℃时的复氧系数，d^{-1}。

（2）水体污染的影响。水体污染对水的表面张力有所影响，从而影响大气对水体的复氧速度。为了反映这一情况，可对清洁水的K_2乘一系数α来修正。α是污水的和清洁水的复氧系数之比，莫格类等（Tsivoglou，1972）用实验室试验方法对洗涤剂、矿物油、腈三醋精测定其K_2值，发现洗涤剂使复氧系数减小，矿物油使其增加，酸对复氧系数没有多大影响。

（3）风浪影响。风对水面的直接影响是产生波浪，尤其在大的湖泊和水库中。清华大学水力学教研组在黄浦江复氧能力的研究工作中，把风和行船对水的复氧作用概括为波浪对复氧的影响，根据表面更新理论和深水波理论，推求出波浪引起的复氧系数的增值为

$$K_{2,W}=\frac{c}{H}\left(\frac{h}{\tau\lambda}\right)^{1/2} \tag{4.47}$$

式中：$K_{2,W}$为波浪作用引起的复氧系数增量，h^{-1}；h、λ分别为波高和波长，m；τ波浪周期，s；H为水深，m；c为系数，根据水槽中波浪试验求得c值为0.27。

将$K_{2,W}$加上无风浪下的K_2值，即为考虑风浪作用的复氧系数。

（4）二次环流影响。二次环流（横向环流）是由于河道拐弯、河岸丁坝和风向与河流不一致等因素引起，它虽然对河流平均流速影响很小，但对横向紊动扩散、垂向混合和纵向离散却有较大的影响，从而使水表面氧的交换加强，因此在确定这类河流的复氧系数时，应进行专门试验，或采用考虑二次环流作用的K_2计算公式，如Guliver及Stefan（1981）建立的公式来确定。

4.2.3.2 藻类光合作用对水体的增氧

河流、湖泊、水库、海洋中常常生长有大量的藻类等水生植物，它们以二氧化碳、水和氨作为碳源、氧源和氮源，借助光能合成单细胞藻类有机体，并放出氧气，使水体的溶解氧增加。藻类光合作用产氧的速率可用下式表达：

$$\frac{\mathrm{dO}}{\mathrm{d}t}=P \tag{4.48}$$

式中：t为时间；P为产氧速率；O为溶解氧浓度。

光合作用的产氧速率与水中藻类的浓度、光照强度、水温、水深等因素有关，其中光强、水温又具日周期性变化，从而使光合作用产氧速率P呈现出明显的日周期波动，白天中午时分P达最大值，晚间P则等于零。P可通过试验测定，或由经验公式估算。

4.2.4 水体耗氧、复氧参数的估算

如前所述，在水体耗氧、复氧方程中都包含有一些重要的参数，如降解系数（耗氧系数）K_1、底泥耗氧速度K_a、大气复氧系数K_2、藻类光合作用产氧速率P等。尤其K_1、K_2是水体有机污染预测中经常用到的两个参数，必须在了解其基本概念基础上，才能进一步掌握它们的确定方法和变化规律。

确定耗氧、复氧参数的方法很多，大体上可分为三类：一是按照参数的物理含义，通过专门试验确定，如在研究水域取样在实验室化验分析，或野外现场示踪剂试验。二是根据野外综合监测资料，如流量、流速、水温、BOD、COD、pH 值、N、P 等，通过水质模型对水质变化情况进行模拟，使模拟成果与实测资料达到最佳拟合，从而定出这些参数。三是采用经验公式和理论公式估算。这三类方法都有其长处和不足，最好相互配合使用。

4.2.4.1 BOD 降解耗氧系数 K_1 的估算

1. 由 BOD 的实验室试验资料估算

从研究水域采集水样，满装在一系列试瓶中密封，放在恒温箱中保持 20℃下培养，除测出开始时的溶解氧浓度外，以后每天取出一瓶测定溶解氧浓度，即得一系列 BOD 值：y_0，y_1，…，y_n，n 约 10～15d。有了这些试验资料，即可采用塞里奥特法、托马斯法等计算。限于篇幅，这里主要介绍应用比较普遍的塞里奥特法。该法的基本原理，就是使选定的 K_1 模拟计算的 BOD 值 y 与测定的 BOD 值 y_i 拟合最佳。

塞里奥特（Theriaut）提出把式（4.27）中的 K_1 表达为

$$K_1=K_1'+h \tag{4.49}$$

式中：K_1 为 BOD 的降解系数；K_1' 为待估的 K_1 近似值；h 为 K_1 的允许偏差量。

将式（4.49）代入式（4.27）得

$$y=L_0\{1-\exp[-(K_1'+h)t]\}=L_0[1-\exp(-K_1't)\exp(-ht)] \tag{4.50}$$

因 h 甚小，$\exp(-ht)$ 可近似为 $(1-ht)$，故式（4.50）变为

$$y=L_0[1-\exp(-K_1't)]+L_0ht\exp(-K_1't)=af_1+df_2 \tag{4.51a}$$

其中 $$a=L_0,d=L_0h,f_1=1-\exp(-K_1't),f_2=t[\exp(-K_1't)] \tag{4.51b}$$

按最小二乘法求解式（4.51a），得

$$a=\frac{\sum f_2^2\sum f_1y-\sum f_1f_2\sum f_2y}{\sum f_1^2\sum f_2^2-(\sum f_1f_2)^2},d=\frac{\sum f_1^2\sum f_2y-\sum f_1f_2\sum f_1y}{\sum f_1^2\sum f_2^2-(\sum f_1f_2)^2} \tag{4.51c}$$

根据实测的 y_i、t_i 系列资料，按式（4.51a）迭代求解即得待求的 K_1，L_0。迭代过程是：①读 y_i、t_i；②假设 K_1 的初始值 $K_1'=K_{1,0}'$，按式（4.51b）计算 $\sum f_1^2$、$\sum f_2^2$、$\sum f_1f_2$、$\sum f_1y_i$、$\sum f_2y_i$，代入式（4.51c）得 a、d；③由式（4.51b）前两项求得 $L_0=a$，$h=d/L_0$；④若 $|h|>0.0001\text{d}^{-1}$，则令 $K_1'=K_{1,0}'+h$，返回第②步重新计算，直至 $|h|<0.0001\text{d}^{-1}$，此时的 $L_0=a$，$K_1=K_1'+h$，即所得结果。

【例 4.2】 已知某水样化验分析的 y_i、t_i 见表 4.3，试求 K_1 值。

表 4.3　　某水样 BOD 化验资料

t_i/d	1	2	3	4	5	6	7	8	9	10
Y_i/(mg/L)	58	85	107	125	138	147	155	161	167	170

解： 设初值 $K_1=0.5\text{d}^{-1}$，用该法编程计算得：$K_1=0.33\text{d}^{-1}$，$L_0=165\text{mg/L}$。

2. 由野外水质监测资料估算

建立水质数学模型（包括其中的参数）的目的，通常是根据模型的输入，如河流

的流量、流速、污染负荷等预测河流水质的时空变化（模型输出）。相反，在这里则是由监测的模型输入、输出资料反求模型参数。由于描述水体有机物的溶解氧变化的模型很多，从而产生许多不同的求解方法。尽管具体方法不同，但其基本思路和方法是一样的。为学习方便起见，本节将以比较基本的有关模型为例进行论述。

对于均匀河段，即该河段沿程的流量 Q、流速 u、过水断面 A 和离散系数 E 基本保持不变，此时，若河段中无污染源排入，且上断面污染浓度一定，则污染浓度仅沿流程变化，而不随时间改变，称这种情况为稳态条件，如枯水期的情况。对此，Streeter－Phelps 就某一河段导出如下的 BOD－DO 耦合模型：

$$u\frac{dL}{dx}=-K_1L \tag{4.52}$$

$$u\frac{dD}{d}=K_1L-K_2D \tag{4.53}$$

式中：x 为距上断面的距离；u 为河段平均流速；L 为河水剩余 BOD 浓度；$D=O_S-O$，为氧亏；O_S、O 分别为饱和溶解氧浓度与实际溶解氧浓度；K_1、K_2 分别为耗氧系数和大气复氧系数。

下面以该模型为例，讨论根据河段上下断面监测的 BOD、DO 资料估算 K_1、K_2。

对式（4.52）积分，得

$$L_B=L_A\exp-\left(K_1\frac{x}{u}\right) \tag{4.54}$$

式中：L_B 为距上游 A 断面 x 处河水的 BOD 浓度；L_A 为上游 A 断面处（$x=0$）河水的 BOD 浓度。

对式（4.54）取对数后，得 K_1 的计算式为

$$K_1=\frac{u}{x}\ln\left(\frac{L_A}{L_B}\right) \tag{4.55}$$

因此，稳态条件下，测得河段的 L_A、L_B、u 后，即可由上式计算 K_1。例如某河段长 $x=13$km，中间既无支流也没有污水排放口，枯水期流量及污染浓度都比较稳定，测得 $u=10.5$km/d，$L_A=30$mg/L，$L_B=18.5$mg/L，由上式可得

$$K_1=\left(\frac{10.5}{13}\right)\ln\left(\frac{30}{18.5}\right)=0.39(d^{-1})$$

4.2.4.2　复氧系数 K_2 的估算

1. 由现场专门实验资料估算

在河流上专门实验的方法确定 K_2 值，国外常用干扰平衡法和示踪剂法。作为一例，下面仅对干扰平衡法做简要介绍。

干扰平衡法是 1955 年由英国水污染研究试验室提出，并广泛应用于较小的河流中。该法是在河流中投入亚硫酸钠和钴催化剂，快速、大量地消耗河水中的溶解氧，使监测河段水体严重缺氧，为水流的大气快速复氧创造条件。为此，投加的亚硫酸钠的数量可按下式估算：

$$G=\frac{\alpha\times O+\beta}{\varepsilon} \tag{4.56}$$

式中：G 为每升河水需要亚硫酸钠数量，mg/L；O 为河水的溶解氧浓度，mg/L；α 为系数，对无水亚硫酸钠取 8，含有 7 个结晶水的取 16；β 为过剩量，取 3～4mg/L；ε 为亚硫酸钠的纯度。

通过量测上下游两个断面的溶解氧浓度及水流在河段的流经时间、饱和溶解氧浓度即可按式（4.53）计算出 K_2。这种方法最好是在光合作用及生物产氧、耗氧都很小的情况下进行，如果光合作用相当大时，应在晚上试验，以消除光合作用的影响。

2. 由野外水质监测资料估算

例如，已知 K_1 条件下由河段上下游断面监测的 BOD、D 资料估算。这种情况下，可直接利用式（4.53）的差分形式计算 K_2。由该式可得 K_2 的计算公式为

$$K_2=\frac{K_1\overline{L}}{\overline{D}}-\frac{\Delta Du}{x\overline{D}}=\frac{K_1\overline{L}}{\overline{D}}-\frac{\Delta D}{\Delta t\overline{D}} \tag{4.57}$$

式中：K_1 为耗氧系数；$\overline{L}$为河段上下断面平均的剩余 BOD 浓度；$\overline{D}$为河段上下断面平均的氧亏；ΔD 为河段上下断面的氧亏变化量；x 为河段长；u 为河段平均流速；$\Delta t=x/u$，为河段的流经时间。

【例 4.3】 已知某河段始端河水的 $L_1=31$mg/L，$D_1=6.8$mg/L，流经时间 $\Delta t=0.2$d，到达末端时河水的 $L_2=28.5$mg/L，$D_2=7.2$mg/L，并知该河段的 $K_1=0.43\text{d}^{-1}$，求 K_2。

解： $\overline{L}=\frac{31+28.5}{2}=29.75$、$\overline{D}=\frac{6.8+7.2}{2}=7.0$、$\Delta D=7.2-6.8=0.4$，代入式（4.57）得

$$K_2=0.43\times\frac{29.75}{7.0}-\frac{0.4}{0.2\times7.0}=1.542(\text{d}^{-1})$$

3. 由公式法估算

K_2的估值公式有许多，下面介绍几种常用的公式。

（1）奥康纳-多宾斯（O'Conner - Dobbins）公式。该式是按照薄膜更新理论建立的，比较适合于各向同性、水深和河宽较大、流速较缓的河流，其形式为

$$K_2=\frac{(E_m u)^{1/2}}{H^{3/2}} \tag{4.58a}$$

式中：u 为河段平均流速，m/s；H 为河段平均水深，m；E_m 为分子扩散系数，水温 20℃时，$E_m=2.036\times10^{-9}\text{m}^2/\text{s}$。

（2）多宾斯（Dobbins）公式：

$$K_2=\frac{2.60(1+Fr^2)(uJ)^{0.375}}{(0.9+Fr)^{1.5}H}\text{Coth}\left[\frac{4.75(uJ)^{0.125}}{(0.9+Fr)^{0.5}}\right] \tag{4.58b}$$

式中：K_2为复氧系数，h^{-1}；$Fr=u/\sqrt{gH}$，为弗劳德数，g 为重力加速度；其他符号的意义同前。

（3）撒克斯顿-克林凯尔（Thackston - Krenkel）公式：

$$K_2=\frac{1.17(1+F^{0.5})u_*}{H} \tag{4.58c}$$

式中：u_* 为摩阻流速；其他符号意义同前。

4.3　水质迁移转化基本方程及其解

反映水体污染物在水中运动、变化基本规律的方程称水质迁移转化基本方程。它是针对微元水体由水流连续性原理、能量守恒原理、物质平衡与转化原理而建立的，是建立水环境数学模型最基本的方程。在此基础上，结合不同污染物的不同特点，便可进一步建立相应的水质数学模型，如河流 BOD－DO 耦合模型、水体温度模型、河口水质模型、水库富营养化模型、河流综合水质模型，等等，然后根据未来的排污情况对水体污染进行预测。水质迁移转化基本方程是一个相当复杂的微分方程，除在某些情况下能求得解析解外，一般都需要采用数值解法计算。

4.3.1　水质迁移转化基本方程

河流、湖泊、水库、河口等水体的污染问题，严格地说，都是三维结构。但实际上，往往可以根据污染物的混合情况，将某些水体的水质计算简化为二维、一维乃至零维来处理。例如，一条中小河流的较长河段，其横向和竖向的污染浓度基本均匀，这时只考虑纵向（水流方向）的浓度变化就足以达到水环境规划与管理的要求。又如，混合基本均匀的小型浅水湖泊，则可视作零维结构对待。这样既能保持要求的精度，又使计算工作大大简化。以下将针对污染物在水流中的不同混合情况，建立不同维数的水质迁移转化基本方程。

4.3.1.1　零维水质迁移转化基本方程

如果将一个单元水体，如一个水库、一个湖泊、一个河段，看成如图 4.11 所示的完全混合的、水质浓度均匀一致的反应单元，在微时段 dt 间，反应单元入流的流量为 Q_1、污染浓度为 C_1，流入该水体后，由于反应单元内的搅拌混合作用，污染物瞬间即均匀分散至整个反应单元内，其污染浓度为 C，流出的流量为 Q，浓度显然为 C。此时，可根据水量平衡和质量平衡原理建立稳态、非稳态的基本方程。

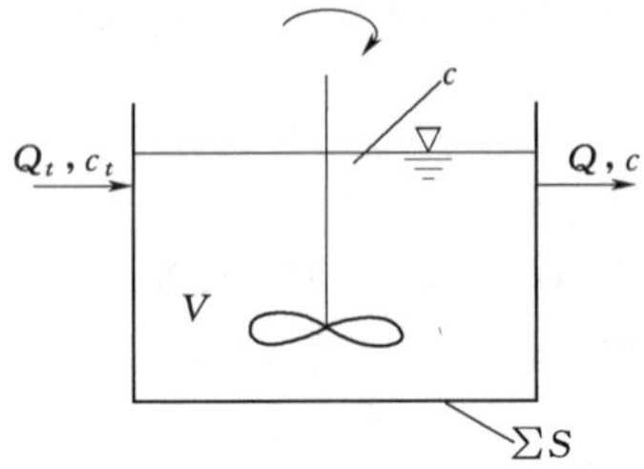

图 4.11　完全混合反应单元

非稳态是指流量、污染浓度不稳定，随时间而变化的情况；反之，流量、污染浓度保持稳定，不随时间而变化，则称稳态情况。后者实际上是前者的一种特例。不过，非稳态情况常常可以通过一定的简化，使之近似为稳态，例如，枯水期，当计算时段不长时，可由时段的平均值代表该时段的情况，从而使计算简化。

1. 非稳态情况

（1）水量平衡基本方程。如图 4.11，dt 时间内由入口进入单元水体的水量为 Q_1dt，从出口流出的水量为 Qdt，其差值必为 dt 间反应单元的蓄水增量 dV，即 Q_1dt－Qdt＝dV，于是得水量平衡基本方程为

$$\mathrm{d}V/\mathrm{d}t = Q_1 - Q \tag{4.59}$$

根据入流 Q_1 和水体蓄泄关系 $V=f(Q)$，由上式可解得水体的蓄水量变化过程

$V(t)$ 和出流量过程 $Q(t)$，为应用水质方程进行水质模拟预测提供水动力学条件。

(2) 水质变化化基本方程。如图 4.11，dt 间从入口流入单元的污染物量为 $Q_1c_1\mathrm{d}t$，从出口流出的为 $Qc\mathrm{d}t$，除进出口外，污染物在该单元水体中由于其他各种作用引起的增量为 $V\sum S_i\mathrm{d}t$，进入量减流出量加其他作用增加量，必然等于 dt 间污染物的变化量 dVc，即

$$Q_1c_1\mathrm{d}t-Qc\mathrm{d}t+V\sum S_i\mathrm{d}t=\mathrm{d}Vc$$

整理后，得水质迁移转化基本方程为

$$\frac{\mathrm{d}Vc}{\mathrm{d}t}=Q_1c_1-Qc+V\sum S_i \tag{4.60}$$

式中：c 为反应单元内 t 时的污染物浓度；c_1 为流入反应单元的水流污染物浓度；Q_1、Q 分别为 t 时流入、流出反应单元的流量；V 为反应单元内水的体积；$\sum S_i$ 为反应单元的源漏项，表示除进出口外的其他各种作用（如生物降解、沉降等）使单位水体的某项污染物在单位时间内的变化量。

2. 稳态情况

(1) 水量平衡基本方程。稳态时，$\mathrm{d}V/\mathrm{d}t=0$，则式 (4.59) 变为

$$Q=Q_1=\text{常量} \tag{4.61}$$

即反应单元内的出流等于入流，反应单元的蓄水量保持不变。

(2) 水质变化基本方程。稳态时，$\mathrm{d}V/\mathrm{d}t=0$，$Q=Q_1$，$V$ 为常数，则式 (4.60) 变为

$$c=c_1+V\frac{\sum S_i}{Q} \tag{4.62}$$

4.3.1.2 一维水质迁移转化基本方程

对于河流来说，其深度和宽度相对于它的长度是非常小的，排入河流的污水，经过一段距排污口很短的距离，便可在断面上混合均匀。因此，绝大多数的河流水质计算常常简化为一维水质问题，即假定污染浓度在断面上均匀一致，只沿流程方向变化。

现从河流中任取一微分河段（图 4.12）来进行研究。图中 dx 为微河段长度，Q、$Q(x+\mathrm{d}x)$ 分别为通过上、下断面 A 及 $A(x+\mathrm{d}x)$ 的流量，q 为 dx 间的单位河长入流流量，c、$c(x+\mathrm{d}x)$ 分别为上、下断面水流的污染浓度，M_1、$M_1(x+\mathrm{d}x)$ 分别为上、下断面的污染物分子扩散通量，M_2、$M_2(x+\mathrm{d}x)$ 分别为上、下断面的污染物紊动扩散通量，M_3、$M_3(x+\mathrm{d}x)$ 分别为上、下断面的污染物纵向离散通量，$\sum S_i$ 为微河段的源漏项。现以该图所示河段为对象，分析其一维水量平衡及水质迁移转化基本方程。

1. 水流运动方程

(1) 连续方程。考察如图所示长度为 dx 的微分河段在 dt 时间内的水量平衡关系，可得

$$\underset{\text{入流量}}{Q\mathrm{d}t}-\underset{\text{出流量}}{Q(x+\mathrm{d}x)\mathrm{d}t}+\underset{\text{区间入流量}}{q\mathrm{d}x\mathrm{d}t}=\underset{\text{时段末蓄量}}{A(t+\mathrm{d}t)\mathrm{d}x}-\underset{\text{时段初蓄量}}{A(t)\mathrm{d}x}$$

其中：$Q(x+\mathrm{d}x)=Q+(\partial Q/\partial x)\mathrm{d}x$；$A(t+\mathrm{d}t)=A(t)+(\partial A/\partial t)\mathrm{d}t$，代入上式整理后，

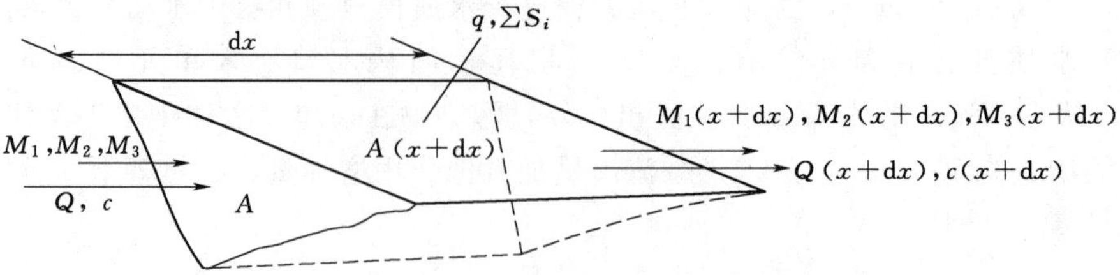

图4.12 微分河段水量、水质平衡示意图

即得连续方程：

$$\frac{\partial A}{\partial t}+\frac{\partial Q}{\partial x}=q \tag{4.63}$$

（2）动力方程：

$$-\frac{\partial z}{\partial x}=\frac{u}{g}\frac{\partial u}{\partial x}+\frac{1}{g}\frac{\partial u}{\partial t}+\frac{u^2}{C_n^2R}+\frac{uq}{gA} \tag{4.64}$$

式中：z 为水位；$\frac{\partial z}{\partial x}$为水面坡降；$u$ 为流速；$\frac{u}{g}\frac{\partial u}{\partial x}$为迁移加速度引起的惯性坡降项；$\frac{1}{g}\frac{\partial u}{\partial t}$为当地加速度引起的惯性坡降项；$C_n$、$R$ 分别为河段的谢才系数和水力半径；$\frac{u^2}{C_n^2R}$为摩阻坡降；q 为区间入流；$\frac{uq}{gA}$为区间入流对水面坡降的影响。

由水文气象和河段地形等资料，联解式（4.63）、式（4.64），可求得河段的水位 z、流量 Q、流速 u、水深 H 等水力因素沿流程和时间的变化。

2. 水质变化基本方程

分析如图4.12所示河段的污染物质量平衡关系，由质量守恒原理便可建立一维水质迁移转化基本方程。为此，首先分析时段内各种因素所引起的微河段内某种污染物的质量增量：

（1）移流运动引起的质量增量。移流运动是以断面平均流速为代表的水体平流运动。显然，$\mathrm{d}t$ 内移流运动引起的上断面污染物输入量为 $Qc\,\mathrm{d}t$，在下断面的输出量为 $Q(x+\mathrm{d}x)c(x+\mathrm{d}x)\mathrm{d}t=[Qc+\partial(Qc)/\partial x\mathrm{d}x]\mathrm{d}t$，因此，该项作用引起的河段污染物增量为

$$Qc\,\mathrm{d}t-\left(Qc+\frac{\partial Qc}{\partial x}\mathrm{d}x\right)\mathrm{d}t=-\frac{\partial Qc}{\partial x}\mathrm{d}x\mathrm{d}t$$

（2）分子扩散运动引起的质量增量。$\mathrm{d}t$ 内从上断面通过分子扩散作用输入微河段的污染物质量为 $M_1A\mathrm{d}t$，从下断面输出的为 $M_1(x+\mathrm{d}x)A(x+\mathrm{d}x)\mathrm{d}t=[M_1A+\partial(M_1A)/\partial x\mathrm{d}x]\mathrm{d}t$，二者之差即为该项作用引起的微河段污染物增量：

$$M_1A\mathrm{d}t-\left(M_1A+\frac{\partial M_1A}{\partial x}\mathrm{d}x\right)\mathrm{d}t=\frac{\partial}{\partial x}\left(E_m\frac{\partial cA}{\partial x}\right)\mathrm{d}x\mathrm{d}t$$

其中：$M_1=-E_m\partial C/\partial x$ 为分子扩散通量；E_m 为分子扩散系数。

（3）紊动扩散运动引起的质量增量。类似分子扩散那样，可得紊动扩散运动引起的河段污染物增量为

$$M_2A\mathrm{d}t-\left(M_2A+\frac{\partial M_2A}{\partial x}\mathrm{d}x\right)\mathrm{d}t=\frac{\partial}{\partial x}\left(E_t\ \frac{\partial cA}{\partial x}\right)\mathrm{d}x\mathrm{d}t$$

其中：$M_2=-E_t\partial c/\partial x$，为 x 方向的紊动扩散通量；E_t 为 x 方向的紊动扩散系数。

（4）水流离散作用引起的质量增量。也可类似分子扩散那样，求得离散作用引起的微河段污染物增量为

$$M_3A\mathrm{d}t-\left(M_3A+\frac{\partial M_3A}{\partial x}\mathrm{d}x\right)\mathrm{d}t=\frac{\partial}{\partial x}\left(E_d\ \frac{\partial cA}{\partial x}\right)\mathrm{d}x\mathrm{d}t$$

式中：$M_3=-E_d\partial c/\partial x$ 为 x 方向的离散通量；E_d 为沿 x 方向的离散系数。

（5）其他作用引起的质量增量。上述质量输送都是通过上、下断面进行的，除此之外，还有许多其他因素的作用引起微河段水体污染浓度的变化。例如，河段内污染物的降解与增生、沉淀与再悬浮、吸附与解吸、引入与引出等，通过这些河段内部的作用，使污染物的质量增加或减少，称之为源漏项，其值为

$$\sum S_iA\,\mathrm{d}x\mathrm{d}t$$

式中：S_i 为河段内部第 i 种作用引起的微河段单位水体污染物在单位时间内的增量。

根据质量守恒原理，以上各项作用在 dt 时段内引起的微河段污染物的增（减）量相加，必然等于该河段水体污染物在 dt 内的变化量$[\partial(cA\mathrm{d}x)/\partial t]\mathrm{d}t$，因此有

$$\frac{\partial cA}{\partial t}\mathrm{d}x\mathrm{d}t=-\frac{\partial Qc}{\partial x}\mathrm{d}x\mathrm{d}t+\frac{\partial}{\partial x}\left(E_m\ \frac{\partial cA}{\partial x}\right)\mathrm{d}x\mathrm{d}t+\frac{\partial}{\partial x}\left(E_t\ \frac{\partial cA}{\partial x}\right)\mathrm{d}x\mathrm{d}t$$
$$+\frac{\partial}{\partial x}\left(E_d\ \frac{\partial cA}{\partial x}\right)\mathrm{d}x\mathrm{d}t+\sum S_iA\,\mathrm{d}x\mathrm{d}t$$

整理后，即得一维水质迁移转化基本方程：

$$\frac{\partial cA}{\partial t}+\frac{\partial cQ}{\partial x}=\frac{\partial}{\partial x}\left[(E_m+E_t+E_d)\frac{\partial cA}{\partial x}\right]+\sum S_iA \tag{4.65}$$

对于均匀河段，断面 A 为常量，又因 $Q=uA$，此时上式可写为

$$\frac{\partial c}{\partial t}+u\ \frac{\partial c}{\partial x}=\frac{\partial}{\partial x}\left[(E_m+E_t+E_d)\frac{\partial c}{\partial x}\right]+\sum S_i \tag{4.66}$$

因为河流的离散系数 E_d 一般要比分子扩散系数 E_m、紊动扩散系数 E_t 大得多，后者与前者相比，常常可以忽略，则 $E=E_m+E_t+E_d\approx E_d$，称综合扩散系数。于是，可得最常看到的河流一维水质迁移转化基本方程形式：

$$\frac{\partial c}{\partial t}+u\ \frac{\partial c}{\partial x}=E\ \frac{\partial^2 c}{\partial x^2}+\sum S_i \tag{4.67}$$

式中：c 为河段中某种污染物的浓度；t 为时间；x 为河水的流动距离；u 为河段水流的平均流速；E 为河段水流的综合扩散系数；$\sum S_i$ 为河段水体污染物的源漏项。

对于均匀河段，流量和排污稳定时，各断面的污染浓度不随时间变化，即$\partial c/\partial \mathrm{t}=0$，则得稳态的一维迁移转化基本方程为

$$u\ \frac{\partial c}{\partial x}=E\ \frac{\partial^2 c}{\partial x^2}+\sum S_i \tag{4.68}$$

4.3.1.3　二维水质迁移转化基本方程

二维水质问题可分为水平二维和竖向二维两种情况：前者是指水体的流速和污染浓度仅在水平面的纵向、横向变化，在竖向（水深方向）混合均匀，例如，浅水湖泊

的水质问题可简化为水平二维来处理；后者是指水体的流速和污染浓度仅在纵向和水深方向变化，在横向保持不变，例如，河道型水库，水温、污染物浓度随深度和水流方向变化较大，同一水层横向则比较一致，这时常可简化为竖向二维问题来考虑。

二维、三维水流运动的连续方程和动力方程比较复杂，将在以后有关的水质模型中介绍。

1. 水平二维水质迁移转化基本方程

沿水深方向截取一个长 dx、宽 dy、高为水深 H 的柱体，类似推导一维水质迁移转化方程那样，根据质量平衡原理，可导得如下的平面二维水质迁移转化基本方程：

$$\frac{\partial cH}{\partial t}+\frac{\partial ucH}{\partial x}+\frac{\partial vcH}{\partial y}=\frac{\partial}{\partial x}\left(E_x\frac{\partial cH}{\partial x}\right)+\frac{\partial}{\partial y}\left(E_y\frac{\partial cH}{\partial y}\right)+H\sum S_i \tag{4.69}$$

式中：E_x、E_y分别为 x 方向的和 y 方向的综合扩散系数；u、v 分别为 x 方向的和 y 方向的断面平均流速。

2. 竖向二维水质迁移转化基本方程

沿横向取一微元的方形柱体，竖向高 dz、纵向长 dx、横向长度为河宽 B，根据质量平衡原理，类似上面一样，可导出竖向二维水质迁移转化基本方程为

$$\frac{\partial cB}{\partial t}+\frac{\partial ucB}{\partial x}+\frac{\partial wcB}{\partial z}=\frac{\partial}{\partial x}\left(E_x\frac{\partial cB}{\partial x}\right)+\frac{\partial}{\partial z}\left(E_z\frac{\partial cB}{\partial z}\right)+B\sum S_i \tag{4.70}$$

式中：E_z为 z 方向的综合扩散系数；w 为 z 方向的断面平均流速。

4.3.1.4　三维水质迁移转化基本方程

采用类似一维河流水质迁移转化基本方程的推导过程，可以就一个具有 x、y、z 坐标的三维空间中任一微小水团导得某种污染物的浓度随时间的变化率$\partial c/\partial t$ 与该处污染物的移流输送、分子扩散和紊动扩散输送及源漏项的关系，其表达式为

$$\frac{\partial c}{\partial t}+\frac{\partial uc}{\partial x}+\frac{\partial vc}{\partial y}+\frac{\partial wc}{\partial z}=\frac{\partial}{\partial x}\left[(E_m+E_{tx})\frac{\partial c}{\partial x}\right]+\frac{\partial}{\partial y}\left[(E_m+E_{ty})\frac{\partial c}{\partial y}\right]+\frac{\partial}{\partial z}\left[(E_m+E_{tz})\frac{\partial c}{\partial z}\right]+\sum S_i \tag{4.71}$$

三维水质迁移转化方程是对水体中任一微小水团建立的，没有涉及用断面平均流速和断面平均浓度来描述污染物通过断面输送的问题，因此在扩散输移中三个方向的离散系数全为零。三维水质方程适合于竖向、横向、纵向都没有均匀混合的水域，是描述污染浓度随时间空间变化最完整的水质方程。但其求解颇为困难。

4.3.2　水质迁移转化基本方程解析解

4.3.2.1　零维情况

对面积小、深度不大、封闭性强的小湖（库），污染物进入该水域后，滞留时间长，加之湖流、风浪等作用，湖（库）水与污染物可很快得到比较充分的混合，使整个水体的污染浓度基本均匀。此时，可近似采用零维水质迁移转化基本方程计算和预测湖（库）的污染变化。

1. 稳态条件

该条件下，设源漏项为一阶反应动力学关系，即$\sum S_i=-K_1c$，则式(4.62) 变为

$$Q(c_1-c)-VK_1c=0$$

由此得均匀混合水体的污染浓度为

$$c=\frac{c_1}{1+K_1V/Q}=\frac{c_1}{1+K_1T} \tag{4.72}$$

式中：c 为单元水体的污染浓度；c_1 为流入该水体的污染浓度；Q 为流入、流出该水体的流量；V 为该水体的蓄水容积；$T=V/Q$，为水流在该水体容积中的滞留时间；K_1 为流入该水体的污染物一级反应动力学降解系数。

2. 非稳态条件

这种情况下，设$\sum S_i=-K_1c$ 时，式（4.60）变为

$$\frac{\mathrm{d}c}{\mathrm{d}t}=\frac{Q_1c_1}{V}-\frac{Qc}{V}-K_1c$$

令 $R=Q_I/Q$，$T-V/Q$，代入上式后，得

$$\frac{\mathrm{d}c}{\mathrm{d}t}=\frac{R}{T}c_1-\left(\frac{1}{T}+K_1\right)c \tag{4.73}$$

解之，得混合均匀的水体中污染浓度随时间的变化为

$$c=\frac{Rc_1}{1+K_1T}\left[1-\mathrm{e}^{-\left(\frac{1}{T}+K_1\right)t}\right]+c_0\mathrm{e}^{-\left(\frac{1}{T}+K_1\right)t} \tag{4.74}$$

式中：c_0、c 分别为时间 $t=0$ 和 $t=t$ 时的水体污染浓度；$R=Q_1/Q$ 为水体的入流量与出流量之比。

4.3.2.2　河流一维情况

在某些情况下，例如，对于河流中的一个均匀河段，当具有比较简单的源漏项和边界条件时，可以用解析方法求解基本方程。下面讨论在一个均匀河段里，即过水断面、流速、离散系数均为常量的河段，基本方程的一些解析解方法。分别考虑稳态与非稳态、瞬时污染源和连续污染源等情况。

1. 连续均匀排污情况的稳态解

对于一个均匀河段，当源漏项为$\sum S_i=-K_1c$，由式（4.67）可得下面的一维均匀河段的水质迁移转化基本方程：

$$\frac{\partial c}{\partial t}+u\frac{\partial c}{\partial x}=E\frac{\partial^2 c}{\partial x^2}-K_1c \tag{4.75}$$

当$\partial c/\partial t=0$ 时，即稳态情况，上式变为如下的常微分方程：

$$\frac{\mathrm{d}^2c}{\mathrm{d}x^2}-\frac{u}{E}\frac{\mathrm{d}c}{\mathrm{d}x}-\frac{K_1}{E}c=0 \tag{4.76}$$

其解的形式为

$$c=c_\lambda\exp(\lambda x) \tag{4.77}$$

式中：λ、c_λ为常数，将上式代回式（4.76）得

$$c_\lambda(E\lambda^2-u\lambda-K_1)\exp(\lambda x)=0$$

满足上式，则有 $E\lambda^2-u\lambda-K_1=0$，由此解得

$$\lambda_{1,2}=\frac{u}{2E}(1\pm m),m=\sqrt{1+4K_1E/u^2} \tag{4.78}$$

将其代回式（4.77），得

$$c=c_{\lambda}\exp\left[\frac{ux}{2E}(1\pm m)\right] \tag{4.79}$$

如图 4.13 所示，当 $x=0$ 时 $c=c_0$，得 $c_{\lambda}=c_0$，代入上式，得基本方程的稳态解。实际情况必须 $c(x=\pm\infty)=0$，且当 x 为正值时，即下游水域，需取 $\lambda_2=u/(2E)(1-m)$；反之，当 x 为负值，即上游水域，需取 $\lambda_1=u/(2E)(1+m)$，于是得初始断面污染浓度 c_0 时沿程污染浓度变化的稳态解为

$$c=\begin{cases} c_0\exp\left[\dfrac{ux}{2E}(1+m)\right], & x<0 \\ c_0\exp\left[\dfrac{ux}{2E}(1-m)\right], & x\geqslant 0 \end{cases} \tag{4.80}$$

式（4.80）中的 c_0 为排污强度 W_0 形成的起始断面的浓度，可通过 $x=0$ 断面周围的质量平衡分析确定（图 4.14）。把 $x<0$ 和 $x>0$ 的解分别记为 c' 和 c''，则有

$$c'=c_0\exp\left[\frac{ux}{2E}(1+m)\right],x<0;c''=c_0\exp\left[\frac{ux}{2E}(1-m)\right],x\geqslant 0 \tag{4.81}$$

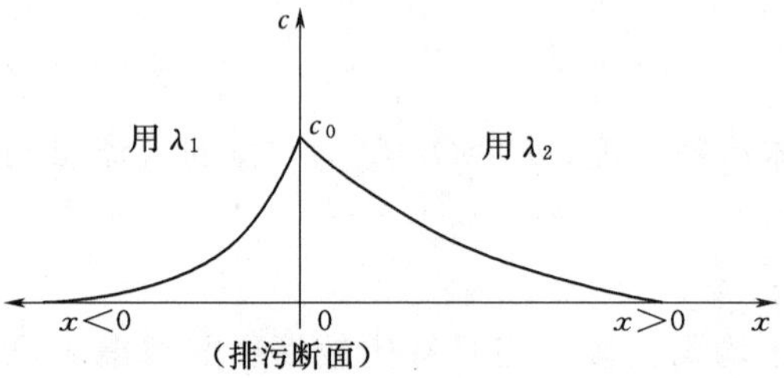

图 4.13　稳态解的河流污染浓度沿程分布

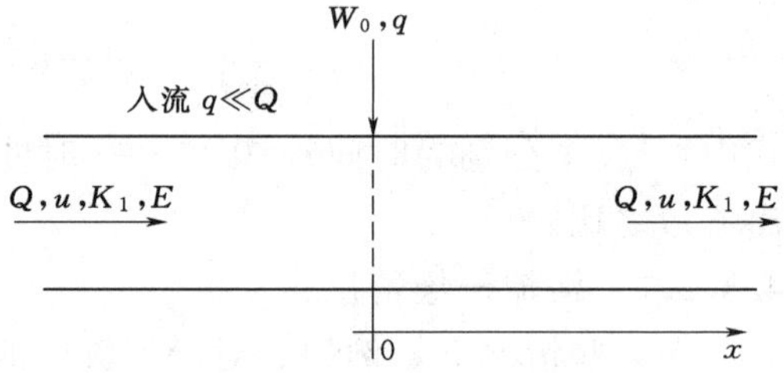

图 4.14　$x=0$ 处的质量平衡

由 $x=0$ 处水体的质量守恒，有

$$Qc'(0)-EA\left.\frac{\mathrm{d}c'}{\mathrm{d}x}\right|_{x=0}+W_0=Qc''(0)-EA\left.\frac{\mathrm{d}c''}{\mathrm{d}x}\right|_{x=0} \tag{4.82}$$

式中：Q 为流量；$c'(0)$、$c''(0)$ 分别为 $x=0$ 处的上、下断面污染浓度；W_0 为在 $x=0$ 处的排污强度；A 为过水断面积；E 为离散系数。

将式（4.81）代入整理后，得

$$c_0=\frac{W_0}{Qm} \tag{4.83}$$

代入式（4.80），得下面形式的稳态解：

$$c=\begin{cases} \dfrac{W_0}{Qm}\exp\left[\dfrac{ux}{2E}(1+m)\right], & x<0 \\ \dfrac{W_0}{Qm}\exp\left[\dfrac{ux}{2E}(1-m)\right], & x\geqslant 0 \end{cases} \tag{4.84}$$

式（4.84）仅适用于一个均匀河段在上游端存在稳定污染源 c_0 的情况。如果河段是不均匀的、其中具有多个排污口时，则需把它分成多个只有在上下游端有排污口或支流的均匀河段。然后逐段计算各分段上下断面的污染浓度 c_0 和分段中任一断面的污染浓度 c。

一般不受潮汐影响的内陆河流，扩散、离散作用相对于移流作用常常很小，

$4K_1E/u^2 \approx 0$，排污对上游（$x<0$）的浓度变化没有影响，则式（4.83）变为

$$c_0 = \frac{W_0}{Q} \tag{4.85}$$

此时可直接由式（4.75）解得上断面污染浓度 c_0 引起的下游浓度变化为

$$c = c_0 \exp\left(-\frac{K_1 x}{u}\right) \tag{4.86}$$

该式是河流水质分析中常用的预测方程。

【例 4.4】 某排污口以 866.16t/d 的排污强度向一均匀河段稳定排放含酚废水。该河段稳定流量 $Q=500\text{m}^3/\text{s}$，断面平均流速 $u=40\text{km/d}$，离散系数 $E=1\text{km}^2/\text{d}$，酚的降解系数 $K_1=2\text{d}^{-1}$，求该污染源在其下游 $x=50\text{km}$ 处的含酚浓度。

解：

（1）计算 m：由式（4.78）得 $m=\sqrt{1+4K_1\dfrac{E}{u^2}}=\sqrt{1+\dfrac{4\times2\times1}{40^2}}=1.0025$；

（2）计算 c_0：由式(4.83)得 $c_0=\dfrac{W_0}{Qm}=\dfrac{866.16\times1000\times1000^2}{500\times24\times3600\times1000\times1.0025}=20(\text{mg/L})$；

（3）计算 $x=50\text{km}$ 处的河水含酚浓度：由式（4.80）得

$$c = c_0 \exp\left[\frac{ux}{2E}(1-m)\right] = 20\exp\left[\frac{40\times50}{2\times1}(1-1.0025)\right] = 1.647(\text{mg/L})$$

若由式（4.86）近似，则得

$$c = \frac{W_0}{Q}\exp\left(-\frac{K_1 x}{u}\right) = \frac{866.16\times1000\times1000^2}{500\times24\times3600\times1000}\exp\left(-\frac{2\times50}{40}\right) = 1.646(\text{mg/L})$$

可见，一般情况下用式（4.86）计算，完全能保证成果精度。

2. 瞬时排污情况的动态解

瞬时突发性向河流排污，是指由于某种特殊原因，如突发性污染事故，在河段的起始断面（$x=0$）上，把一质量为 M 的污染物瞬间（$t\to0$）排放于流量为 Q 的河水中，且污染物即刻与投放断面的水体相混合。瞬间的混合浓度为 $M/Q\times\delta(t)$，即 $t=0$ 时上断面浓度为 M/Q，以后的浓度为零。对于这种情况，可以在下述初始、边界条件下：

$$c(x,0)=0,\ c(0,t)=M/Q\times\delta(t),\ c(\infty,t)=0$$

采用拉普拉斯积分变换法求解非稳态的水质方程。

浓度 $c(x,t)$ 的拉普拉斯变换函数为

$$L[c(x,t)] = \int_0^\infty e^{-st}c(x,t)\text{d}t = c^L(x,s) \tag{4.87}$$

式中：L 为实行拉普拉斯变换，如 $L[c(x,t)]$ 为对 $c(x,t)$ 进行拉普拉斯变换；$c^L(x,t)$ 为 $c(x,t)$ 的象函数；s 为拉普拉斯变量。

对一维非稳态水质方程（4.75）：

$$\frac{\partial c}{\partial t} + u\frac{\partial c}{\partial x} = E\frac{\partial^2 c}{\partial x^2} - K_1 c$$

进行拉普拉斯变换变化后，得到下面的常微分方程：

$$\frac{\text{d}^2 c^L}{\text{d}x^2} - \frac{u}{E}\frac{\text{d}c^L}{\text{d}x} - \frac{s+K_1}{E}c^L = 0 \tag{4.88}$$

其特征多项式为$\lambda^2-(u/E)\lambda-(s+K_1)/E=0$，则特征根为

$$\lambda_{1,2}=\frac{u}{2E}\left(1\pm\frac{2\sqrt{E}}{u}\sqrt{\frac{u^2}{4E}+K_1+s}\right) \tag{4.89}$$

于是得方程（4.88）的通解为

$$c^L=Ae^{\lambda_1 x}+Be^{\lambda_2 x} \tag{4.90}$$

式中：A、B为特定常数，由初始边界条件确定。

当取$\lambda_1>1$的条件下，$x\to\infty$时c将趋于无限，与初始、边界条件不符，因此，λ_1反映的是不可行解，故$A=0$；再是，根据边界条件和拉普拉斯变换定义，有

$$c^L(0,\ s)=\int_0^\infty e^{-st}M/Q\times\delta(t)\mathrm{d}t=\frac{M}{Q}$$

再由式（4.90）得$c^L(0,\ s)=0+Be^{\lambda_2\times 0}=B$，故有

$$B=\frac{M}{Q} \tag{4.91}$$

于是常微分方程在满足初始、边界条件的解为

$$c^L=\frac{M}{Q}e^{\lambda_2 x}=\frac{M}{Q}\exp\left[\frac{ux}{2E}\left(1-\frac{2\sqrt{E}}{u}\sqrt{\frac{u^2}{4E}+K_1+s}\right)\right] \tag{4.92}$$

上式进行拉普拉斯逆变换，得

$$c(x,\ t)=\frac{M}{Q}\exp\left(\frac{ux}{2E}\right)\frac{x}{\sqrt{4\pi Et}}\exp\left[-\left(\frac{u^2}{4E}+K_1\right)t\right]\exp\left(-\frac{x^2}{4Et}\right) \tag{4.93}$$

考虑到$x/t=u$，$Q/u=A$，对上式整理后得瞬时排污情况的动态解为

$$c(x,\ t)=\frac{M}{A\sqrt{4\pi Et}}\exp\left[-\frac{(x-ut)^2}{4Et}-K_1t\right] \tag{4.94a}$$

对于难降解污染物，如投放示踪剂，$K_1=0$，则上式变为

$$c(x,\ t)=\frac{M}{A\sqrt{4\pi Et}}\exp\left[-\frac{(x-ut)^2}{4Et}\right] \tag{4.94b}$$

该式表示瞬时排放难降解污染物，在不同位置处所形成的污染物浓度随时间的变化过程。该式是水团追踪试验的基础，前面用现场示踪剂浓度观测资料推求纵向离散系数的公式就是由该式导出的。

【例4.5】 某均匀河段的始端瞬时投放$M=10$kg的示踪剂，该河段流速$u=0.5$m/s，离散系数$E=50\text{m}^2/\text{s}$，河流的过水断面积$A=20\text{m}^2$。试求该河段下游500m处河水中示踪剂浓度随时间的变化过程$c(500,\ t)$。

解： 按式（4.94b）计算下游$x=500$m处的示踪剂浓度：

$$c(500,\ t)=\frac{10\times 1000^2}{(20\times 10^2)\sqrt{4\pi(50\times 10^2)t}}\exp\left[-\frac{(500-0.5t)^2}{4\times 50t}\right]=\frac{19.947}{\sqrt{t}}\exp\left[-\frac{(500-0.5t)^2}{200t}\right]$$

取不同的时间t，可计算得$c(500,\ t)$，据此绘出$x=500$m示踪剂浓度的变化过程，如图4.15所示。可见大约在$t=14$min时河水的示踪剂浓度最高，示踪剂水团中

心经过的时间为 16.7min。

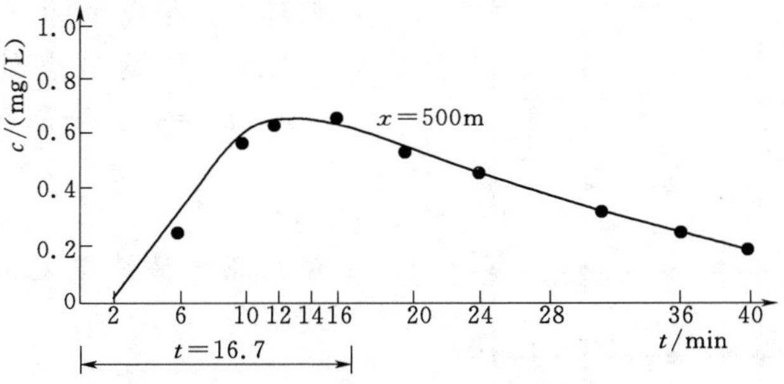

图 4.15 500m 处河水示踪剂浓度变化过程

3. 连续排污情况的动态解

连续性排污，是指在河段上端连续排放污染物，上断面形成一个连续的污染浓度过程 $c(0, t)$。对于这种情况，$c(0, t)$ 在下游某处形成的污染过程，可类似水文学中由瞬时单位线和净雨推求出口断面的洪水过程那样，按下式推求：

$$c(x, t) = \int_0^{\infty} c(0, t) f(x, t-\tau) \mathrm{d}\tau \tag{4.95}$$

式中：$c(x, t)$ 为距排污口（$x=0$）下游 x 处 t 时的河水污染浓度；$c(0, t)$ 为起始断面河水污染浓度变化过程；$f(x, t-\tau)$ 称核函数，为起始断面瞬时排污 $\delta(t)$ 在下游 x 处引起的水流污染浓度变化过程，类似水文学中所说的瞬时单位线；t，τ 分别为 $c(0, t)$、$f(x, t-\tau)$ 的时间系统。

根据核函数就是单位脉冲函数响应的含义，可像瞬时源求解那样导出核函数为

$$f(x, t-\tau)=\frac{u}{\sqrt{4\pi E(t-\tau)}}\exp\left\{-\frac{[x-u(t-\tau)]^2}{4E(t-\tau)}-K_1(t-\tau)\right\} \tag{4.96}$$

将上式代入式（4.95）积分，求得 $c(0, t)$ 在下游形成的污染过程。不过，一般情况下是无法应用解析法积分的，只有在特定条件下，如时段 Δt 内为连续均匀排污才有解析解。对此可参考有关文献。

4.3.3 水质迁移转化基本方程有限差分解

河流一维水质迁移转化基本方程（4.67）一般需要用数值方法求解。有限差分法是其中的一种数值方法，它是用差分商近似代替方程中的微分商。这种近似的方法很多，因而应用有限差分技术，很重要的就是选择恰当的差分近似体系。为了介绍的方便，假设河流为均匀河段，并取 $\sum S_i=-K_1 c$，由式（4.67）得该条件下的迁移转化方程为

$$\frac{\partial c}{\partial t}+u\frac{\partial c}{\partial x}=E\frac{\partial^2 c}{\partial x^2}-K_1 c \tag{4.97}$$

其中：c 为污染物浓度；t 为时间；x 为距离；u 为流速；K_1 为降解系数；E 为离散系数。

应用有限差分法求解上式需要对其时间和空间坐标进行离散化，这种离散既可以是等间距的，也可以是不等间距的。离散间距称步长。为了讨论方便，如图 4.16 所

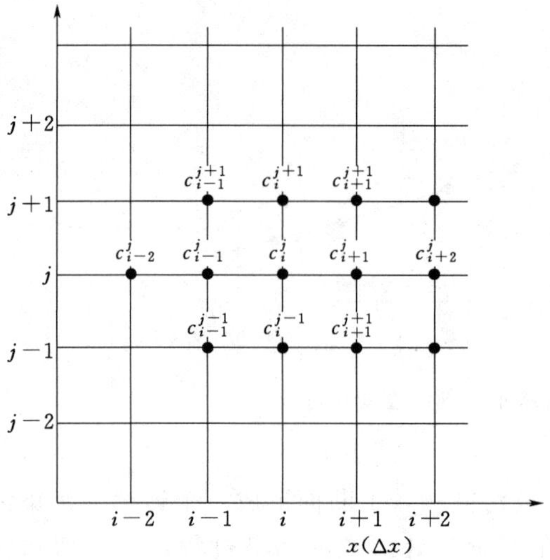

图 4.16　时间、空间坐标离散化示意图

示，时间和空间坐标按等间距离散，则时间、距离坐标分别为 $t_j=j\Delta t$，$x_i=i\Delta x$，并设格点处的水质浓度为 $c(x_i, t_j)=c_i^j$，于是可以用

$$\frac{\partial c}{\partial t}=\frac{c_i^{j+1}-c_i^j}{\Delta t}$$

来近似代替浓度对时间的偏导数项，或用

$$\frac{\partial c}{\partial t}=\frac{c_i^{j+1}-c_i^{j-1}}{2\Delta t}$$

来近似。在写空间导数的差分表达式时，可以取时间 t_j 或 t_{j+1} 时的浓度，也可以用这两个时刻浓度的加权平均值。假如只取时间 t_j 的值，就构成显式差分体系，因为在这种情况下，c_i^{j+1} 能直接被表达为时间 t_j 前的浓度值的函数。与之对应的是隐式差分体系，即 c_i^{j+1} 不只是 t_j 前的浓度的函数，还与 t_{j+1} 时层的浓度有关。

资源 4.7

4.3.3.1　显式差分体系

以下列出两种：

（1）中心差分。以 x_i 为中心进行差分，其形式为

$$\frac{\partial c}{\partial x}=\frac{c_{i+1}^j-c_{i-1}^j}{2\Delta x}$$

$$\frac{\partial^2 c}{\partial x^2}=\frac{1}{\Delta x}\left(\frac{c_{i+1}^j-c_i^j}{\Delta x}-\frac{c_i^j-c_{i-1}^j}{\Delta x}\right)=\frac{c_{i+1}^j-2c_i^j+c_{i+1}^j}{\Delta x^2}$$

（2）向后差分。以 x_i 为标准向后差分，其形式为

$$\frac{\partial c}{\partial x}=\frac{c_i^j-c_{i-1}^j}{\Delta x}$$

$$\frac{\partial^2 c}{\partial x^2}=\frac{1}{\Delta x}\left(\frac{c_i^j-c_{i-1}^j}{\Delta x}-\frac{c_{i-1}^j-c_{i-2}^j}{\Delta x}\right)=\frac{c_i^j-2c_{i-1}^j+c_{i-2}^j}{\Delta x^2}$$

如果采用后向差分体系，方程（4.97）就变成如下的差分方程：

$$\frac{c_i^{j+1}-c_i^j}{\Delta t}+u\,\frac{c_i^j-c_{i-1}^j}{\Delta x}=E\,\frac{c_i^j-2c_{i-1}^j+c_{i-2}^j}{\Delta x^2}-K_1c_{i-1}^j \tag{4.98}$$

当所选择的 Δx 和 Δt 满足 $\Delta x=u\Delta t$ 时，这个差分表达式描述一个体积元的污染物在时间 t_j、位置 x_{i-1} 先发生离散和降解，然后再平移到下游的一个相邻格点的迁移转化过程。

求解上式，得到 c_i^{j+1}：

$$c_i^{j+1}=c_{i-2}^j\left(\frac{\Delta tE}{\Delta x^2}\right)+c_{i-1}^j\left(\frac{\Delta tu}{\Delta x}-2\,\frac{\Delta tE}{\Delta x^2}-K_1\Delta t\right)+c_i^j\left(1-\frac{\Delta tu}{\Delta x}+\frac{\Delta tE}{\Delta x^2}\right)$$

$$=\alpha c_{i-2}^{j}+\beta c_{i-1}^{j}+\gamma c_{i}^{j} \tag{4.99a}$$

其中 $$\alpha=\frac{E\Delta t}{\Delta x^2};\beta=\frac{u\Delta t}{\Delta x}-\frac{2\Delta tE}{\Delta x^2}-K_1\Delta t;\gamma=1-\frac{u\Delta t}{\Delta x}+\frac{E\Delta t}{\Delta x^2} \tag{4.99b}$$

运用上式计算时，对于第一个格点（$i=1$），方程中将有 $c_{i-2}^{j}=c_{-1}^{j}$ 存在，这时可取 $c_{-1}^{j}=c_0^j$ 来处理，以后各格点则无这种问题。

应用上式首先由初始、边界条件（c_0^0，c_1^0，c_2^0，…，c_n^0）求得第一个时段末 $t=\Delta t$ 时刻各格点的污染浓度：c_0^1，c_1^1，c_2^1，…，c_n^1，然后将这些数值作为下一时段的初始条件，又可求得：c_0^2，c_1^2，c_2^2，…，c_n^2，如此连续计算，即得整个河段不同时刻的污染浓度。

显式差分法简单、明了，但步长 Δt、Δx 选取不当时，会使计算中误差不断积累，不仅计算浓度值正负波动，违背实际情况，且随着累积误差的增长难以计算下去，算法不稳定。显然这是不能允许的。为了保证计算的稳定性，必须使 Δt、Δx 的选取满足一定的要求。研究表明，为此，必须使选的 Δt、Δx 满足以下两个准则：

（1）库兰特（Courant）准则，即 $\Delta tu/\Delta x\leqslant 1$。

（2）冯诺依曼（Von Neumann）准则，即 $E\Delta t/\Delta x^2\leqslant 1/2$。

【例 4.6】 某均匀河段，长 8.0km，流速 $u=5$km/h，纵向离散系数 $E=2$km²/h，BOD_5 的降解系数 $K_1=0.0151$h^{-1}。上游断面有一个污染源，连续均匀地向河流排放 BOD_5 废水 1.0h，使该断面 0～1h 间 BOD_5 浓度保持 10mg/L，其后排污停止。试按显式差分法计算该河段各断面的 BOD_5 浓度过程。

解：取 $\Delta x=1.0$km，$\Delta t=0.2$h，满足算法稳定的步长要求。由式（4.99b）得 $\alpha=0.4$、$\beta=0.197$、$\gamma=0.4$，代入式（4.99a）计算各时刻 BOD_5 浓度的沿程变化，结果见表 4.4。

表 4.4　　显式差分体系计算结果（$\Delta x=1.0$km，$\Delta t=0.2$h）

t/h \ x/km	0	1	2	3	4	5	6	7	8
0.0	10.0	0.0	0.0	0.0	0.0	0.0	0.0	0.0	0.0
0.2	10.0	5.97	4.0	0.0	0.0	0.0	0.0	0.0	0.0
0.4	10.0	8.36	6.78	3.18	1.6	0.0	0.0	0.0	0.0
0.6	10.0	9.31	8.36	5.95	3.98	1.59	0.64	0.0	0.0
0.8	10.0	9.69	9.18	7.75	6.11	3.80	2.16	0.76	0.26
1.0	10.0	9.85	9.58	8.79	7.64	5.82	4.05	2.25	1.12

4.3.3.2 隐式差分体系

一般情况下，河流中污染物的移流作用远大于扩散、离散作用，此时对于式（4.97）可采用下面的隐式差分方程：

$$\frac{c_i^{j+1}-c_i^j}{\Delta t}+u\frac{c_i^j-c_{i-1}^j}{\Delta x}=E\frac{c_{i+1}^{j+1}-2c_i^{j+1}+c_{i-1}^{j+1}}{\Delta x^2}-\frac{1}{2}K_1(c_i^{j+1}+c_{i-1}^j) \tag{4.100}$$

整理后，上式变为如下形式：

$$\alpha_i c_{i-1}^{j+1}+\beta_i c_i^{j+1}+\gamma_i c_{i+1}^{j+1}=\delta_i,i=1,2,\cdots,n \tag{4.101a}$$

其中　$\alpha_i=\dfrac{-E}{\Delta x^2};\beta_i=\dfrac{1}{\Delta t}+\dfrac{2E}{\Delta x^2}+\dfrac{K_1}{2};\gamma_i=\alpha_i;\delta_i=c_i^j\left(\dfrac{1}{\Delta t}-\dfrac{u}{\Delta x}\right)+c_{i-1}^j\left(\dfrac{u}{\Delta x}-\dfrac{K_1}{2}\right)$

(4.101b)

为了用上式进行计算，还需要插入边界条件，使首、末断面的方程形式略有改变：

当 $i=1$ 时，上游边界条件 c_0^{j+1} 为已知量，代入式（4.101a）并移至式的右端与 δ_1 合并，得

$$\beta_1 c_1^{j+1}+\gamma_1 c_2^{j+1}=\delta_1' \tag{4.102a}$$

$$\delta_1'=\delta_1-\alpha_1 c_0^{j+1} \tag{4.102b}$$

当 $i=n$ 时，用传递边界作为下游的边界条件，即 $c_{n+1}^{j+1}=2c_n^{j+1}-c_{n-1}^{j+1}$ 代入式（4.101a），得第 n 个方程为

$$\alpha_n' c_{n-1}^{j+1}+\beta_n' c_n^{j+1}=\delta_n \tag{4.102c}$$

$$\alpha_n'=\alpha_n-\gamma_n,\beta_n'=\beta_n+2\gamma_n \tag{4.102d}$$

插入边界条件后，方程（4.101a）构成“三对角线”矩阵方程：

$$\begin{bmatrix}
\beta_1 & \gamma_1 & 0 & \cdots & \cdots & \cdots & \cdots & \cdots & 0\\
\alpha_2 & \beta_2 & \gamma_2 & 0 & & & & & \vdots\\
0 & \alpha_3 & \beta_3 & \gamma_3 & & & & & \vdots\\
\vdots & \ddots & \ddots & \ddots & \ddots & & & & \vdots\\
\vdots & & & & & \ddots & \ddots & \ddots & \vdots\\
\vdots & & & & & \alpha_{n-2} & \beta_{n-2} & \gamma_{n-2} & 0\\
\vdots & & & & & 0 & \alpha_{n-1} & \beta_{n-1} & \gamma_{n-1}\\
0 & \cdots & \cdots & \cdots & \cdots & & 0 & \alpha_n' & \beta_n'
\end{bmatrix}
\begin{bmatrix} c_1^{j+1}\\ c_2^{j+1}\\ c_3^{j+1}\\ \vdots\\ \vdots\\ c_{n-2}^{j+1}\\ c_{n-1}^{j+1}\\ c_n^{j+1}\end{bmatrix}
\begin{bmatrix} \delta_1'\\ \delta_2\\ \delta_3\\ \vdots\\ \vdots\\ \delta_{n-2}\\ \delta_{n-1}\\ \delta_n\end{bmatrix} \tag{4.103}$$

其中的系数矩阵和右边的列向量在 t_{j+1} 时是已知的，仅与 t_j 之前的情况有关。常采用托马斯（Thomas）法求解该方程组，其原理和方法如下：

对于 $i=1$，由式（4.102a）、式（4.102b）得

$$c_i^{j+1}=\frac{\delta'}{\beta_1}-\frac{\gamma_1}{\beta_1}c_2^{j+1}=g_1-w_1 c_2^{j+1} \tag{4.104a}$$

式中：$g_1=\delta_1'/\beta_1$；$w_1=\gamma_1/\beta_1$。

对于 $i=2\sim n-1$，由式（4.101）得

$$c_i^{j+1}=\frac{\delta_i-\alpha_i g_{i-1}}{\beta_i-\alpha_i w_{i-1}}-\frac{\gamma_i}{\beta_i-\alpha_i w_{i-1}}c_{i+1}^{j+1}=g_i-w_i c_{i+1}^{j+1} \tag{4.104b}$$

式中：$g_i=\dfrac{\delta_i-\alpha_i g_{i-1}}{\beta_i-\alpha_i w_{i-1}}$；$w_i=\dfrac{\gamma_i}{\beta_i-\alpha_i w_{i-1}}$。

对于 $i=n$，由式（4.102c）、式（4.102d）得

$$c_n^{j+1}=\frac{\delta_n-\alpha_n' g_{n-1}}{\beta_n'-\alpha_n' w_{n-1}}=g_n \tag{4.104c}$$

式中：$g_n=\dfrac{\delta_n-\alpha_n' g_{n-1}}{\beta_n-\alpha_n' w_{n-1}}$。

以上方程容易看出，对于 t_{j+1} 时层，因 α_i、β_i、γ_i 已知，可由 g_i、w_i 计算公式自 $i=1\sim n$ 顺序算出 g_1、w_1，g_2、w_2，…，$g_n w_n$；然后再反过来应用式（4.104a）～式（4.104c）自 $i=n\sim1$ 逆序求得 $c_n^{j+1}(=g_n)$，c_{n-1}^{j+1}，…，c_1^{j+1}。顺序计算称“追”，逆序推求称“赶”，故该方法又常叫“追赶法”。

隐式差分体系虽然是无条件稳定的，但若 Δt 和 Δx 取值不协调，实际应用时也仍然存在一些缺点，如数值弥散、伪振荡等（这对显式差分体系时也存在）。例如，$\Delta tu/\Delta x>1$ 时，可能会引起计算结果不合实际的波动，称伪振荡；当 $\Delta tu/\Delta x<1$ 时，可能会引起数值弥散，不过，因水质方程中实际上存在离散（弥散）系数，当 E 较大时，数值弥散不会产生明显影响。当 $\Delta tu/\Delta x=1$ 时，即 $\Delta x=\Delta tu$，正好反映迁移的真实过程，将不会引起伪振荡和数值弥散。因此，实际计算中，尽可能使 $\Delta tu/\Delta x$ 等于和接近于 1。

式（4.100）的差分体系适用于移流作用远大于离散作用的一般河流。如果移流作用很小，如河口，最好使用含有时间 t_{j+1} 的平均值的对称差分体系。对于湖泊，有人在二阶导数项中，已经成功地运用了显式对称差分体系。

【例 4.7】 已知数据与例 4.6 相同，试取 $\Delta x=0.5\text{km}$、$\Delta t=0.1\text{h}$ 按隐式差分法计算各节点水中含酚浓度的变化过程。

解： 取 $\Delta x=0.5\text{km}$，$\Delta t=0.1\text{h}$，根据题中所给资料，按式（4.101b）计算各节点水质迁移转化方程中的系数 α_i、β_i、γ_i、δ_i，和按式（4.104）自 $i=1\sim n$ 顺序算出 g_i、w_i；然后逆序从 $n\sim1$ 由式（4.104）求得各节点的含酚浓度变化过程，见表 4.5。

表 4.5　　隐式差分体系计算结果（$\Delta x=0.5\text{km}$，$\Delta t=0.1\text{h}$）

t/h \ x/km	0	1	2	3	4	5	6	7	8
0.0	10.0	0.0	0.0	0.0	0.0	0.0	0.0	0.0	0.0
0.2	10.0	6.878	1.706	0.3075	0.049	0.0073	0.001	0.0001	0.0
0.4	10.0	9.08	6.264	2.666	0.7989	0.1938	0.0411	0.0079	0.0014
0.6	10.0	9.642	8.455	6.015	3.157	1.251	0.401	0.11	0.0269
0.8	10.0	9.835	9.301	8.201	5.866	3.442	1.616	0.627	0.208
1.0	10.0	9.911	9.652	9.0	7.703	5.76	3.625	1.903	0.8451

4.3.3.3 普莱斯曼（Preissmann）隐式差分格式

水位、流量、流速等指标是重要的水环境指标。因此，对于水环境模拟，河流水动力学模拟也是其重要组成部分。Preissmann 是一种在河流模拟中经常采用的隐式差分方法，其离散方式如图 4.17 所示，实际是一个四点隐格式，其插值点 Ⅰ 在空间上位于 $\theta\Delta x/2$ 处，在时间上为 $\Delta t/2$ 处，式中 θ 是加权系数，$0\leqslant\theta\leqslant1$：

在 Ⅰ 点外，其值可用以下公式插值得到

$$f=\frac{\theta}{2}(f_{j+1}^{n+1}+f_j^{n+1})+\frac{1-\theta}{2}(f_{j+1}^{n}+f_j^{n}) \tag{4.105a}$$

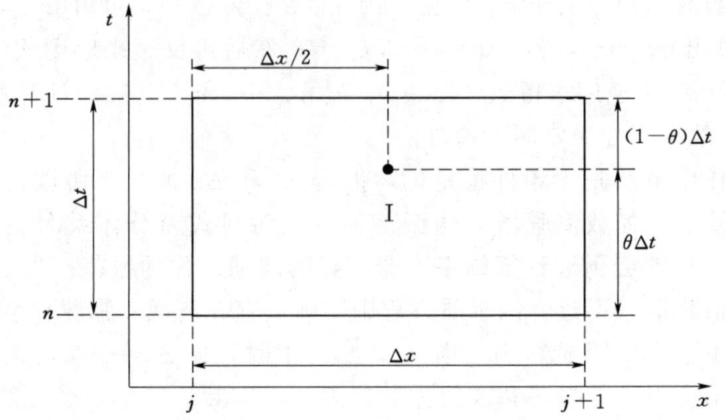

图 4.17　Preissmann 格式示意图

离散到 x 和 t 方向，分别有

$$\left.\begin{aligned}\frac{\partial f}{\partial x}&=\theta\frac{f_{j+1}^{n+1}-f_j^{n+1}}{\Delta x}+(1-\theta)\frac{f_{j+1}^{n}-f_j^{n}}{\Delta x}\\\frac{\partial f}{\partial t}&=\frac{f_{j+1}^{n+1}+f_j^{n+1}-f_{j+1}^{n}-f_j^{n}}{2\Delta t}\end{aligned}\right\}\tag{4.105b}$$

将式（4.105a）简化成如下式（4.106），忽略二阶微量，对圣维南方程进行推导：

$$f=\frac{f_{j+1}^{n}+f_j^{n}}{2}\tag{4.106}$$

圣维南方程组方程如下：

$$\left.\begin{aligned}&B\frac{\partial Z}{\partial t}+\frac{\partial Q}{\partial x}=q\\&\frac{\partial Q}{\partial t}+\frac{\partial}{\partial x}\left(\alpha\frac{Q^2}{A}\right)+gA\frac{\partial Z}{\partial x}+\frac{g|Q|Q}{c^2AR}=0\end{aligned}\right\}\tag{4.107a}$$

$$\left.\begin{aligned}&\frac{\partial Z}{\partial t}=\frac{Z_{j+1}^{n+1}+Z_j^{n+1}-Z_{j+1}^{n}-Z_j^{n}}{2\Delta t}\\&\frac{\partial Q}{\partial x}=\theta\frac{Q_{j+1}^{n+1}-Q_j^{n+1}}{\Delta x_j}+(1-\theta)\frac{Q_{j+1}^{n}-Q_j^{n}}{\Delta x_j}\\&\frac{\partial Q}{\partial t}=\frac{Q_{j+1}^{n+1}+Q_j^{n+1}-Q_{j+1}^{n}-Q_j^{n}}{2\Delta t}\\&\frac{\partial Z}{\partial x}=\theta\frac{Z_{j+1}^{n+1}-Z_j^{n+1}}{\Delta x_j}+(1-\theta)\frac{z_{j+1}^{n}-Z_j^{n}}{\Delta x_j}\\&\frac{\partial}{\partial x}\left(\alpha\frac{Q^2}{A}\right)=\frac{\partial}{\partial x}(\alpha uQ)=\theta\frac{[(\alpha u)_{j+1}^{n}Q_{j+1}^{n+1}-(\alpha u)_j^{n}Q_{j+1}^{n+1}]}{\Delta x_j}+(1-\theta)\frac{[(\alpha u)_{j+1}^{n}Q_{j+1}^{n}-(\alpha u)_j^{n}Q_j^{n}]}{\Delta x_j}\end{aligned}\right\}\tag{4.107b}$$

将以上关系式代入连续方程得

$$\left.\begin{aligned}&Q_{j+1}^{n+1}-Q_{j}^{n+1}+C_{j}Z_{j+1}^{n+1}+C_{j}Z_{j}^{n+1}=D_{j}\\&E_{j}Q_{j}^{n+1}+G_{j}Q_{j+1}^{n+1}+F_{j}Z_{j+1}^{n+1}-F_{j}Q_{j}^{n+1}=\Phi_{j}\end{aligned}\right\}\tag{4.108}$$

系数如下：

$$\left.\begin{aligned}&C_{j}=\frac{B_{j+\frac{1}{2}}^{n}\Delta x}{2\Delta t\theta}\\&D_{j}=\frac{q_{j+\frac{1}{2}}\Delta x_{j}}{\theta}-\frac{1-\theta}{\theta}(Q_{j+1}^{n}-Q_{j}^{n})+C_{j}(Z_{j+1}^{n}+Z_{j}^{n})\\&E_{j}=\frac{\Delta x_{j}}{2\theta\Delta t}-(\alpha u)_{j}^{n}+\left(\frac{g|u|}{2C^{2}R}\right)_{j+1}^{n}\Delta x_{j}\\&G_{j}=\frac{\Delta x_{j}}{2\theta\Delta t}+(\alpha u)_{j+1}^{n}+\left(\frac{g|u|}{2C^{2}R}\right)_{j+1}^{n}\Delta x_{j}\\&F_{j}=(gA)_{j+\frac{1}{2}}^{n}\\&\Phi_{j}=\frac{\Delta x_{j}}{2\theta\Delta t}(Q_{j+1}^{n}+Q_{j}^{n})-\frac{1-\theta}{\theta}[(\alpha u)_{j+1}^{n}-(\alpha u)_{j}^{n}]-\frac{1-\theta}{\theta}(gA)_{j+\frac{1}{2}}^{n}(Z_{j+1}^{n}-Z_{j}^{n})\end{aligned}\right\}\tag{4.109}$$

为书写方便，忽略上标 $n+1$ 式（4.108）的任一河段差分方程写成：

$$\left.\begin{aligned}&Q_{j+1}-Q_{j}+C_{j}Z_{j+1}+C_{j}Z_{j}=D_{j}\\&E_{j}Q_{j}+G_{j}Q_{j+1}+F_{j}Z_{j+1}-F_{j}Z_{j}=\Phi_{j}\end{aligned}\right\}\tag{4.110}$$

其中 C_j、D_j、E_j、F_j、G_j、Φ_j 初值计算，所以方程组为常系数线性方程组。对一条具有 n 个河段的河道，有 $2n+2$ 个未知变量，但是只能列出 $2n$ 个方程，必须加上河道两端的 2 个边界条件，形成封闭的代数方程组。这两个边界条件通常上游为流量，下游为水位。

$$\left.\begin{aligned}&Q_{1}=f_{1}(Z_{1})\text{上边界条件}\\&-Q_{1}+Q_{2}+C_{1}Z_{1}+C_{1}Z_{2}=D_{1}\\&E_{1}Q_{1}+G_{1}Q_{2}-E_{1}Z_{1}+F_{1}Z_{2}=\Phi_{1}\\&-Q_{2}+Q_{3}+C_{2}Z_{2}+C_{2}Z_{3}=D_{2}\\&E_{2}Q_{2}+G_{2}Q_{3}-E_{2}Z_{2}+F_{2}Z_{3}=\Phi_{2}\\&\qquad\vdots\\&-Q_{n}+Q_{n+1}+C_{n}Z_{n}+C_{n}Z_{n+1}=D_{n}\\&E_{n}Q_{n}+G_{n}Q_{n+1}-E_{n}Z_{n}+F_{n}Z_{n+1}=\Phi_{n}\\&Q_{n+1}=f_{n}(Z_{n+1})\text{下边界条件}\end{aligned}\right\}\tag{4.111}$$

该方程组可用追赶法求解。

【例 4.8】 某均匀河段，长 8.0km，宽 10m，河底断面假设均为矩形，高程均为 2m，上游断面的来流量始终为 $44\text{m}^3/\text{s}$，下游水位为 3.9m，谢才系数 C 为 $43.7\text{m}^{1/2}/\text{s}$（糙率为 0.025）。试用 Preissmann 格式计算该河段不同点的水位和流速。

解： 结果见表 4.6 和表 4.7。

表 4.6　　水位计算结果（$\Delta x=1.0km$，$\Delta t=0.2h$）　　单位：m

x/km t/h	0	1	2	3	4	5	6	7	8
0.00	3.90	3.90	3.90	3.90	3.90	3.90	3.90	3.90	3.90
0.20	5.09	4.50	4.07	3.95	3.91	3.90	3.90	3.90	3.90
0.40	5.24	5.47	5.01	4.56	4.27	4.10	4.00	3.94	3.90
0.60	6.09	5.45	5.29	5.04	4.75	4.48	4.26	4.07	3.90
0.80	6.07	5.99	5.57	5.27	5.02	4.76	4.51	4.23	3.90
1.00	6.33	6.02	5.87	5.60	5.30	5.01	4.72	4.39	3.90
2.00	6.79	6.61	6.43	6.23	6.01	5.76	5.47	5.11	3.90
3.00	6.98	6.83	6.66	6.48	6.27	6.04	5.76	5.41	3.90
4.00	7.07	6.92	6.76	6.58	6.38	6.15	5.88	5.53	3.90
5.00	7.10	6.96	6.80	6.62	6.42	6.20	5.93	5.58	3.90
6.00	7.12	6.97	6.81	6.64	6.44	6.22	5.95	5.61	3.90
7.00	7.12	6.98	6.82	6.65	6.45	6.23	5.96	5.61	3.90
8.00	7.12	6.98	6.82	6.65	6.45	6.23	5.96	5.62	3.90

表 4.7　　流速计算结果（$\Delta x=1.0km$，$\Delta t=0.2h$）　　单位：m/s

x/km t/h	0	1	2	3	4	5	6	7	8
0.00	2.32	2.32	2.32	2.32	2.32	2.32	2.32	2.32	2.32
0.20	1.08	0.65	0.42	0.34	0.31	0.30	0.30	0.30	0.30
0.40	1.36	1.58	1.30	0.96	0.67	0.47	0.34	0.28	0.27
0.60	1.08	0.90	1.07	1.11	1.03	0.90	0.76	0.67	0.68
0.80	1.08	1.11	0.97	0.92	0.92	0.89	0.86	0.84	0.93
1.00	1.02	1.02	1.08	1.04	0.98	0.95	0.93	0.96	1.15
2.00	0.92	0.93	0.95	0.97	0.99	1.03	1.08	1.17	1.87
3.00	0.88	0.90	0.93	0.96	0.99	1.04	1.10	1.20	2.14
4.00	0.87	0.89	0.92	0.95	0.99	1.04	1.11	1.21	2.24
5.00	0.86	0.89	0.91	0.95	0.99	1.04	1.11	1.21	2.29
6.00	0.86	0.88	0.91	0.95	0.99	1.04	1.11	1.21	2.30
7.00	0.86	0.88	0.91	0.95	0.99	1.04	1.11	1.21	2.31
8.00	0.86	0.88	0.91	0.95	0.99	1.04	1.11	1.21	2.31

思考题与习题

1. 河流中引起污染物迁移的作用有哪几种？各举例说明，并写出描述这些作用的数学表达式。

2. 何谓离散作用？为什么会产生这种作用？如何计算河流的纵向离散系数？

3. 水体有机物在好氧和厌氧条件下，它们的降解转化过程有何不同？

4. 有机污水生化反应动力学主要涉及哪两方面的问题？研究这些问题在水环境模拟预测中有何作用？

资源 4.8

5. 写出反映有机污水中微生物增长的莫诺特方程及依此导出的微生物增长方程。

6. 为什么水中有机污染物降解一般都采用一级反应动力学方程描述？

7. 有一工厂就岸边向某河段排污。该河段平均宽度 $B=50.0\text{m}$，水深 $H=4.0\text{m}$，水面坡降 $J=0.0001$，流速 $u=1.2\text{m/s}$，横向扩散系数 $E_{ty}=0.12Hu_*$（u_* 为摩阻流速），试计算排污口下游多少千米后污染物在断面上基本混合均匀？

资源 4.9

8. 测得河流某一断面水深 H_i、垂线平均流速 u_i 沿横坐标 y_i 的变化见表 4.8，河流水面坡降 $J=0.0001$，试按费希尔计算纵向离散系数的近似积分公式推求 E_d。

资源 4.10

表 4.8　　某断面 H_i、u_i 随 y_i 变化情况表

垂线号 i	1	2	3	4	5	6	7	8	9	10
横向坐标 y_i/m	0	2.0	4.0	6.0	8.0	10.0	12.0	14.0	16.0	18.0
水深 H_i/m	0	0.7	1.0	0.9	0.9	0.8	0.9	0.8	0.3	0
垂线平均流速 u_i/(m/s)	0	0.11	0.41	0.72	0.78	0.81	0.66	0.34	0.06	0

资源 4.11

9. 从水体氧平衡方面分析，水体的耗氧过程和复氧过程都表现在哪些方面？试就某一河段写出其氧平衡方程。

10. 试按表 4.9 所列资料绘制该河流的氧垂曲线，并读出临界点的距离 x_c、临界溶解氧浓度 O_c 和临界氧亏 D_c。

表 4.9　　某河段溶解氧沿流程变化

距离 x/km	0	10	30	60	90	120	150	180	200
溶解氧浓度 O/(mg/L)	7.5	6.5	5.3	4.8	5.1	6.3	6.5	6.9	7.2

11. 某有机废水初始浓度 $L_0=80.0\text{mg/L}$、降解系数 $K_1=0.6\text{d}^{-1}$，试绘出该污水 10 日间的降解过程线。

12. 耗氧有机物的降解系数是何含义？其主要影响因素有哪些？对于它们的影响在应用中怎样进行处理？

13. 某有机废水 15℃下的降解系数 $K_{1,15}=0.5\text{d}^{-1}$，试求水温 20℃时的 K_1 值为多少？

14. 何谓水体大气复氧的双膜理论？写出由其导出的复氧方程和复氧系数公式。

15. 复氧系数 K_2 是何含义？其主要影响因素有哪些？对于它们的影响应用中怎样进行处理？

16. 估计水体耗氧、复氧系数的方法有哪三种途径？它们各有什么特点？

17. BOD 和剩余 BOD 有何区别与联系？写出它们变化的计算方程。

18. 对某水体水样化验分析的 BOD 值 y_i 随时间 t_i 的变化过程见表 4.10，试按最小二乘法计算降解系数 K_1 及初始的剩余 BOD 浓度 L_0。

表 4.10　　某水样实验的 BOD 结果

时间 t_i/d	0	1	2	3	4	5	6	7	8	9	10
BOD 值 y_i/(mg/L)	0	55	81	102	119	131	140	147	153	159	162

19. 某均匀河段长 100km，流速 $u=20.0$km/d，测得该河段稳态情况下的 BOD 浓度和溶解氧浓度，得上、下断面的 BOD 浓度分别为：$L_{上}=32.0$mg/L，$L_{下}=18.0$mg/L；溶解氧浓度分别为 $O_{上}=7.0$mg/L，$O_{下}=4.0$mg/L，这时的饱和溶解氧浓度 $O_S=9.0$mg/L，试求该河段的 BOD 降解系数 K_1 和水体大气复氧系数 K_2。

20. 已知某河段平均流速 $u=0.7$m/s，平均水深 $H=3.5$m，水面坡降 $J=0.0001$，糙率 $n=0.05$，试用各类公式估算该河段水温 20℃下的复氧系数 K_2 值。

21. 水质迁移转化方程，从维数上看，可分为哪 4 类？实际上哪些水体近似于这些情况？

22. 水质迁移转化方程，从浓度随时间的变化看，可分为哪两类？各自有何特点？

23. 水质迁移转化方程中的源漏项是什么意思？各举出 3 个实例说明。

24. 应用示踪剂水团追踪试验法推求河流纵向离散系数的基本原理是什么？并写出它的计算公式。

25. 采用显式有限差分法进行水质计算时，为保证计算的稳定性，在取时间和空间的步长时，应遵从哪些原则？

26. 说明推导一维稳态水质迁移转化基本方程解析解的思路，并写出其计算公式和多排污口情况下某断面污染浓度的计算方法。

27. 说明河流一维瞬时排污动态解的求解思路和计算公式，并由此推导示踪剂法离散系数的计算公式。

28. 什么叫显式差分法和隐式差分法？各有何特点？

29. 某水库水质近似均匀混合，10 月 1 日初蓄水量为 1000m^3，其 BOD 浓度为 10mg/L，1—10 日入库、出库的平均流量分为 20m^3/s 和 30m^3/s，入库流量的 BOD 浓度为 50mg/L，降解系数 $K_1=0.6d^{-1}$，求 10 月 10 日末的 BOD 浓度为多少？

30. 某河段枯水期间径流和排污稳定，流量 $Q=50m^3/s$，过水断面 $A=50m^2$，上游断面 BOD 浓度 $L_0=10$mg/L，距上断面 20km 处有一排污口向河流排污，排放 BOD 的强度为 69.1t/d，降解系数 $K_1=0.8d^{-1}$，求下游距上断面 50km 处的 BOD 浓度为多少？

31. 某均匀河段自上断面 A 至下断面 C 长 60km，枯水期间流量和排污稳定，在 A 和距 A 下游 10km B 处各有一排污口，排含酚废水的强度分别为 80t/d 和 120t/d，该河段流量 $Q=80m^3/s$，流速 $u=40$km/d，离散系数 $E=2km^2/d$，酚的降解系数 $K_1=1.2d^{-1}$，自上游流入上断面 A 的含酚浓度为零，求 A、B、C 处的含酚浓度各为多少？

32. 某均匀河段，过水断面为 20m^2，流速 1.0m/s，纵向离散系数 $E=50m^2/s$，由于突发事故在河段上端泄入易溶性的污染物酚 1000kg，酚的降解系数 $K_1=1.2d^{-1}$，试求下游 1000m 处的酚浓度变化过程。

33. 某均匀河段长 8km，流速 $u=5km/h$，纵向离散系数 $E=2km^2/h$，BOD 的降解系数 $K_1=0.0151h^{-1}$，上游断面有一断面混合均匀的污染源，0～1h 间稳定排污，使该断面的污染浓度保持在 20mg/L，以后排污停止，试用显式差分体系计算本河段各断面的 BOD 浓度变化过程。

34. 有一均匀河段资料同上题，试用隐式差分体系计算本河段各断面的 BOD 浓度变化过程。

第5章 水环境数学模型及预测

5.1 水温的模拟预测

资源5.1

水温是水环境质量评价的一项基本因素。这是因为一方面它直接关系到水的应用，例如，灌溉，需要从水库中引用温度较高，溶解氧较多的水，以利作物的发育生长；又如，工厂的冷却水，则需要从水库适当位置引用温度低、含沙量少的水，以增加冷却效率；再如，工厂排出的热废水，温度高，可能形成热污染，影响鱼类和其他水生生物的生长。为此，常常需要对水体的温度随时间和地点的变化进行预测，以便采取适当措施，既有效利用热源，又避免其不利影响。另一方面，水温还是影响许多水质过程的重要因素，如前面曾经讲过的大气对水体的复氧过程、生物降解过程、藻类、菌类的生长过程等，所以，就这种意义上说，水温预测又是许多水质模型的基础。因此，研究水体温度的变化规律，建立温度模型，预测水温的时空变化，是水环境保护比较基础性的内容。

5.1.1 水体的热量平衡与水温变化

根据热量平衡原理，对于某一水体一定时段内吸收蓄存增加的热量，应等于该时段内同大气热交换的净增热量、随水流迁移输入的净增热量、同河床热交换净增热量、人类活动净增热量和水体内部能量转化产生的净增热量之和。增值为正时，表示该时段水体内热量增加，水温增高；反之，表示该时段水体热量减少，水温较低。通过逐时段的热量平衡计算，即可根据初始条件和边界条件预测水体的热量变化过程和水温变化过程。自然情况下，影响水温变化的热交换基本为前二项或前三项，后者常可忽略不计。

1. 同大气的热交换

通过大气界面发生热量交换是天然水体获得热量和散失热量的最主要过程。这个过程包括辐射、蒸发和热传导三种形式。

(1) 辐射。凡具有一定温度的物质，都会以短波或长波的形式向四周散射热能。水体一方面接收辐射热，同时也放出辐射热，其情况有：

1) 太阳辐射，以短波辐射的形式通过地球大气层直接传播到水面，但在传播过程中，若遇云层、水汽、尘埃等，则可能部分被吸收。达到水面的短波辐射，还将被水面反射一部分到大气中去，剩余的才被水体吸收，加热水体。反射部分与入射角有关，在我国一般小于入射量的10%。

2) 大气辐射，大气以长波辐射的形式向水面与地面辐射热能，其强度取决于气温的高低。大气长波辐射绝大部分可被水体吸收，约有3%被水面反射到大气中。

3）水面辐射，以长波辐射的形式向大气散射热能，引起水体的热能损耗。

（2）蒸发。蒸发是液体表面的水由液态变为气态迁移到空气中的净速率。水面蒸发时，将从水中吸收热能（蒸发潜热），使水温降低。

（3）热传导。气温与水温存在差别时，可通过热传导形式使空气与水体间发生热量交换。气温高于水温时，热量从空气传入水体；反之，则由水体传入空气。

这三种形式的热交换量计算比较复杂，将在后面进一步论述。

2. 随水量迁移的热交换

流入、流出水体的水量本身都挟带有一定的热量，其大小按下式计算

$$\varphi_Q = \Delta t Q \rho T C_p \tag{5.1}$$

式中：φ_Q为流入或流出水体的热量，J；Q为流入或流出水体的流量，m^3/s；Δt为时段长，s；T为流量Q的温度，℃；ρ为水的密度，kg/m^3；C_p为水的比热容，水温17～70℃时，约为4187J/(kg·℃)。

3. 与河床的热量交换

与河床的热交换是通过固体边界的热传导进行的。因为土壤的导热能力差和温度在土壤中的梯度小，热交换量很小，一般可忽略不计。

4. 内部产生的热

水体中产生的内部热主要来自两种因素：一是水的势能转换为摩擦热；二是物质中的化学能经生化作用释放出热能。二者通常都非常之小，可以不计。

5. 人类活动的热排放

人类活动的影响，主要是火力发电厂、冶炼厂等冷却水的排放，对于某些水体可能造成热污染。其排放热量按式（5.1）计算。

以上热交换过程中，对水体温度变化影响最大的是同大气的热交换，下面专门讨论。

5.1.2 水体与大气之间的热交换

水体与大气之间的热交换过程，包括三个部分：辐射热通量、蒸发热通量和传导热通量，即

$$\varphi_A = \varphi_R - \varphi_E - \varphi_C \tag{5.2}$$

式中：φ_A为水体从大气接收的总的净热通量，$J/(m^2 \cdot h)$；φ_R为辐射净热通量，$J/(m^2 \cdot h)$；φ_E为蒸发热通量，$J/(m^2 \cdot h)$；φ_C为传导热通量，$J/(m^2 \cdot h)$。

5.1.2.1 辐射净热通量φ_R计算

水体表面的热辐射能量交换，可以下式计算：

$$\varphi_R = (I - R_I) + (G - R_G) - S = \varphi_I + \varphi_G - S \tag{5.3}$$

式中：I为入射的太阳短波辐射通量，$J/(m^2 \cdot h)$；R_I为被水面反射的太阳辐射通量，$J/(m^2 \cdot h)$；G为入射的大气长波辐射通量，$J/(m^2 \cdot h)$；R_G为G被水面反射的大气辐射通量，$J/(m^2 \cdot h)$；S为由水面发出的长波辐射热通量，$J/(m^2 \cdot h)$。

1. 太阳净辐射通量φ_I

太阳辐射的波长为0.14～4.0μm，称短波辐射。照射到地球上水面的太阳辐射强

度随地区纬度、高程、季节、一天中的时间和气象条件而变化，通常直接用日射强度计测定，这些资料可由气象部门获得。缺乏资料时，也可由经验公式估算。

水面反射的太阳辐射 R_I，可由反射率 γ_s 计算。γ_s 与太阳高度角密切相关，所以它在日内、年内都有变化。例如，太阳光铅直入射时，$\gamma_s=0.02\sim0.05$；入射角近于 90°时，$\gamma_s=0.7\sim0.8$。经分析，我国月平均水面反射率在北纬 20°～50°时，1 月份为 0.07～0.16，7 月份为 0.06～0.07。

确定 γ_s 后，太阳对水面的净辐射通量可按下式计算：

$$\varphi_I=I-R_I=(1-\gamma_s)I \tag{5.4}$$

2. 大气的净辐射 φ_G

大气辐射波长范围为 4～120μm，称长波辐射，其辐射强度取决于气温、湿度、云度等因素，可按斯蒂弗-博尔茨曼（Stefar - Bolzman）定律计算：

$$G=\sigma\varepsilon_a T_{aK}^4 \tag{5.5}$$

式中：G 为大气长波辐射的热通量 $J/(m^2\cdot h)$；T_{aK} 为以绝对温度表示的水面以上 2m 高处的气温，K；ε_a 为大气的发射率，与天气情况有关；$\sigma=5.67$，称斯蒂弗-博尔茨曼常数，$10^{-8}J/(s\cdot m^2\cdot K^4)$。

晴天无云时，爱德尔-杰克逊（Idso - Jackson，1969）给出发射率 ε_a 计算公式为

$$\varepsilon_a'=1-0.261\exp(-0.74\times10^{-4}T_a) \tag{5.6}$$

式中：T_a 为水面以上 2m 处的温度，℃。

当有云时，用博尔茨（Bolz）公式计算 ε_a：

$$\varepsilon_a=\varepsilon_a'(1+KC_r^2) \tag{5.7}$$

式中：C_r 为云层覆盖的比例，即云度，晴天无云时为 0，全阴时为 1.0；K 为由云层高确定的系数，为 0.04～0.25，美国田纳西工程管理局推荐平均取 0.17。

水面对大气辐射的反射率近似为 0.03，因此，水面吸收的大气净辐射通量 φ_G 为

$$\varphi_G=G-R_G=(1-0.03)G=0.97G \tag{5.8}$$

3. 水面向大气发出的辐射通量 S

由于水作为一个近似黑体，其辐射通量也由斯蒂弗-博尔茨曼定律计算：

$$S=\sigma\varepsilon_w T_{sK}^4 \tag{5.9}$$

式中：S 为水面向大气发射的辐射热通量，$J/(m^2\cdot h)$；T_{sK} 为水面的绝对温度，K；$\varepsilon_w=0.97$，为修正系数。

5.1.2.2 蒸发热通量 φ_E 计算

水面蒸发热通量，根据能量守恒原理，其计算式为

$$\varphi_E=\rho LE \tag{5.10}$$

式中：φ_E 为水面蒸发热通量，$J/(cm^2\cdot d)$；ρ 为水体密度 g/cm^3；E 为水面蒸发率，cm/d；$L=2491-2.177T_s$，为水的蒸发潜热，J/g；T_s 为水面温度，℃。

水面蒸发率 E，依资料情况选择适当的方法计算。当预测水体附近有蒸发站资料时，可将水面蒸发器的观测值用折算系数转换为水体的蒸发率。缺乏实测资料时，可用经验公式估算。我国一般采用的公式为

$$E=A\sqrt{1+Bw_{1.5}^2}(e_s-e_{1.5}) \tag{5.11}$$

式中：E 为大水体的水面蒸发率，mm/d；$e_{1.5}$、e_s 分别为水面上方 1.5m 处的实际水汽压和水面的饱和水汽压，hPa；$w_{1.5}$ 为水面上方 1.5m 处的风速，m/s；A、B 为经验系数，在我国东北、华北、华中、华东、华南地区为 0.22 和 0.32，内蒙古、新疆、西藏、青海地区为 0.30 和 0.27。

饱和水汽压是水面温度的函数，为

$$e_s = 6.1 \times 10^{7.45T_s/(235+T_s)} \tag{5.12}$$

式中：T_s 为水面温度，℃。

5.1.2.3 传导热通量 φ_C 计算

水气交界面上的传导热通量与蒸发热通量关系密切，其计算公式为

$$\varphi_C = \frac{C_b P (T_s - T_a)}{e_s - e_a} \varphi_E \tag{5.13}$$

式中：φ_C、φ_E 分别为传导热通量和蒸发热通量，J/(cm^2 · d)；e_s、e_a 分别为由水面温度计算的饱和水汽压和水面上空 2m 处的实际水汽压，hPa；T_s、T_a 分别为水面温度和水面上方 2m 处的气温，℃；P 为水面上的大气压，hPa；C_b 为波温常数，平均情况为 6.1×10^{-4}/℃。

5.1.3 河流水温模型

水温实质上是热能在水体中的一种反应，可以像建立水质迁移转化方程那样，根据微元水体的热量平衡和迁移扩散原理，建立水温在水体中的迁移转化基本方程。它形式上与水质迁移转化基本方程完全类似，只要将水质方程中的浓度改换为温度即是，但在确定源漏项时，必须按热交换原理计算。河流水温模型，像水质模型一样，也分为零维、一维、二维和三维，不过，对于河流来说，最常用到的是纵向一维水温模型。类似河流一维水质基本方程那样，可写出河流纵向一维水温迁移转化基本方程为

$$\frac{\partial T}{\partial t} + u \frac{\partial T}{\partial x} = E \frac{\partial^2 T}{\partial x^2} + S_T \tag{5.14}$$

式中：t 为时间；x 为距离；T 为 t 时 x 处的水温；u 为河段流速；E 为热量在水中的扩散、离散系数；S_T 为微元河段关于水温的源漏项。

一般情况下，热量在河流中的纵向扩散、离散作用远小于移流作用，可忽略不计，则上式右端第一项近似为零，此时河流纵向一维水温迁移转化基本方程变为

$$\frac{\partial T}{\partial t} + u \frac{\partial T}{\partial x} = S_T \tag{5.15}$$

微河段 dx 的 S_T 基本为通过水面的热交换，则水面吸收热量使水体增温的关系为

$$\varphi_A B \mathrm{d}x \mathrm{d}t = HB \mathrm{d}x \mathrm{d}T \rho C_p$$

式中：φ_A 为 t 时微河段水面接收的总的净热通量；B 为河段水面宽；H 为水深；T 为水温；ρ 为水的密度；C_p 为水的比热容。

于是得水温模型的源漏项为

$$S_T = \frac{\mathrm{d}T}{\mathrm{d}t} = \frac{\varphi_A}{H\rho C_p} \tag{5.16}$$

将式（5.16）代入式（5.15），由特征线法得下面的河流水温模型：

$$\frac{\mathrm{d}x}{\mathrm{d}t}=u(x, t)$$

$$\frac{\mathrm{d}T}{\mathrm{d}t}=\frac{\varphi_A(t, T)}{\rho C_p H} \text{或} \frac{\mathrm{d}T}{\mathrm{d}x}=\frac{\varphi_A(t, T)}{\rho C_p H u} \tag{5.17}$$

应用该模型，即可根据河流的水文、气象、热源及初始、边界条件模拟河流水温的时空变化。

假设图 5.1 为某河流中要研究的一个河段，长度为 x_n，可以把它分为 n 个均匀河段。该河段的流量为 Q，流速为 u，水深为 H，上断面（$x=0$）处干流入流量 Q_I 的水温为 T_I，右岸有一支流在上断面处汇入，其流量为 q，相应的水温为 T_z，上断面处的左岸还有一个热污染源，排热强度为 w，另外还有气象资料，如气温、太阳辐射、风速、湿度、气压、云度等，可按上节方法计算总的净热通量 $\varphi_A(T, t)$。再依此计算整个河段的水温时空变化，其程序步骤如下：

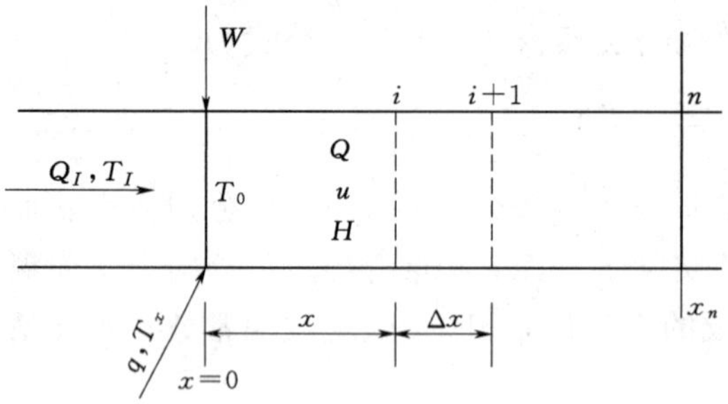

图 5.1　某河段均匀分段示意图

（1）计算上断面的初始水温。进入上断面的热量有干流来水和支流来水带来的热量及排污热量，与水流充分混合后，得到从上断面流入本河段的起始水温 T_0：

$$T_0=T_I+\frac{W}{Q\rho C_p}+\frac{q}{Q}(T_z-T_I) \tag{5.18}$$

（2）选定计算步长。将河段 x_n 依河道和水文气象等变化情况分为 n 个分段，每分段长（空间步长）$\Delta x=x_n/n$，相应的时间步长为 $\Delta t=\Delta x/u$。

（3）计算 $t+\Delta t$ 时刻在 $x+\Delta x$ 处的水温变化。$x+\Delta x$ 处的水温可采用 Exkel - Reuter 方法求解式（5.17）获得，即

$$T(x+\Delta x)=T(x)+\Delta t\frac{1}{\rho C_p H}\varphi_A\left[t+\frac{\Delta t}{2}, \frac{T(x+\Delta x)+T(x)}{2}\right] \tag{5.19}$$

根据初始条件，假定 $x+\Delta x$ 的初始值 $T(x+\Delta x)$，结合 $t+\Delta t/2$ 时气象与水温情况计算 $\varphi_A[\cdot]$，按式（5.19）迭代计算，收敛后，求得 $t+\Delta t$ 时 $x+\Delta x$ 处的水温 $T(x+\Delta x)$。然后再根据下一时段的初始条件，同样方法计算得该时段末的 $x+\Delta x$ 处水温。依此类推，求得 $x+\Delta x$ 的水温变化过程。

（4）计算以后各分段的水温变化。将上步计算的 $x+\Delta x$ 处水温作为下一分段的初始条件，同步骤（3）一样，可计算得该河段的水温变化过程。依此类推，得各分段的水温变化。

5.1.4　湖泊、水库水温预测

国内外大量实测资料表明，湖泊、水库的水温分布都有一个基本特性，即水体中的等温面基本上是水平面。例如，丹江口这样的大型水库（原水面 $750\mathrm{km}^2$ 以上，大

坝加高后超过 1050km²），其水温分布也明显具有这种特点。这表明：对解决生产实际问题来说，一维垂向水温模型对此类大型水体也是适用的。因此，这里主要讲述水温垂向分布的预测。

预测湖泊、水库水温垂向分布的方法很多，按其性质，可划分为经验公式法和数学模型法两大类。经验公式法是在综合分析大量实测资料基础上提出的，具有简单、实用，并能保证一定精度的优点，从而得到比较广泛的应用，例如我国的《水利水电工程水文计算规范》（SL 278—2002）中就推荐使用这种方法。

5.1.4.1 经验公式法

1. 湖、库温度分层判别与预测

与河流相比，深度比较大的水库、湖泊，由于流速小、深层紊动掺混能力差和风力的表层混合作用，暖季水体表层接收的大量辐射热和入流带来的热量难以向底部传播，使夏季和秋季水体温度在垂直方向往往出现明显的分层现象，如图 5.2 所示，在表面较浅的深度内，温度较高，且基本均匀，称表面同温层；在下部较深的范围内，水温低，稳定少变，也基本均匀，为下部同温层，也称底温层或滞温层；从上部同温层到下部同温层，中间有一个较短距离的水温由高变低的过渡层，温度沿垂向变化很大，称温跃层或斜温层。水库、湖泊的这种温度分层结构，常常也带来许多水质因素沿深度方向的分层现象，见表 5.1。因此，如何判别与预测水体温度分层现象对合理进行水温、水质预测具有重要意义。

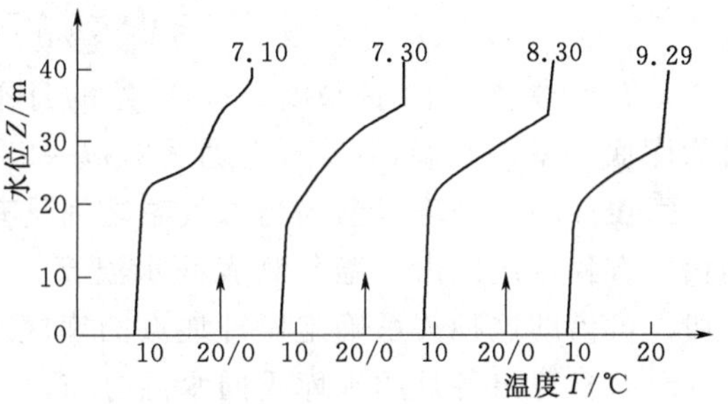

图 5.2 冯家山水库 1987 年 7—9 月水温观测结果

表 5.1 狮子滩水库 1978 年 6—10 月分层水样分析结果

水层	取样深度 /m	平均水温 /℃	DO /(mg/L)	CO_2 /(mg/L)	pH 值	COD /(mg/L)	NH_3—N /(mg/L)	SiO_2 /(mg/L)	总碱度 德国度①	总硬度 德国度①
上层	1～3	27.34	6.19	4.41	7.94	3.54	0.129	6.79	5.68	5.44
中层	6～9	24.40	3.31	16.2	7.24	3.53	0.242	8.29	6.10	5.81
下层	15～25	17.30	0.51	21.1	7.12	3.09	0.568	3.97	6.66	7.52

① 德国度为旧用单位，1 德国度＝0.3566mmol/L。

湖泊、水库温度垂向分层按由强到弱依次划分为分层型、过渡型和混合型三类。其判别方法有多种，如库水交换次数法、密度弗劳德数法等，前者在我国应用较广，介绍如下。

资源 5.2

库水交换次数法由日本学者提出，其判别指标为

$$\alpha=\frac{\text{多年平均入库径流量}}{\text{总库容}},\beta=\frac{\text{一次洪水总量}}{\text{总库容}} \tag{5.20}$$

资源 5.3

对于某水库，计算出 α、β 值后，即可判断其分层类型。总地来说，当 $\alpha<10$ 时，

为分层型；$10<\alpha<20$ 为过渡型；$\alpha>20$ 为混合型。但对于分层型水库（$\alpha<10$）：如遇 $\beta>1$ 的洪水，则往往成为临时的混合型；$\beta<0.5$ 的洪水，一般对分层影响不大；$0.5<\beta<1$ 的洪水对分层的影响介于二者之间。该法经实际资料检验，表明除个别情况外，基本上符合实际。目前，我国在进行水利水电工程水温预测和水库工程的环境影响评价工作中基本上采用这种判别方法。

2. 湖、库垂向水温分布预测

这类公式很多，下面讲述两种。

（1）指数函数型经验公式。这里介绍《水利水电工程水文计算规范》（SL 278—2002）中推荐的方法。该法的计算公式为

$$\left.\begin{aligned} T_Z&=(T_0-T_b)\exp\left(-\frac{z}{G}\right)^n+T_b \\ n&=\frac{15}{m^2}+\frac{m^3}{35},G=\frac{40}{m}+\frac{m^2}{2.37(1+0.1m)} \end{aligned}\right\} \tag{5.21}$$

式中：T_Z为水库表面下深度 Z(m) 处的月平均水温，℃；T_0为库表月平均水温，℃；T_b为库底月平均水温，℃；m 为月份，$m=1，2，\cdots，12$。

库表面的月平均水温与当月气温之间具有良好的相关关系，可根据观测资料建立其相关方程，用以由气温预测表面水温 T_0。库底的月平均水温与水深、纬度等关系密切，可借助这种关系确定设计地点的库底水温 T_b。求得各月的 T_0、T_b后，就可由式（5.21）算出各月的水库垂向水温分布。

（2）幂函数型经验公式。李怀恩等（1990）在应用上述公式中，发现许多水库水温垂直分布模拟效果欠佳，于是提出了一个幂函数型的公式，其形式为

$$T_Z=T_c+A|h_c-Z|^{\frac{1}{B}}\operatorname{sgn}(h_c-Z) \tag{5.22}$$

式中：T_Z为水面下深度 Z(m) 处的水温，℃；T_c为温跃层中心点的温度，℃；h_c为温跃层中心点的深度，m；A、B 为经验参数，反映水温分层的强弱，分层越强，A 值越大；$\operatorname{sgn}(h_c-Z)$ 为符号函数，按下面规定取值：$h_c>Z$ 取 1；$h_c=Z$ 取 0；$h_c<Z$ 取－1。

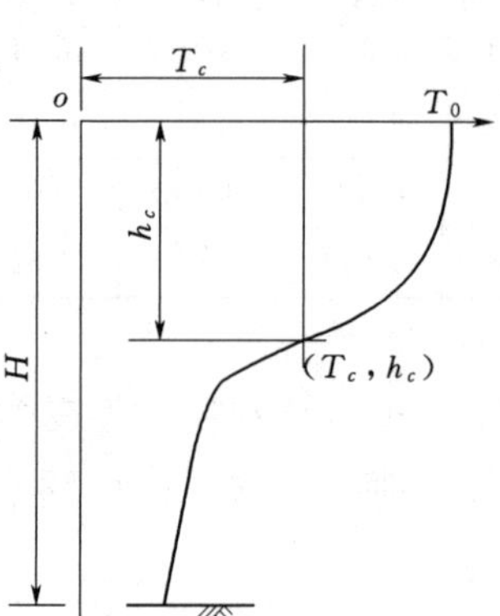

图 5.3 垂向水温幂函数分布

如图 5.3 所示，水库的水深为 H，由式（5.22）描述的水库水温沿深度的分布情况，它以温跃中心（T_c，h_c）为界，在此向上逐渐变为上部同温层；向下则逐渐变为下部同温层。比较明显地体现了水库温度分层的特点。当参数 T_c、h_c、A、B 确定后，即可由式（5.22）预测该库某一时期的垂向水温分布。确定参数，可根据实际情况采用以下方法。

1）有实测垂向水温资料时。对有实测资料的水库，式（5.22）中的 4 个参数 T_s、h_c、A、B 可用最小二乘法来确定。就某一水库来说，应分月率定参数。预测时，根据所在月份取相应的参数。许多资料表明，B 较为稳定，全年可取固定值，一般可取 $B=3$。T_c、h_c随季

节发生规律性变化，例如下述水库本月的温跃中心平均水温 $T_{c,i}$ 与上月平均气温 $T_{a,i-1}$ 有着很好的相关关系（相关系数 γ 达 0.98～0.99）：

丹江口水库 $T_{c,i}=7.15+0.55T_{a,i-1},\gamma=0.98$ (5.23a)

冯家山水库 $T_{c,i}=4.08+0.64T_{a,i-1},\gamma=0.99$ (5.23b)

可以利用这一关系，由上月气温预测本月的 $T_{c,i}$；温跃层中心水深 h_c，理论上讲，其变化规律应是：从升温期开始逐渐增大，直到秋末全同温层时达到最大。例如，丹江口水库，4—10 月，h_c 由 9.5m 增大到 25.5m，11 月至次年 3 月为全同温层，h_c 取值对水温分布的影响变得很不敏感。

2）缺乏实测垂向水温资料时。有条件的水库可直接移用附近有实测资料的相似水库的优选的参数，也可由综合分析的参数变化规律确定：①B 值比较稳定，全年可取为常数，且地区变化也不大，可参照本地区的类似水库选定。一般可取 $B=3$。②$T_{c,i}$ 与上月气温 $T_{a,i-1}$ 密切相关，可根据类似水库建立好的这种关系，由本水库的气温资料确定。③h_c 和 A 值，如前所述，水库的表层温度 T_0、底部温度 T_b 容易根据水库所处的纬度、气温和水深确定。因此，可将 T_0、T_b、h_c 代入式（5.22）联解得 h_c 和 A：

$$h_c=\frac{H}{1+\left(\dfrac{T_c-T_b}{T_0-T_c}\right)^B},A=\frac{T_0-T_c}{h_c^{\frac{1}{B}}} \tag{5.24}$$

该方法用于中等或较浅水深 H（≤40m）的水库，模拟预测效果良好。当水深很大时，可能使模拟预测误差偏大。

5.1.4.2 垂向一维对流扩散数学模型法

经验法是根据实测资料综合统计出来的，对于许多统计中未能概括到经验公式中的因素，在进行预测时就难以考虑，例如，不同的库形、水库调度运用情况、风浪作用、泥沙异重流、供热条件等。因此，有些情况下，还需要从热量平衡对流扩散和混合机理，建立反映水温时空变化规律的数学模型，以期在水温预测中有更好的精度。下面介绍 20 世纪 60 年代末，美国麻省理工学院（MIT）的 Huber 和 Harleman 提出的水体温度变化的垂向一维模型，即 MIT 模型。该模型以对流扩散方程为基础，被称为对流扩散水温模型。

1. 模型的建立

如前所述，对于深水湖泊和水库，温度在水平方向基本均匀一致，垂直方向则表现出很大的变化，对此可建立垂向一维水温模型来预测。下面将从热交换和热平衡原理讨论该模型的建立。

如图 5.4 所示，是从水库（图 5.5）中表层下面某一深度 z（垂向坐标 z 向上为正）处沿水平方向截取的一个微薄水层，称微层体积元，其厚度为 dz，纵向距离（库长方向）为 L，平均宽度为 b，水平面积为 $A=Lb$。该微元沿纵向的单位水深入流流量为 q_I，其水温为 T_I；单位水深出流流量为 q_0，其水温为微元水温 T；沿垂直方向，下界面入流流量为 Q_v，其水温为 $T(z)$；上界面出流流量 $Q_v(z+\mathrm{d}z)$，其水温为 $T(z+\mathrm{d}z)$；从下界面流入的扩散热通量为 $M(z)$，从上界面流出的为 $M(z+\mathrm{d}z)$；太阳辐射热通量下界面为 φ，上界面为 $\varphi(z+\mathrm{d}z)$；上、下水平界面的面积分别为 $A(z+\mathrm{d}z)$、$A(z)$。现在可类似建立水质迁移转化基本方程那样，分项计算各项热交换基础上，按照热平衡原理建立水温模型基本方程。

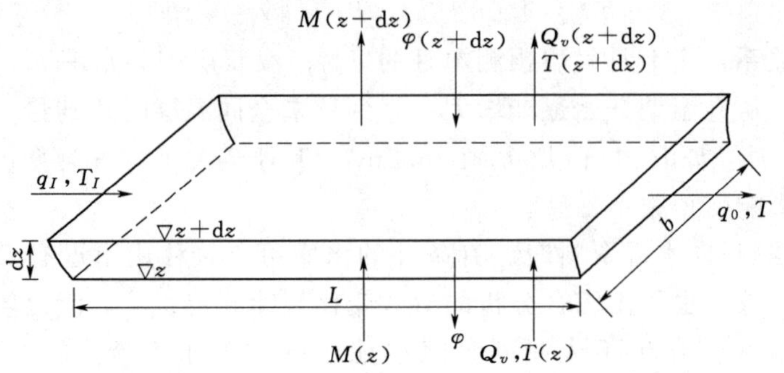

图 5.4　水库某微层体积元水体热交换示意图

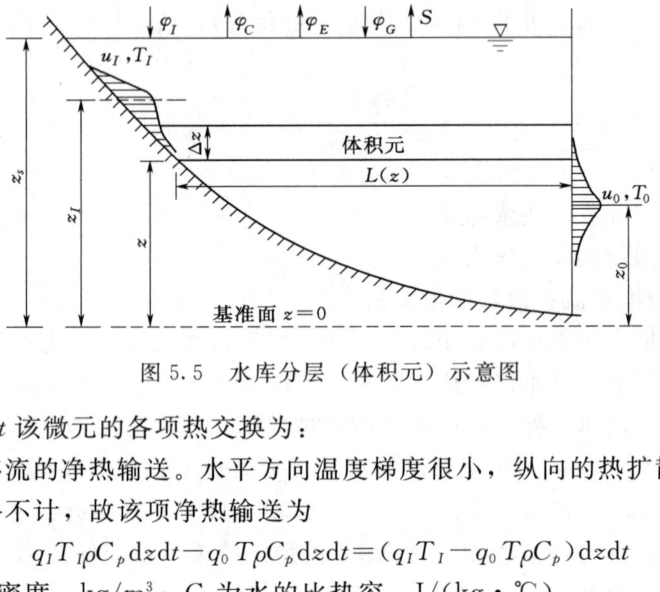

图 5.5　水库分层（体积元）示意图

对于时段 $\mathrm{d}t$ 该微元的各项热交换为：

（1）纵向移流的净热输送。水平方向温度梯度很小，纵向的热扩散作用相对于移流作用可以忽略不计，故该项净热输送为

$$q_I T_I \rho C_p \mathrm{d}z\mathrm{d}t - q_0 T\rho C_p \mathrm{d}z\mathrm{d}t = (q_I T_I - q_0 T\rho C_p)\mathrm{d}z\mathrm{d}t$$

式中：ρ 为水体密度，$\mathrm{kg/m^3}$；C_p 为水的比热容，J/(kg·℃)。

（2）垂向移流的净热输送。

$$\left[Q_v T - \left(Q_v T + \frac{\partial Q_v T}{\partial z}\mathrm{d}z\right)\right]\rho C_p \mathrm{d}t = -\frac{\partial Q_v T}{\partial z}\rho C_p \mathrm{d}z\mathrm{d}t$$

（3）垂向分子扩散作用的净热输送。

$$[M(z)A(z) - M(z+\mathrm{d}z)A(z+\mathrm{d}z)]\mathrm{d}t = \frac{\partial}{\partial z}\left(AE_m\frac{\partial T}{\partial z}\right)\rho C_p \mathrm{d}z\mathrm{d}t$$

（4）垂向太阳辐射的净热输送。大气长波辐射、蒸发和传导的热交换仅发生在水的表层，只有除去被表层吸收后的太阳光才能穿透水体在其下部传播，其热通量以 φ 表示，因此对表层下的微层体积元来说，辐射热交换仅为太阳辐射，其净热输送为

$$A(z)\varphi(z)\mathrm{d}t - A(z+\mathrm{d}z)\varphi(z+\mathrm{d}z)\mathrm{d}t = A\varphi\mathrm{d}t - \left(A\varphi + \frac{\partial A\varphi}{\partial z}\mathrm{d}z\right)\mathrm{d}t = -\frac{\partial A\varphi}{\partial z}\mathrm{d}z\mathrm{d}t$$

根据热量平衡原理，以上各项净热输送量相加，应等于微层体积元中水的热量在 dt 间的变化量 $(\partial T/\partial t)dtAdz\rho C_p$。由此得垂向一维水温水温模型基本方程为

$$\frac{\partial T}{\partial t}+\frac{1}{A}\frac{\partial}{\partial z}(Q_v T)=\frac{1}{A}\frac{\partial}{\partial z}\left(AE_m\frac{\partial T}{\partial z}\right)+\frac{1}{A}(q_I T_I-q_0 T)-\frac{1}{\rho C_p A}\frac{\partial}{\partial z}(A\varphi) \quad (5.25)$$

式中：z 为垂直坐标（向上为正），即高程；t 为时间；T 为水温，随 z、t 而变化；Q_v 为垂向的流量；E_m 为水中热的分子扩散系数；q_I、q_0 分别为单位深度上的入、出流流量；T_I 为入流 q_I 的温度；A 为湖泊、水库某高程 z 处的水平截面面积；φ 为水面下某高程 z 处的太阳垂直辐射通量；其余符号的意义同前。

φ 按下式计算：

$$\varphi=\varphi_I(1-\beta)\exp[-\eta(z_s-z)] \quad (5.26)$$

式中：z_s、z 分别为水面及水面下某一界面的高程；φ_I-I-R_1，为水面的太阳净辐射，等于总入射量 I 减去反射量 R_1；β 为 φ_I 在表层被吸收的比例，约 0.4～0.5；η 为消光系数，一般为 $0.1\sim2.0\text{m}^{-1}$。

式（5.25）用于库面最上层的计算时，还应在式的右端加上一项反映水面对太阳辐射、大气辐射、水面辐射、蒸发和传导的净吸收量的水温增加率 Δ，即

$$\Delta=\frac{\beta\varphi_I+(G-R_G)-S-\varphi_E-\varphi_C}{\rho C_p(dz)_s} \quad (5.27)$$

式中：Δ 为水表面总的热交换引起表层的增温率，℃/s；$(dz)_s$ 为水表面微层单元的厚度，m；其他符号意义同前。

下面将要介绍的 MIT 水库温度模型，就是用有限差分方法求解式（5.25）、式（5.27）得到的。

方程（5.25）中没有包括垂向对流混合作用。这是因为只是在湖中温水层区域，当温度分布不稳定而引起密度分布不稳定时，才发生对流混合引起的热迁移。对于实际计算来说，每当计算中出现这种不稳定时，即上层密度大于下层密度时，就要对一定深度的水温进行平均（混合），这种平均一直进行到由温度引起的不稳定密度分布消失为止的深度上。上面描述的混合作用比分子扩散作用强得多，但为了保证数值计算的稳定性和合理性，在 MIT 模型里保留了分子扩散项。风浪引起的混合有时具有很强的作用，但仅仅在上部同温层进行。

2. MIT 水温模型数值方法

(1) 温度模型的差分方程。该模型使用一个显式差分体系把基本方程（5.25）离散化，即把湖泊或水库分成如图 5.5 所示的许多微层水平体积单元，其中某一体积元如图 5.6 所示。各体积元由底部开始向上依次编号，$i=1, 2, \cdots, s$，s 为库表面层体积元的编号。对式（5.25）中 $\partial T/\partial t$ 离散后，可得第 i 微层（即第 i 个体积元）t_{j+1} 时的温度 T_i^{j+1} 为

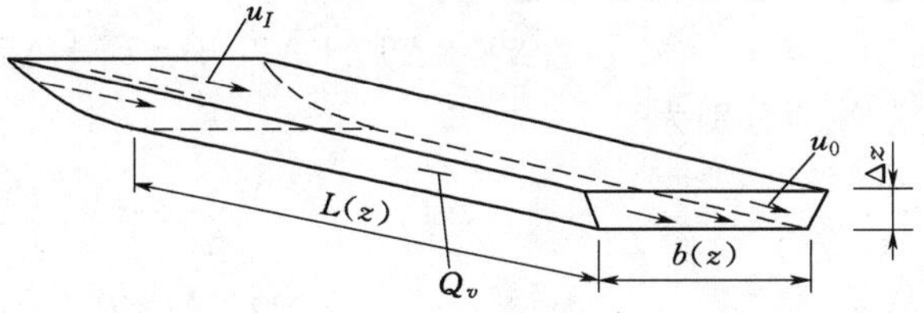

图 5.6 某一体积元示意图

$$T_i^{j+1}=T_i^j+\Delta T_i^{j+1} \tag{5.28}$$

式中：T_i^j 为第 i 层 t_j 时的水温；ΔT_i^{j+1} 为第 i 层在 $j+1$ 时段的水温变化量。

ΔT_i^{j+1} 的下标 i 表示层的序号，上标 $j+1$ 表示时段的序号。为讲述方便起见，以下将 ΔT_i^{j+1} 写作 ΔT。由式（5.24）知，对于表层下面的某一体积元（i），在 Δt 内的总增温量 ΔT 应等于以下 4 种增温分量之和，即

$$\Delta T=\Delta T_1+\Delta T_2+\Delta T_3+\Delta T_4 \tag{5.29a}$$

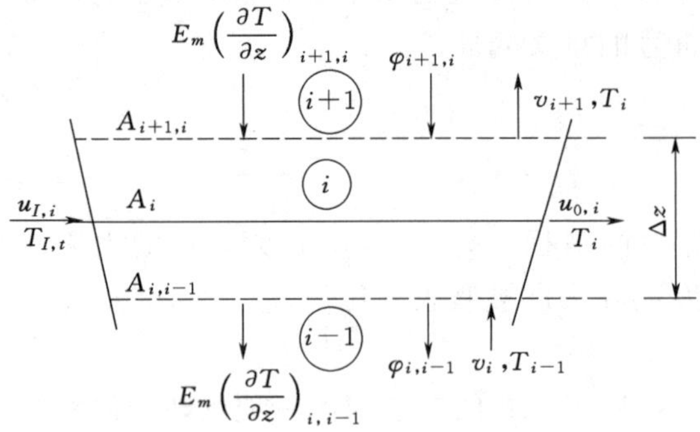

图 5.7　某层体积元的热平衡

式中：ΔT_1 为直接吸收太阳辐射引起的温度变化量；ΔT_2 为垂向分子扩散引起的温度变化量；ΔT_3 为垂向移流引起的温度变化量；ΔT_4 为水平方向移流引起的温度变化量。

图 5.7 为差分形式表示的第 i 个体积元的热平衡情况。其中双下标 $i+1$、i 或 i、$i-1$，表示两个相邻体积元交界面上的值。参照该图对式（5.25）差分，可得 ΔT 的各项分量计算式如下：

$$\Delta T_1=\frac{1}{\rho C_p A_i\Delta z}(\varphi_{i+1,i}A_{i+1,i}-\varphi_{i,i-1}A_{i,i-1})\Delta t \tag{5.29b}$$

$$\Delta T_2=\frac{E_m}{A_i\Delta z}\left(\frac{T_{i+1}-T_i}{\Delta z}A_{i+1,i}-\frac{T_i-T_{i-1}}{\Delta z}A_{i,i-1}\right)\Delta t \tag{5.29c}$$

$$\Delta T_3=\begin{cases}\dfrac{1}{A_i\Delta z}(v_iT_{i-1}A_{i,i-1}-v_{i+1}T_iA_{i+1,i})\Delta t,\ v_i、v_{i+1}>0\\[2ex]\dfrac{1}{A_i\Delta z}(v_iT_iA_{i,i-1}-v_{i+1}T_{i+1}A_{i+1,i})\Delta t,\ v_i、v_{i+1}<0\\[2ex]\dfrac{1}{A_i\Delta z}(v_iT_{i-1}A_{i,i-1}-v_{i+1}T_{i+1}A_{i+1,i})\Delta t,\ v_i>0、v_{i+1}<0\\[2ex]\dfrac{1}{A_i\Delta z}(v_iT_iA_{i,i-1}-v_{i+1}T_iA_{i+1,i})\Delta t,\ v_i<0、v_{i+1}>0\end{cases} \tag{5.29d}$$

$$\Delta T_4=\frac{1}{A_i}(u_{I,i}T_{I,i}-u_{0,i}T_i)b_i\Delta t \tag{5.29e}$$

考虑表面层的热平衡时，除了用类似前面的方法计算 ΔT_1、ΔT_2、ΔT_3、ΔT_4外，还要按式（5.27）计算水体表面对太阳辐射的吸收项 ΔT_5和表面热损失项 ΔT_6，这意味着对表层体积元的 ΔT 为

$$\Delta T=\Delta T_1+\Delta T_2+\Delta T_3+\Delta T_4+\Delta T_5+\Delta T_6 \tag{5.30a}$$

其中各项分别为

$$\Delta T_1=\frac{\Delta t}{\rho C_p\bar{A}\Delta z_s}(\varphi_sA_s-\varphi_{s,s-1}A_{s,s-1}) \tag{5.30b}$$

$$\Delta T_2=\frac{-E_m\Delta t}{\bar{A}\Delta z_s}\left(\frac{T_s-T_{s-1}}{\Delta z}A_{s,s-1}\right) \tag{5.30c}$$

$$\Delta T_3=\begin{cases}\dfrac{\Delta t}{\overline{A}\Delta z_s}v_s T_{s-1}A_{s,s-1},v_s\geqslant 0\\[2ex]\dfrac{\Delta t}{\overline{A}\Delta z_s}v_s T_s A_{s,s-1},v_s\leqslant 0\end{cases}\tag{5.30d}$$

$$\Delta T_4=\frac{\Delta t}{\overline{A}}[u_{1,s}b_s(T_I-T_s)]\tag{5.30e}$$

$$\Delta T_5=\frac{\Delta t}{\rho C_p\overline{A}\Delta z_s}\beta\varphi_I A_s\tag{5.30f}$$

$$\Delta T_6=\frac{\Delta t}{\rho C_p\overline{A}\Delta z_s}(\varphi_0' A_s)\tag{5.30g}$$

式中：$\overline{A}=\dfrac{A_s+A_{s-1}}{2}$；$\varphi_s=(1-\beta)\ \varphi_I$；$\varphi_{s,s-1}=\varphi_s\exp[-\eta(z_s-z_{s-1})]$；$\varphi_0'=\varphi_G-\varphi_C-\varphi_E-S$，$\varphi_G$、$\varphi_C$、$\varphi_E$、$S$ 的含义与计算方法和前面介绍的相同。

(2) 模型的运算流程。

1) 计算大气热交换。由 j 时段末的气象资料计算 $j+1$ 时段的 φ_I、φ_G、S、φ_C、φ_E。

2) 各层入、出流及湖库蓄水位计算。由 j 时段的水文资料和初始、边界条件：①调节计算，求得 $j+1$ 时段的库水位 z_s^{j+1}、分层数 n 和 Δz；②计算入流水温及流速沿高程分布 $T_{I,i}^{j+1}$、$u_{I,i}^{j+1}$；③计算出流的流速沿高程分布 $u_{0,i}^{j+1}$；④自下而上分层做水量平衡计算，求得各层界面处的垂向流速 v_i^{j+1}。

3) 计算各层水温。按上述 ΔT 的差分计算公式，由 1)、2) 成果计算各层的 ΔT_i^{j+1}。但在计算过程中，如遇上层水体的密度比下层大时，必须立即进行上下层混合，直到上层密度不小于下层的为止。然后依式 (5.28) 求得各层的 T_i^{j+1}。

4) 计算下一时段的水温分布。以第 (3) 步计算的 T_i^{j+1} 作为下一时段的初始条件，即可采用 1) ~3) 步的方法推求该时段的水温分布。以后依此类推，得各个时段的水温分布。

3. 模型应用中几个问题的处理

(1) 计算步长问题。该模型是一个显式差分体系，计算步长的选取必须保证计算的稳定性。类似河流水质模型那样，其稳定性条件为

$$E_m\frac{\Delta t}{\Delta z^2}\leqslant\frac{1}{2},v\frac{\Delta t}{\Delta z}\leqslant 1\tag{5.31}$$

实际计算中，至少把水库分成 20 层，结合上述要求确定 Δz；垂向流速 v 可按下式计算

$$v=\frac{Q_0}{A_0}\tag{5.32}$$

式中：Q_0 为出口的排水流量；A_0 为水库出水口处水平截面面积。

由 Δz、v 和式 (5.31) 可求得最大时段长 Δt_m，考虑其他因素，即可在 Δt_m 内选取适当的 Δt 值，一般取 $\Delta t=1\text{d}$。

(2) 水表面高程及表面层厚度的确定。各个时段末的库水位（表面高程），很容易根据时段的入、出流量和起始水位，通过调节计算求得。表面层的厚度 Δz_s 不是固

定值 Δz，应通过下式计算：

$$\Delta z_s b_s (u_{I,s} - u_{0,s}) = -v_s A_{s,s-1} \tag{5.33}$$

式中：Δz_s、b_s分别为表层体积元厚度和宽度；$u_{I,s}$、$u_{0,s}$分别为表层体积元的纵向入、出流流速；v_s为表层体积元下界面的垂向流速；$A_{s,s-1}$为表层体积元下界面面积。

MIT 模型允许 Δz_s在 $0.25\Delta z \sim 1.25\Delta z$ 之间变化。如果计算的 Δz_s 大于 $1.25\Delta z$，就新划出一层；否则，就把表面层与下一层合并成为新的表面层。对表面层这样处理，是因为表面层太薄会导致不切实际的高表面温度。

(3) 水库的入流水温及入、出流流速垂向分布。MIT 模型认为河道水流在刚刚入库的时候，首先会与入库处的一部分水量混合，混合比可近似取 1.0，并按混合后的水温作为入库的水温 T_I。

根据密度流原理，假定具有水温 T_I的入库流量主要在水库中与之相同密度（温度）的微层体积元处注入，其流速以该处为中心沿垂向呈正态分布（图 5.5），即

$$u_I(z) = u_{I,\max} \exp\left[-\frac{(z-z_I)^2}{2\sigma_I^2}\right] \tag{5.34}$$

式中：z 为高程；z_I 为微层元水温 T_I 处的高程；σ_I 取为河流入流口处的深度；$u_{I,\max}$ 为在 z_I 处的最大流速，由入库流量 Q_I 和垂向流速分布按水量平衡原理求得。

用与上述类似方法，假定出流流速在泄水口高度附近沿高程呈正态分布（图 5.5）：

$$u_0(z) = u_{0,\max} \exp\left[-\frac{(z-z_0)^2}{2\sigma_0^2}\right] \tag{5.35}$$

式中：$\sigma_0 = \delta/3.92$，δ 为出流速度场的水层厚度，m。

Huber 和 Harleman 以下式估计：

$$\delta = 4.8\left(\frac{\overline{q}^2}{g\varepsilon}\right)^{1/4} \tag{5.36}$$

式中：$\overline{q}$为单位宽度出流量，$m^3/(d \cdot m)$；ε 为标准化的密度梯度，m^{-1}；g 为重力加速度，m/d^2。

(4) 水流密度与水温、泥沙的关系。水流密度与水温和含沙量有关。

对于清水 $$\rho_T = 1000 - 1.9549 \times 10^{-2} |T-4|^{1.68} \tag{5.37a}$$

对于浑水 $$\rho = \rho_T + \left(1 - \frac{\rho_T}{\rho_s}\right) S \tag{5.37b}$$

式中：ρ_T、ρ 分别为清水的和浑水的密度，kg/m^3；T 为水温，℃；$\rho_s = 2650 kg/m^3$，为泥沙密度；S 为水流含沙量，kg/m^3。

(5) 风力混合作用对水温分布的影响。对于水域广阔的大型水库和湖泊，风力引起的混合作用对表层水温垂直分布有比较大的影响，必要时，可参考参考文献 [9]，在对流扩散模型基础上采用风力混合层模型进一步计算。

5.2 河流水环境数学模型

水环境数学模型是在水质迁移转化基本方程基础上，针对模拟预测的水环境要素的变化规律建立的一整套数学计算程序和方法。与物理模型一样，模拟和预测河流的

水质变化过程，从而为水环境质量评价、水环境的规划与管理和水污染控制工程建设提供科学依据。

资源 5.4

5.2.1 河流一维 BOD - DO 模型

在众多水质模型中，以综合反映耗氧有机物和水中溶解氧状况的 BOD - DO 模型，是研究较为成熟、实用简便和应用比较普遍的水质模型。以下介绍 Streeter 和 Phelps 等人建立的一系列 BOD - DO 模型。

5.2.1.1 斯特里特-菲尔普斯［(Streeter - Phelps) 模型 (S - P 模型)］

1. 模型方程

在稳态条件下，河流一维水质模型的基本方程（4.68）为

$$u\frac{\partial C}{\partial x}=E\frac{\partial^2 C}{\partial x^2}+\sum S_i$$

斯特里特-菲尔普斯假定：①对于 BOD，方程中的源漏项 $\sum S_i$ 可只考虑好氧微生物参与的降解作用，并认为该反应符合一级反应动力学，即 $\sum S_i=-K_1L$；②对于 DO，认为引起水体中溶解氧减少的原因，只是由于 BOD 降解所引起的，其减少速率与 BOD 降解速率相同；水体中的复氧速率与氧亏成正比，其源漏可表达为 $\sum S_i=-K_1L+K_2(\mathrm{O_S}-\mathrm{O})$。

由上述两个假设，由式（4.68）可得，稳态的一维 BOD - DO 水质模型方程可表示为

$$\left.\begin{aligned}&\text{对于 BOD：}\quad u\frac{\mathrm{d}L}{\mathrm{d}x}=E\frac{\mathrm{d}^2L}{\mathrm{d}x^2}-K_1L\\&\text{对于 DO：}\quad u\frac{\mathrm{dO}}{\mathrm{d}x}=E\frac{\mathrm{d}^2\mathrm{O}}{\mathrm{d}x^2}-K_1L+K_2(\mathrm{O_S}-\mathrm{O})\end{aligned}\right\}\tag{5.38}$$

式中：L 为 x 处河水 BOD 浓度；O 为 x 处河水溶解氧的浓度；$\mathrm{O_S}$ 为河水的饱和溶解氧浓度；x 为离起始断面的河水流动距离；u 为河水平均流速；K_1 为 BOD 的降解耗氧系数；K_2 为河水大气复氧系数；E 为河流离散系数。

在 $L(x=0)=L_0$，$\mathrm{O}(x=0)=\mathrm{O_0}$ 的初值条件下，求其积分解，得到以下的 S - P 模型：

（1）考虑离散作用时：

$$L=L_0\exp(\beta_1x)$$

$$\mathrm{O}=\mathrm{O_S}-(\mathrm{O_S}-\mathrm{O_0})\exp(\beta_2x)+\frac{K_1L_0}{K_1-K_2}[\exp(\beta_1x)-\exp(\beta_2x)]\tag{5.39}$$

其中

$$\beta_1=\frac{u}{2E}\left(1-\sqrt{1+\frac{4EK_1}{u^2}}\right),\beta_2=\frac{u}{2E}\left(1-\sqrt{1+\frac{4EK_2}{u^2}}\right)\tag{5.40}$$

（2）忽略离散作用时：

$$L=L_0\exp\left(-\frac{K_1x}{u}\right)$$

$$\mathrm{O}=\mathrm{O_S}-(\mathrm{O_S}-\mathrm{O_0})\exp\left(-\frac{K_2x}{u}\right)+\frac{K_1L_0}{K_1-K_2}\left[\exp\left(-\frac{K_1x}{u}\right)-\exp\left(-\frac{K_2x}{u}\right)\right]\tag{5.41}$$

式（5.41）用氧亏来描述时，又可表达为

$$D=D_0\exp\left(-\frac{K_2x}{u}\right)-\frac{K_1L_0}{K_1-K_2}\left[\exp\left(-\frac{K_1x}{u}\right)-\exp\left(-\frac{K_2x}{u}\right)\right] \tag{5.42}$$

其中

$$D=O_S-O$$

$$D_0=D_S-O_0$$

式中：D 为氧亏；D_0为起始断面的氧亏。

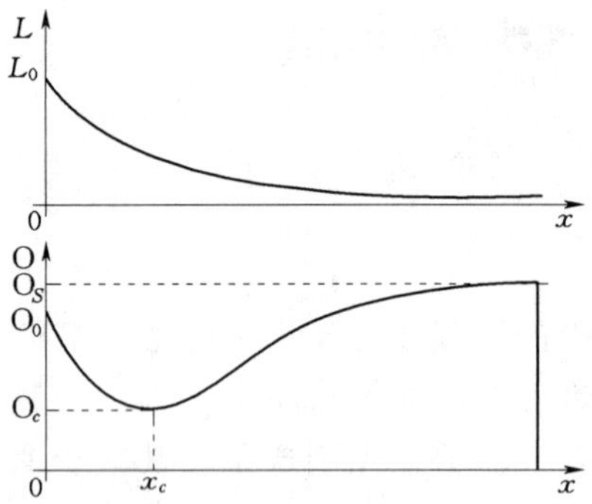

图5.8　S-P模型的基本解图示

2. 由S-P模型计算临界氧亏和临界距离

图5.8显示了S-P模型求得的BOD和DO沿程变化情况，后者即氧垂曲线。一般情况下，我们想要知道发生的最大氧亏和最小溶解氧浓度是多少，它发生在河道的什么位置。假设x_c为最大氧亏和最小溶解氧浓度发生的距离，称为临界距离；相应的最大氧亏称为临界氧亏 D_c；对应的溶解氧浓度称为临界溶解氧浓度 O_c。

（1）临界距离 x_c。由于临界距离 x_c处：$dO/dx=0$，$L=L_c$，$O=O_c$，$D=D_c$，因此，由式（5.38）并忽略离散项，则有

$$K_1L_c=K_2(O_S-O_c)$$

将式（5.41）表达式的 L_c、O_c代入上式，整理后得

$$\exp\left[\frac{(K_2-K_1)x_c}{u}\right]=\frac{K_2(O_S-O_0)+\dfrac{K_1K_2L_0}{K_1-K_2}}{K_1L_0+\dfrac{K_1K_2L_0}{K_1-K_2}}$$

对上式两边取对数，且令 $f=K_2/K_1$，可求得临界距离 x_c计算公式：

$$x_c=\frac{u}{K_2-K_1}\ln\left\{f\left[1-(f-1)\frac{O_S-O_0}{L_0}\right]\right\} \tag{5.43}$$

（2）临界溶解氧 O_c和临界氧亏 D_c。由 $K_1L_c=K_2(O_S-O_c)$，得

$$O_c=O_S-\frac{K_1}{K_2}L_c=O_S-\frac{K_1}{K_2}L_0e^{\frac{-K_1x_c}{u}}$$

将式（5.43）代入，得临界溶解氧浓度 O_c为

$$O_c=O_S-\frac{L_0}{f}\left\{f\left[1-(f-1)\frac{O_S-O_0}{L_0}\right]\right\}^{\frac{1}{1-f}} \tag{5.44a}$$

临界氧亏 D_c为

$$D_c=\frac{L_0}{f}\left\{f\left[1-(f-1)\frac{O_S-O_0}{L_0}\right]\right\}^{\frac{1}{1-f}} \tag{5.44b}$$

f 为自净系数，反映水体中溶解氧自净作用的大小，是衡量河流的环境污染容量的一个重要指标。各种水体的 f 值列于表5.2，供参考。

表 5.2 $T=20℃$ 下各种水体的 f 值

水 体	$f=K_2/K_1$	水 体	$f=K_2/K_1$
水池塘	0.5～1.0	慢速、大潮汐河流	1.0～2.0
慢速的大河流	1.5～2.0	一般速度的大河	2.0～3.0
快速的河流	3.5～5.0	瀑布	5.0

（Fair，1939）

必须指出的是，应用上式计算临界溶解氧 O_c 时，当 L_0 很大的情况下，O_c 将出现负值，这是违反实际情况的。说明 S－P 模型对 BOD 污染严重的河流的水质计算不能令人满意。其原因是溶解氧消耗至尽时，BOD 转为厌氧分解，并不消耗溶解氧，该模型不再适用。

5.2.1.2 托马斯（Thomas）BOD－DO 模型

对于一维稳态河流，由于悬浮物的沉淀与上浮也会引起水中 BOD 的变化。因此，托马斯在斯特里特-菲尔普斯模型基础上，考虑了一项因悬浮物沉淀与上浮对 BOD 速率变化的影响，增加了一个沉浮系数 K_3。其模型方程式为

$$\left.\begin{aligned} u\frac{\mathrm{d}L}{\mathrm{d}x}&=-(K_1+K_3)L \\ u\frac{\mathrm{d}O}{\mathrm{d}x}&=-K_1L+K_2(O_S-O) \end{aligned}\right\} \tag{5.45}$$

式中：K_3 为 BOD 沉浮系数，d^{-1}；其他符号意义同前。

从上式可以看到，托马斯建立的 BOD－DO 模型在计算溶解氧方程中仍然只保留一个 K_1，这是因为 K_3 使 BOD 变化并非降解耗氧所致。

在边界条件为 $x=0$ 处 $L=L_0$、$O=O_0$ 的情况下，得到托马斯模型的积分解为

$$\left.\begin{aligned} L&=L_0\exp\left[-\frac{(K_1+K_3)}{u}x\right] \\ O&=O_S-(O_S-O_0)\exp\left(\frac{-K_2x}{u}\right)+\frac{K_1L_0}{K_1+K_3-K_2}\left[\exp\left(\frac{-(K_1+K_3)x}{u}\right)-\exp\left(-\frac{-K_2x}{u}\right)\right] \end{aligned}\right\} \tag{5.46}$$

5.2.1.3 多宾斯-坎普（Dobbins－Camp）BOD－DO 模型

多宾斯-坎普在托马斯模型的基础上进一步考虑：

（1）由于底泥释放和地表径流所引起的 BOD 的变化，其变化以速率 R 表示。

（2）由于藻类光合作用增氧和呼吸作用耗氧以及地表径流引起的 DO 的变化，其变化速率以 P 表示。于是他们得到以下的模型方程

$$\left.\begin{aligned} u\frac{\mathrm{d}L}{\mathrm{d}x}&=-(K_1+K_3)L+R \\ u\frac{\mathrm{d}O}{\mathrm{d}x}&=-K_1L+K_2(O_S-O)-P \end{aligned}\right\} \tag{5.47}$$

式中：R 为底泥释放和地表径流等引起的 BOD 变化率，mg/(L·d)；P 为藻类光合、呼吸作用和地表径流所引起溶解氧变化率，mg/(L·d)。

在 $L(x=0)=L_0$，$O(x=0)=O_0$ 的边界条件下，得到多宾斯-坎普模型的积分

解为

$$\left.\begin{aligned}&L=L_0F_1+\frac{R}{K_1+K_3}(1-F_1)\\&O=O_S-(O_S-O_0)F_2+\frac{K_1}{K_1+K_3-K_2}\left(L_0-\frac{R}{K_1+K_3}\right)(F_1-F_2)\\&\quad-\left[\frac{P}{K_2}+\frac{K_1R}{K_2(K_1+K_3)}\right](1-F_2)\end{aligned}\right\}\qquad(5.48)$$

其中　$F_1=\exp\left(-\frac{(K_1+K_3)x}{u}\right),F_2=\exp\left(\frac{-K_2x}{u}\right)$

多宾斯-坎普 BOD－DO 模型中，当参数 R、P 为零，该模型即为托马斯 BOD－DO 模型；当参数 K_3也为零时，该模型即成为斯特里特-菲尔普斯 BOD－DO 模型，是更具普遍意义的 BOD－DO 模型。

应用多宾斯-坎普 BOD－DO 模型同样可求解临界距离：

$$x_c=\frac{u}{K_2-(K_1+K_3)}\ln\left[\frac{K_2}{K_1+K_3}+\frac{K_2-(K_1+K_3)}{(K_1+K_3)L_0-R}\left(\frac{R}{K_1+K_3}-\frac{K_2D_0-P}{K_1}\right)\right]\qquad(5.49)$$

求得临界距离后，可进一步由式（5.48）求得临界溶解氧浓度 O_c。

5.2.1.4　奥康纳（O'Connor）BOD－DO 模型

对河流一维稳态情况，在托马斯模型的基础上，奥康纳将总的 BOD 分解为 CBOD（L_C）和 NBOD（L_N），其模型方程为

$$\left.\begin{aligned}&u\frac{dL_C}{dx}=-(K_1+K_3)L_C\\&u\frac{dL_N}{dx}=-K_NL_N\\&u\frac{dO}{dx}=-K_1L_C-K_NL_N+K_2(O_S-O)\end{aligned}\right\}\qquad(5.50)$$

式中：L_C为 x 处河水 CBOD 浓度；L_N为 x 处河水 NBOD 浓度；K_1为 CBOD 的降解耗氧系数；K_2为河水复氧系数；K_3为 CBOD 的沉浮系数；K_N为 NBOD 的降解耗氧系数。

在 $L_C(x=0)=L_{C0}$，$L_N(x=0)=L_{N0}$，$O(x=0)=O_0$的边界条件下，可解得奥康纳 BOD－DO 模型的积分解为

$$L_C=L_{C0}\exp\left[-\frac{(K_1+K_3)}{u}x\right]\qquad(5.51a)$$

$$L_N=L_{N0}\exp\left(-\frac{K_N}{u}x\right)\qquad(5.51b)$$

$$\begin{aligned}O=&O_S-(O_S-O_0)\exp\left(-\frac{-K_2x}{u}\right)+\frac{K_1L_0}{K_1+K_3-K_2}\left[\exp\left(\frac{-(K_1+K_3)x}{u}\right)-\exp\left(\frac{-K_2x}{u}\right)\right]\\&+\frac{K_NL_{N0}}{K_N-K_2}\left[\exp\left(\frac{-K_Nx}{u}\right)-\exp\left(\frac{-K_2x}{u}\right)\right]\end{aligned}\qquad(5.51c)$$

5.2.2 QUAL－Ⅱ河流水质综合模型

为了更详细的描述河流水质的变化，可以在溶解氧模型基础上加进更多的环境变量，把一个关于溶解氧的模型发展成一个综合性的水质模型。在不少国家已经广泛地使用这类水质模型来进行河流的水质规划和管理。对于河流水环境变化模拟预测来说，美国环境保护局 1973 年建立的 QUAL－Ⅱ河流综合水质模，是至今比较有代表性的和得到广泛应用的一个水环境模型。

5.2.2.1 功能与作用

QUAL－Ⅱ是一个具有多种用途的河流水质模型，它能按照使用者的要求，以各种组合方式描述以下 13 种水环境变量（或称水质参数）：①溶解氧（DO）；②生化需氧量（BOD）；③水温（T）；④叶绿素 a；⑤氨氮；⑥亚硝酸盐氮；⑦硝酸盐氮；⑧可溶性磷；⑨大肠杆菌；⑩任选的一种可降解物质；⑪二种任选的不降解物质。可以把这个模型应用于既有主流又有支流的河段。该模型假设：在河流里物质的主要迁移方式是移流（对流）和扩散离散，而且认为这种迁移只发生在河流的纵轴方向上，所以该模型是一个一维模型。这个模型可以描述同时有多个排放口并有支流流入和取水流出的河流系统。在水文水力学方面，QUAL－Ⅱ只限于描述选定时段内流量不随时间变化时的水质情况。在其他方面，QUAL－Ⅱ看作是一个准动态模型，所谓动态是反映水质随气象条件和排放量的日变化而变化；但在反映水文水力学参数随时间变化时，则为准动态的，即把变化比较缓慢的水文水力学过程按时段进行离散，认为在一个时段内水文水力学参数是稳定的，取作常数。QUAL－Ⅱ可用于水质规划和研究污染负荷在数量、质量和位置方面的变化对河流水质的影响。该模型能够研究由于藻类生长和呼吸过程引起的溶解氧日变化，还能被用于研究污染物的瞬时排放对水质的影响，如有关污染源的事故性排放、季节性排放或周期性排放对水质的影响。

资源 5.5

5.2.2.2 各水质变量之间的相互关系

在图 5.9 中，表明了 QUAL－Ⅱ模型中各个水质变量之间的相互关系。

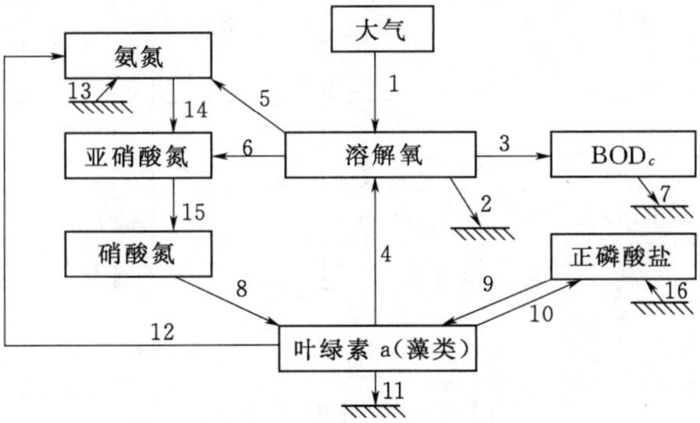

图 5.9 水质变量之间的相互影响关系

1—大气复氧作用；2—河底生物（包括底泥）的耗氧；3—碳化合物 BOD 耗氧；4—光合作用产氧；5—氨氮氧化耗氧；6—亚硝酸盐氮氧化耗氧；7—碳化合物 BOD 的沉淀；8—浮游植物对硝酸盐氮的吸收；9—浮游植物对磷酸盐磷的吸收；10—浮游植物代谢产生磷酸盐磷；11—浮游植物的死亡和沉淀；12—浮游植物代谢产生氨氮；13—底泥释放氨氮；14—氨氮转化为亚硝酸盐氮；15—亚硝酸盐氮转化为硝酸盐氮；16—底泥释放磷

5.2.2.3　河流系统的概化

QUAL－Ⅱ模型把河流系统表达为一系列河段构成的网络，如图 5.10 所示。用节点把这些河段联系在一起，同时假定在同一河段里水文水力学参数保持不变。每一河段又被分成许多节（小段），这些节的长度即为选定的空间坐标计算步长。这样就把一个河流系统概化为由一系列节、段连接和组成的系统。每一个节都是一个反应器，用移流和扩离散过程把这些反应器联系在一起。对每一个节的每一种水质参数，利用物质平衡关系都能得到一个方程。假如有 n 个节和 13 个水质参数，就得到 $n\times13$ 个方程，构成一个模型方程组。对于某一时段解这个方程组，就得到这 13 种水质参数的浓度沿河流的分布。为了便于建立物质平衡关系，把所有的节分为 7 种类型：①源头节（主流和支流的第一节）；②正常节；③支流入口的上游节；④支流入口节；⑤河系的末节；⑥含有点源的节（点源指除支流外的污染源）；⑦有出流的节（如取水灌溉等）。

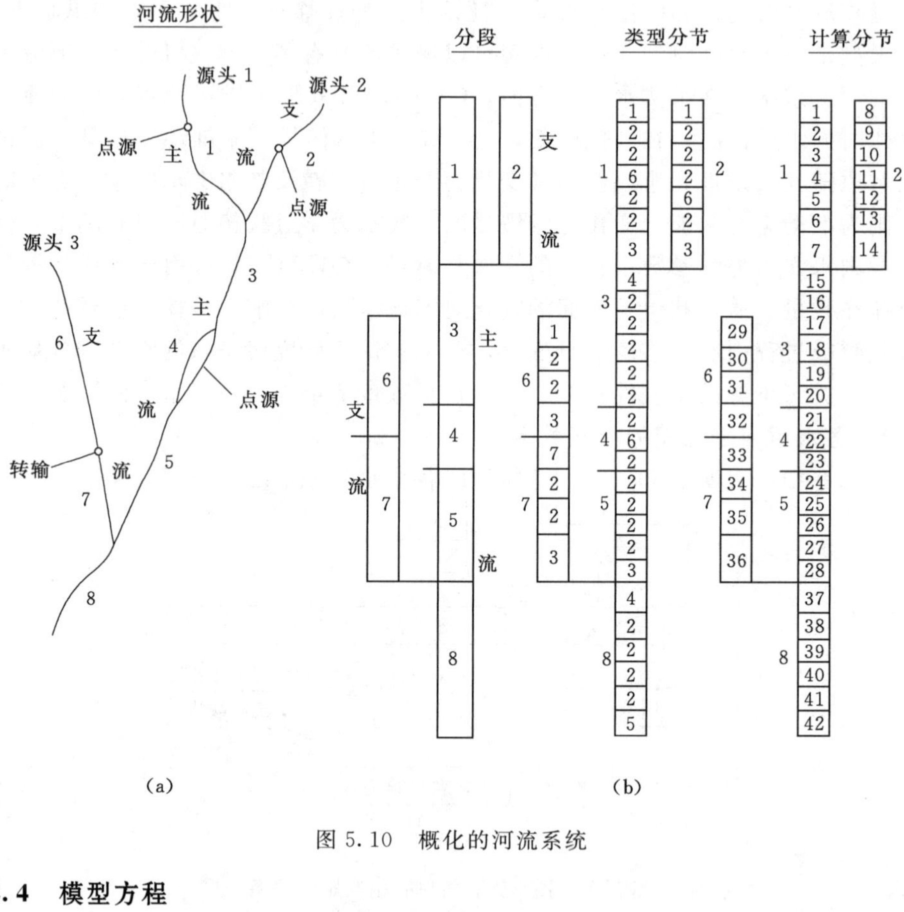

图 5.10　概化的河流系统

5.2.2.4　模型方程

QUAL－Ⅱ的基本方程是一个移流和离散水质迁移转化方程，它能描述任一水质变量的时空变化。在方程里除移流和离散项外还包括由化学、物理和生物作用引起的源漏项。对于任一水质浓度 c，参见式（4.65）。这个方程可以写成如下形式：

$$\frac{\partial(Ac)}{\partial t}=\frac{\partial}{\partial x}\left(EA\frac{\partial c}{\partial x}\right)-\frac{\partial(Qc)}{\partial x}+AS \tag{5.52}$$

QUAL－Ⅱ模型假设流量在所取时段内处于稳定状态，即$\partial Q/\partial t=0$，则$\partial A/\partial t=0$，于是式（5.52）变成如下形式：

$$\frac{\partial c}{\partial t}=\frac{\partial}{A\partial x}\left(EA\frac{\partial c}{\partial x}\right)-\frac{\partial(Qc)}{A\partial x}+S_{\text{int}}+S_{\text{ext}} \tag{5.53}$$

式中：E为河流纵向离散系数；S_{int}为水质变量c的内部源漏项（如化学反应等）；S_{ext}为外部的源漏项（如支流汇入等）。

S_{int}（或S_{ext}）项可以认为是c对于时间的全导数，即$S_{\text{int}}=\mathrm{d}c/\mathrm{d}t$，这是由于在这里只是考虑内部源漏项而引起水质浓度的变化。源漏项的具体计算，视污染物的种类和所处的条件不同而不同，需结合实际情况确定。

5.2.2.5 模型的水力学计算

QUAL－Ⅱ模型假设在所取时段内，水力学系统处于稳定状态，即$\partial Q/\partial t=0$，因此由计算单元的水量平衡关系可得

$$\left(\frac{\partial Q}{\partial x}\right)_i=(q_x)_i \tag{5.54}$$

式中：$(q_x)_i$为第i个计算单元的单位河长旁侧入流流量，于是可求得各河段的流量。

当已知流量Q之后，流速u和水深H可用经验公式得到

$$u=aQ^b,H=fQ^g \tag{5.55}$$

式中：a、b、f、g为经验系数和指数，通过实测的水文资料相关分析求得。

纵向离散系数可以用第4章中所介绍的方法来确定。

5.2.2.6 模型的源漏项

QUAL－Ⅱ模型里各水质变量迁移方程具有相同的形式，只是源漏项$\mathrm{d}c/\mathrm{d}t$不同，下面逐一介绍各种水质变量的$\mathrm{d}c/\mathrm{d}t$项。

1. 叶绿素a（浮游藻类）

叶绿素a的浓度与浮游藻类的生物量的浓度成正比，为了建立关于叶绿素a的模型，用下面的简单关系将藻类的生物量转换为叶绿素a的量：

$$c_{\alpha}=\alpha_0 c_A \tag{5.56}$$

式中：c_{α}为叶绿素a的浓度，mg/L；c_A为藻类生物量的浓度，mg/L；α_0为转换系数，参见表5.3。

藻类增长的微分方程，可表达为下面的关系：

$$\frac{\mathrm{d}c_A}{\mathrm{d}t}=\mu c_A-\rho_A c_A-\left(\frac{\sigma_1}{H}\right)c_A \tag{5.57}$$

式中：t为时间，d；μ为藻类比生长率，1/d；ρ_A为藻类的代谢速率常数；σ_1为藻类的沉淀速率常数，可参照表5.3确定；H为计算单元平均水深，m。

藻类的比生长率与可用的营养和光照等有关，QUAL－Ⅱ使用下式计算：

$$\mu=\mu_{\max}\frac{c_{N3}}{c_{N3}+K_{N3}}\frac{c_{ph}}{c_{ph}+K_p}\frac{1}{\eta H}\ln\left(\frac{K_I+I}{K_I+I\mathrm{e}^{-\eta H}}\right) \tag{5.58a}$$

式中：$\mu_{\max}$为最大比生长率，1/d，与温度 T 有关，可由式（5.58b）修正：

$$\mu_{\max}=\mu_{\max}(20)\theta^{T-20} \tag{5.58b}$$

式中：c_{ph}为正磷酸盐浓度，mg/L；c_{N3}为硝酸盐氮浓度，mg/L；I 为光照强度，(g·W)/m^2，可取日平均值；K_{N3}、K_p、K_I分别为硝酸盐氮、磷酸盐磷和光照的半速常数，可参照表 5.3 确定；η 为消光系数，1/m，QUAL－Ⅱ里取常数；$\mu_{\max}(20)$ 为标准温度 20℃时的最大比生长率；T 为温度，℃；θ=1.02～1.06。

2. 氮的循环

在 QUAL－Ⅱ模型里考虑了三种形态的氮：氨氮、亚硝酸盐氮和硝酸盐氮。它们的反应项分别为

氨氮
$$\frac{\mathrm{d}c_{N1}}{\mathrm{d}t}=\alpha_1\rho_A c_A-K_{N1}c_{N1}+\frac{\sigma_3}{A} \tag{5.59}$$

式中：c_{N1}为氨氮浓度，mg/L；α_1为藻类生物量中氨氮的比例；K_{N1}为氨氮氧化为亚硝酸盐氮的速率常数，可参照表 5.3 确定；σ_3为水底生物的氨氮释放速率，g/(d·m)；A 为水底的平均面积，m^2。

亚硝酸氮
$$\frac{\mathrm{d}c_{N2}}{\mathrm{d}t}=K_{N1}c_{N1}-K_{N2}c_{N2} \tag{5.60}$$

式中：c_{N2}为亚硝酸盐氮浓度，mg/L；K_{N2}为亚硝酸盐氮氧化硝酸盐氮的速率常数，参照表 5.3 确定。

硝酸氮
$$\frac{\mathrm{d}c_{N3}}{\mathrm{d}t}=K_{N2}c_{N2}-\alpha_1\mu c_A \tag{5.61}$$

式中：c_{N3}为硝酸盐氮浓度，mg/L。

3. 磷的循环

在 QUAL－Ⅱ里关于磷循环的模型，只考虑了溶解性磷和藻类的相互关系，其方程如下：

$$\frac{\mathrm{d}c_{ph}}{\mathrm{d}t}=\alpha_2\rho_A c_A-\alpha_2\mu c_A+\frac{\sigma_2}{A} \tag{5.62}$$

式中：c_{ph}为溶解性磷酸盐磷的浓度，mg/L；α_2为藻类生物质量中磷所占的比例；σ_2为底泥释放磷的速率，可参照表 5.3 确定。

4. 碳 BOD

碳 BOD 的变化速率按一级反应动力学考虑，得如下的微分方程：

$$\frac{\mathrm{d}L}{\mathrm{d}t}=-K_1L-K_3L \tag{5.63}$$

式中：L 为碳 BOD 的浓度，mg/L；K_1为碳 BOD 的降解速率常数；K_3为由于沉淀作用而引起的碳 BOD 减少的速率常数，参照表 5.3 确定。

5. 溶解氧（DO）

在 QUAL－Ⅱ模型中描述溶解氧变化速度的微分方程如下：

$$\frac{dc}{dt}=K_2(c_S-c)+(\alpha_3\mu-\alpha_4\rho_A)c_A-K_1L-\frac{K_4}{A}-\alpha_5K_{N1}c_{N1}-\alpha_6K_{N2}c_{N2} \tag{5.64}$$

式中：c 为溶解氧浓度；c_S 为溶解氧饱和浓度；α_3 为单位藻类的光合作用产氧率；α_4 为单位藻类的呼吸作用耗氧率；α_5 为单位氨氮氧化为亚硝酸盐氮的耗氧率；α_6 为单位亚硝酸盐氮氧化为硝酸盐氮的耗氧率；K_2 为复氧系数，以上参照表 5.3 确定；K_4 为底泥耗氧常数，g/(d·m)，参照试验选定。

6. 大肠杆菌

大肠杆菌在河水里的死亡，可用以下方程表达：

$$\frac{dc_E}{dt}=-K_5c_E \tag{5.65}$$

式中：c_E 为大肠杆菌浓度；K_5 为大肠杆菌死亡速率，见表 5.3。

表 5.3　QUAL-Ⅱ模型源漏项公式中使用的参数

名称	数　值	单　位	是否要温度修正	可靠性
α_0	50～100	μg-叶绿素/mg-藻类	不要	好
α_1	0.08～0.09	mg-氮/mg-藻类	不要	较好
α_2	0.012～0.015	mg-磷/mg-藻类	不要	较好
α_3	1.4～1.8	mg-氧/mg-藻类	不要	较好
α_4	1.6～2.3	mg-氧/mg-藻类	不要	好
α_5	3.0～4.0	mg-氧/mg-氮	不要	较好
α_6	1.0～1.14	mg-氧/mg-氮	不要	较好
μ_{max}	1.0～3.0	1/d	要	较好
ρ_A	0.05～0.5	1/d	要	好
K_{N1}	0.01～0.5	1/d	要	好
K_{N2}	0.5～2.0	1/d	要	好
σ_1	0.153～1.830	m/d	不要	好
σ_2	*	mg-磷/(d·m)	不要	差
σ_3	*	mg-氮/(d·m)	不要	差
K_1	0.1～0.2	1/d	要	差
K_2	0.0～100	1/d	要	较好
K_3	−3.6～0.36	1/d	不要	差
K_4	*	mg/(d·m)	不要	差
K_5	0.5～4.0	1/d	要	好
K_6	*	1/d	要	*
K_N	0.2～0.4	mg/L	不要	好/较好
K_P	0.03～0.05	mg/L	不要	好/较好
K_I	20.934	(g·W)/m^2	不要	较好

注　*表示变化范围较大。

7. 任意可降解物质

$$\frac{\mathrm{d}c_R}{\mathrm{d}t}=-K_6c_R \tag{5.66}$$

式中：c_R为某一可降解物质的浓度；K_6为该物质的降解速率常数；K_6等于零时，就得到关于不降解物质的方程。

8. 温度

水体温度变化可以采用本章第 1 节的有关方法计算。

与温度有关的参数修正，可按下式进行：

$$X_T=X_T(20)\theta^{T-20} \tag{5.67}$$

式中：X_T为在实际温度 T 下的参数值；$X_T(20)$ 为 20℃时该参数的值；θ 为经验常数，对不同的参数取不同的值，对于 K_2取 $\theta=1.0159$，对于其他参数取 $\theta=1.0471$。

QUAL-Ⅱ模型的各源漏项公式里的参数，列于表 5.3。

5.2.2.7　模型方程组的差分解

把关于各个水质变量的子模型（包括相应的源漏项）代入基本方程式（5.53）之后，就形成一个关于 QUAL-Ⅱ模型的方程组。用数值方法的隐式有限差分法来解该模型方程组。图 5.11 给出了该差分体系的特征。

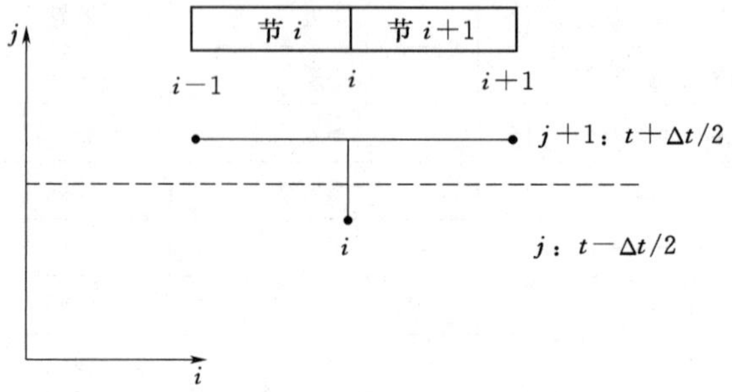

图 5.11　QUAL-Ⅱ模型的差分体系

先假定仅有一个水质参数，而且在迁移转化方程里它的源漏项可以用一个线性表达式来模拟。在这种情况下，QUAL-Ⅱ所采用的差分方程为

$$\begin{aligned}\frac{c_i^{j+1}-c_i^j}{\Delta t}=&\left\{\frac{(AE)_ic_{i+1}^{j+1}-[(AE)_i]c_i^{j+1}}{V_i\Delta x_i}-\frac{(AE)_{i-1}c_i^{j+1}-[(AE)_{i-1}]c_{i-1}^{j+1}}{V_i\Delta x_i}\right\}\\&-\frac{Q_ic_i^{j+1}-Q_{i-1}c_{i-1}^{j+1}}{V_i}+K_ic_i^{j+1}+P_i+\frac{S_i}{V_i}\end{aligned} \tag{5.68}$$

式中：$V_i=A_i\Delta x_i$，为第 i 节水的体积；c_i^j 为图 5.11 中节点 i 处 j 时段的浓度（或温度）；K_i为第 i 个节内侧向源漏项的反应常数；S_i为外部源漏项；P_i为内部源漏项。

上式经过整理后得

$$\alpha_ic_{i-1}^{j+1}+\beta_ic_i^{j+1}+\gamma_ic_{i+1}^{j+1}=\delta_i \tag{5.69}$$

式中：$\alpha_i=-\left[\frac{(AE)_{i-1}\Delta t}{V_i\Delta x_i}+\frac{Q_{i-1}\Delta t}{V_i}\right]$；$\beta_i=1+[(AE)_i+(AE)_{i-1}]\frac{\Delta t}{V_i\Delta x_i}+\frac{Q_i\Delta t}{V_i}-K_i\Delta t$；

$\gamma_i=\frac{-(AE)_i\Delta t}{V_i\Delta x_i}$；$\delta_i=c_i^j+P_i\Delta t+\frac{S_i\Delta t}{V_i}$。

对于某一水质，如果已给出边界条件，这是一个具有 n 个线性方程的方程组，由这个方程组可以求出时间 t_{j+1}时的浓度 c_i^{j+1}。

没有支流流入时，上述方程组的系数矩阵是三对角线矩阵。如果有支流流入，则在三条对角线之外会出现一些附加项。代入边界条件之后即可用修正的高斯消去法求解这个方程组。下面以图 5.10 为例来说明有支流时系数矩阵元素的变化。上游的边界条件是源头的浓度值。下游的边界条件（第五类的节）则假设为 c 的连续延伸，即 $c_{i+1}^{j+1}=c_i^{j+1}$。通过 c_{i-1}把上游的边界条件引入第一类节（源头节）。在第六类节里 S_i项不等于零。在第 7 个方程的第 25 列里就出现一个不在对角线上的元素。在第 15 个方程的第 7 列里也出现了一个不在对角线上的元素。

实际上，有 13 个水质参数，这意味着有一个 $13\times n$ 个线性方程构成的方程组，而且这些方程是耦合的并含有非线性项。因此，在应用上面所叙述的方法以前，必须做一些准备工作。首先，要把非线性项线性化。以藻类方程中的生长项 $\mu(T，c_{N3}，c_{ph})c_A$为例，它是非线性的。对于 μ，用在非线性表达式里前一个时间 t_{j-1}的营养物浓度和温度作为时间 t_j时的值使它线性化，则得 $\mu(T_i^j，c_{N3,i}^j，c_{ph,i}^j)c_{A,i}^{j+1}$。用同样的方法把其他非线性项（其中绝大多数是温度修正项）线性化，从而使耦合项都成了线性项。

其次，是要处理耦合项，按一定次序来解不同水质参数的方程，这个次序保证在 t_{j+1}时解水质参数“2”的方程的过程中所需要的水质参数“1”的浓度 $c_{1,i}^{j+1}$是已知的。这个次序是：温度、3 种守恒物质、1 种不降解物质、大肠杆菌、碳 BOD、藻类、磷、氨氮、亚硝酸盐氮、硝酸盐氮和溶解氧。在每个时间步里都要解 $13\times n$ 个方程，因而必须用电子计算机来解。

5.2.3 水环境模型的多参数同时估算法

5.2.3.1 模型参数估算的意义

在建立水质模型进行预测的实际工作中，对初步选用的或研制的水质模型需进一步做两方面的工作：一是对模型进行率定（标定），即利用一组或几组已观测到的输入和输出数据，对模型的参数和模型的结构进行调整、修改和定型，使应用模型和实际观测的输入资料模拟计算的相应的输出过程与实测的输出过程之间的误差小于允许值；二是对模型进行检验，即利用另外一组预留的在率定模型时没有应用的输入和输出数据，检验已率定的模型，验证模型的预测结果与实测数据相比是否符合要求。水质模型的率定与检验统称之为水质系统识别，其任务和目的就是要确定模型的结构和模型的参数。

水环境数学模型的识别，往往是一个不断尝试和分析改进模拟计算的反复过程。通常根据已有的水流水质信息以及污染物在河流中变化规律的知识，选择一个初始模型和一组初始参数值。然后把该模型的输出与实际观测值加以比较，如果二者差别较大，就要根据所提供的信息，调整模型的参数值以减小误差。若通过调整模型参数值还达不到所要求的精度，则需要对模型的结构做相应的变动，甚至重新选择新的水质模型。重复以上过程，直到模型输出与实测值之间的误差在总体优化准则下达到满意、合理。因此，模型参数估算的正确与否，不仅影响到选用的模型模拟水质变量在水体中演化特征好坏如何，而且也反映选用的模型结构是否适用。在如何确定误差的允许值问题上则存在一定的主观判断性，它取决于研究问题的性质，所要建立的水质模型的种类和用途、可能获得的数据和可靠性以及人们的经验和技术。

一个水环境模型往往包含有多个参数，这些参数在水环境的物理、化学和生物过程中保持常数或随某些因素有规律的变化。确定这些参数的方法，除根据各类参数变化机理采用专门试验和公式计算确定外，在此基础上，还有这里要讲述的水质模型的多参数同时优化估算法。

5.2.3.2　水质模型多参数同时优化估算的基本原理及步骤

应用多维参数的最优化估值法，可以同时确定模型中的各个参数。这种方法的优点是从模型的整体出发求得参数值，使水质模型的精度和可靠性提高。但需要注意的是在这种非线性的多维参数最优搜索过程中，由于多变量函数的非凸特性，会因所取参数初始值的不同，使求得的“最优值”将有所不同，此时所求得的解实际上是局部最优解，而非整体最优解。为了避免这种问题，除了要对可行范围内的各种初始值的“优值”多做比较分析外，有时往往采用降维的方法降低待估参数的维数，再进行最优搜索。

对多变量函数往往采用直接最优化方法搜索其最优值。也就是从给定的一组参数初始值（或起点）$K^{(0)}$出发，每次使各参数增减一定的量，逐步改善目标函数 $J(K)$，直到其满足目标值收敛的误差要求。

水质模型参数的同时估值法的工作步骤，以河流 S－P 模型为例说明如下：

（1）根据采用模型计算的需要，收集实测的模型输入、输出和有关的河流情况资料。例如收集一定排污条件下河流各断面 BOD 和 DO 浓度的实测离散分布序列集合 $\{b_{i,j}^m\}$ 和 $\{c_{i,j}^m\}$。其中 m 表示实测，i 表示第 i 次测量（$i=1, 2, \cdots, n$），j 表示第 j 断面（$j=1, 2, \cdots, r$）。

（2）用选定的水质模型，在同样的排污条件下，由设定的模型参数计算模型的输出过程，如 BOD 和 DO 浓度的计算序列集合 $\{b_{i,j}\}$ 和 $\{c_{i,j}\}$。

（3）由实测序列值和模型模拟序列值之差的某一范数构成一目标函数，例如，

对于 BOD
$$J_b(K^{(h)}) = \sum_{i=1}^{n} J_b^i = \sum_{i=1}^{n}\sum_{j=1}^{r}(b_{i,j} - b_{i,j}^m)^2 \tag{5.70a}$$

对于 DO
$$J_c(K^{(h)}) = \sum_{i=1}^{n} J_c^i = \sum_{i=1}^{n}\sum_{j=1}^{r}(c_{i,j} - c_{i,j}^m)^2 \tag{5.70b}$$

同时考虑 BOD、DO，对利用第 i 次各个断面观测资料建立的目标函数为

$$J^i(K^{(h)}) = \lambda J_b^i + (1-\lambda) J_c^i$$

对利用 n 次全断面观测资料建立的总目标函数为

$$J(K^{(h)}) = \sum_{i=1}^{n} J^i(K^{(h)}) = \sum_{i=1}^{n}[\lambda J_b^i + (1-\lambda)J_c^i] \tag{5.71}$$

式中：λ 为权重因素（$0 \leqslant \lambda \leqslant 1$），表示 BOD 和 DO 实测值的相对可靠性或重要性，当 $\lambda=0$ 时，指实测的 BOD 值不可靠，不作为优选参数的依据；当 $\lambda=1$ 时，指 DO 值不可靠；当 $\lambda=0.5$ 时，指 BOD 和 DO 值同等可靠和重要；$K^{(h)}$ 为待估参数，（$h=1$，2，…，t，t 为待估参数的个数）。

（4）在有约束条件下，自所设的初值开始，搜索目标函数值最小时的待估参数值序列 $\{K^{(h)}\}$，即 $J(K^{(h)}) \rightarrow \min\{J(K^{(h)})\}$，（约束 $a_h \leqslant K^{(h)} \leqslant d_h$），得初值条件下的优选参数。

（5）类似第（4）步那样，求若干不同初值的优选参数序列，分析比较后，从中选取一组最好的参数序列。

多参数同时估算的方法很多，如梯度搜索法、降维计算法、步长加速法、遗传算法等，尽管具体做法各异，但基本思路，如上所述，是一致的。以下拟通过梯度搜索法的学习，进一步掌握该法的基本原理和方法。

5.2.3.3 梯度搜索法优选水环境模型参数

1. 梯度搜索法基本原理与方法步骤

设目标函数 $J(K)$，即前面的 $J(K^{(h)})$ 是可微的，根据函数梯度的性质，在试验点附近沿最大梯度方向，也就是最大梯度方向是函数值增大最快的方向进行搜索。为了在变动参数向量 K（即 $K^{(h)}$）时最快地达到目标函数最小值，梯度搜索法是选取梯度最大的负方向为搜索方向求极小值的方法。

设目标函数为 $J(K)$，K 为 t 维向量，求目标函数 $J(K)$ 最小值的计算方法如下。

首先从给定的参数初值向量 $K^{(0)}$ 点出发，求出该点的梯度向量 $G^{(0)}=\nabla J(K^{(0)})$ 及梯度向量的模 $E^{(0)}$。以该梯度方向的反方向作为搜索方向，以 $P^{(0)}(G^{(0)}/E^{(0)})K^{(0)}$ 作为搜索步长（$P^{(0)}$ 为开始时的步长因子），得到一个新的试验点 $K^{(1)}$：

$$K^{(1)}=K^{(0)}-P^{(0)}\frac{G^{(0)}}{E^{(0)}}K^{(0)} \tag{5.72}$$

然后以 $K^{(1)}$ 点作为新的起点，类似以上步骤，再计算 $K^{(2)}$，$K^{(3)}$，…，$K^{(j)}$，…，直到满足给定的收敛要求为止。

上述迭代过程中，若出发点为 $K^{(j)}$，计算 $K^{(j+1)}$ 的方法是：先计算该点的梯度向量 $G^{(j)}$ 和梯度向量的模 $E^{(j)}$，即

$$G^{(j)}=\nabla J(K^{(j)}):\frac{\partial J}{\partial K_1},\frac{\partial J}{\partial K_2},\cdots,\frac{\partial J}{\partial K_t} \tag{5.73a}$$

$$E^{(j)}=\| G^{(j)} \|=\sqrt{\left(\frac{\partial J}{\partial K_1}\right)^2+\left(\frac{\partial J}{\partial K_2}\right)^2+\cdots+\left(\frac{\partial J}{\partial K_t}\right)^2} \tag{5.73b}$$

参数向量 K 的第 $j+1$ 步取值为

$$K^{(j+1)}=K^{(j)}-P^{(j)}\frac{G^{(j)}}{E^{(j)}}K^{(j)} \tag{5.74}$$

式中步长因子 $P^{(j)}$ 有各种不同的取值方法，例如，可以利用一维搜索方法，如牛顿法或 0.618 方法，寻求最优的步长因子 $P^{(j)}$，这里介绍一种简单实用的方法。

首先取 $P^{(j)}$ 为某一给定的常数，并检验不等式

$$J\left(K^{(j)}-P^{(j)}\frac{G^{(j)}}{E^{(j)}}K^{(j)}\right)\leqslant J(K^{(j)}) \tag{5.75}$$

是否成立，若成立，便可得到参数向量的第 $j+1$ 步值 $K^{(j+1)}$，继续下一步迭代；否则，让 $P^{(j)}=\alpha P^{(j)}$ $(0<\alpha<1)$，再检验上述不等式，如此不断调整步长因子修正系数 α，一直到不等式满足为止。事实上，由于负梯度向量的性质，满足上述不等式的 $P^{(j)}$ 总是存在的。

根据以上基本原理，梯度搜索法优化多参数计算的步骤如下：

（1）给定初始近似值 $K^{(0)}$ 及收敛精度 $\varepsilon(>0)$。

（2）假定由梯度法已得到第 j 次近似值 $K^{(j)}$，计算出 $J(K^{(j)})$，若 $|J(K^{(j)}-K^{(j-1)})|\leqslant\varepsilon$，则计算停止，$K^{(j)}$ 可作为满足精度要求的近似最优解。否则，进行下一步。

（3）应用式（5.73）计算梯度 $G^{(j)}$ 和梯度向量的模 $E^{(j)}$。

（4）利用步长因子 $P^{(j)}$ 取值方法，算出步长因子 $P^{(j)}$。

（5）利用式（5.74）计算出新的 $K^{(j+1)}$，转去做第（2）步。

2. 梯度搜索法优选斯特里特-费尔普斯 BOD - DO 模型参数

现以 S - P 模型为例，进一步学习梯度搜索法。该模型为

$$\left.\begin{aligned}&b=b_0\exp\left(-\frac{K_1x}{u}\right)\\&c=c_s-(c_s-c_0)\exp\left(-\frac{K_2x}{u}\right)+\frac{K_1b_0}{K_1-K_2}\left[\exp\left(-\frac{K_1x}{u}\right)-\exp\left(-\frac{K_2x}{u}\right)\right]\end{aligned}\right\} \tag{5.76}$$

式中：b_0、b 分别为起始断面和距离 x 处的 BOD 浓度；c_0、c 分别为起始断面和距离 x 处的 DO 浓度；其他符号意义同前。

取目标函数为

$$J=J(K_1,K_2)=\sum_{i=1}^{n}\sum_{j=1}^{r}(c-c_{i,j}^{m})^2 \tag{5.77}$$

采用一阶梯度搜索最优解，使

$$J=\sum_{i=1}^{n}\sum_{j=1}^{r}[c-c_j^m]^2\xrightarrow[\{K_1,K_2\}=\{K_1^*,K_2^*\}]{}J_{\min} \tag{5.78}$$

优化搜索计算程序，依上述基本原理与方法，如图 5.12 所示的计算框图编写计算机程序进行计算。现举例如下。

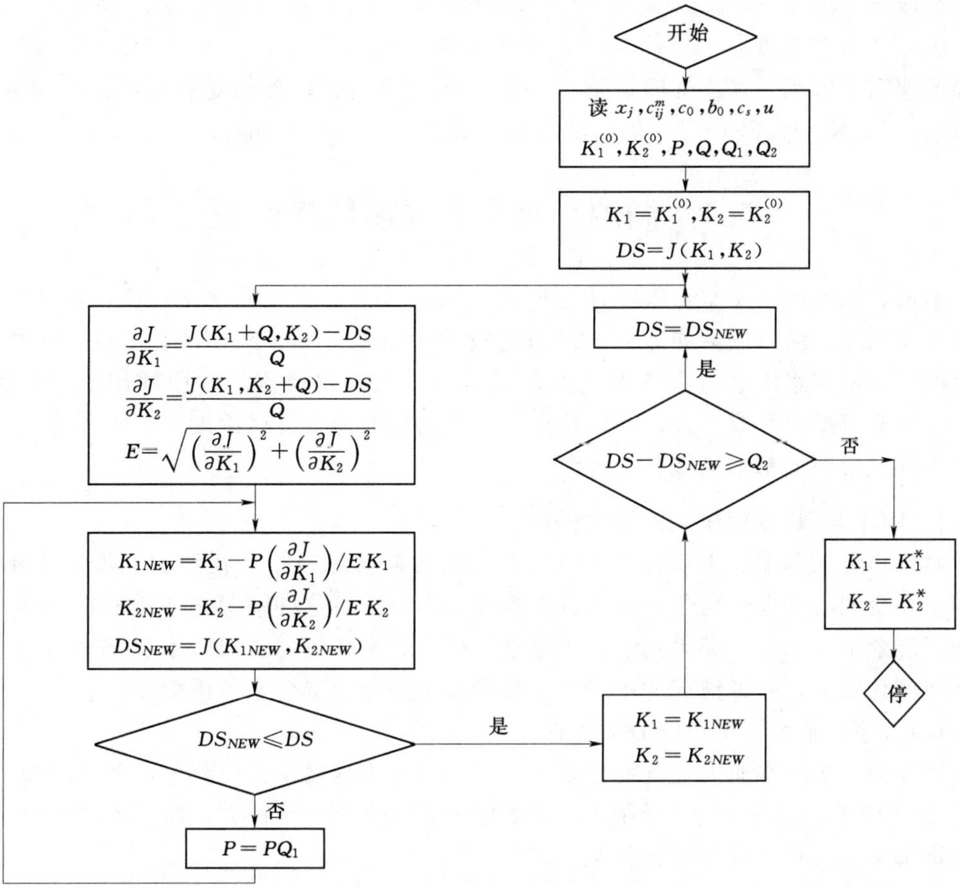

图 5.12 梯度搜索法优选 S-P 模型参数的程序框图

DS—目标函数；x_j—距河段给端水流的距离；c_{ij}^m—第 i 次溢测第 j 断面实测河水溶解氧；
P—搜索步长；Q—参数增量；$\alpha=Q_1$—步长修正系数；$\varepsilon=Q_2$—目标收敛的误差要求

【例 5.1】 已知：某河段起始断面 $b_0=20\text{mg/L}$，$c_0=10\text{mg/L}$，$c_s=10\text{mg/L}$ 及各断面平均流速为 4km/h，其他实测数据见表 5.4。求 K_1 和 K_2。

表 5.4　　各断面实测数据

断面号（J）	1	2	3	4
断面距离/km	8	28	36	56
x_j/u/h	2	7	9	14
c_J^m/(mg/L)	8.5	7.0	6.1	7.2

解： 因只有一次监测资料，故目标函数为

$$J(K_1, K_2)=\left[10+\frac{20K_1}{K_1-K_2}(e^{-2K_1}-e^{-2K_2})-8.5\right]^2+\left[10+\frac{20K_1}{K_1-K_2}(e^{-7K_1}-e^{-7K_2})-7.0\right]^2$$
$$+\left[10+\frac{20K_1}{K_1-K_2}(e^{-9K_1}-e^{-9K_2})-6.1\right]^2+\left[10+\frac{20K_1}{K_1-K_2}(e^{-14K_1}-e^{-14K_2})-7.2\right]^2$$

当取步长因子 $P=0.5$，参数增量（步长）$Q=0.001h^{-1}$，步长因子修正系数 $\alpha=Q_1=0.25$，收敛精度 $\varepsilon=Q_2=0.001$，参数初值 $K_1^{(0)}=0.01h^{-1}$，$K_2^{(0)}=0.05h^{-1}$时，应用梯度搜索法编程计算，框图如图5.12，得优选的耗氧系数和复氧系数分别为 $K_1=0.0499h^{-1}$，$K_2=0.184h^{-1}$，目标函数最小值 $J_{min}=0.4849(mg/L)^2$。

5.3 湖泊、水库水环境数学模型

湖泊、水库的水文水力学特性与河流不同，其主要特点是水面宽广，流速缓慢，风力作用明显，滞水调蓄能力大，水深比较大时温差上下悬殊，具有温度分层现象。从而使得湖泊、水库水体中各水质因素间的相互关系比河流水体中的诸因素更为复杂，其水质模型也形成了许多新的特点。本节的主要内容是讨论湖泊、水库水质模型和富营养化模型的基本模拟预测方法。

5.3.1 BOD-DO模拟预测的混合模型

对于小型的湖泊、水库，水平范围和深度方向都比较小，在风力和湖流作用下，污染物在全湖容易混合均匀，浓度分布各处基本一致，这种情况的水质模拟预测可采用全湖混合水质模型。如果湖泊、水库水深很大，水平方向水温、水质基本均匀，深度方向变化较大，这种情况的水质模拟预测宜采用分层混合水质模型。

5.3.1.1 完全混合型BOD-DO模型

当湖泊、水库水质为完全混合型时，其BOD-DO模型比较简单，现分述如下。

对于BOD，像S-P模型那样，取其源漏项为 $\sum S=-K_1L$，如第4章所述，可由质量平衡原理写出其迁移转化基本方程：

$$V\frac{dL}{dt}=Q_IL_I-QL-K_1VL \tag{5.79}$$

式中：Q_I、Q 分别为湖泊、水库的入流流量和出流流量；L_I、L 分别为 Q_I 和 Q 相应的BOD浓度；V 为湖泊、水库的蓄水容积；K_1 为BOD的降解耗氧系数。

根据初始条件：$t=0$ 时 $L=L_0$，取 $t=\Delta t$，积分求解上式，得湖泊、水库完全混合型的BOD浓度随时间变化的计算方程为

$$L=\frac{1}{K_1V+Q}\left\{Q_IL_I-[Q_IL_I-(Q+K_1V)L_0]\exp\left[-\left(\frac{Q}{V}+K_1\right)\Delta t\right]\right\} \tag{5.80}$$

对于DO，也像S-P模型那样，取其源漏项为 $\sum S=K_2(O_S-O)-K_1L$，由质量平衡原理可写出其迁移转化基本方程为

$$V(dQ/dt)=Q_IO_I-QO+K_2V(O_S-O)-K_1VL \tag{5.81}$$

式中：O、O_I 分别为湖泊水库流出、流入径流的溶解氧浓度；O_S 为 t 时的溶解氧饱和浓度；K_2 为复氧系数。

令 $R=Q_I/Q$，$A=Q/V+K_2$，$B=RQO_I/V+K_2O_S-K_1L$，上式简化为

$$\frac{dO}{dt}+AO=B \tag{5.82}$$

代入初始条件：$t=0$ 时 $O=O_0$，取 $t=\Delta t$，积分求解上式，得湖泊、水库全混合型的DO浓度随时间变化的计算方程为

$$O=\frac{B}{A}+\frac{B}{A}\left(O_0-\frac{B}{A}\right)\exp(-A\Delta t) \tag{5.83}$$

利用式（5.80）、式（5.83）和计算期的径流、污染负荷过程及初始、边界条件等逐时段连续演算，即可求得 BOD、DO 浓度的整个变化过程。

如果为稳态情况，$\mathrm{d}L/\mathrm{d}t=0$，$\mathrm{d}O/\mathrm{d}t=0$，可由式（5.79）、式（5.81）直接解得 BOD、DO 浓度变化的计算方程：

$$L=\frac{Q_I L_I}{Q+K_1 V} \tag{5.84}$$

$$O=\frac{Q_I O_I+K_2 V O_S-K_1 V L}{Q+K_2 V} \tag{5.85}$$

5.3.1.2 分层混合型 BOD-DO 模型

水深比较大的湖泊、水库，由于温度分层现象往往使水质也有分层的特征。其中的温跃层能有效阻止上、下水体的混合，从而把湖泊、水库近似按温跃层分为上部和下部两层，如图 5.13 所示。上层温度较高、接受光照多，称为表层（或富光层）；下层温度低，接受光线微弱，称为底层（或贫光层）。近似假定：①地面径流和污染物全部流入表层水体；②湖泊、水库各深度上的水平面积可由平均的面积代表；③光合作用仅发生在表层的水体中；④整个水体生物的呼吸耗氧速率相等。将表层和底层均看成分别混合均匀的水体，则可得到表层和底层的水质混合模型。

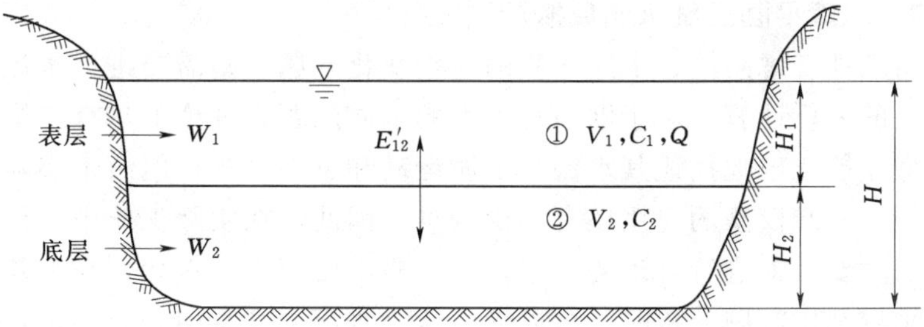

图 5.13 湖泊、水库分为表层和底层两层示意图

对于 BOD，根据质量平衡原理和上、下层间的联系，可得各层迁移转化模型方程

表层
$$V_1\left(\frac{\mathrm{d}L_1}{\mathrm{d}t}\right)=W_1-QL_1+E'_{12}(L_2-L_1)-K_1V_1L_1 \tag{5.86a}$$

底层
$$V_2\left(\frac{\mathrm{d}L_2}{\mathrm{d}t}\right)=W_2+E'_{12}(L_1-L_2)-K_1V_2L_2 \tag{5.86b}$$

式中：L_1、L_2分别为表层水体和底层水体的 BOD 浓度；V_1、V_2分别为表层和底层水体的体积；W_1、W_2分别为排入表层和底层水体的 BOD 强度；K_1为 BOD 的降解系数；E'_{12}为上、下水层之间的混合系数，按式（5.87）计算：

$$E'_{12}=E_{12}\frac{A_{12}}{H_{12}} \tag{5.87}$$

其中：E_{12}为表层与底层间的扩散系数；A_{12}为表层与底层间的交界面的面积；H_{12}为

表层与底层中心之间的垂直距离。

对于DO，类似BOD那样，可以得到上、下层DO变化的迁移转化模型方程

表层
$$V_1\frac{dO_1}{dt}=Q_IO_I-QO_1+K_2V_1(O_S-O_1)+PV_1-RV_1+E'_{12}(O_2-O_1)-K_1V_1L_1 \tag{5.88a}$$

底层
$$V_2\frac{dO_2}{dt}=E'_{12}(O_1-O_2)-S_BA-RV_2-K_1V_2L_2 \tag{5.88b}$$

式中：O_1、O_2分别为表层水体和底层水体的DO浓度；Q_I、Q分别为入流流量和出流流量；O_I为入流流量的DO浓度；P、R分别为单位水体中藻类光合作用产氧速率和呼吸作用耗氧速率；A为湖泊、水库的水面面积；S_B单位底泥面积的耗氧速率。

稳态情况时，式（5.88a）、式（5.88b）中左端为0，把两式相加，然后除以面积A，并令$q=Q/A$，$V_1=AH_1$，$V_2=AH_2$，则可求得湖泊、水库表层和底层水体DO浓度计算方程为

表层
$$O_1=\frac{1}{K_2H_1+q}[qO_I+K_2H_1O_S+PH_1-RH_1-S_B-K_1(H_1L_1+H_2L_2)] \tag{5.89a}$$

底层
$$O_2=O_S-\frac{S_B+RH_2-K_1H_2L_2}{E'_{12}/H_{12}} \tag{5.89b}$$

5.3.2　湖泊、水库平面二维水质模拟预测

如需要精细地考虑湖泊、水库水质的时空变化问题，则需要进行水流、水质变量在多维空间上的分析计算。对于湖泊与水库的水质问题，理论上只有三维水动力学模型和水质模型才能准确地描述其水流、水质运动和分布过程，但由于实际资料以及计算条件的限制，三维模型的应用还有不少困难。因此，在实际工作中，往往是对影响湖泊、水库的主要因素进行合理的描述，而忽略次要因素。例如，在涉及浅水湖泊和水库等宽阔水域水质问题分析时，可以近似认为水流浓度垂向分布均匀，只需要进行水流、水质变量在纵向与横向的水平方向（x，y）上的分析模拟计算；如果是涉及窄深水域的水温分层现象的水质问题分析时，就只需要进行水流、水质变量沿纵向和水深方向（x，z）上的分析模拟计算。通过上述简化，从而达到对复杂的湖泊、水库水质变化过程的合理描述和易于操作的分析计算。

对于浅水湖泊和水库等宽阔水域水质问题分析时，将其垂向上的变化简化为平均浓度，只考虑水流、水质变量在纵向与横向（x，y）上的分析模拟计算问题。首先利用水动力学中建立的二维水流连续方程和运动方程求解湖泊水库的流速场，然后应用水质迁移转化基本方程求解湖泊水库的浓度场。本节将介绍湖泊、水库平面二维水流、水质模型的数值模拟基本方法。

5.3.2.1　平面二维水流、水质模型的基本方程

1. 平面二维非恒定流基本方程

在流场中取一从底部至水面的微元水体，如图5.14所示，根据质量守恒定理，建立平面二维非恒定水流的连续方程为

$$\frac{\partial H}{\partial t}+\frac{\partial(uH)}{\partial x}+\frac{\partial(vH)}{\partial y}=0 \tag{5.90}$$

式中：H 为微元水体的水深；u 为微元水体 x 方向的流速；v 为微元水体 y 方向的流速。

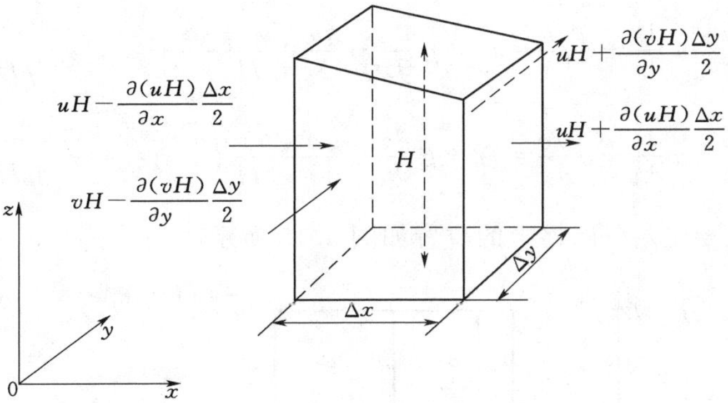

图 5.14 微小水体的水量平衡

根据力学定律，作用在物体上的外力之和等于该物体的动量变化率，由图 5.14 可以得到 x 方向的动量方程为

$$\frac{\partial u}{\partial t}+u\frac{\partial u}{\partial x}+v\frac{\partial u}{\partial y}=fv-g\frac{\partial z}{\partial x}-\frac{gu\sqrt{u^2+v^2}}{C^2H}+\xi_x\nabla^2u+\frac{\tau_x}{\rho H} \tag{5.91a}$$

y 方向的动量方程为

$$\frac{\partial v}{\partial t}+u\frac{\partial v}{\partial x}+v\frac{\partial v}{\partial y}=fu-g\frac{\partial z}{\partial y}-\frac{gv\sqrt{u^2+v^2}}{C^2H}+\xi_y\nabla^2v+\frac{\tau_y}{\rho H} \tag{5.91b}$$

式中：g 为重力加速度；ρ 为水体密度；C 为谢才系数；$f=2\Omega\sin\varphi$ 为柯氏力系数，φ 为纬度，$\Omega=2\pi/(24\times3600)$，为地转角速度；$\xi_x$、$\xi_y$ 分别为 x、y 方向上的涡动黏滞系数；$\nabla^2=\partial^2/\partial x^2+\partial^2/\partial y^2$；$\tau_x$、$\tau_y$ 分别为 x、y 方向上的风切应力，其计算式为

$$\tau_x=C_a\rho_aW_x(W_x^2+W_y^2)^{1/2}$$

$$\tau_y=C_a\rho_aW_y(W_x^2+W_y^2)^{1/2}$$

式中：C_a 为风阻力系数；ρ_a 为空气密度；W_x、W_y 分别为 x、y 方向上的风速。

2. 平面二维水质对流扩散方程

对于图 5.14 所示的微元水体，可以建立如第 4 章所介绍的平面二维水质迁移转化基本方程：

$$\frac{\partial(CH)}{\partial t}+\frac{\partial(uCH)}{\partial x}+\frac{\partial(vCH)}{\partial y}=\frac{\partial}{\partial x}\left(E_xH\frac{\partial C}{\partial x}\right)+\frac{\partial}{\partial y}\left(E_yH\frac{\partial C}{\partial y}\right)+H\sum S_i \tag{5.92}$$

式中各项的意义同式（4.69）。

5.3.2.2 平面二维水流模型的差分解法

二维水流模型的差分有许多解法，这里介绍一种交错格点显格式法，其他解法可参考有关水力学书籍。设水位基准面到水面的距离为 z，水位基准面到水底的距离为 h，则水深 $H=z-h$。将水深 H 代入平面二维非恒定流的连续方程和动量方程中，有

$$\frac{\partial z}{\partial t}+\frac{\partial[u(z-h)]}{\partial x}+\frac{\partial v(z-h)}{\partial y}=0 \tag{5.93}$$

$$\frac{\partial u}{\partial t}+u\frac{\partial u}{\partial x}+v\frac{\partial u}{\partial y}=fv-g\frac{\partial z}{\partial x}-\frac{gu\sqrt{u^2+v^2}}{c^2H}+\xi_x\nabla^2u+\frac{\tau_x}{\rho H} \tag{5.94a}$$

$$\frac{\partial v}{\partial t}+u\frac{\partial v}{\partial x}+v\frac{\partial v}{\partial y}=fu-g\frac{\partial z}{\partial y}-\frac{gv\sqrt{u^2+v^2}}{c^2H}+\xi_y\nabla^2v+\frac{\tau_y}{\rho H} \tag{5.94b}$$

式中：z、h、u、v 在差分网格上的位置如图 5.15 所示。

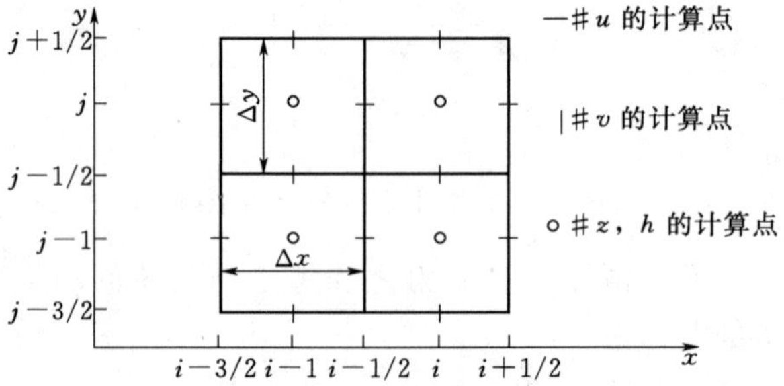

图 5.15　差分网格

将式（5.93）、式（5.94）按图 5.15 网格进行差分，其差分方程可写为

$$\frac{1}{\Delta t}(z_{i,j}^{n+1}-z_{i,j}^{n})+\frac{1}{\Delta x}[u_{i+1/2,j}^{n}(\overline{z}-\overline{h})_{i+1/2,j}^{n}-u_{i-1/2,j}^{n}(\overline{z}-\overline{h})_{i-1/2,j}^{n}]$$

$$+\frac{1}{\Delta y}[v_{i,j+1/2}^{n}(\overline{z}-\overline{h})_{i,j+1/2}^{n}-v_{i,j-1/2}^{n}(\overline{z}-\overline{h})_{i,j-1/2}^{n}]=0 \tag{5.95}$$

$$\frac{1}{\Delta t}(u_{i-1/2,j}^{n+1}-u_{i-1/2,j}^{n})+u_{i-1/2,j}^{n+1}\left(\frac{\partial u}{\partial x}\right)_{i-1/2,j}^{n}+\overline{v}^{n}\left(\frac{\partial u}{\partial y}\right)_{i-1/2,j}^{n}$$

$$=f\,\overline{v}^{n}-g\frac{1}{\Delta x}(z_{i,j}^{n+1}-z_{i-1,j}^{n})-g\frac{u_{i-1/2,j}^{n}[(u_{i-1/2,j}^{n})^2-(\overline{v}^{n})^2]^{1/2}}{(\overline{c}_{i-1/2,j}^{n+1})^2(\overline{z}-\overline{h})_{i-1/2,j}^{n+1}}$$

$$+\xi_x(\nabla^2u)_{i-1/2,j}^{n}+\frac{\tau_{xi-1/2,j}^{n}}{\rho(\overline{z}-\overline{h})_{i-1/2,j}^{n+1}} \tag{5.96a}$$

$$\frac{1}{\Delta t}(v_{i,j-1/2}^{n+1}-v_{i,j-1/2}^{n})+\overline{u}^{n}\left(\frac{\partial v}{\partial t}\right)_{i,j-1/2}^{n}+v_{i,j-1/2}^{n+1}\left(\frac{\partial v}{\partial y}\right)_{i,j-1/2}^{n}$$

$$=-f\,\overline{u}^{n}-g\frac{1}{\Delta y}(z_{i,j}^{n+1}-z_{i,j-1}^{n+1})-g\frac{v_{i,j-1/2}^{n}[\overline{u}^{n}+(v_{i,j-1/2}^{n})^2]^{1/2}}{(\overline{c}_{i,j-1/2}^{n+1})^2(\overline{z}-\overline{h})_{i,j-1/2}^{n+1}}$$

$$+\xi_y(\nabla^2v)_{i,j-1/2}^{n}+\frac{\tau_{yi,j-1/2}^{n}}{\rho(\overline{z}-\overline{h})_{i,j-1/2}^{n+1}} \tag{5.96b}$$

其中：$\overline{u}^{n}=\dfrac{u_{i-1/2,j-1}^{n}+u_{i-1/2,j}^{n}+u_{i+1/2,j-1}^{n}+u_{i+1/2,j}^{n}}{4}$；$\overline{v}^{n}=\dfrac{v_{i-1,j-1/2}^{n}+v_{i,j-1/2}^{n}+v_{i-1,j+1/2}^{n}+v_{i,j+1/2}^{n}}{4}$

$$\overline{c}_{i-1/2,j}^{n+1}=\frac{c_{i,j}^{n+1}+c_{i-1,j}^{n+1}}{2};\overline{c}_{i,j-1/2}^{n+1}=\frac{c_{i,j}^{n+1}+c_{i,j-1}^{n+1}}{2}$$

$$(\overline{z}-\overline{h})_{i+1/2,j}^{n}=\frac{(z-h)_{i+1,j}^{n}+(z-h)_{i,j}^{n}}{2};(\overline{z}-\overline{h})_{i-1/2,j}^{n}=\frac{(z-h)_{i,j}^{n}+(z-h)_{i-1,j}^{n}}{2}$$

$$(\overline{z}-\overline{h})_{i,j+1/2}^{n}=\frac{(z-h)_{i,j+1}^{n}+(z-h)_{i,j}^{n}}{2};(\overline{z}-\overline{h})_{i,j-1/2}^{n}=\frac{(z-h)_{i,j}^{n}+(z-h)_{i,j-1}^{n}}{2}$$

$$(\overline{z}-\overline{h})_{i-1/2,j}^{n+1}=\frac{(z-h)_{i,j}^{n+1}+(z-h)_{i-1,j}^{n+1}}{2};(\overline{z}-\overline{h})_{i,j-1/2}^{n+1}=\frac{(z-h)_{i,j}^{n+1}+(z-h)_{i,j-1}^{n+1}}{2}$$

$$\left(\frac{\partial u}{\partial x}\right)_{i-1/2,j}^{n}=\frac{u_{i+1/2,j}^{n}-u_{i-3/2,j}^{n}}{2\Delta x};\left(\frac{\partial u}{\partial y}\right)_{i-1/2,j}^{n}=\frac{u_{i-1/2,j+1}^{n}-u_{i-1/2,j-1}^{n}}{2\Delta y}$$

$$\left(\frac{\partial v}{\partial x}\right)_{i,j-1/2}^{n}=\frac{v_{i+1,j-1/2}^{n}-v_{i-1,j-1/2}^{n}}{2\Delta x};\left(\frac{\partial v}{\partial y}\right)_{i,j-1/2}^{n}=\frac{v_{i,j+1/2}^{n}-v_{i,j-3/2}^{n}}{2\Delta y}$$

$$(\nabla^2 u)_{i-1/2,j}^{n}=\frac{u_{i+1/2,j}^{n}+u_{i-3/2,j}^{n}-2u_{i-1/2,j}^{n}}{\Delta x^2}+\frac{u_{i-1/2,j+1}^{n}+u_{i-1/2,j-1}^{n}-2u_{i-1/2,j}^{n}}{\Delta y^2}$$

$$(\nabla^2 v)_{i,j-1/2}^{n}=\frac{v_{i+1,j-1/2}^{n}+v_{i-1,j-1/2}^{n}-2v_{i,j-1/2}^{n}}{\Delta x^2}+\frac{v_{i,j+1/2}^{n}+v_{i,j-3/2}^{n}-2v_{i,j-1/2}^{n}}{\Delta y^2}$$

上述差分代入式（5.95）、式（5.96）整理后，可得（i，j）网格 $n+1$ 时段的水位、流速计算公式：

$$\begin{aligned}z_{i,j}^{n+1}=z_{i,j}^{n}&-\frac{\Delta t}{\Delta x}[u_{i+1/2,j}^{n}(\overline{z}-\overline{h})_{i+1/2,j}^{n}-u_{i-1/2,j}^{n}(\overline{z}-\overline{h})_{i-1/2,j}^{n}]\\&-\frac{\Delta t}{\Delta y}[v_{i,j+1/2}^{n}(\overline{z}-\overline{h})_{i,j+1/2}^{n}-v_{i,j-1/2}^{n}(\overline{z}-\overline{h})_{i,j-1/2}^{n}]\end{aligned}\tag{5.97}$$

$$\begin{aligned}\left[1+\Delta t\left(\frac{\partial u}{\partial x}\right)_{i-1/2,j}^{n}\right]u_{i-1/2,j}^{n+1}=u_{i-1/2,j}^{n}&-\overline{v}^{n}\Delta t\left(\frac{\partial u}{\partial y}\right)_{i-1/2,j}^{n}\\&+f\Delta t\,\overline{v}^{n}-g\frac{\Delta t}{\Delta x}(z_{i,j}^{n+1}-z_{i-1,j}^{n+1})\\&-g\Delta t\frac{u_{i-1/2,j}^{n}[(u_{i-1/2,j}^{n})^2+(\overline{v}^{n})^2]^{1/2}}{(\overline{c}_{i-1/2,j}^{n+1})^2(\overline{z}-\overline{h})_{i-1/2,j}^{n+1}}\\&+\xi_x\Delta t(\nabla^2 u)_{i-1/2,j}^{n}+\frac{\tau_{xi-1/2,j}^{n}\Delta t}{\rho(\overline{z}-\overline{h})_{i-1/2,j}^{n+1}}\end{aligned}\tag{5-98a}$$

$$\begin{aligned}\left[1+\Delta t\left(\frac{\partial v}{\partial y}\right)_{i,j-1/2}^{n}\right]v_{i,j-1/2}^{n+1}=v_{i,j-1/2}^{n}&-\overline{u}^{n}\Delta t\left(\frac{\partial v}{\partial x}\right)_{i,j-1/2}^{n}\\&-f\Delta t\,\overline{u}^{n}-g\frac{\Delta t}{\Delta y}(z_{i,j}^{n+1}-z_{i,j-1}^{n+1})\\&-g\Delta t\frac{v_{i,j-1/2}^{n}[(\overline{u}^{n})^2+(v_{i,j-1/2}^{n})^2]^{1/2}}{(\overline{c}_{i,j-1/2}^{n+1})^2(\overline{z}-\overline{h})_{i,j-1/2}^{n+1}}\\&+\xi_y\Delta t(\nabla^2 v)_{i,j-1/2}^{n}+\frac{\tau_{yi,j-1/2}^{n}\Delta t}{\rho(\overline{z}-\overline{h})_{i,j-1/2}^{n+1}}\end{aligned}\tag{5-98b}$$

应用上述差分方程计算时，关于边界、初始条件规定如下：

（1）边界条件。在划分网格的左右边界处的水位点的序号分别为 1 与 m；在水、陆边界上，法向流速为零；在水、水开边界上，需给定水位的变化过程。为方便计算还规定：

$$u^n_{-1/2,j}=u^n_{1/2,j},u^n_{m-1/2,j}=u^n_{m+1/2,j},v^n_{1,j-1/2}=v^n_{m,j-1/2}=0;j=1,2,\cdots$$

（2）初始条件。在计算开始时刻（即 $t=0$）z、u、v 为已知值，一般可令 $u=v=0$，z 则由已知边界值进行内插得到。

上述交错格点显式差分法的稳定条件为

$$\Delta t\leqslant\Delta x/\sqrt{2gH_{\max}} \tag{5.99}$$

具体求解的程序步骤是：对于 $n+1$ 时段，首先根据式（5.97）求出 z^{n+1}，其次由式（5.98a）计算出 u^{n+1}；然后由式（5.98b）计算出 v^{n+1}，如此重复上述步骤，直到计算出 $n+1$ 时段全部网格点的水位、流速；将该时段的结果作为下一时段的初始值，又可计算出下一时段的水位、流速。这样即可计算得各处的水位、流速变化过程。

5.3.2.3　平面二维水质模型的差分解法

对于水平二维水质迁移转化基本方程（5.92），令式中的源漏项 $\sum S_i=-Kc+S_0$，此处的 K 为衰减系数；S_0 表示外部源。从而式（5.92）转化为

$$\frac{\partial(cH)}{\partial t}+\frac{\partial(ucH)}{\partial x}+\frac{\partial(vcH)}{\partial y}=\frac{\partial}{\partial x}\left(E_xH\frac{\partial c}{\partial x}\right)+\frac{\partial}{\partial y}\left(E_yH\frac{\partial c}{\partial y}\right)-KHc+S_0H \tag{5.100}$$

按图 5.15 差分网格对式（5.100）各项进行差分，有

$$\frac{\partial(Hc)}{\partial t}=\frac{\Delta(Hc)_{i,j}}{\Delta t}=\frac{1}{\Delta t}[(Hc)^{n+1}_{i,j}-(Hc)^n_{i,j}]$$

$$\frac{\partial(uHc)}{\partial x}=\frac{\Delta(uHc)^n}{\Delta x}=\frac{1}{\Delta x}\left\{\frac{1-\gamma_1}{2}[(uHc)^n_{i+1,j}-(uHc)^n_{i,j}]+\frac{1+\gamma_1}{2}[(uHc)^n_{i,j}-(uHc)^n_{i-1,j}]\right\}$$

$$\frac{\partial(vHc)}{\partial y}=\frac{\Delta(vHc)^n}{\Delta y}=\frac{1}{\Delta y}\left\{\frac{1-\gamma_2}{2}[(vHc)^n_{i,j+1}-(vHc)^n_{i,j}]+\frac{1+\gamma_2}{2}[(vHc)^n_{i,j}-(vHc)^n_{i,j-1}]\right\}$$

$$\frac{\partial}{\partial x}\left(E_xH\frac{\partial c}{\partial x}\right)=\frac{\Delta}{\Delta x}\left(E_xH\frac{\Delta c}{\Delta x}\right)^n$$

$$=\frac{1}{\Delta x}\left[\frac{E_{xi,j}(H^n_{i+1,j}+H^n_{i,j})(c^n_{i+1,j}-c^n_{i,j})}{2\Delta x}-\frac{E_{xi-1,j}(H^n_{i,j}+H^n_{i-1,j})(c^n_{i,j}-c^n_{i-1,j})}{2\Delta x}\right]$$

$$\frac{\partial}{\partial y}\left(E_yH\frac{\partial c}{\partial y}\right)=\frac{\Delta}{\Delta y}\left(E_yH\frac{\Delta c}{\Delta y}\right)^n$$

$$=\frac{1}{\Delta y}\left[\frac{E_{yi,j}(H^n_{i,j+1}+H^n_{i,j})(c^n_{i,j+1}-c^n_{i,j})}{2\Delta y}-\frac{E_{yi,j-1}(H^n_{i,j}+H^n_{i,j-1})(c^n_{i,j}-c^n_{i,j-1})}{2\Delta y}\right]$$

$$KHC=KH^n_{i,j}c^n_{i,j}$$

$$S_0H=S^n_{0i,j}H^n_{i,j}$$

将以上各差分项代入式（5.100），并整理得

$$c_{i,j}^{n+1}=\frac{H_{i,j}^{n}}{H_{i,j}^{n+1}}c_{i,j}^{n}-\frac{\Delta t}{\Delta xH_{i,j}^{n+1}}\Delta(uHc)^{n}-\frac{\Delta t}{\Delta yH_{i,j}^{n+1}}\Delta(vHc)^{n}+$$

$$\frac{\Delta t}{H_{i,j}^{n+1}}\left[\frac{\Delta}{\Delta x}\left(E_xH\frac{\Delta c}{\Delta x}\right)^{n}+\frac{\Delta}{\Delta y}\left(E_yH\frac{\Delta c}{\Delta y}\right)^{n}\right]-\frac{H_{i,j}^{n}\Delta t}{H_{i,j}^{n+1}}(Kc_{i,j}^{n}-S_{0i,j}^{n})\tag{5.101}$$

其中

$$\gamma_1=\begin{cases}1, & u_{i,j}>0\\-1, & u_{i,j}<0\end{cases};\gamma_2=\begin{cases}1, & v_{i,j}>0\\-1, & v_{i,j}<0\end{cases}\tag{5.102}$$

差分方程式（5.101）的稳定条件为

$$\Delta t\leqslant\min\left[\frac{1}{\sum_{i=1}^{2}a_i},\frac{\sum_{i=1}^{2}a_i}{(\sum_{i=1}^{2}b_i)^2}\right]\tag{5.103}$$

其中

$$a_1=\frac{2E_x+|u|\Delta x}{\Delta x^2},a_2=\frac{2E_y+|v|\Delta y}{\Delta y^2},b_1=\frac{u}{\Delta x},b_2=\frac{v}{\Delta y}$$

在应用差分方程（5.101）的计算过程中注意以下几点：

（1）外部源。其表达式为

$$S_{0i,j}^{n}=\frac{W_{i,j}^{n}}{\Delta x\Delta yH_{i,j}^{n}}\tag{5.104}$$

式中：$W_{i,j}^{n}$为网格（i，j）处的排污口在$n\Delta t$时刻的排放强度。

（2）初始条件。可按$c_{i,j}^{0}=0$给定。

（3）边界条件。在闭边界上，浓度通量规定为零；在开边界上，当水流流出边界时，边界处浓度值用纯对流方程$\partial c/\partial t+U_n(\partial c/\partial l)=0$（$U_n$为边界垂直的法向流速，代表$u$或$v$，$l$代表$x$或$y$）的差分形式解算，当水流流入计算边界时，边界上的浓度值由实测值或规划值给定，或近似按前一时刻的边界浓度值的某个比例取值，可按具体水质计算的目的而定。

下面以某城市的一个浅水湖泊的水质计算为例进一步学习。

【例 5.2】 某城市中有一浅水湖泊，如图 5.16 所示。湖盆呈浅碟形，集水面积 21.90km^2，湖长约 5.10km，平均湖宽 0.90km，平均水深 1.35m。该湖是市政污水的接纳地，图中箭头所示之处为规划的两个排污口，测点 1 排放口的 BOD_5 规划排放强度为 34.4g/s；另一排放口的排放强度为 2.4g/s。需要预测规划的 BOD_5 排放情况对湖水水质的影响程度。

解：根据该湖水域的地形图以及水位、流量、流速监测资料，利用式（5.97）、式（5.98）对湖水自然流动和考虑风生流作用的流场进行了模拟，在此基础上，利用式（5.101）预测了规划排污情况下水质的浓度场。

水流计算时，开边界上的水位由测点 1、5 处的水位观测值提供，考虑显式差分

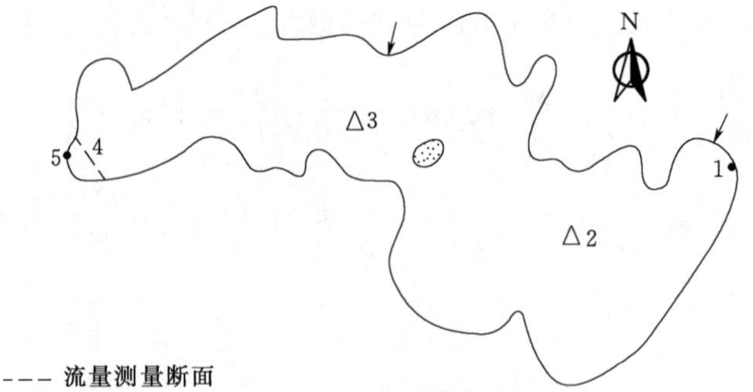

图 5.16　湖泊形状与测点位置

体系应满足稳定条件式（5.99）等要求，取空间步长 $\Delta x=\Delta y=110$m，时间步长$\Delta t=20$s。另外根据模型计算值与测点处流速记录值的拟合情况，试算得到 $\xi_x=\xi_y=8\text{m}^2/\text{s}$，谢才系数 $C=26.28\text{m}^{1/2}/\text{s}$。

湖水流动情况的模拟分自然流动与有风作用的流动。前者是基本的、常见的情况；后者是比较异常的情况，假设为西北风，风向北偏西 67°，湖面 10m 高空处风速 6.5m/s，且持续时间较长。计算风应力时采用式（5.91）中 τ_x、τ_y的计算公式。其中空气密度 $\rho_a=1.25\times10^{-3}\text{g/cm}^3$，风阻力系数 $C_a=2.56\times10^{-3}$。对两种情况都作了模拟计算，如图 5.17 所示为自然流动情况的模拟结果。表 5.5 是流速、流量实测值与模型模拟计算值的比较，可见计算拟合的情况是比较好的。

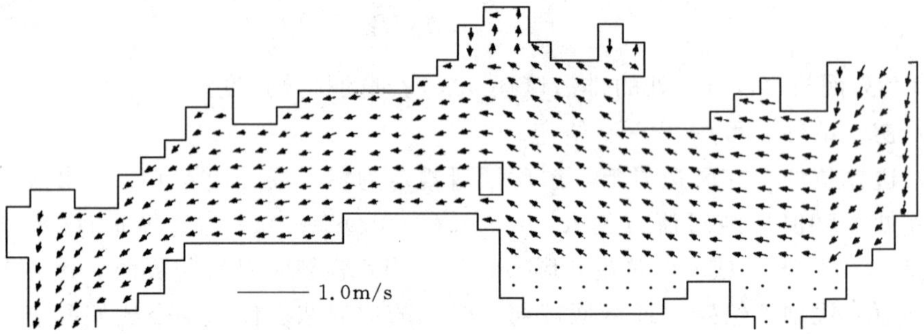

图 5.17　湖水自然流动情况的模拟

表 5.5　　流速、流量计算值与实测值的拟合情况

类别 \ 测点	2* /(m/s)	3* /(m/s)	4* /(m³/s)
实测值	0.10	0.12	98.0
计算值	0.09	0.11	94.0

注　2*、3* 为测速点，4* 为测流断面。

浓度场计算，考虑其显式差分体系应满足稳定条件式（5.103）的要求和流场计算情况，空间步长与水流计算时相同，即 $\Delta x=\Delta y=110$m，时间步长取 $\Delta t=60$s；点 $(i,\ j)$ 处的污染源强度为 $S_{0i,j}=W_{i,j}/(\Delta x\Delta yH)$，其中 $W_{i,j}$为污染物 BOD_5 排放强度，根据规划，测点1处排放口的为34.4g/s、另一排放口的为2.4g/s；降解系数 $K_1=0.25d^{-1}$；扩散系数按下式计算：

$$E_x=5.93\sqrt{g}H|u|/c;E_y=5.93\sqrt{g}H|v|/c$$

湖水 BOD_5 浓度情况的计算也分自然流动与有风作用的流动两种情况，图5.18是自然流动情况下的浓度增值场，由图可见规划中的排污口对湖水的影响程度，在排污口附近 BOD_5 浓度将增加0.25～0.32mg/L，大部分水域将增加0.13～0.18mg/L。对于有风力作用的情况，排污口影响的范围有些扩大，但对大部分水域则影响很小。

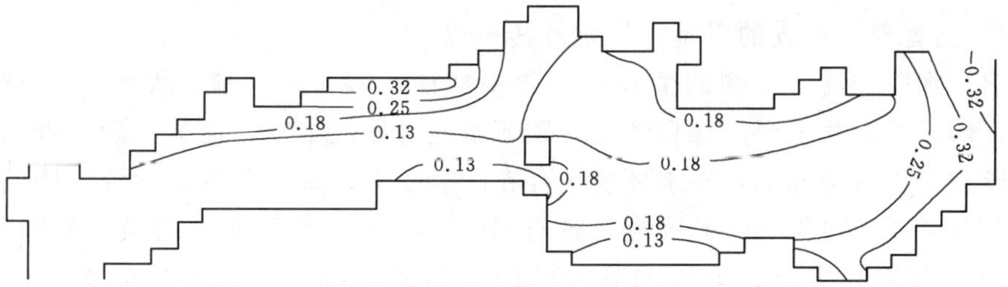

图5.18　自然流动情况下的BOD浓度增值场

5.3.3　湖泊、水库富营养化数学模型

5.3.3.1　湖泊、水库富营养化与危害

富营养化是某些营养物质在湖泊、水库水体中积累过多，导致生物，特别是浮游生物（主要是藻类）异常增加，使水环境严重恶化的过程。理论上讲，富营养化在任一水生生态系统内都有可能发生，但实际上主要出现在湖泊、水库、河口、海湾等流速缓慢的较封闭水域。富营养化的最显著特征是水面藻类（主要是蓝藻、绿藻）异常增殖，成片成团地覆盖在表面层。其中出现在湖面上的称为“水华”或“湖靛”，出现在海湾水面上的称为“赤潮”。

富营养化程度严重的湖泊、水库，由于浮游植物和低级水生物的大量繁殖，既恶化水体的感官性状，增加水利用的处理成本，又会引起水体短时间内缺氧，造成鱼类窒息死亡。此外，鱼类的排泄物及浮游植物的残骸等，与入湖泥沙不断堆积于湖底，易使湖泊变浅，日积月累，将转化为沼泽，从而加速湖泊衰亡过程。所以说，湖泊的富营养化，将影响湖泊资源的合理利用，尤其威胁到湖泊的寿命。湖泊富营养化由于其发展快、危害大、处理难、恢复慢，已成为国内外广泛关注的全球性水污染问题之一。

富营养化现象是非常复杂的，其判别与预测，需要采用多个主要的指标来衡量，才能反映富营养化的不同状态。例如，美国环保局（USEPA），根据水体营养物浓度、藻类的叶绿素浓度、透明度和溶解氧饱和度等指标来划分水体的营养状态，见表5.6。我国在《地表水资源质量评价技术规程》（SL 395—2007）中，按照总磷、总氮、叶绿素a、高锰酸盐指数和透明度5个参数评价湖泊、水库的富营养状态。方法是：①根据各个参数值查规范中的表，得各参数的营养状态指数 E_i；②按式（5.105）计算综合的营养状态指数 EI；③按 EI 值再查规范中的表，即可确定水体的营养状态。

表 5.6　　　　　　　　水体营养状态划分

参数＼类型	贫营养	中营养	富营养
总磷浓度/(mg/L)	<0.01	0.01～0.02	>0.02
叶绿素 a 浓度/(μg/L)	<4	4～10	>10
塞克板透明度/m	>3.7	2.0～3.7	<2.0
溶解氧饱和度/%	>80	10～80	<10

5.3.3.2　富营养化形成的限制性物质及其来源

湖泊、水库中浮游生物的生长，必须摄取碳、磷、氮、硫、钾等 20 余种元素，其中碳、磷、氮尤为重要。在自然界，碳元素通常比较丰富，而氮、磷两种元素的含量相对较少。正常情况下，淡水环境中存在的碳、氮、磷元素的化学计量比例大约为 106C∶16N∶1P。可见氮、磷元素的现存量较少。按照生物生长的最小量限制定律，可以认为浮游生物生长、繁殖的制约性因素是氮与磷，尤其是磷元素。弗莱威特（Vollenweider）在总结国际经济合作和发展组织（OECD）的研究成果后指出：80%的湖泊、水库的富营养化是受磷元素制约的，大约 10%的富营养化与氮、磷元素直接相关，余下 10%与氮和其他因素有关。

氮的来源主要有：

（1）大气层。大气层中约有 3.8×10^{12} t 的气态氮，可为生物体的固氮菌直接吸收利用，是淡水体的重要氮源之一。

（2）农业排水。如今农民大量使用人造无机肥料氨氮（如 NH_4NO_3）进行农田施肥，受暴雨冲刷、渗透作用，这部分肥料将有约 30%的氮化合物进入水域，由于农用化肥量大、面广，是湖泊水体的最主要氮源。

（3）工业废水。有些行业，如有机物加工业、使用固氮剂的行业等，其废水中氮的含量也是很高的。

（4）生活污水及废弃物。据调查估计人均每天将通过生活污水的方式产生 11g 的氮，它们中的大部分将进入附近的河流、湖泊等水体。

磷的来源主要有：

（1）磷属于地质类元素，通过地球化学的淋溶、侵蚀作用，进入水体，其过程很慢。

（2）湖泊中人工养鱼所投入的饵料中，含有较高的磷，同时也含有氮，是湖泊水体中磷的主要来源之一。

（3）成年人每天新陈代谢所产生的磷含量人均约达 2g，其中，因使用肥皂及洗涤剂而产生的磷是湖泊水体磷的最主要来源。

（4）磷肥和有些农药中含有的磷元素，有相当一部分未被生物吸收，暴雨时，随径流、泥沙注入河流、湖泊。湖泊水体中的营养物氮主要来自农业排水，属面源；磷主要来自生活污水，属点源。因此，在湖泊富营养化控制过程中，控制磷的输入比控制氮的输入要容易一些。又由于湖泊水体中，一般磷的含量比氮的含量小，因此，通常又将磷作为湖泊、水库富营养化的最主要的限制性物质。

湖泊富营养化成为水质污染的重大问题以后，富营养化的模型化研究在国际上迅速发展起来。20 世纪 70 年代初期，世界各地纷纷开展了大规模的湖泊富营养化调查，积累了大量的湖泊富营养化基础资料。这类资料基本包括湖泊年平均的总磷浓度、叶绿素浓度等。专家们在分析资料的同时，建立了一系列的富营养化模型。富营养化模型又可分为两种：一种是以磷元素为代表的单一营养物质负荷模型；另一种是藻类生物量与营养物质负荷量之间的相关模型。

5.3.3.3 富营养化的磷负荷模型

如前所述，磷是绝大多数湖泊富营养化形成的最关键性的限制物质。因此，在研究湖泊富营养化过程中，必须研究磷在湖水中的演化特性，从而与湖泊富营养化建立某种关系，借以判别和预测湖泊富营养化的程度。

1. 弗莱威特（Vollenweider）模型

描述富营养化过程的第一个模型是由加拿大著名的湖泊专家弗莱威特于 1968—1975 年提出的。这个模型假定湖泊是完全混合型的、富营养化状态只与湖泊的营养物负荷有关。在这种条件下，可由质量平衡原理写出磷量变化方程为

资源 5.6

$$V\frac{\mathrm{d}P}{\mathrm{d}t}=W_{Pt}-K_3^P VP-QP \tag{5.105a}$$

式中：P 为湖水总磷的平均浓度，mg/L；V 为湖水容积，m^3；t 为时间，a；W_{Pt} 为年入湖的磷元素总量，g/a；K_3^P 为磷的沉降速率系数，a^{-1}；Q 为出湖流量，m^3/a。

由上式解得总磷浓度随时间的变化：

$$P_t=\frac{W_{Pt}}{(\rho_w+K_3^P)V}-\left(\frac{W_{pt}}{(\rho_w+K_3^P)V}-P_0\right)\mathrm{e}^{-(\rho_w+K_3^P)t} \tag{5.105b}$$

式中：P_t、P_0为湖泊、水库 t 时和起始时的总磷浓度，mg/L；$\rho_w=Q/V=1/T$，称冲刷系数，a^{-1}；$T=V/Q$，称入湖径流量在湖中的滞留时间，a。

式（5.105a）的稳态解（$\mathrm{d}P/\mathrm{d}t=0$）为

$$P=\frac{P_I}{1+K_3^P T} \tag{5.106}$$

式中：P_I为入湖径流的总磷浓度，mg/L。

如果入湖径流的磷浓度用面积负荷率 L 来表示，$L=W_{pt}/A_s$，代入式（5.106），得

$$P=\frac{L}{\overline{H}/T+\overline{H}K_3^P} \tag{5.107}$$

式中：P 为湖水的总磷浓度，$\mathrm{g/m^3}$；L 为入湖总磷的面积负荷率，$\mathrm{g/(m^2\cdot a)}$；A_s为湖泊、水库的水面面积，$\mathrm{m^2}$；$\overline{H}$为湖泊、水库的平均水深，m。

弗莱威特用经验的方法得到$\overline{H}/T\ll1$ 情况下的一组磷的基本负荷 $L(0)$，然后利用式（5.107），得到一组磷负荷率与$\overline{H}/T$ 的关系线，如图 5.19 所示。图中最上面的一条曲线称危险极限曲线，当磷负荷超过该线时即可能发生富营养化；最下面一条曲线称允许极限曲线，当磷负荷低于该线时即湖泊为贫营养；两线之间为正常营养状

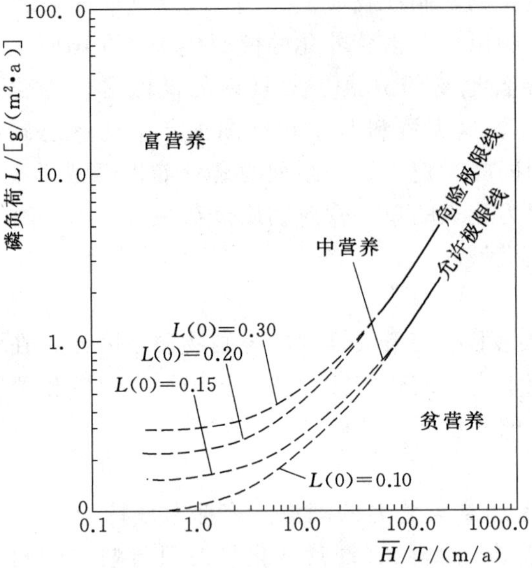

图5.19　湖泊营养状态分区图

态。危险极限曲线的 $L(0)$ 是允许极限曲线的2倍。

只要已知一个湖泊、水库的 $\overline{H}$ 与 T，由图5.19就可查得给定情况下磷的危险负荷和允许负荷。把湖泊的实际磷负荷与危险和允许负荷对照，以此来判别湖泊的营养状况以及求得为控制湖泊富营养化进程所应削减的磷负荷。

2. 迪隆（Dillon）模型

迪隆模型是弗莱威特模型的进一步发展，是由弗莱威特和迪隆两人共同建立的更便于实用的模型。在式（5.105）～式（5.107）中，磷沉积系数 K_3^P 测定起来相当困难，他们经过大量的统计分析，发现磷滞留系数 RL 与磷沉积系数 K_3^P 有较好的相关关系，而且容易获得。因此，他们研究用 RL 计算弗莱威特模型中的 K_3^P，从而导出了一个新的总磷预测模型。

磷滞留系 RL 表示进入湖泊、水库的磷沉积滞留在这里的比例，据此可导出滞留系数计算式为

$$RL=\frac{K_3^P VP}{Q_I P_I}=\frac{K_3^P VP}{K_3^P VP+QP}=\frac{K_3^P}{K_3^P+\rho_w} \tag{5.108}$$

从而有

$$K_3^P=\frac{RL\rho_w}{1-RL} \tag{5.109}$$

将式（5.109）代入式（5.107），整理后得迪隆模型：

$$P=\frac{L(1-RL)}{\overline{H}\rho_w} \tag{5.110}$$

关于磷滞留系 RL 的计算，当湖泊、水库有实测资料时，RL 可用下式来求得

$$RL=1-\frac{\sum QP}{\sum Q_I P_I} \tag{5.111}$$

式中：Q、P 分别为湖泊、水库的出流量与出流量的总磷浓度；Q_I、P_I 分别为湖泊、水库的入流量与入流量的总磷浓度；$\sum Q_I P_I$、$\sum QP$ 分别为入、出湖磷量。

当资料不足时，可以采用由基钦尔-迪隆（Kitchner - Dillon）建立的经验公式计算：

$$RL=0.426\exp(-0.271q_s)+0.574\exp(-0.00949q_s) \tag{5.112}$$

式中：q_s 为水量的面积负荷率，等于入湖的年径流量除以湖泊表面积，$\mathrm{m^3/(m^2 \cdot a)}$。

用不同磷负荷的 $L(1-RL)$ 与 $\overline{H}/T$ 绘制图5.20。图中上面一条线是磷的危险浓度线，相应的磷浓度为0.02mg/L；下面一条线是磷的允许浓度线，相应的磷浓度为

0.01mg/L。当一个湖泊的$\overline{H}/T$确定后，利用图5.20可得到$L(1-RL)$的危险值和允许值，或根据预测的磷负荷判别未来可能出现的水体营养状态。下面进一步举例说明。

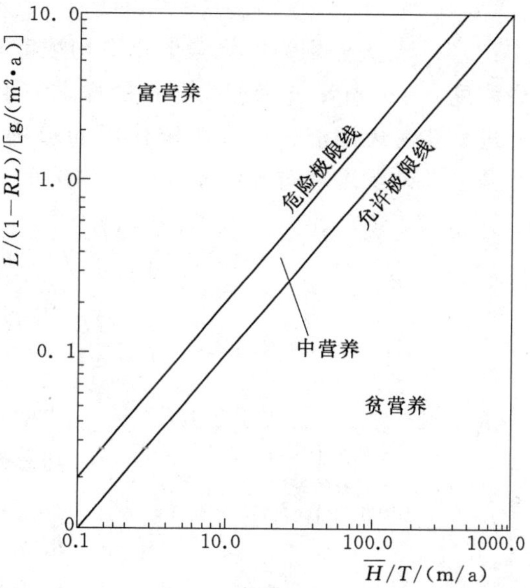

图5.20　湖泊营养状态分区图（迪隆模型）

【例5.3】 某水电工程环境影响评价中，要求对建库后水库水体的总磷浓度和是否会发生富营养化进行预测。

解：

（1）磷负荷。该水库建成后多年平均入库水量为47.51亿m^3，其总磷平均浓度为0.0153mg/L，由此算出总磷的年输入量为72.69t，该水库正常蓄水位1140m，相应库容为45.89亿m^3，水面面积77.6km^2，可以计算出该水库建成后总磷的面积负荷率为0.937g/(m^2·a)。

（2）冲刷系数ρ_w。把平均的年入库水量47.5亿m^3除以正常蓄水位的库容45.89亿m^3，得冲刷系数ρ_w为1.0351a^{-1}。

（3）滞留系数RL。由多年平均入库水量47.51亿m^3和水面面积77.6km^2，计算得水量的面积负荷率q_s=61.22m^3/(m^2·a)，代入式（5.112）得RL=0.321。

（4）水库平均水深$\overline{H}$。将正常蓄水位的相应库容为45.89亿m^3除以水面面积77.6km^2，得水库平均水深$\overline{H}$为59.14m。

（5）建库后水库水体的总磷浓度。将上面计算的有关参数代入式（5.110），计算得该水库水体总磷的多年平均浓度为

$$P=\frac{L(1-RL)}{\overline{H}\rho_w}=\frac{0.937\times(1.0-0.321)}{59.14\times1.0351}=0.01(\text{mg/L})$$

该值远小于0.02mg/L，因此，该处不会因建设水库而引起富营养化。

5.3.3.4 富营养化生物状态相关模型

湖泊水体中植物生物量浓度是指某时刻系统中单位水体所含植物的总质量或个数，是湖泊、水库营养状态的直接反映。生物量浓度与藻类浓度密切相关，常用叶绿素a的浓度C_{α}表示。C_{α}的模拟预测是研究水体富营养化的一项非常重要的内容。

叶绿素a的浓度C_{α}与湖泊水体中磷的浓度P有着非常紧密的关系，但在有些情况下，总氮浓度、水的流速大小和光照强弱也有重要影响。下面介绍几种比较有代表性的相关模型。

应用OECD综合资料建立总磷负荷与年平均叶绿素a浓度C_{α}及年峰值浓度相关方程为

$$c_{\alpha}=0.28P^{0.96},\quad n=22,\quad r=0.88 \tag{5.113a}$$

$$c_{\alpha,\max}=0.64P^{1.05},\quad n=50,\quad r=0.90 \tag{5.113b}$$

式中：c_{α}、$c_{\alpha,\max}$分别为叶绿素 a 年平均浓度和年峰值浓度，mg/m^3；P 为水体年平均总磷浓度，mg/m^3；n 为相关分析的样本容量；r 为相关系数。

进一步考虑湖泊、水库滞留作用的影响，利用 OECD 的浅水湖泊资料，建立冲刷系数、总磷浓度和与叶绿素 a 年平均浓度、年峰值浓度的相关方程为

$$c_{\alpha}=\frac{0.54P_I}{(1+\rho_w)^{0.72}},\quad n=22,\quad r=0.87 \tag{5.114a}$$

$$c_{\alpha,\max}=\frac{0.77P_I}{(1+\rho_w)^{0.86}},\quad n=21,\quad r=0.88 \tag{5.114b}$$

式中：ρ_w为冲刷系数，d^{-1}；P_I为入湖的年平均总磷浓度，mg/m^3。

迪隆和雷葛乐（Dillon 和 Rigler，1974）根据北美、欧洲和日本各种湖泊类型的资料分析得到：当系统中总氮浓度与总磷浓度之比 $N/P\geqslant 12$ 时，夏季平均叶绿素 a 浓度 c_{α} 基本受控于春季平均的总磷浓度 P_s，如图 5.21 所示。将武汉市东湖的资料也点绘在该图上，可见两者之间存在着很好的相关关系，其相关方程为

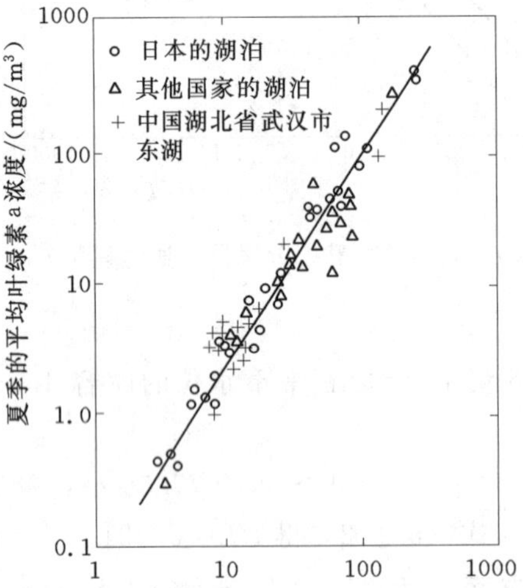

图 5.21　春季平均总磷浓度与夏季平均叶绿素 a 浓度关系

$$\lg c_{\alpha}=1.449\lg P_s-1.136 \tag{5.115}$$

史密斯（Smith，1981）考虑系统中总氮的浓度与总磷的浓度比 N/P 的影响，建立了与式（5.115）类似的由春季平均总磷浓度 P_s 预测夏季平均叶绿素 a 浓度 c_{α}的相关方程

$$\lg c_{\alpha}=1.55\lg P_s-b \tag{5.116}$$

其中

$$b=1.551\lg\frac{6.404}{0.0204(\mathrm{N/P})+0.334} \tag{5.117}$$

湖泊、水库富营养化已成当前湖泊、水库管理中比较普遍的水环境问题。由于富营养化物质来源途径广、数量大、比较分散，治理和控制甚为困难。因此，依据社会经济发展及早做出预测和系统防治是十分必要的。根据引起富营养化的机理，其治理与控制必须采取系统的技术与措施，才能取得优良的效果。这些措施主要有：①从源头削减氮、磷负荷，例如，加强农田管理，做好水土保持，鼓励生产和使用无磷洗涤剂，城镇生活污水和工业废水达标排放，实施截污工程等；②从水体内部加速氮、磷的转化和资源化，例如，促进水生生物繁殖增长并利用，通过食物链系统加速渔业发展，污水资源化，从而净化水体；③引江灌湖，稀释氮、磷浓度，加速污染物的排除，抑制藻类生长等。

思考题与习题

1. 影响河流、湖泊等水体温度变化的热平衡因素有哪些？试写出其热平衡方程。

2. 深型湖泊、水库春夏季节为什么会出现温度分层现象？它对水质分布有何影响？

3. 如何判别水库分层的强弱与类型？

资源 5.7

4. 水体与大气的热交换有哪三种形式？其净热通量如何以公式计算？

5. 试述特征线法求解河流一维水温迁移转化方程的基本原理和计算的程序步骤。

6. 简述建立水库水温垂向一维对流扩散方程的原理与方法。

资源 5.8

7. 结合水库水温垂向一维对流扩散方程，简述 MIT 水温模型数值计算方法的程序步骤。

8. Streeter - Phelps 建立河流 BOD - DO 水质模型（S - P 模型）中做了哪两项假定？如何由此导出 BOD、DO 沿流程变化的计算方程？

资源 5.9

9. 关于河流 BOD - DO 的 Dobbins - Camp 模型、Thomass 模型与 S - P 模型有何差异与联系？

10. O'Connon 河流 BOD - DO 模型有何特点？其基本关系式如何？

11. QUAL - Ⅱ河流水质综合模型可同时模拟预测哪些水质变量？这些变量间的关系如何？应按什么样的水质变量顺序解算其方程组？为什么？

资源 5.10

12. S - P 模型计算的溶解氧浓度有时会出现负值，是何原因？如何克服？

13. 简述水质模型多参数同时估算的基本思路、原理、步骤。

14. 写出梯度搜索法寻求 S - P 水质模型参数的程序框图，并说明如何使求解的参数为最优解？

资源 5.11

15. 结合湖泊平面二维水流、水质模型，写出其差分解法的程序框图。

16. 何谓水体的富营养化？为什么会出现富营养化？有何危害？应从哪些方面防治？

17. 如何应用质量平衡原理建立 Vollenweider 模型？和应用该模型预测湖泊是否属于富营养化？

18. 如何应用 Dillon 模型预测湖泊的总磷浓度和评价富营养化？

19. 按下述资料计算武汉地区某河段从大气接受的总的净热通量 φ_A。

（1）太阳辐射强度 I=42.0J/(cm^2・h)，其反射率 γ_s=0.06。

（2）水面上空 1.5～2.0 m 处的气温 T_a=18 ℃，大气辐射发射率 ε_a=0.80，大气辐射的反射率 γ_G=0.03。

（3）水面上空 1.5m 处的风速 $w_{1.5}$=1.2m/s，水汽压 e=13.3hPa。

（4）水面温度 T_s=15℃，大气压 P=980hPa，水体辐射修正系数 ε_w=0.97。

20. 试用水温垂向分布的幂函数经验公式法，根据下述资料预测某水库 6 月水温垂向分布：

（1）该水库 6 月蓄水深 45.0m，库底水温 11.5℃，5 月气温 29.5℃；

(2) 第 i 月水库温跃层温度 $T_{c,i}$ 与上月气温 $T_{a,i-1}$ 的关系为：$T_{c,i}=7.0+0.6T_{a,i-1}$，与第 i 月库表水温 $T_{0,i}$ 的关系为：$T_{c,i}=4.0+0.7T_{0,i}$，式中温度的单位为℃。

(3) 参数 $B=2.0$。

21. 某河流岸边有一排污口，河流较窄，污水在很短的距离内即可达到断面上均匀混合。排污口下游 30km 内无支流汇入，枯水流量 8.5m³/s，比较稳定，相应的过水断面面积为 7.6m²，平均水温 10.5℃。已知排污断面出流的河水 BOD 浓度为 18mg/L，氧亏为 0.91mg/L，当时的饱和溶解氧浓度为 10.71mg/L，耗氧系数 K_1、复氧系数 K_2 分别为 1.36d^{-1} 与 4.08d^{-1}。要求：

(1) 计算排污口以下的氧垂曲线。

(2) 该河段的溶解氧浓度要求不低于 4.5mg/L，那么排污是否需要处理？

22. 某河段平均流速 $u=17.5\text{km/d}$，水温 $T=21℃$，起始断面河水的 BOD、DO 浓度分别为 $L_0=25\text{mg/L}$，$O_0=8.5\text{mg/L}$，$K_1=0.3\text{d}^{-1}$，$K_2=0.4\text{d}^{-1}$，求临界溶解氧浓度 O_c 及其出现位置 x_c。

23. 某河段稳定流量 45600m³/d，上游断面 $L_0=12\text{mg/L}$，$O_0=8.43\text{mg/L}$，该河段 $K_1=0.12\text{d}^{-1}$、$K_2=0.34\text{d}^{-1}$、$K_3=0.06\text{d}^{-1}$，水温 $T=19.3℃$，试用 Thomas 模型计算从上断面起流动时间分别为 0、2d、4d、6d、8d、10d 的 BOD 浓度 L 和溶解氧浓度 O。

24. 已知某河段起始断面的 BOD 浓度 $b_0=20\text{mg/L}$、溶解氧浓度 $c_0=8.6\text{mg/L}$、饱和溶解氧浓度 $c_s=8.6\text{mg/L}$ 及各断面平均流速为 4km/h，其他实测数据见表 5.7。试用梯度法寻求参数 K_1、K_2 的最优值。

表 5.7　　各断面实测数据

断面号 (J)	1	2	3	4
断面距离/km	8	28	36	56
x_j/u/h	2	7	9	14
c_j^m/(mg/L)	8.5	7.0	6.1	7.2

25. 某水库为完全混合型水库，该库正常高水位下的蓄水容积为 30 亿 m³，相应的库面面积为 39km²，多年平均出库流量为 350m³/s，总磷平均年入库量为 550t/a，磷的沉降速率系数为 0.08a^{-1}，试按 Vollenweider 模型预测未来水库水体的含磷浓度为多少？

26. 某湖为完全混合型湖泊，其平均蓄水容积为 40 亿 m³，相应的湖面面积为 52km²，平均入、出湖流量为 300m³/s，总磷平均年流入量为 600t/a，试按 Dillon 模型预测未来该湖的含磷浓度为多少？会不会出现富营养化？

第 6 章

水环境质量评价

6.1 概　　述

水环境是一个统一的整体，是由水体、底质和水生生物三部分组成的，三者之间相互关联与影响。在进行水环境质量评价时，需要重视不同水体之间和水环境内各组成部分之间的相互关系。造成水体污染的任何污染物进入水体后都有其本身的运动规律和存在形式。它们在不同地区和不同水域中都有很大差别，进行水环境质量评价时，就需了解和掌握主要污染物在运动转化过程中可能产生的变化趋势。

6.1.1 水环境质量评价的类型

水环境质量评价工作的核心问题，是研究水环境质量的好坏，并以其是否适宜人类生存和发展作为判别的标准。就自然环境而言，地球表面不同地带及不同地区的水环境质量是有很大差异的，从热带到寒带，从湿润地区到荒漠地区，各地的环境质量（包括物理的、化学的及生物的质量）是不同的。一般来说，可将环境质量评价划分为回顾评价、现状评价和预断评价这三种类型。

1. 环境质量回顾评价

环境质量回顾评价是指对区域过去一定历史时期的环境质量，根据历史资料进行回顾性的评价。通过回顾评价可以揭示出区域环境污染与环境质量的发展变化过程。进行这种评价需要历史资料的积累，一般多在科研监测工作基础比较好的地区进行。

2. 环境质量现状评价

环境质量现状评价是我国各地普遍开展的评价形式。它一般是根据近三五年的环境监测资料进行的。通过这种形式的评价，可以阐明环境污染与环境质量的现状，为进行区域环境污染综合防治与管理等提供科学依据。

3. 环境质量预断评价

环境质量预断评价又称环境影响评价，它是指对区域的开发活动（如土地利用方式的改变等）对环境质量带来的影响进行评价。我国环保法规规定在新的大中型厂矿企业、水利水电工程、机场、港口、铁路干线及高速公路等建设以前，必须进行环境影响评价，并编制环境影响评价报告书，说明工程实施后给环境带来的影响。

6.1.2 水环境质量评价的程序

1. 水环境背景值调查

水环境背景值调查是指在未受到人为污染影响的状况下，确定水体在自然过程中原有的化学组成的调查。但目前难以找到绝对不受污染影响的水体，所以测得的水环境背景值实际上是一个相对值，可以此作为判别水体受污染影响程度的参考指标。

2. 确定水质监测及评价项目

通过污染源调查与评价，可确定水体的主要污染源、污染物质，从而确定水质监测及评价项目。

3. 水质监测

根据前两项工作的结论，结合水质评价目的、评价水环境的特点和影响水质的重要污染物质，制定监测方案并进行监测。

4. 确定评价标准

根据水体功能要求，选定合适的环境质量评价标准。

5. 分析与评价

应用数学模型将水质监测及预测结果与评价标准进行对照分析和水质评价。

6. 评价结论

根据计算结果进行水质优劣分级，提出评价结论。

可见，水环境质量评价涉及的内容和影响因素很多。一般来说，完整的水环境质量评价应包括水体质量评价、底质质量评价和水生生物质量评价这三个方面的评价。限于篇幅，本章仅介绍水环境质量评价的几个主要方面，包括：水环境质量评价标准和准则、污染源调查和评价、水体质量评价、底质与水生生物质量评价以及水环境影响评价。

6.2 水环境质量评价标准和准则

进行水环境质量评价，必须建立起一套既能体现出人类社会生存发展的需要，又能具体衡量水环境对于人类社会生存发展需要满足程度的指标体系和指标限制值，并以此作为现阶段水环境质量评价的标准和依据。水环境评价标准是国家和地方水环境保护的目标和方向，是水环境管理的基础。我国现行水环境质量评价标准主要有《地表水环境质量标准》（GB 3838—2002）、《地下水质量标准》（GB/T 14848—2017）、《海水水质标准》（GB 3097—1997）、《渔业水质标准》（GB 11607—89）以及《农田灌溉水质标准》（GB 5084—2005）等，下面简要介绍《地表水环境质量标准》（GB 3838—2002）和《地下水质量标准》（GB/T 14848—2017）。但是，要对水环境的质量进行全面系统的评价，还必须考虑底泥和水生态方面的状况，为此，简要介绍这方面的主要评价指标和准则。

6.2.1 《地表水环境质量标准》（GB 3838—2002）

1. 主要内容与适用范围

（1）主要内容。为贯彻《中华人民共和国环境保护法》和《中华人民共和国水污染防治法》，防治水污染，保护地表水水质，保障良好的生态系统，国家制定和颁布实施《地表水环境质量标准》（GB 3838—2002）。

该标准的项目主要包括：地表水环境质量标准基本项目、集中式生活饮用水地表水源地补充项目和集中式生活饮用水地表水源地特定项目。按照地表水环境功能分类和保护目标，规定了水环境应控制的项目、限值以及水质评价、水质项目的分析方法和标准的实施与监督等。

该标准项目共计109项，其中地表水环境质量标准基本项目24项，集中式生活饮用水地表水源地补充项目5项，集中式生活饮用水地表水源地特定项目80项。

(2) 适用范围。地表水环境质量标准基本项目适用于中华人民共和国领域内江河、湖泊、运河、渠道、水库等具有使用功能的地表水水域；具有特定功能的水域，执行相应的专业用水水质标准。

地表水环境质量标准基本项目适用于全国江河、湖泊、运河、渠道、水库等具有使用功能的地表水水域。集中式生活饮用水地表水源地补充项目和特定项目，适用于集中式生活饮用水地表水源地一级保护区和二级保护区。

与近海水域相连的地表水河口水域根据水环境功能按本标准相应类别标准值进行管理，近海水功能区水域根据使用功能按《海水水质标准》(GB 3097—1997) 相应类别标准进行管理。

批准划定的单一渔业水域按《渔业水质标准》(GB 11607—89) 进行管理；处理后的城市污水与城市水质相近的工业废水用于农田灌溉用水的水质按《农田灌溉水质标准》(GB 5084—2005) 进行管理。

2. 水域环境功能和标准分类

水域环境功能：依据地表水水域环境功能和保护目标，按功能高低依次划分为五类，见表6.1。

表6.1 地表水环境功能分类

类别	主要功能
Ⅰ	主要适用于源头水、国家自然保护区
Ⅱ	主要适用于集中式生活饮用水地表水源地一级保护区、珍稀水生生物栖息地、鱼虾类产卵场、仔稚幼鱼的索饵场等
Ⅲ	主要适用于集中式生活饮用水地表水源地二级保护区、鱼虾类越冬场、洄游通道、水产养殖区等渔业水域及游泳区
Ⅳ	主要适用于一般工业用水区及人体非直接接触的娱乐用水区
Ⅴ	主要适用于农业用水区及一般景观要求水域

水域环境功能与水质标准：对应地表水上述五类水域功能，将地表水环境质量标准基本项目标准值分为五类，不同功能类别分别执行相应类别的标准值。水域功能类别高的标准值严于水域功能类别低的标准值。同一水域兼有多类使用功能的，执行其中最高功能类别对应的标准值。

3. 评价项目的标准限值

地表水环境质量标准基本项目的标准限制见表1.2。

4. 水质分析方法

该标准规定的项目标准值，要求水样采集后自然沉降30min，取上层非沉降部分按规定方法进行分析。分析方法应优先选用本标准中规定的方法，见表6.2，也可采用ISO方法体系等其他等效分析方法，但须进行适用性检验。

表6.2 地表水环境质量标准部分基本项目的分析方法

序号	项 目	分析方法	最低检出线/(mg/L)	方法来源
1	水温	温度计法		GB 13195—91
2	pH值	玻璃电极法		GB 6920—86
3	溶解氧	碘量法	0.2	GB 7489—87
		电化学探头法		GB 11913—89
4	高锰酸盐指数		0.5	GB 11892—89
5	化学需氧量	重铬酸盐法	10	GB 11914—89
6	五日生化需氧量	稀释与接种法	2	GB 7488—87
7	氨氮	纳氏试剂比色法	0.05	GB 7479—87
		水杨酸分光光度法	0.01	GB 7481—87
8	总磷	钼酸铵分光光度法	0.01	GB 11893—89
9	总氮	碱性过硫酸钾消解紫外分光光度法	0.05	GB 11894—89

5. 水质评价

地表水环境质量评价应根据应实现的水域功能类别，选取相应类别标准，进行单因子评价。评价结果应说明各项水质达标情况，超标的应说明超标项目和超标倍数。

丰、平、枯水期特征明显的水域，应分水期进行水质评价。

集中式生活饮用水地表水源地水质评价的项目应包括本标准中的基本项目、补充项目以及由县级以上人民政府环境保护行政主管部门选择确定的特定项目。

6.2.2 《地下水质量标准》(GB/T 14848—2017)

1. 主要内容与适用范围

(1) 主要内容。地下水质量标准规定了地下水的质量分类，以及地下水质量监测、评价方法和地下水质量保护等方面的内容。

(2) 适用范围。该标准适用于一般地下水，不适用于地下热水、矿水、盐卤水。

2. 地下水质量分类

依据我国地下水水质现状、人体健康基准值及地下水质量保护目标，并参照生活饮用水、工业用水、农业用水水质最高要求，将地下水划分为五类。见表6.3。

3. 地下水水质监测

地下水水质监测的基本要求如下：

(1) 各地区应对地下水水质进行定期检测，检测方法按国家标准《生活饮用水标准检验方法》(GB 5750—2006) 执行。

表 6.3 地下水质量分类

类别	功能
Ⅰ	主要反映地下水化学组分的天然低背景含量，适用于各种用途
Ⅱ	主要反映地下水化学组分的天然背景含量，适用于各种用途
Ⅲ	以人类健康基准值为依据，主要适用于集中式生活饮用水水源及工农业用水
Ⅳ	地下水化学组分含量较高，以农业和工业用水要求为依据，除适用于农业和部分工业用水外，适当处理后可作生活饮用水
Ⅴ	不宜饮用，其他用水可根据使用目的选用

(2) 各地区地下水监测部门，应在不同质量类别的地下水域设立监测点进行水质监测，监测频率不得少于每年两次（丰、枯水期）。

(3) 监测项目为：pH 值、氨氮、硝酸盐、亚硝酸盐、挥发性酚类、氰化物、砷、汞、铬（六价）、总硬度、铅、氟、镉、铁、锰、溶解性总固体、高锰酸盐指数、硫酸盐、氯化物、大肠菌群以及反映本地区主要水质问题的其他项目。

4. 地下水质量评价

地下水质量评价以地下水水质调查分析资料或水质监测资料为基础，评价方法分为单项组分评价和综合评价两种。采用单项组分评价地下水质量时应遵循以下原则：

(1) 按本标准所列分类指标划分为五类，代号与类别代号相同。

(2) 不同类别标准值相同时，从优不从劣。

(3) 使用两次以上的水质分析资料进行评价时，可分别进行地下水质量评价，也可依据具体情况，使用全年平均值和多年平均值或分别使用多年的枯水期、丰水期平均值进行评价。如挥发酚类Ⅰ类、Ⅱ类标准值均为 0.001mg/L，若水质分析结果为 0.001mg/L 时，应定为Ⅰ类，不定为Ⅱ类。

单项组分评价方法与地表水单项水质参数评价方法相同。

6.2.3 底泥环境质量评价准则

底泥是地表水体的重要组成部分之一。水体污染物在物理和化学等作用下，通过吸附、絮凝、沉降，可以与水相中的泥沙一起沉淀在底泥中。在这一复杂过程中，会使水相中的污物浓度降低，同时可使底泥中污物含量在累积过程中达到相当可观的数值。因此，底泥是水体污染物重要的归宿之一，常被人们称为“指示剂”。过去，为了评价底泥的污染程度，多采用背景值加标准差等方法来确定评价标准，但目前仍有不少争议，主要问题在于这些评价标准不是采用毒理学等方法研究制定的。国家目前尚未正式颁布底泥质量标准。尽管如此，国内一些学者对底泥质量标准制定方法进行了研究，一般应遵循下列几项原则。

(1) 对水生生物不会引起急性、亚急性和慢性中毒，也不会产生潜在性的危害；不破坏水体的生态平衡。

(2) 对生物不会产生间接的危害，不会影响水产品的品质和产品价值。

(3) 不会产生不良的感官性状，不会引起人们的厌恶感。

(4) 各种污染物不会通过食物链进一步影响人畜的健康。

（5）不会导致物品的污染，引起流行病的发生。

由于底泥中的污染物相当复杂，一般依据我国国情和技术状况，多选择对底泥影响较严重的几类污染物作为评价项目，主要有：重金属（汞、镉、铅、砷、铬、镍和锌），有机物（COD、BOD 等），感官质量（色觉、嗅觉和味觉，油类、浮渍等漂浮物和水生生物），理化特性（温度、pH 值）等。在生物种类和生物学指标的选择中，着重选择敏感生物（如青鱼、草鱼、鲢鱼等温水性鱼类）和指示生物两种类型。

在实际工作中，常用污染指数 P_i 对底泥质量的污染级别进行分类：

$$P_i=\frac{C_i}{C_s} \tag{6.1}$$

式中：C_i 为某污染物的实测值，mg/L；C_s 为某污染物的对照值，mg/L。

依 P_i 或其平均值$\overline{P}_i$，将底泥质量划分为 5 类，以与地表、地下水质量标准相统一，见表 6.4。

表 6.4　　底泥质量的污染指数法分类

$\overline{P}_i$ 分值	$0\leqslant\overline{P}_i<1.0$	$1.0\leqslant\overline{P}_i<2.0$	$2.0\leqslant\overline{P}_i<3.0$	$3.0\leqslant\overline{P}_i<4.0$	$4.0\leqslant\overline{P}_i<5.0$
级别	Ⅰ	Ⅱ	Ⅲ	Ⅳ	Ⅴ

6.2.4　水生生物质量评价准则

水体中的水生生物与水环境有着密切的关系。进入水体的各种物质都直接或间接地影响生活在该环境中的生物，产生一系列的生物效应，这种效应在生态系统、群落、种群、个体中均有体现。水生生物学评价可以反映出污染物在生物体内的积累情况，从而反映出人们在利用水生生物时可能对人类产生的影响。目前水生生物学的评价尚无统一评价标准。一般通过对底栖生物和鱼类、贝类、藻类等的残毒分析或根据食品卫生标准中涉及汞、镉、铬、铜、铅、锌和农药等在生物体内容易积累的物质的分析进行水生生物学的评价。下面介绍一种从五个方面进行评价的方法。

1. 底栖动物的群落结构参数 D_j

对于未受过污染的自然状态下的水体，生物种类多，数目协调。对受到污染的水体，种类减少，特有种的个体异常增多，群落结构趋向简单。生物的多样性一般用香农（Shannon）指数 d_j 来反映，即

$$d_j=-\sum_{i=1}^{s}\frac{n_i}{N}\lg\frac{n_i}{N} \tag{6.2}$$

式中：d_j 为香农多样性指数；s 为种类数；N 为个体总数；n_i 为第 i 种生物的个体数。

为使取值符合生态质量评价要求，底栖动物的群落结构参数 D_j 取为香农指数的倒数：

$$D_j=\frac{1}{d_j} \tag{6.3}$$

2. 残毒系数 Q_j

水体中生物富集毒物基本途径为：污染物⇒饵料生物⇒鱼类。所以通过鱼类残毒分析可以看出造成水质污染的原因及生物链对毒物的富集程度。残毒系数可以反映在不同河段（地点）生态系统的污染强度，定义为

$$Q_j = \sum_{i=1}^{s} \frac{A_{ji}}{\min A_{ji}} \tag{6.4}$$

式中：Q_j为j河段的残毒系数；s为参与评价的污染物种类数；A_{ji}为j河段i毒物的实测值；$\min A_{ji}$为对照点的最小值。

3. 腐生生物量比率F_j

该参数是以有机腐性残渣为食的异养细菌微生物的生物量的相对值，其数量与有机污染、生活污染均有极密切的关系，定义为

$$F_j = \frac{G_j}{\overline{G}} \tag{6.5}$$

式中：G_j为j断面细菌生物量；$\overline{G}$为各断面细菌生物量均值。

4. 细菌密度系数A_j

细菌个体数量的多少一般情况下是反映水体有机污染程度相当敏感的指标。有机污染轻，细菌个体数量少；有机污染重，个体则多，反映水体由自养型向异养型转化，定义为

$$A_j = \frac{C_j}{\overline{C}} \tag{6.6}$$

式中：A_j为j断面细菌密度系数；C_j为j断面细菌密度；$\overline{C}$为各断面细菌密度均值。

5. 腐生系数R_j

一般选用浮游藻类代表自养生物，细菌总数代表异养生物。

在单位水体中，如果营腐食性生活的细菌微生物的数量大于营自养生活的植物藻类，则认为该水体已在相当程度上属异养水体，它是受到污染的一个重要指标，可用腐生系数表示：

$$R_j = \frac{C_j}{B_j} \tag{6.7}$$

式中：R_j为j断面的腐生系数；C_j为j断面细菌密度；B_j为j断面浮游藻类密度。

有了上述5个参数，求其模数用以标度水环境生态质量，即

$$E_i = \sqrt{D_j^2 + Q_j^2 + F_j^2 + A_j^2 + S_j^2} \tag{6.8}$$

由此，根据有关文献给出了水环境生态质量评价的5级分类，见表6.5。

表6.5　　水生态质量及等级划分

E值	$0<E<1$	$1\leqslant E<3$	$3\leqslant E<4$	$4\leqslant E<5$	$5\leqslant E$
生态质量等级	Ⅰ（优）	Ⅱ（良）	Ⅲ（轻污）	Ⅳ（中污）	Ⅴ（重污）

在实际工作中，如果缺乏一些资料和参数，也可采用香农多样性指数或其倒数对生态质量进行评价，与水体质量5类分级标准相统一的一种基于D_i的划分，见表6.6。

表6.6　　底栖动物多样性指数及其结构参数的水生态环境质量等级划分

多样性指数d_j	$d_j>5$	$3<d_j\leqslant 5$	$2<d_j\leqslant 3$	$1<d_j\leqslant 2$	$0<d_j\leqslant 1$
底栖动物群落结构参数D_j	$D_j<1/5$	$1/5\leqslant D_j<1/3$	$1/3\leqslant D_j<1/2$	$1/2\leqslant D_j<1$	$1\leqslant D_j$
水生态质量等级	Ⅰ（清水）	Ⅱ（清洁水）	Ⅲ（轻污）	Ⅳ（中污）	Ⅴ（重污）

6.3　污染源的调查与评价

6.3.1　污染源分类与调查

6.3.1.1　污染源与污染物

污染源是指对环境产生污染影响的污染物的来源，或污染物的发生源。通常把产生物理的、化学的、生物的有害物质或能量的设备、装置、场所等统称为环境污染源。凡以不适当的浓度、数量、速率、形态进入环境系统并产生环境污染，降低环境质量的物质或能量统称为环境污染物，简称污染物。

6.3.1.2　污染源分类

根据污染物的来源、特性、结构形态和调查研究的目的不同，污染源分类系统也不同。

根据污染物来源的不同，可将污染源分为自然污染源和人为污染源两类。自然污染源可分为生物污染源和非生物污染源两种。人为污染源可分为生产性污染源和生活性污染源两种。

根据污染源产生污染物的特性不同，污染源可分为工业污染源、农业污染源、生活污染源和交通污染源等四类。

根据污染源的移动性不同，污染源可分为固定源和移动源两种。

根据估算污染物在环境中输送、扩散、传输的模式的要求，又可将污染源分为点源、线源和面源。

6.3.1.3　污染物分类

与污染源的分类方法相似，污染物也有不同的分类方法。根据污染物的理化特性不同，可将污染物分为物理污染物、化学污染物、生物污染物和综合污染物等；根据污染物存在形态的不同，可将污染物分为阳离子态污染物、阴离子态污染物、分子态污染物、简单有机污染物、复杂有机污染物和颗粒污染物等；根据环境要素来分，可将污染物分为大气污染物、水环境污染物、综合污染物等。不同环境要素的污染物可以互相转化。

6.3.1.4　污染源调查程序和方法

1. *污染源调查程序*

在进行污染源调查工作之前，需要根据具体情况，制定一个合理的调查工作程序或调查步骤。一般污染源调查工作大体分为三个步骤，即准备阶段、调查阶段和总结阶段。

（1）准备阶段。准备阶段是搞好污染源调查工作的必备阶段，这一阶段主要进行下列各项准备工作：

1）明确调查目的。

2）制定调查计划。包括确定调查范围、调查内容、调查精度、调查方法和调查结果。

3）做好调查前的准备。包括组织准备、资料准备、分析准备和工具准备。

4）搞好调查的试点工作，包括普查试点工作和详查试点工作。

（2）调查阶段。调查阶段是污染源调查工作的关键阶段，污染源调查工作一般有以下三种不同方法：

1）社会调查。社会调查主要调查内容是工艺调查、污染物排放情况调查、污染危害调查、污染治理调查，以及污染源的现场情况调查等。

2）实地监测。污染源的实地监测是指在污染源的排放口处实地采集污染物样品，经分析确定污染物的排放浓度和排放数量。

3）分析计算。分析计算是指理论的或经验的推算出污染源排放污染物浓度或数量的方法。

（3）总结阶段。总结阶段要做的工作是调查资料的数据处理，建立污染源档案，进行污染源评价，编写污染源调查报告等。

2. *污染源调查方法*

（1）社会调查。通常把深入到工厂、企业、机关、学校进行访问，召开各种类型座谈会的调查方法称为社会调查法。社会调查是进行污染源调查的基本方法，也是必备方法。它可以使调查者获得许多关于污染源的活资料，这对于我们认识和分析污染源的特点、动态和评价污染源都具有重要作用。为了搞好社会调查工作，往往将被调查的污染源分为详查单位和普查单位。

重点污染源的调查为详查。重点污染源是在对区域环境整体分析的基础上，选择的有代表性的污染源。各类污染源都应有自己的侧重点。同类污染源中，应选择污染物排放量大、影响范围广泛、危害程度大的污染源作为重点污染源，进行详查。重点污染源的调查，应从基础状况调查做起直到最后建立一整套污染源档案，无论从调查内容、调查广度和深度上，都应超出普查单位。

对区域内所有污染源进行全面调查称为普查。普查工作应有统一的领导，统一的普查时间、项目和标准，并做好普查人员的培训，以统一的调查方法、步骤和进度开展调查工作。普查工作一般多由主管部门发放调查表，以被调查对象填表的方式进行。

（2）分析计算。计算方法主要有两种，即物料衡算法和经验计算法，通过计算以得到污染源所排放污染物的确切量值。

1）物料衡算法。物料衡算法是比较流行和广泛采用的方法。它把工业污染源排污和资源综合利用，排污和生产管理，环境保护和发展结合起来，全面的、系统的研究污染物产生和排放与生产发展的关系，是一个比较科学、合理的计算方法。物料衡算法的基本原理是物质不灭定律。在生产过程中，投入的物料量应等于产品中所含这种物料的量与这种物料流失量的总和。如果物料的流失量全部排入外环境，则污染物排放量就等于这种物料的流失量。

2）经验计算法。根据生产过程中单位产品（或万元产值）的排污系数进行计算，求得污染物排放量，其经验公式为

$$V_1 = KW \tag{6.9}$$

式中：K 为单位产品经验排放系数，kg/t；W 为单位时间的产品产量，t/h；V_1 为单

位时间污染源的排污量，kg/h。

国内外文献中介绍各种污染物的排放系数的有很多，它们都是在特定条件下获得的。由于各地区、各单位的生产技术条件不同，污染物排放系数和实际排放系数可能有很大差异。因此，在选择排放系数时，或选择有权威性有代表性的排放系数，或根据实际情况加以修正，切勿盲目选用。

（3）实地监测。实地监测法是通过对某个污染源的现场测定，得到污染物的排放浓度和介质流量（烟气或废水），然后计算出排放量，计算公式为

$$V_2 = cL \tag{6.10}$$

式中：c为实测的污染物平均排放浓度，g/m^3；L为介质（烟气或废水）流量，m^3/h；V_2为单位时间内测量的排污量，g/h。

这种方法实地监测污染源的排污量或排放浓度，所以采用这种方法进行污染源调查，其结果比较准确，但这种方法所用人力、物力、财力较多。所以进行污染源调查时，应根据不同要求，选用不同方法，或几种方法综合使用。

6.3.1.5　污染源调查内容

污染源排放的污染物质的种类、数量、排放方式、途径及污染源的类型和位置，直接关系到其影响对象、范围和程度。污染源调查就是要了解、掌握上述情况及其他有关问题。

1. 工业污染源调查内容

（1）企业概况。企业名称、厂址、主管机关名称、企业性质、企业规模、厂区占地面积、职工构成、固定资产、投产年代、产品、产量、产值、利润、生产水平、企业环境保护机构名称、辅助设施、配套工程、运输和储存方式等。

（2）工艺调查。工艺原理、工艺流程、工艺水平、设备水平、环保设施。

（3）能源、水源、原辅材料情况。能源构成产地、成分、单耗、总耗；水源类型、方式、供水量、循环水量、循环利用率、水平衡；原辅材料种类、产地、成分及含量、定额、总消耗量。

（4）生产布局调查。企业总体布局、原料和燃料堆放场、车间、办公室、厂区、居民区、堆渣区、污染源的位置、绿化带等。

（5）管理调查。管理体制、编制、生产制度、管理水平及经济指标；环境保护管理机构编制、环境管理水平等。

（6）污染物治理调查。工艺改革、综合利用、管理措施、治理方法、治理工艺、投资、效果、运行费用、副产品的成本及销路、存在问题、改进措施、今后治理规划或设想。

（7）污染物排放情况调查。污染物种类、数量、成分、性质；排放方式、规律、途径、排放浓度、排放量；排放口位置、类型、数量、控制方法；排放去向、历史情况、事故排放情况。

（8）污染危害调查。人体健康危害调查、动植物危害调查、污染物危害造成的经济损失调查、危害生态系统情况调查。

(9) 发展规划调查。生产发展方向、规模、指标、“三同时”措施，预期效果及存在问题。

2. 农业污染源调查内容

农业常常是环境污染的主要受害者，同时，当不合理地使用农药、化肥时也产生环境污染；此外，农业废弃物等也可能造成环境污染。

(1) 农药使用情况调查。农药品种、使用剂量、方式、时间，施用总量、年限，有效成分含量，稳定性等。

(2) 化肥使用情况调查。使用化肥的品种、数量、方式、时间，每亩平均施用量等。

(3) 农业废弃物调查。农作物秸秆、农膜、牲畜粪便、农用机油渣等。

(4) 农业机械使用情况调查。汽车、拖拉机台数、耗油量，行驶范围和路线，其他机械的使用情况等。

3. 生活污染源调查内容

生活污染源主要指住宅、学校、医院、商业及其他公共设施。它排放的主要污染物有污水、粪便、垃圾、污泥、烟尘及废气等。

(1) 城市居民人口调查。总人数、总户数、流动人口、人口构成、人口分布、密度、居住环境。

(2) 城市居民用水和排水调查。用水类型，人均用水量，办公楼、旅馆、商店、医院及其他单位的用水量。下水道设置情况，机关、学校、商店、医院有无化粪池及小型污水处理设施。

(3) 民用燃料调查。燃料构成、燃料来源、成分、供应方式、燃料消耗量及人均燃料消耗量。

(4) 城市垃圾及处理方法调查。垃圾种类、成分、构成、数量及人均垃圾量，垃圾场的分布、运输方式、处置方式，处理站自然环境、处理效果，投资、运行费用，管理人员、管理水平等。

4. 交通污染源调查内容

汽车、飞机、船舶等也是造成环境污染的一类污染源。其造成环境污染的原因有：①交通工具在运行中发生的噪声；②运载的有毒、有害物质的泄漏或清洁车体、船体时的扬尘或污水；③汽油、柴油等燃料燃烧时排出的废气。车辆交通污染源的调查内容如下。

(1) 噪声调查。车辆种类、数量、车流量、车速、路面状况、绿化状况、噪声分布。

(2) 汽车尾气调查。汽车种类、数量、用油量、燃油构成、排气量、排放浓度等。

除上述污染源调查外，还有其他污染源的调查。在进行一个地区的污染源调查时，都应同时进行自然环境背景调查和社会背景调查。自然背景调查包括地质、地貌、气象、水文、土壤、生物等；社会背景调查包括居民区、水源区、风景区、名胜古迹、工业区、农业区、林业区等。

6.3.2　污染源评价

污染源评价是在查明污染物排放地点、形式、数量和规律的基础上，综合考虑污染物毒性、危害和环境功能等因素，以潜在污染能力来表达区域内主要环境污染问题的方法。

6.3.2.1　类别评价

类别评价是根据各类不同的污染源中某一种污染物的相对含量（浓度）、绝对含量（质量）以及一些统计指标来评价污染源污染程度的方法。

1. 浓度指标

以某污染源排放某种污染物的浓度值来表达污染源的污染能力大小。这种评价指标考虑问题不全面，往往将污染物排放绝对量大、而排放浓度偏低的污染源对环境的污染影响掩盖了。

2. 排放强度指标

排放强度指标的表达式为

$$W_i = c_i Q_i \tag{6.11}$$

式中：W_i 为某种污染物的排放强度，g/d；c_i 为实测某种污染物的平均排放浓度，g/m^3；Q_i 为某种污染物的排放流量，m^3/d。

排放强度指标考虑到单位时间内污染源排放某种污染物的绝对数量，所以较浓度指标更能反映污染源对环境的污染程度。

3. 统计指标

（1）检出率。指某一污染源的某种污染物的检出样品数占样品总数的百分比，表达式为

$$B_i = \frac{n_i}{A_i} \times 100\% \tag{6.12}$$

式中：B_i 为某污染物的检出率，%；n_i 某污染物检出样品个数；A_i 某污染物样品总数。

（2）超标率。指某污染源的某种污染物超过排放标准的样品数占该种污染物检出样品数的百分比，表达式为

$$D_i = \frac{f_i}{n_i} \times 100\% \tag{6.13}$$

式中：D_i 为某污染物的超标率，%；f_i 某污染物超出排放标准的样品数；n_i 某污染物检出样品总数。

以上这些评价方法简便易行，是经常应用的评价方法。但这类评价方法只适用于同种污染物的相互比较，而不能综合反映一个污染源的潜在污染能力，不便于污染源之间和地区之间的相互比较，为此还需要进行污染源的综合评价。

6.3.2.2　综合评价

综合评价是较全面、系统的衡量污染源污染能力的评价方法，该方法考虑了污染

物的种类、浓度、绝对排放量和累积排放量等，因而得出对污染源的综合评价结果。

1. 污染源污染参数的选择

对于一个排放污染物十分复杂的污染源来说，评价时需对污染物进行筛选，筛选程序如下：

（1）首先仔细研究工艺流程，找出工艺内可能存在的排放源。

（2）对进料和伴随介质做尽可能全面的元素分析，再结合理论计算，对排放源进行估计，确定可能出现的排放物及其数量；对所有可能的排放源做出估计，确定可能出现的排放物及其数量。

（3）根据各种排放物对人体健康和环境的影响，列出可能存在的污染物。

（4）对这些可能排出的污染物再与有关排放标准比较，按超标倍数大小排序，筛选出需要重点考虑的污染物。

2. 评价标准的选择

评价标准的选择是衡量污染源评价结果是否科学合理的关键问题之一。在选择评价标准时，首先要确定环境的功能要求，选择与环境功能相对应的评价标准。在国家标准与地方标准并存的地区，首先要选用地方标准。所选标准应尽量包括确定的评价污染物，否则就没有什么意义。

3. 评价方法

（1）等标指数。等标指数是把污染物的排放标准作为评价标准的一种评价方法，属于这种评价方法的有以下几种：

1）等标指数。指某种排出污染物的浓度超过排放标准浓度的倍数，它反映了排出污染物浓度与排放标准浓度之间的关系，其表达式为

$$N_i = \frac{c_i}{c_{0i}} \tag{6.14}$$

式中：N_i为等标指数；c_i为某种污染物的实测排放浓度，mg/m^3；c_{0i}为某种污染物的排放标准浓度，mg/m^3。

2）等标污染负荷。指某种污染物的绝对排放量与排放标准的比值，表达式为

$$P_i = \frac{c_i}{c_{0i}} \times Q_i \tag{6.15}$$

式中：P_i为某种污染物的等标污染负荷，表示某种污染物以排放标准浓度排放时的介质排放强度，t/d；c_i为某种污染物的实测排放浓度，mg/m^3；c_{0i}为某种污染物的排放标准浓度，mg/m^3；Q_i为含某种污染物的介质排放量，t/d。

某污染源排放 n 种污染物，则该污染源的等标污染负荷为

$$P_n = \sum_{i=1}^{n} P_i Q_i = \sum_{i=1}^{n} \frac{c_i}{c_{0i}} Q_i \tag{6.16}$$

某地区或某流域有 m 个污染源，则该地区或流域的等标污染负荷为

$$P_m = \sum_{j=1}^{m} P_{nj} = \sum_{j=1}^{m} \sum_{n=1}^{n} \frac{c_i}{c_{0i}} Q_i \tag{6.17}$$

3）等标污染负荷比。为某种污染物的等标污染负荷占该污染源等标负荷的百分比，即

$$K_i=\frac{P_i}{P_n}\times 100\% \tag{6.18}$$

式中：K_i为某污染物的等标污染负荷比；其他符号意义同前。

某污染源的等标污染负荷占该地区或流域等标污染负荷的比值，称为该污染源的等标负荷比，表达式为

$$K_n=\frac{P_n}{P_m} \tag{6.19}$$

式中：K_n为某污染源的等标污染负荷比；其他符号意义同前。

（2）排毒系数。排毒系数指污染源的实测排放浓度与污染源的毒性标准浓度的比，表达式为

$$I_i=\frac{c_i}{c_{ni}} \tag{6.20}$$

式中：I_i为某污染物的排毒系数；c_i为某污染物的实测排放浓度，mg/m^3；c_{ni}为某污染物的毒性标准浓度，mg/m^3。

（3）经济技术评价指数。污染源排放污染物数量的主要影响因素是资源利用率，企业管理水平，技术设备条件等。在评价污染源时，采用经济技术评价方法，可使人们对污染源的认识进一步深化。污染物的排放量取决于单位产品消耗的水量、能源和原材料的量。因此，利用经济技术指标，可从另一个侧面反映污染源的潜在污染能力。

1）消耗指数指生产单位产品所耗用的水量、能量、原材料量与定额消耗量的比值，表达式为

$$E_i=\frac{a_i}{a_{0i}} \tag{6.21}$$

式中：E_i为某种产品的耗量指数；a_i为某种产品的水量（或能量、原料）的单耗，t/t；a_{0i}为某种产品的水量（或能量、原料）的定额耗量，t/t。

2）流失量指数指某一污染源的水量、能量和原材料的流失量与定额流失量之比，它反映出生产技术、生产工艺和生产管理的总水平，表达式为

$$F_i=\frac{q_i}{q_{0i}} \tag{6.22}$$

式中：F_i为流失量指数；q_i为水量（或能量、原材料）的日平均流失量，kg/d；q_{0i}为水量（或能量、原材料）的定额日平均流失量，kg/d。

6.3.3　确定重点污染源及主要污染物

在进行区域环境规划时，确定区域内主要污染源和主要污染物是一件十分重要的工作，一般采用前述等标污染负荷和等标污染负荷比的方法，具体做法如下。

1. 确定评价范围

首先要根据评价工作的空间范围，在确定的空间范围内，再确定参加评价的所有污染源及每个污染源内所排污染物的种类。

2. 计算等标污染负荷

对参加评价的所有污染源排放的所有污染物，逐个计算其等标污染负荷。

3. 确定重点污染源

以污染源为单位，计算每个污染源各种污染物的污染负荷之和，这个和就是每个污染源的等标污染负荷。然后再计算每个污染源的等标污染负荷占总（全区域）等标污染负荷的百分比，这个百分比为每个污染源的等标污染负荷比。等标污染负荷比越大的污染源其影响越大，将调查区域内污染源的等标污染负荷比由大到小排队，然后由大到小计算累计污染负荷比，一般认为累计污染负荷比等于80%左右所包含的污染源，可确定为该区域的重点污染源。

4. 确定主要污染物

打破污染源界限，在区域范围内以每种污染物为单位，计算每种污染物的等标污染负荷的和，这个和为区域范围内这种污染物的等标污染负荷。然后再计算每种污染物等标污染负荷占总（全区域）等标污染负荷的百分比，这个百分比为每种污染物的等标污染负荷比。按照调查区域内污染物的等标污染负荷比由大到小排队，然后由大到小计算累计污染负荷比，一般认为累计污染负荷比等于80%左右所包含的污染物，可确定为该区域的主要污染物。

6.4 水体质量评价

水体质量评价实际上是对水体质量优劣的评定。这个过程包含许多层次，如环境资料的获取，环境识别，环境标准的选择，环境评价模式的建立与选择，环境评价结果的检验与应用等。目前国内外使用的环境评价方法很多，主要有：水环境指数评价法、专家评价法、模型预测法、经济分析法、运筹学评价法、模糊综合评价法和矩阵法等。下面主要介绍水环境指数评价法、模糊综合评价法和矩阵法。

6.4.1 地表水水质评价的水质指数法

6.4.1.1 单因子型指数

这一类指数是评价方法中最基本的一类指数。在实际水体质量现状评价中，要根据评价区环境背景条件和具体的评价要求，合理地选择具体的指数形式。选择时要注意参考国内外水质评价实例和相应的评价技术规范及标准。

例如，上海地区水系水质调查组提出的“有机污染综合评价值”，其计算公式如下：

$$A=\frac{BOD_i}{BOD_0}+\frac{COD_i}{COD_0}+\frac{[NH_3-N]_i}{[NH_3-N]_0}-\frac{DO_i}{DO_0} \tag{6.23}$$

式中：BOD_i、COD_i、$[NH_3—N]_i$、DO_i为各种污染因子的实测值；BOD_0、COD_0、$[NH_3—N]_0$、DO_0为各种污染因子的标准值。

A值越大，表示污染越严重。DO为溶解氧，DO越大，表示水质状况越好。

根据黄浦江的具体情况，各项标准值规定见表6.7。

表6.7 黄浦江水质标准

环境因子	BOD_0	COD_0	$[NH_3—N]_0$	DO_0
标准值/(mg/L)	4	6	1	4

根据A值大小分级评定水质有机污染的程度，黄浦江水质质量评价分级见表6.8。

表6.8　　黄浦江水质指数分级

A值	污染程度分级	水质质量评价	A值	污染程度分级	水质质量评价
<0	0	良好	2～3	3	开始污染
0～1	1	较好	3～4	4	中等污染
1～2	2	一般	>4	5	严重污染

6.4.1.2　内梅罗（N. L. Nemerow）指数

1. 内梅罗水污染指标模式

$$PI_j=\sqrt{\frac{1}{2}\left[\left(\max\left\{\frac{\rho_i}{S_{ij}}\right\}\right)^2+\left(\frac{1}{n}\sum_{i=1}^{n}\frac{\rho_i}{S_{ij}}\right)\right]} \tag{6.24}$$

式中：PI_j为第j种水用途的内梅罗水污染指标；ρ_i为第i种污染物实测浓度，mg/L；S_{ij}为第i种污染物第j种水用途的水质标准，mg/L。

2. 内梅罗水污染指标按用途的分类

（1）人类接触使用水体的PI_1。包括饮用、游泳、制造饮料等。

（2）人类间接接触使用水体的PI_2。包括养鱼、农业用途等。

（3）人类不接触使用水体的PI_3。包括工业冷却用水、公共娱乐用水及航运等。

3. 参数选择

内梅罗水污染指标法选择以下各项作为计算水质指标的参数：温度、颜色、透明度、悬浮物、溶解性总固体、pH值、溶解氧、碱度、硬度、总氮、氯、铁和锰、硫酸盐、大肠杆菌数等。

4. 综合水污染指数计算

先分别求出各种用途水的分指标，再按照加权叠加的方法求出总综合的水污染指数，其计算公式如下：

$$PI=W_1PI_1+W_2PI_2+W_3PI_3 \tag{6.25}$$

式中：W_1、W_2、W_3为水体3种用途的权重；其余符号意义同前。

内梅罗将第一类用途的权重定为0.4，第二类定为0.2，$\sum W_i=1.0$，可供参考，一般来说，在计算出内梅罗综合指数PI后，可进行以下判断：当$PI<1.0$时，水质处于清洁水平；当$1.0<PI<2.0$时，水质处于轻污染水平；当$PI>2.0$时，水质处于污染水平。

6.4.1.3　北京西郊叠加型指数

$$P=\frac{\sum c_i}{S_i} \tag{6.26}$$

式中：c_i为各种污染物实测浓度，mg/L；S_i为各种污染物的地面水质标准，mg/L。

根据北京西郊河流具体情况，用P值将地面水分为七个等级，见表6.9。

表 6.9　　北京西郊水质质量系数分级

级别	P 值	级别	P 值
清洁	<0.2	轻度污染	5.0～10.0
微污染	0.2～0.5	严重污染	10.0～100
轻污染	0.5～1.0	极严重污染	>100
中度污染	1.0～5.0		

6.4.1.4　南京水域加权均值型指数

在南京水域加权均值型指数评价中，提出了水域质量综合指标（$I_{水}$）

$$I_{水}=\frac{1}{n}\sum W_iP_i \tag{6.27}$$

$$P_i=\frac{\sum c_i}{S_i} \tag{6.28}$$

$$\sum W_i=1 \tag{6.29}$$

式中：P_i 为各种污染物分指数；W_i 为污染物的权重；c_i 为 i 污染物的实测浓度，mg/L；S_i 为各种污染物的地面水卫生标准，mg/L；n 为污染物种类。

选择砷、酚、氰、铬、汞做评价参数，按 $I_{水}$ 值定出水域的水域的分级标准，见表 6.10。

表 6.10　　南京水域质量综合指标分级

$I_{水}$ 值	级别	分　类　依　据
<0.2	清洁	多数项目未检出，个别项目检出，也在标准内
0.2～0.4	尚清洁	检出值均在标准内，个别值接近标准
0.4～0.7	轻污染	有一项检出值超过标准
0.7～1.0	中污染	有 1～2 项检出值超过标准
1.0～2.0	重污染	全部或相当部分监测项目检出值超过标准
>2.0	严重污染	相当部分项目检出值超过标准 1 倍到数倍

6.4.1.5　罗斯（S. L. Ross）水质指数

在总结以前的水质指数的基础上，选用 BOD_5、氨氮、悬浮固体、DO 作为水质评价参数，并分别给予权重，见表 6.11。

表 6.11　　各评价参数权重

参数	BOD_5	氨氮	悬浮固体	DO
权重系数	3	3	2	2

其中 DO 可用浓度（mg/L）和饱和度（%）两个指数表示，各取权值为 1，所有权值加和为 10。

在计算水质指数时，不直接用各参数的测定值或相对污染值来统计，而是先把它们分成等级，然后按等级进行计算（表 6.12），其计算式为

$$WQI = \frac{\sum 分级值}{\sum 权重值} \tag{6.30}$$

表 6.12　　　　　　　　　水质指数各参数的评分尺度

悬浮固体		BOD		氨氮		DO		DO	
浓度 /(mg/L)	分级	浓度 /(mg/L)	分级	浓度 /(mg/L)	分级	饱和度 /%	分级	浓度 /(mg/L)	分级
0～10	20	0～2	30	0～0.2	30	90～105	10	＞9	
10～20	18	2～4	27	0.2～0.5	24	80～90		8～9	10
20～40	14	4～6	24	0.5～1.0	18	105～120	8	6～8	8
40～80	10	6～10	18	1.0～2.0	12	60～80		4～6	6
80～150	6	10～15	12	2.0～5.0	6	＞120	6	1～4	4
150～300	2	15～25	6	5.0～10.0	3	40＞60	4	0～1	2
＞300	0	25～50	3	＞10.0	0	10＞40	2		0
		＜50	0			0＞10	0		

规定 *WQI* 值用整数表示，这样就将水质指数分成从 0～10 的 11 个等级，数值越大，则水质越好，各级指数可进行如下分级：

WQI＝10，天然纯净水；

WQI＝8，轻度污染水；

WQI＝6，污染水；

WQI＝3，严重污染水；

WQI＝0，水质类似腐败的原污水。

6.4.1.6　布朗水质指数（*WQI*）

布朗（R. M. Brown）等 1970 年提出的评价水体污染的水质指数。他们从 35 种水质参数中，运用德尔菲法，选出 DO、类大肠菌群、pH 值、BOD_5、硝酸盐、磷酸盐、温度、混浊度、总固体 9 种参数，并根据它们的相对重要性，定出它们的权系数（表 6.13）。定权方法如下。

表 6.13　　　　　　　9 个参数的重要性评价及权重系数

水质参数	重要性评价值	中介权重	最后的权重 W_i
DO	1.4	1.0	0.17
类大肠菌群	1.5	0.9	0.15
pH 值	2.1	0.7	0.12
BOD_5	2.3	0.6	0.10
硝酸盐	2.4	0.6	0.10
磷酸盐	2.4	0.6	0.10
温度	2.4	0.6	0.10
混浊度	2.9	0.5	0.08
总固体	3.2	0.4	0.08
合计		Σ＝5.9	Σ＝1.00

（1）根据应答者的信件计算各参数“重要性评价”的平均数，评价的尺度“1”代表相对重要性最高；“5”代表相对重要性最低。

（2）把溶解氧“临时的权”定为1.0。

（3）用其他参数的“重要性评价”平均数去除溶解氧的“重要性评价”平均数，得出各参数的“临时权”。

（4）用各参数临时的权的总和去除各参数的“临时的权重”，得到各参数的权重。

水质指数按下式计算：

$$WQI=\sum W_iP_i \quad \sum W_i=1 \tag{6.31}$$

式中：WQI 为水质指数，其数值在0～100之间；P_i 为第 i 个参数的质量，在0～100之间；W_i 为第 i 个参数的权重值，在0～1之间。

6.4.1.7 W 环境指数

W 值水质评价方法是一种计算简单、实用性强的水质评价方法，主要利用各污染物的监测值，进行数学上的归纳和统计，从而得出一个较简单的数值来表示水体的污染程度，并据此进行水体污染的分类和分级。评价顺序是：赋予各项监测值以评分数，将评分数转换成数学模式，再对水质进行污染分级，写出污染表达式；最后，计算各河流（或河段、水域）的综合污染系数。

1. 监测项目与评分标准

为了全面评价地表水体，原则上讲，所有项目都应监测。一般情况下，BOD_5、DO、COD、挥发性酚、氰化物、Cu、As、Hg、Cd、Cr^{6+}、氨氮、阳离子合成洗涤剂（ABS）、石油类13项是必须监测的。

对地面水质的单一项目或污染物的评分用“地表水质单一或毒物的分级与评分标准表”（表6.14）。表中把单一项目或污染物的含量分为Ⅰ级、Ⅱ级、Ⅲ级、Ⅳ级、Ⅴ级，评分时一般分别给予10分、8分、6分、4分、2分。10分最理想，2分最差。表中Ⅰ级除DO、BOD_5、COD_{Mn}、Cu外，其他为饮用水标准；DO、BOD_5、COD_{Mn}是根据大量监测资料确定的；Cu为水产用水标准。Ⅱ级除ABS外，等于或小于水产用水标准。Ⅲ级为地面水标准；Ⅳ级为农田灌溉用水标准；超过农田灌溉用水标准的数值为Ⅴ级。

2. 数学模式

为了概括地表示水质监测的总项数和各级别的项数，采用数学模式，其写法为

$$SN_{10}^{n}N_{8}^{n}N_{6}^{n}N_{4}^{n}N_{2}^{n} \tag{6.32}$$

式中：S 为监测总项数；N_{10}^{n}、N_{8}^{n}、N_{6}^{n}、N_{4}^{n}、N_{2}^{n} 分别为监测值得10分、8分、6分、4分、2分的项数。

其中得4分和2分的项数为超过地表水标准的项数。例如，某监测点的数学模式为：$8N_{10}^{4}N_{8}^{1}N_{6}^{0}N_{4}^{2}N_{2}^{1}$，表示监测总项数为8项，其中得10分的4项、8分的1项、6分的0项、4分的2项、2分的1项，有三项超地表水标准。

3. 污染分级

地面水质的综合评价分为五级，即 W_1 级——第一级（优秀级），也叫饮用级；W_2 级——第二级（良好级），也叫水产级；W_3 级——第三级（标准级），也叫地表

级；W_4 级——第四级（污染级），也叫污灌级；W_5 级——第五级（重污染级），也叫弃水级。

表 6.14　　地表水质单一项目或毒物的分级评分标准

项目＼分级	Ⅰ		Ⅱ		Ⅲ		Ⅳ		Ⅴ	
	mg/L	评分	mg/L	评分	mg/L	评分	mg/L	评分	mg/L	评分
DO	≥5	10	≥5	10	≥4	8	≥3	4	<3	2
BOD_5	≤2	10	≤3	8	≤4	6	≤10	4	>10	2
COD_{Mn}	≤5	10	≤8	8	≤10	6	≤25	4	>25	2
酚	≤0.002	10	≤0.01	8	≤0.01	8	≤1	4	>1	2
CN	≤0.01	10	≤0.02	8	≤0.05	6	≤0.5	4	>0.5	2
Cu	≤0.01	101	≤0.01	10	≤0.1	6	≤1.0	4	>1.0	2
As	≤0.02	10	≤0.03	8	≤0.04	6	≤0.1	4	>0.1	2
Hg	≤0.001	101	≤0.001	10	≤0.001	10	≤0.005	4	>0.005	2
Cd	≤0.01	10	≤0.01	10	≤0.01	10	≤0.1	4	>0.1	2
Cr^{6+}	≤0.05	10	≤0.05	10	≤0.05	10	≤0.1	4	>0.1	2
石油	0	10	≤0.05	8	≤0.3	6	≤10	4	>10	2
氨氮	≤0.2	10	≤0.5	8	≤1.0	6	≤30	4	>30	2
ABS	≤0.3	10	≤0.4	8	≤0.5	6	≤5	4	>5	2

4. 污染表达式

为了一目了然地表示监测项数、污染级别和超标项数，采用“污染表达式”，其写法是

$$SWJ—C \tag{6.33}$$

式中：S 为监测总项数；WJ 为污染级别；C 为超标项数。

如 $13W_2—1$ 这一污染表达式，表示监测项数为 13 项，水质属 W_2 级，有 1 项超过地面水标准。

6.4.1.8　分级型指数

该指数是国家环保总局标准处推荐的一种水质评价方法。

1. 分级型指数的特点

（1）该指数是与我国地表水质量标准相配套的方法。

（2）有 6 级 15 个因子，将地表水水质级别分为 6 级，前 3 级分别与原来的地表水质量标准的一级、二级、三级相同，后三级又做了轻污染、中污染、重污染的划分。

（3）根据评价因子的实测浓度，依照 6 级标准评分、分级。

（4）具体规定了评价的表达方式，而且污染因子浓度不同，具体评价模式不同。

2. 水质分级浓度的限值

地面水质评价分级见表 6.15。

果，即进行“绝对经济效果检验”；其次，利用相对评价指标如差额内部收益率等指标考察哪个方案相对最优，即进行“相对经济效果检验”。也可以讲，第一步是筛选方案，第二步是优选方案，通常二者缺一不可。对于多个互斥方案的评价与选择，通常采用的方法有增量分析法、收益成本法和盈亏平衡分析法等。

(3) 混合型方案的评价与选择。混合型方案就是在一组备选方案中，既有互斥方案又有独立型方案的方案组合。对于这类问题，需要认真研究诸方案的相互关系，最终选择的不是单个的方案，而是最佳的方案组合。混合型方案的评价与选择的基本程序包括：

1) 形成所有可能的组间独立、组内方案互斥的方案组合。

2) 以互斥型方案的比选原则进行组内方案遴选。

3) 在总的投资限额条件下，以独立型方案的比选原则选择最优的方案组合。

7.2.1.4 环境费用效益分析简介

费用效益分析方法是环境等公共项目经济评价的主要方法，下面进行简要介绍。环境费用效益分析的一般步骤如图7.10所示。

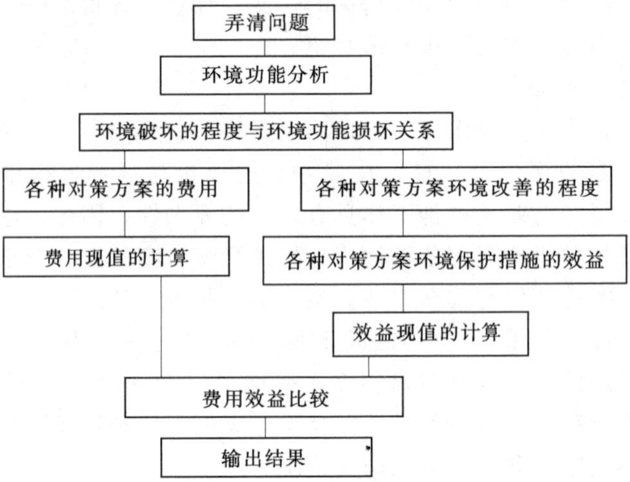

图7.10 费用效益分析的一般步骤

1. 弄清问题

费用效益分析的任务，是评价解决某一环境问题各方案的费用和效益，然后通过比较，从中选出净效益最大的方案提供决策参考。因此，在费用效益分析中，首先必须弄清楚环境工程或规划的目标、分析环境问题所涉及的地域范围、列出解决这一问题的各个对策方案、明确各个对策方案跨越的时间范围等。有的环境问题涉及的环境因子比较单一，例如，废水排放污染河流。有的环境问题涉及的环境因子比较多，例如，固体废弃物的排放可能引起占用土地、污染大气、污染水体、影响景观等，都要一一列出，以便进一步分析。

2. 环境功能的分析

环境问题带来的经济损失，是由于环境资源的功能遭到了破坏，反过来影响经济

表 6.15 地面水质评价分级表 单位：mg/L

项　目	评　价　分　级					
	地面水环境质量标准			污染水质分级		
	第一级（Ⅰ）	第二级（Ⅱ）	第三级（Ⅲ）	轻污染（Ⅳ）	中污染（Ⅴ）	重污染（Ⅵ）
臭/级	无异臭	臭强度一级	臭强度二级	臭强度三级	臭强度四级	臭强度五级
色度/度	≤10	≤15	≤25	>25	>40	>50
DO	饱和率≥90%	≤6	≥4	<4	<3	<1
BOD_5	≤1	≤3	≤5	>5	>15	>30
COD	≤2	≤4	≤6	>6	>20	>50
挥发酚	≤0.001	≤0.005	≤0.01	>0.01	>0.1	>0.5
氢化物	≤0.01	≤0.05	≤0.1	>0.1	>0.5	>2
Cu	≤0.005	≤0.01	≤0.03	>0.03	>0.2	>2.0
As	≤0.01	≤0.04	≤0.08	>0.08	>0.3	>1.0
总汞	≤0.0001	≤0.0005	≤0.001	>0.001	>0.001	>0.005
Cd（Ⅳ）	≤0.001	≤0.005	≤0.01	>0.01	>0.005	>0.1
Cr	≤0.01	≤0.02	≤0.05	>0.05	>0.2	>1.0
Pb	≤0.01	≤0.05	≤0.1	>0.1	>0.3	>1.0
石油类	≤0.05	≤0.3	≤0.5	>0.5	>5.0	>20
大肠杆菌/(个/L)	≤500	≤10000	≤50000	>50000	>300000	>500000

3. 水质等级分值

分级型水质等级分值见表 6.16。

表 6.16 水质等级分值表

级　别	单因子分值	总评价分值	级　别	单因子分值	总评价分值
第一级（Ⅰ）	10	145～150	轻污染（Ⅳ）	6	110～119
第二级（Ⅱ）	9	135～144	中污染（Ⅴ）	3	90～109
第三级（Ⅲ）	8	120～134	重污染（Ⅵ）	1	15～89

4. 评价模式

当所有评价因子浓度都在Ⅰ～Ⅲ级范围时，按总分值确定水质等级，表达式见式(6.34)；当评价因子中有属于级别Ⅳ～Ⅴ级时，以水质最差的污染因子所在的级别作为定级依据，并注明该因子的化学符号或中文名称，评价表达式见式（6.35）。

$$\frac{\sum x_i}{P} \tag{6.34}$$

$$\frac{\sum x_i}{P_{\max}(X)} \tag{6.35}$$

式中：x_i 为评价因子相应的分值；P 为总分值相应的水质等级；$P_{\max}$ 为水质最差的评价因子所属的水质级别；X 为最差的污染因子的化学符号或名称。

6.4.2 模糊层次综合评价法

6.4.2.1 基本方法

模糊评价（评审、评判、决策），即在评价过程中引入模糊性概念，运用模糊数学来处理水质评价的一些问题，以反映水质质量状况或水体污染程度的不确定性。例如，某段河流水质评价结果一般用清洁、轻微污染、严重污染等来表示，而所谓清洁、轻微污染、严重污染等来划分，具有模糊性。模糊数学是研究对这些模糊性问题进行定量处理的一种方法，而层次分析法（AHP）是进行定性和定量因素相结合的一种有效决策方法。将这两种方法互相结合对水质进行综合评价的方法称为模糊层次综合评价。

模糊层次综合评价中涉及的基本要素和主要方法可简要归纳如下。

1. 建立评价因素（指标）集

因素集 $U=\{u_1, u_2, \cdots, u_j, \cdots, u_n\}$，这是指评价指标的集合。

2. 建立（决策）评语集

评语集 $V=\{V_1, V_2, \cdots, V_j, \cdots, V_n\}$，这是指分级（例如，清洁、尚清洁、轻污染、中污染、重污染或Ⅰ级、Ⅱ级、Ⅲ级、Ⅳ级、Ⅴ级 5 个等级）评语的集合。

3. 建立单因素评价矩阵 R

应用模糊数学的基本概念，确定因数集中每一个指标隶属于评语集中不同评语分级（是一个模糊集合）的程度，称为隶属度。隶属函数和隶属度是模糊数学中最基本的概念。前者一般以 $\mu_v(x)$ 表之，其含义是：因素集 U 中某一指标 x（相当于指标 U）隶属于模糊集合 V（相当于评语集 V，这是模糊集合）的程度，其取值在[0，1]区间，并以 r_{ji} 表之。此值即为指标 u_j（模糊数学中以 x 表示）的隶属度。隶属函数的形式，可视评价指标的特征确定或选用已有的公式，评价因数集 U 中全部指标隶属度的合成，即为单因数评价矩阵。

参考水质标准，若某指标的取值范围为 $[a, b]$。根据人们对其判断和敏感性程度，将 $[a, b]$ 分为与评语集 $V_i(i=1, 2, 3, 4, 5)$ 相对应的 5 个区间 $[a_1, b_1]$、$[a_2, b_2]$、$[a_3, b_3]$、$[a_4, b_4]$ 及 $[a_5, b_5]$。若将 V_i 看成是 $[a_j, b_j]$ 上的普通集合，则会造成两个区间边缘点数值相差不大，而评语却相差一个级别的不合理现象。为了消除这种不合理现象，需进行模糊化处理。在水质评价中可取各级水质的标准值对应的隶属函数取最大值 1.0，而相邻两区间互相交叉。这样，对某个指标的具体数值，可以以不同隶属度分归于不同的模糊集合 V_i 和 $V_{i+1}(i=1, 2, 3, 4)$。

根据各指标的特征，拟定各隶属函数为线性函数，并且满足：若 $\mu_{vi}(u_j)=1.0$，则 $\mu_{vi+1}(u_j)=\mu_{vi-1}(u_j)=0$，如图 6.2 所示（当然，也可选用其他函数形式的隶属函数）。其数学表达式为

$$\mu_{vi}(u_j)=\begin{cases}(u_j-a_i)/(c_j-a_j), a_j\leqslant u_j\leqslant c_j\\(b_j-u_i)/(b_j-c_j), c_j\leqslant u_j\leqslant b_j\\0, \text{其他}\end{cases}\tag{6.36}$$

此外，$\mu_{vi}(u_j)$ 表示指标 u_j 隶属于评语集 V_i 的程度，亦即隶属度 r_{ji} 在 $[0, 1]$ 区间的取值，如图 6.1 所示。但端点的 $\mu_{v1}(u_j)$ 及 $\mu_{v5}(u_j)$ 其函数及图形略有不同，如图 6.2 所示。

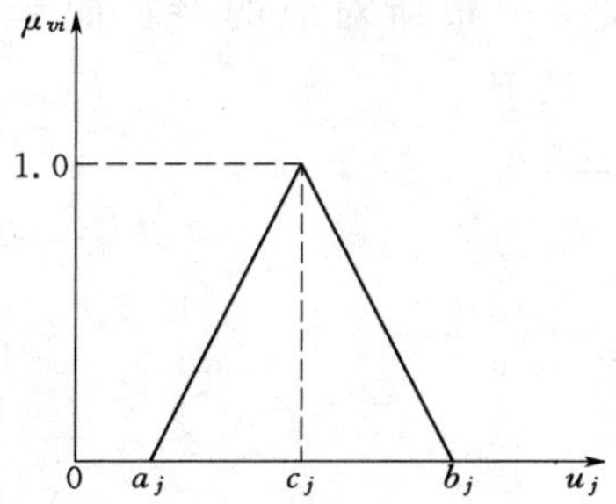

图 6.1 某一线性隶属函数

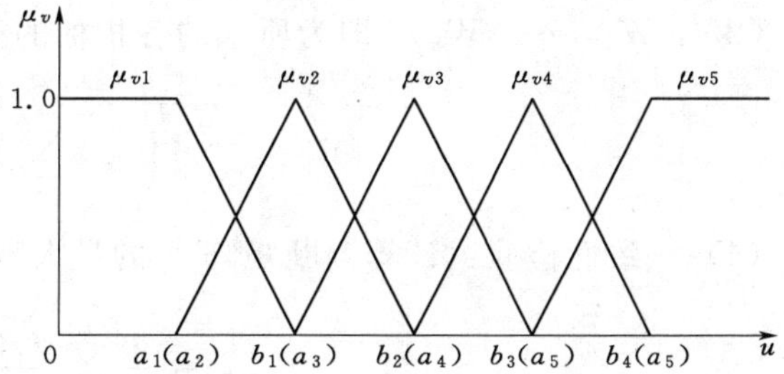

图 6.2 $V_i(i=1,2,3,4,5)$ 的线性隶属函数

利用上述方法，具体拟定（或选定）水质指标 u_j 相应的隶属度函数，将实测的各指标值代入相应的隶属函数，即可求得各指标的单因素的不同隶属度 r_{ji}，并得评判结果为 $R_j=(r_{j1},\ r_{j2},\ r_{j3},\ r_{j4},\ r_{j5})$，$j=1,\ 2,\ \cdots,\ n$，综合各指标的评价结果得单因素评价矩阵为

$$R=\begin{bmatrix} R_1 \\ R_2 \\ \vdots \\ R_n \end{bmatrix}=\begin{bmatrix} r_{11} & r_{12} & \cdots & r_{15} \\ r_{21} & r_{22} & \cdots & r_{25} \\ \vdots & \vdots & \ddots & \vdots \\ r_{n1} & r_{n2} & \cdots & r_{n5} \end{bmatrix} \tag{6.37}$$

4. 用层次分析法确定各因素（指标）的权重 $W=(W_1,\ W_2,\ \cdots,\ W_n)$

通过上述步骤，已经确定了各因素的评判结果，求得单因素评判矩阵 R，但各因素相对于水质评价目标，其各自的影响权重数尚不得而知。一般讲，各因素的相对权重可通过专家评分法求得。本节重点介绍采用层次分析法确定权重。其具体步骤为：

(1) 确定评价因素集 $U=\{u_1,\ u_2,\ \cdots,\ u_j,\ \cdots,\ u_n\}$。

(2) 两两比较构造判断矩阵 A

$$A=\begin{bmatrix} a_{11} & a_{12} & \cdots & a_{1n} \\ a_{21} & a_{22} & \cdots & a_{2n} \\ \vdots & \vdots & \ddots & \vdots \\ a_{n1} & a_{n2} & \cdots & a_{nn} \end{bmatrix} \tag{6.38}$$

a_{ij} 的含义见表 6.17，表示指标 u_i 与 u_j 比较，u_i 比 u_j 重要的程度。

表 6.17　　判断矩阵标度及其含义

标度	含　义
1	表示两因素相比，具有同样“重要性”
3	表示两因素相比，一因素较另一因素“稍微”重要
5	表示两因素相比，一因素较另一因素“明显”重要
7	表示两因素相比，一因素较另一因素“强烈”重要
9	表示两因素相比，一因素较另一因素“极端”重要
2、4、6、8	上述两相邻判断的中值
倒数	因素 i 与因素 j 比较判断若为 a_{ij}，则因素 j 与因素 i 比较判断为其倒数 $a_{ij}=1/a_{ij}$

(3) 计算重要性顺序：求得判断矩阵 A 的最大特征根所对应的特征向量 W，$W=(W_1,W_2,\cdots,W_n)^T$ 即为所求的各指标的权重。其中

$$W_i = \sqrt[n]{\prod_{j=1}^{n} a_{ij}} \Big/ \sum_{i=1}^{n} \sqrt[n]{\prod_{j=1}^{n} a_{ij}} \tag{6.39}$$

(4) 一致性检验：计算判断矩阵 A 的最大特征根 $\lambda_{\max}$：

$$\lambda_{\max} = \frac{1}{n}\sum_{i=1}^{n}\frac{(AW)_i}{W_i} \tag{6.40}$$

式中：$(AW)_i$ 为向量 AW 的第 i 个元素。

则判断矩阵的一致性检验指标 CR 为

$$CR=\frac{CI}{RI} \tag{6.41}$$

式中：$CI=\frac{1}{n-1}(\lambda_{\max}-n)$。

RI 为判断矩阵的随机一致性指标，取值见表 6.18。

表 6.18　判断矩阵的随机一致性指标

阶数 n	1	2	3	4	5	6	7	8	9
RI	0	0	0.58	0.90	1.12	1.24	1.32	1.41	1.45

当 $CR\leqslant 0.1$ 时，一般认为判断矩阵具有满意一致性，说明确定的各指标的权重是合理的，否则需对判断矩阵进行调整，直至具有满意的一致性。

5. 模糊层次综合评价

前面已经分别求得单因素评判矩阵 R 和层次总排序权值分配 $W=(W_1,W_2,\cdots,W_n)$。则模糊层次综合评判结果为：

$$B=WR=(W_1,W_2,\cdots,W_n)\begin{bmatrix} r_{11} & r_{12} & \cdots & r_{15} \\ r_{21} & r_{22} & \cdots & r_{25} \\ \vdots & \vdots & \ddots & \vdots \\ r_{n1} & r_{n2} & \cdots & r_{n5} \end{bmatrix}=(b_1,b_2,\cdots,b_5)$$

上述模糊合成采用模糊加权线性变换，即相乘相加法。表达式为

$$b_i = \sum_{k=1}^{n} W_k r_{ki}, \quad i=1,2,\cdots,5 \tag{6.42}$$

对所得结果 B 进行归一化，使 $\sum_{k=1}^{5} b_i = 1.0$，取 $b_i=\max(b_1, b_2, b_3, b_4, b_5)$，即得相应的综合评价结果“$V_j$”。例如，若 $b^*=b_1$，则综合评价为“V_1”，相当于“清洁”；若 $b^*=b_2$，则综合评价为“V_2”，相当于“尚清洁”。

6.4.2.2 评价实例

某河流林桥 2000 年监测数据见表 6.19。

表 6.19 某河流林桥 2000 年监测结果统计

测点	酚	COD_{Cr}	BOD_5	石油类	氨氮	亚硝酸盐
1	0	3.38	2.28	0.15	0.155	0.010
2	0.528	12.22	5.96	4.905	3.100	0.251
3	0.144	16.16	7.00	2.084	4.190	0.368
4	0.146	11.23	5.25	1.108	5.880	0.317
5	0.005	10.08	4.85	0.338	4.520	0.367

根据表 6.2 可得表 6.19 中各指标水质质量标准值。其中，亚硝酸盐采用《地表水环境质量标准》(GB 3838—2002) 的分级标准。

单指标评价：

(1) 根据各指标的特征，按Ⅰ类、Ⅱ类、Ⅲ类、Ⅳ类、Ⅴ类与地表水质量标准对应，拟定各隶属函数为线性函数。

(2) 建立各水质指标 μ_j 相应的隶属函数（略），将实测的各指标代入相应的隶属函数单因素评判矩阵 R。计算过程如下：

测点 1：酚：$\mu_{v1}(0)=1$；$\mu_{v2}(0)=\mu_{v3}(0)=\mu_{v4}(0)=\mu_{v5}(0)=0$

COD_{Cr}：$\mu_{v1}(3.38)=1$；$\mu_{v2}(3.38)=\mu_{v3}(3.38)=\mu_{v4}(3.38)=\mu_{v5}(3.38)=0$

BOD_5：$\mu_{v1}(2.28)=(3-2.28)/(3-2)=0.72$；

$\mu_{v2}(2.28)=(2.28-2)/(3-2)=0.28$；

$\mu_{v3}(2.28)=\mu_{v4}(2.28)=\mu_{v5}(2.28)=0$

石油类：$\mu_{v3}(0.15)=(0.5-0.15)/(0.5-0.05)=0.778$；

$\mu_{v4}(0.15)=(0.15-0.05)/(0.5-0.05)=0.222$；

$\mu_{v1}(0.15)=\mu_{v2}(0.15)=\mu_{v5}(0.15)=0$

氨氮：$\mu_{v1}(0.15)=(0.5-0.155)/(0.5-0.15)=0.986$；

$\mu_{v2}(0.155)=(0.155-0.15)/(0.5-0.15)=0.104$；

$\mu_{v3}(0.155)=\mu_{v4}(0.155)=\mu_{v5}(0.155)=0$

亚硝酸盐：$\mu_{v1}(0.01)=1$；$\mu_{v2}(0.01)=\mu_{v3}(0.01)=\mu_{v4}(0.01)=\mu_{v5}(0.01)=0$

综上得测点 1 单因素评价矩阵 R^1，即

$$R^1=\begin{bmatrix}R_1^1\\R_2^1\\R_3^1\\R_4^1\\R_5^1\\R_6^1\end{bmatrix}=\begin{bmatrix}1 & 0 & 0 & 0 & 0\\1 & 0 & 0 & 0 & 0\\0.72 & 0.28 & 0 & 0 & 0\\0 & 0 & 0.778 & 0.222 & 0\\0.986 & 0.014 & 0 & 0 & 0\\1 & 0 & 0 & 0 & 0\end{bmatrix}$$

$$R^2=\begin{bmatrix}R_1^2\\R_2^2\\R_3^2\\R_4^2\\R_5^2\\R_6^2\end{bmatrix}=\begin{bmatrix}0 & 0 & 0 & 0 & 1\\0.556 & 0.444 & 0 & 0 & 0\\0 & 0 & 0.02 & 0.98 & 0\\0 & 0 & 0 & 0 & 1\\0 & 0 & 0 & 0 & 1\\0 & 0 & 0.081 & 0.119 & 0\end{bmatrix}$$

$$R^3=\begin{bmatrix}R_1^3\\R_2^3\\R_3^3\\R_4^3\\R_5^3\\R_6^3\end{bmatrix}=\begin{bmatrix}0&0&0&0&1\\0&0.768&0.232&0&0\\0&0&0&0.75&0.25\\0&0&0&0&1\\0&0&0&0&1\\0&0&0.7435&0.2565&0\end{bmatrix}$$

$$R^4=\begin{bmatrix}R_1^4\\R_2^4\\R_3^4\\R_4^4\\R_5^4\\R_6^4\end{bmatrix}=\begin{bmatrix}0&0&0&0&1\\0.754&0.245&0&0&0\\0&0&0.375&0.625&0\\0&0&0&0&1\\0&0&0&0&1\\0&0&0.8035&0.1965&0\end{bmatrix}$$

$$R^5=\begin{bmatrix}R_1^5\\R_2^5\\R_3^5\\R_4^5\\R_5^5\\R_6^5\end{bmatrix}=\begin{bmatrix}0&0&1&0&0\\0.984&0.016&0&0&0\\0&0&0.575&0.425&0\\0&0&0.36&0.64&0\\0&0&0&0&1\\0&0&0.745&0.255&0\end{bmatrix}$$

(3) 确定各因素的权重 $W=(W_1,W_2,W_3,W_4,W_5,W_6)$。

评价因素为 $U=\{$酚,COD_{Cr},BOD_5,石油类,氨氮,亚硝酸盐$\}$。

经两两比较判断矩阵 A，即

$$A=\begin{bmatrix}1&4&3&3&1&2\\1/4&1&2&1/2&1/3&1/3\\1/3&1/2&1&1/3&1/4&1/4\\1/3&2&3&1&1/3&1/2\\1&3&4&3&1&2\\1/2&3&4&2&1/2&1\end{bmatrix}$$

计算判断矩阵 A 的最大特征根所对应的特征向量 $W=(W_1,W_2,W_3,W_4,W_5,W_6)$ 即为各指标的权重。

$W_1=0.283$，$W_2=0.076$，$W_3=0.054$，$W_4=0.116$，$W_5=0.283$，$W_6=0.187$

得到　　　　$W=(0.283,0.076,0.054,0.116,0.283,0.187)$

进行一致性检验，根据式 (6.39)～式 (6.41) 计算：

$$AW=(1.754,0.469,0.3425,0.712,1.732,1.146)^T$$

$$\lambda_{max}=6.183, CI=0.0366$$

查表 6.18，$RI=1.24$，则

$$CR=CI/RI=0.03<0.1$$

所以，判断矩阵 A 具有满意一致性。

(4) 综合评价各测点，由式（6.42）得测点1的综合评价结果为

$$B_1=WR^1=(0.283,0.076,0.054,0.116,0.283,0.187)\begin{bmatrix}1&0&0&0&0\\1&0&0&0&0\\0.72&0.28&0&0&0\\0&0&0.778&0.222&0\\0.986&0.014&0&0&0\\1&0&0&0&0\end{bmatrix}$$

$$=(0.864,0.019,0.090,0.026,0)$$

$$b^*=\max\{b_1,b_2,b_3,b_4,b_5\}=b_1$$

据此判断林桥测点1的水质为Ⅰ级，即清洁。

同理：

$$B_2=(0.042,0.034,0.166,0.075,0.682),b^*=\max\{b_1,b_2,b_3,b_4,b_5\}=b_5$$

测点2水质为Ⅴ级，即重污染。

$$B_3=(0,0.058,0.157,0.088,0.696),b^*=\max\{b_1,b_2,b_3,b_4,b_5\}=b_5$$

测点3水质为Ⅴ级，即重污染。

$$B_4=(0.057,0.019,0.171,0.07,0.682),b^*=\max\{b_1,b_2,b_3,b_4,b_5\}=b_5$$

测点4水质为Ⅴ级，即重污染。

$$B_5=(0.075,0.001,0.495,0.145,0.283),b^*=\max\{b_1,b_2,b_3,b_4,b_5\}=b_3$$

测点5水质为Ⅲ级，即轻污染。

6.4.3 矩阵法

矩阵法是核查表的延伸。该方法是把人类活动、受影响的环境特征和标志组成一个矩阵，在它们之间建立起直接的因果关系，定量或半定量的说明人类活动对环境的影响。下面将以Leopold矩阵法为例进行介绍。

这种方法是Leopold等人设计的一种用于资源开发过程的环境影响评价矩阵，后来被用作许多矩阵法的基础，比如迭代矩阵法、关联矩阵法、最优通道矩阵法以及交叉影响矩阵法等。表6.20是某纸浆厂工程的Leopold矩阵，具体做法是在矩阵的每个空格都填上以下内容：

(1) 如果一种某项活动对某一环境因素的影响可能发生，则在活动与该因素对应的空格上划一对角线。

(2) 在对角线的上方写上1～10之间的一个数值表示这一影响的幅度（1最小，10最大）。

(3) 在对角线的下方写上1～10之间的一个数值表示这一影响的重要性（1最小，10最大）。

上述幅度定义为影响程度的范围，重要性则是影响显著程度的加权，前者以事实为依据，后者则以判断为基础。

把所有有关空格都填好就可以编制一个简化的矩阵表，此表中只包括有相互影响的工程活动和环境因素。Leopold的简化矩阵可用来进行煤矿、电厂、供水系统和传输线路、公路、铁路等项目的环境影响评价。

表 6.20　　某纸浆厂工程的 Leopold 矩阵表

环境因素＼工程活动	工厂建设	红麻种植	杀虫剂及化肥的使用	原料运输	抽水	固体废弃物	废水排放	废气排放	职工使用
地表水质量			6/7			4/4	2/8		5/5
地表水水文					1/7				
空气质量	3/6			2/6				4/5	
渔业			2/5				2/7		
水生生态			2/6				2/5		
陆生野生生物栖息地	3/4								
陆生野生生物	2/5								
土地利用形式	5/6								
公路、铁路				6/5					
供水			3/6				2/7		
农业		7/7							
住房									7/6
健康						3/5	2/8	2/6	
社会经济状况		10/8							8/8

6.5　底质质量评价和水生生物评价

6.5.1　底质质量评价

底质是矿石、岩石、土壤自然侵蚀及生物活动、降解有机物质等过程的产物。人类排放到环境中的各种污染物质大部分会迅速转移到河湖底质中，这些污染物能滞留、堆积在水体内，不仅会降低水体的自净能力，还会成为新的污染源。因此，要正确评价水体质量，就不能忽略对水体底质的研究。

用污染物指数法评价底质污染状况时，其难点在于缺少底质的评价标准。对湖泊来说，通常是在进行湖区土壤中有害物质自然含量调查的基础上，按下面的公式评价：

$$I_i=\frac{\rho_i}{S_i} \tag{6.43}$$

式中：I_i 为 i 污染物的评价指数；ρ_i 为底质中的污染物实测值，mg/t；S_i 为湖区土壤中 i 污染物的自然含量，mg/t。

计算出各种参数的污染指数后，按内梅罗指数，即式（6.24），将计算所得的指数值按表 6.21 对底质污染状况进行分级。

表 6.21　　底质污染状况分级表

底质污染指数	污染程度分级	底质污染指数	污染程度分级
<1.0	清洁	2.0 以上	污染
1.0～2.0	轻污染		

6.5.2 水生生物评价

生物与非生物环境是相互关联的，非生物环境影响生物的分布与生长，非生物环境中任何一个因子的改变都会引起生物的变化，生物的一切变化，都可作为了解环境状况、评价环境质量的依据。因此，生物在环境评价中有其特殊意义。首先，它所表现的症状是对环境条件综合影响的反映；其次，由于任何一种生物都有一定的生活周期。所以，它所表示的是一段时间内的环境质量，是对污染状况的连续性、积累性的反映，与其他影响评价相比，生物评价更具有代表性和准确性，也是其他评价方法不能取代的。生物评价的不足之处是易受污染以外的其他各种因素的影响，不像物理、化学指标那样提供准确的数量概念。河流生物学评价一般有以下几种方法，下面分别进行介绍。

6.5.2.1 一般描述法

根据调查水体水生生物区系的组成、种类、数量、生态分布、资源情况等方面的描述，对比该水体或所在区域内同类水体的历史资料，对当前河流环境质量状况做出评价。该方法较为常用，但是由于资料的可比性较差，且要求评价人员具有丰富的经验，因而不易标准化。

6.5.2.2 指示生物法

指示生物法是最经典的生物学水质评价方法。其原理是根据调查水体中对有机物或某些特定污染物质具有敏感性或较高耐受力的生物种类的存在或缺失，指示河段中有机物或者某种特定污染物的多寡或降解程度。

指示种生物通常选择栖息地较固定、生命期较长的生物物种。静水一般选用底栖动物或者浮游生物作指示物，流水主要选用底栖生物或者着生生物，鱼类也可以作为指示生物。大型无脊椎动物由于移动力不强、体形较大、肉眼可见、较易采集和鉴定，是应用较多的指示生物。同一类不同属或种的生物，对某种污染的敏感或者耐受程度虽然相似，但不完全相同，因此要精确地评价水质，最好将所用指示生物鉴定到种。

科尔维茨（Kolkwitz）和马森（Narsson）以指示生物为基础，根据被有机物污染的河流自上游至下游，随着污染程度的减轻，出现不同特征性水生动植物的现象，提出了污水生物体系。凭借河流不同河段内出现的动植物区系，即可鉴定其受有机物污染的程度，见表 6.22。

表 6.22 Kolkwitz 和 Narsson 污水体系各带的化学和生物特征

污染程度	多污带	A（中污带）	B（中污带）	寡污带
化学过程	因腐败现象引起的还原和分解作用明显开始	水及底泥中出现氧化	到处进行着氧化作用	因氧化使矿化作用达到完成阶段
溶解氧	全无	有一些	较多	很多
BOD	很高	高	较低	低
硫化氢的形成	有强烈的硫化氢味	无硫化氢臭味	无	无
水中的有机物	有大量高分子有机物	因高分子有机物分解产生胺酸	有很多脂肪酸胺化合物	有机物全分解
底泥	往往有黑色硫化铁存在，故常呈黑色	在底泥中硫化铁已氧化成氢氧化铁，故不呈黑色	—	底泥大部分已氧化
水中细菌	大量存在，每毫升水中达100万个以上	数量很多，每毫升水中达10万以上	数量减少，每毫升水中在10万个以下	数量少，每毫升水中在100个以下
栖息生物的生态学特征	所有动物皆为细菌摄食者；均能耐pH值的强烈变化；耐低溶解氧的厌氧性生物；对硫化氢胺等毒性有强烈的抗性	以摄食细菌动物占优势，其他有肉食性动物，一般对溶解氧及pH值变化有高度适应性；大致能容忍胺，对硫化氢仅有弱的耐性	对溶解氧及pH值变动的耐性差；对腐败毒物无长时间耐性	对溶解氧及pH值变动的耐性很差；特别是对腐败性毒物，如硫化氢仅等的耐性
植物	无硅藻、绿藻、接合藻以及高等植物出现	藻类大量发生，有蓝藻、接合藻及硅藻类出现	硅藻、绿藻、接合藻的种类出现；此带为鼓藻类主要分布区	水中藻类少，但着生藻类多
动物	微型动物为主，原生动物占优势	微型动物占大多数	多种多样	多种多样
原生动物	有变形虫、纤毛虫，但无太阳虫、双鞭毛虫及吸管虫	逐渐出现太阳虫、吸管虫，但无双鞭毛虫	太阳虫、吸管虫中耐污性弱的种类出现，双鞭毛虫也出现	仅有少数双鞭毛虫和纤毛虫
后生动物	仅有少数轮虫，蠕形动物、昆虫幼虫出现，水螅，淡水海绵、藓苔动物、小型甲壳虫、贝类、鱼类不能在此生存	贝类，如甲壳虫类，昆虫有出现，但无淡水海绵、藓苔动物，鱼类中的鲤、鲫、鲶等可在此栖息	淡水海绵、藓苔动物、水螅、小型甲壳类、贝类、两栖动物、鱼类均有出现	除各种动物外，昆虫幼虫种类极多

6.5.2.3 生物指数法

生物指数法，是依据水体污染影响水生生物群落结构的原理，用数学形式表现群落结构的变化状况，从而指示水体质量。

由污染引起的水质变化对生物群落的生态效应主要有以下6个方面：①某些对污染物没有指示价值的生物种类出现或消失，导致群落结构种类的组成发生变化；②群落中的生物种类数在水污染趋于严重时减少，而在水质较好时增加，但在过于清洁的水中，因食物缺乏，生物种类数也会减少；③组成群落的个别种群变化（如种群数量变化等)；④群落中种类组成比例的变化；⑤自养-异养程度的变化；⑥生产力的变化。

目前有多种生物评价指数，但是每种指数仅能反映上述某几个方面的信息，所以最好选用几种不同生物指数进行综合评价。常用的生物指数法有以下几种。

1. 污染生物指数 BIP

$$BIP=\frac{B}{A+B}\times 100 \tag{6.44}$$

式中：A 为有叶绿素生物数量；B 为无叶绿素微生物数量。

水质情况与 BIP 有明显相关性：$BIP=0\sim8$ 为清洁水；$BIP=8\sim20$ 为轻度污染水；$BIP=20\sim60$ 为中度污染水；$BIP=60\sim100$ 为严重污染水。

2. 自养指数 AI

用去灰分重（mg/m^3）与叶绿素（mg/m^3）的比值来表明水体受到污染的程度，AI 表达式为

$$AI=\frac{\text{去灰分重}}{\text{叶绿素}} \tag{6.45}$$

将 AI 用于水质评价时，一般认为 $AI=50\sim100$ 时表示所在水体未受污染；$AI>100$ 时则表示水体受到污染。

3. 贝克指数 BI

贝克指数法按水体中大型无脊椎动物对有机污染的敏感和耐性分为两类，在环境条件相似、采样面积确定的河段采集底栖动物进行种类鉴定以评价河流水体质量。评价模式为

$$BI=2C+D \tag{6.46}$$

式中：C 为采样的敏感种动物数目；D 为采样的耐污种动物数目。

评价标准：$BI\leqslant0$ 属重污染水；$BI=0\sim10$ 属中等污染水；$BI\geqslant10$ 属清洁水。

需要注意的是：贝克法自提出后已经过多次修改，修改方法用采集时间代替采集面积，而采集面积不限定，有 45 人在一个采集点上采集 30min，尽量将河段各种大型底栖动物采集完全，然后鉴定所采集的动物种类，计算模式同式（6.46），但水质评价准则相应修改为：$BI=0\sim6$ 属重度污染水；$BI=6\sim10$ 属于中度污染水；$BI=10\sim20$ 属轻度污染水；$BI\geqslant20$ 属清洁水。

4. 硅藻类生物指数 XBI

根据河流中硅藻的种类数计算生物指数，评价模式为

$$XBI=\frac{2A+B-2C}{A+B-C}\times 100 \tag{6.47}$$

式中：A 为不耐污的种类数；B 为对有机污染无特殊反映的种类数；C 为在污染区内独有的种类数。

评价标准：XBI 的值在 0～50 为多污带；XBI 的值在 50～150 为中污带；XBI 的值在 150～200 为轻污带。

5. 格里森（Gleason）和马格里夫（Margalef）多样性指数

$$d_k=\frac{S-1}{\ln N} \tag{6.48}$$

式中：S 为生物种类数；N 为群落的总个体数；d_k 为格里森（Gleason）和马格里夫（Margalef）多样性指数，d 值越大，表示水质越清洁。

6. 辛普森（Simpson）多样性指数

$$d_i=\frac{1}{\sum\left(\frac{n_i}{N}\right)^2} \tag{6.49}$$

式中：n_i 为 i 种的个体数；N 为总个体数；d_i 为辛普森（Simpson）多样性指数，d 值越大，表示水污染程度越轻。

7. 香农（Shannon）多样性指数

参照公式（6.2）计算多样性指数 d_j，按以下标准进行评价：$d_j>3$ 时为轻度污染至无污染；d_j 值为 1～3 时为中度污染；d_j 值为 0～1 时为重污染。

6.6　水环境影响评价

水环境影响评价的目的是定量预测未来的开发活动或建设项目向受纳水体排放的污染物的量，确定建设前水环境背景的状况，分析建设项目投产后水环境质量的变化；解释污染物质在水体中的输送和降解规律；提出建设项目和区域环境污染源的控制和防治对策。

6.6.1　水环境影响评价等级

6.6.1.1　评价等级

根据《环境影响评价技术导则——地面水环境》（HJ/T 2.3—93）的规定，地面水环境影响评价等级的划分主要根据建设项目的污水排放量、污水水质的复杂程度、各种受纳污水水域的规模以及对水质的要求来划分，分为三个级别，其中一级评价最详细，二级次之，三级较简略，内陆水体的分级判据见表 6.23。

低于第三级地表水环境影响评价条件的建设项目，不必进行地表水环境影响评价，只要求进行简单的水环境影响分析。对于不同级别的地表水环境影响评价，其环境现状调查、环境影响预测和评价等均应符合相应的技术要求。

6.6.1.2　工作程序

地表水环境影响评价工作分为三个阶段：

第一阶段为准备阶段，主要工作为研究有关文件，进行初步的工程分析和环境现状调查，筛选重点评价项目，确定地表水环境影响评价的工作等级、评价范围及评价标准，编制评价大纲。

第二阶段为正式工作阶段，主要工作为进一步进行工程分析和环境现状调查，进行地表水环境影响预测及评价地表水的环境影响。

第三阶段为报告书编制阶段，主要工作为汇总、分析第二阶段工作所得的各种资料、数据，给出评价结论，完成环境影响报告书中地表水环境影响部分的编制，提出防治地表水污染的环境保护建议和措施。地表水环境影响评价的工作程序如图 6.3 所示。

表 6.23　　地面水环境影响评价分级判据（内陆水体）

建设项目污水排放量/(m^3/d)	建设项目污水水质的复杂程度	一级		二级		三级	
		地表水域规模（大小规模）	地表水质要求（水质要求）	地表水域规模（大小规模）	地表水质要求（水质要求）	地表水域规模（大小规模）	地表水质要求（水质要求）
≥20000	复杂	大	Ⅰ～Ⅲ	大	Ⅳ、Ⅴ		
		中、小	Ⅰ～Ⅳ	中、小	Ⅴ		
	中等	大	Ⅰ～Ⅲ	大	Ⅳ、Ⅴ		
		中、小	Ⅰ～Ⅳ	中、小	Ⅴ		
	简单	大	Ⅰ、Ⅱ	大	Ⅲ～Ⅴ		
		中、小	Ⅰ～Ⅲ	中、小	Ⅳ、Ⅴ		
<20000 ≥10000	复杂	大	Ⅰ～Ⅲ	大	Ⅳ、Ⅴ		
		中、小	Ⅰ～Ⅳ	中、小	Ⅴ		
	中等	大	Ⅰ、Ⅱ	大	Ⅲ、Ⅳ	大	Ⅴ
		中、小	Ⅰ、Ⅱ	中、小	Ⅲ～Ⅴ		
	简单			大	Ⅰ～Ⅲ	大	Ⅳ、Ⅴ
		中、小	Ⅰ	中、小	Ⅱ～Ⅳ	中、小	Ⅴ
<10000 ≥5000	复杂	大、中	Ⅰ、Ⅱ	大、中	Ⅲ、Ⅳ	大、中	Ⅴ
		小	Ⅰ、Ⅱ	小	Ⅲ、Ⅳ	小	Ⅴ
	中等			大、中	Ⅰ～Ⅲ	大、中	Ⅳ、Ⅴ
		小	Ⅰ	小	Ⅱ～Ⅳ	小	Ⅴ
	简单			大、中	Ⅰ、Ⅱ	大、中	Ⅲ～Ⅴ
				小	Ⅰ～Ⅲ	小	Ⅳ、Ⅴ
<5000 ≥1000	复杂			大、中	Ⅰ～Ⅲ	大、中	Ⅳ、Ⅴ
		小	Ⅰ	小	Ⅱ～Ⅳ	小	Ⅴ
	中等			大、中	Ⅰ、Ⅱ	大、中	Ⅲ～Ⅴ
				小	Ⅰ～Ⅲ	小	Ⅳ、Ⅴ
	简单					大、中	Ⅰ～Ⅳ
				小	Ⅰ	小	Ⅱ～Ⅴ
<1000 ≥200	复杂					大、中	Ⅰ～Ⅳ
						小	Ⅰ～Ⅴ
	中等					大、中	Ⅰ～Ⅳ
						小	Ⅰ～Ⅴ
	简单					中、小	

6.6.2　水环境影响识别

6.6.2.1　对地表水水量和水质影响的识别

项目特征与地表水水量及水质的关系如下：

(1) 项目的类型与其影响的直接联系，可以从项目的建设期和运行期进行分析，重点分析水的利用、废水回用与处理及其引起周围水体水量与水质改变的情况。

(2) 项目所在位置与水体所受影响的关系，包括项目建设所需的时间以及建设期的活动引起的影响。

(3) 识别位于特殊地点的拟建项目的要求，例如，与洪水控制、该区域后续的工业开发、经济发展和许多其他相关的影响等。

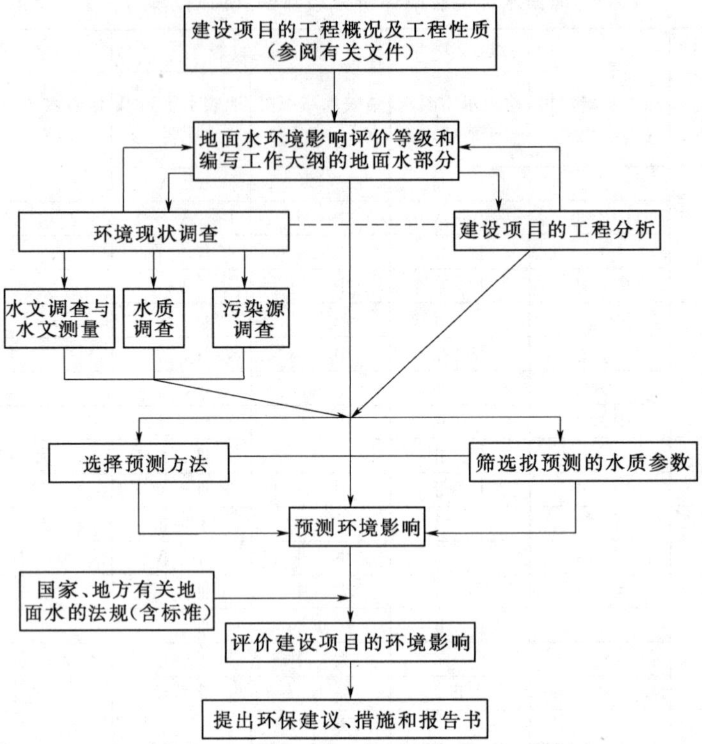

图 6.3　地表水环境影响评价的工作程序

（4）对拟建项目的选址、生产工艺、施工过程的考虑都应是多方案被选的，故应对各方案进行具体的工程分析，识别其影响以及进一步通过每个方案的预测进行优选。

6.6.2.2　评价因子的筛选

筛选水体的影响评价因子是工程分析和环境影响识别的成果。评价因子的筛选，应根据评价项目的特点和地表水环境污染特点而定。一般考虑：

（1）按等标排放量（或等标污染负荷）P_i 值大小排序，选择排位在前的因子，但对那些毒害性大、持久性的污染物如重金属、苯并（a）芘等应慎重研究再决定取舍。

（2）在受项目影响的水体中已造成严重污染的污染物或已无负荷容量的污染物。

（3）经环境调查已经超标或接近超标的污染物。

（4）地方环保部门要求预测的敏感污染物。

在环境现状调查的水质参数中选择拟预测水质参数时，对河流可以按下式将水质参数排序后从中选取：

$$ISE = C_p Q_p / [(C_s - C_h) Q_h] \tag{6.50}$$

式中：ISE 为污染物排序指标；C_p 为污染物排放浓度，mg/L；Q_p 为废水排放量，m^3/s；C_s 为污染物排放标准，mg/L；C_h 为河流上游污染物浓度，mg/L；Q_h 为河水的流量，m^3/s。

ISE 越大，说明建设项目对河流中该项目水质参数的影响越大。

6.6.3 水环境影响预测与评价

6.6.3.1 预测条件的确定

1. 预测范围

地表水预测范围与以确定的评价范围一致，确定地下水影响预测范围的原则与地表水类似。

2. 预测点确定

为了全面地反映拟建项目对该范围内地表水的环境影响，一般选以下地点为预测点：①已确定的敏感点；②环境现状监测点（以利进行对照）；③水文特征和水质突变处的上下游、水源地，重要水工建筑物及水文站；④为了预测河流混合过程段，应在该段河流中布设若干预测点；⑤在排污口下游附近可能出现局部超标，为了预测超标范围，应自排污口起由密而疏地布设若干预测点，直到达标为止；⑥预测混合过程段和超标范围段的预测点可以互用。

地下水的预测点宜选在已有的取水井、观测井和试验井附近，以便进行验证。

3. 预测时期

地表水预测时期分丰水期、平水期和枯水期三个时期。一般说，枯水期河水自净能力最小，平水期居中，丰水期自净能力最大。但不少水域因非点源污染可能使丰水期的稀释能力变小。冰封期是北方河流特有的情况，此时期的自净能力最小。因此对一级、二级评价项目应预测自净能力最小和一般的两个时期环境影响。对于冰封期较长的水域，当其功能为生活饮用水、食品工业用水水源或渔业用水时，还应预测冰封期的环境影响。三级评价或评价时间较短的二级评价可只预测自净能力最小时期的环境影响。

与地表水体有直接补给关系的地下水预测可分为丰水、枯水两个时期。一般承压地下水的补给量相对稳定，其预测按稳态情况计算。

4. 预测阶段

一般分建设过程、生产运行和服务期满后三个阶段。所有建设项目均应预测生产运行阶段对地表水体的影响，并按正常排污和非正常排污（包括事故）两种情况进行预测。对于建设过程超过一年的大型建设项目，如产生流失物较多、且受纳水体的水质级别要求较高（在Ⅲ类以上）时，应进行建设阶段环境影响预测。个别建设项目还应根据其性质、评价等级、水环境特点以及当地的环保要求，预测服务期满后对水体的环境影响（如矿山开发、垃圾填埋场等）。

6.6.3.2 预测方法的选择

预测建设项目对水环境的影响应尽量利用成熟、简便并能满足评价精度和深度要求的方法。

1. 定性分析法

(1) 专业判断法。根据专家经验推断建设项目对水环境的影响，运用专家判断法、激智法、幕景分析法和特尔菲法等，有助于更好的发挥专家专长和经验。

（2）类比调查法。参照现有相似工程对水体的影响，来预测拟建项目对水环境的影响。本法要求拟建项目和现有污染物来源、性质相似，并在数量上有比例关系。但实际的工程条件和水环境条件往往与拟建项目有较大差异，因此类比调查法给出的是拟建项目影响大小的估值范围。

定性分析法具有省时、省力、耗资少等优点，并且在某种条件下也可给出明确的结论。例如，分析判断建设项目对受纳水体的影响是否在功能和水质要求允许范围之内等。定性分析法主要用于三级和部分二级的评价项目和对水体影响较小的水质参数，或解决目前尚无法取得必需的数据而难以应用数学模型预测等情况。

2. 定量预测法

（1）数学模型法。水质数学模型进行预测是最常用的方法。利用表征水体净化机制的数学方程预测建设项目引起的水体水质变化，给出定量的预测结果，但依赖参数的有效性及模型的合理性。一般情况下此法较为简便，应首先考虑。选用数学模型时要考虑模型的应用条件，如实际情况不能很好满足模型的应用条件而又拟采用时，需对模型进行修正并进行验证。

（2）物理模型法。利用相似原理，按一定比例缩小后得到的模型，用来进行水质模型实验。但花费较高，且只能模拟少数几种情况，有些实际条件在实验中很难体现。在评价级别高，对预测结果要求较严时，应该选用此法，但污染物在水中的化学、生物净化过程难以在实验中模拟。

6.6.3.3　地表水环境影响评价

1. 评价的原则

建设项目的地表水环境影响评价是评定与估计建设项目各生产阶段对地表水的环境影响，它是环境影响预测的继续。地表水环境影响的评价范围与影响预测范围相同，确定其评价范围的原则与环境调查相同。所有预测点和所有预测的水质参数均应进行各生产阶段不同情况的环境影响评价，但应有重点。空间方面，水文要素和水质急剧变化处、水域功能改变处、取水口附近等应作为重点；水质方面，影响较大的水质参数应作为重点。

多项水质参数综合评价的评价方法和评价的水质参数应与环境现状综合评价相同。

2. 评价的基本资料

水域功能是评价建设项目环境影响的基本资料。评价建设项目的地表水环境影响所采用的水质标准应与环境现状评价相同。规划中几个建设项目在一定时期内（如 5 年）兴建并向同一地表水环境排污时，应由政府有关部门规定各建设项目的排污总量或允许利用水体自净能力的比例。向已超标的水体排污时，应结合环境规划酌情处理或由环保部门事先规定排污要求。

3. 地表水环境评价结论

评价建设项目的地表水环境影响的最终结果，应得出建设项目在实施过程不同阶段能否满足预定的地表水环境质量要求的结论。

下面两种情况应得出可以满足地表水环境保护要求的结论：

（1）建设项目在实施过程的不同阶段，除排放口附近很小范围外，水域的水质均能达到预定要求。

（2）在建设项目实施过程的某个阶段，个别水质参数在较大范围内不能达到预定的水质要求，但采取一定的环保措施后可以满足要求。

下面两种情况原则上应得出不能满足地表水环境保护要求的结论：

（1）地表水现状水质已经超标。

（2）污染消减量过大以至于消减措施在技术、经济上明显不合理。

建设项目在个别情况下虽然不能满足预定的环保要求，但其影响不大而发生的机会不多，此时应根据具体情况做出分析。

有些情况不宜下明确的结论，如建设项目恶化了地表水环境的某些方面，同时又改善了其他某些方面。这种情况应说明建设项目对地表水环境的正影响、负影响及其范围、程度和评价者的意见。

思考题与习题

1. 水环境评价参数有哪些？
2. *W* 值分级法中，评分标准的五级个对应什么标准？
3. 如何确定污染物的排放量？如何进行污染源评价？
4. 污染源调查的目的是什么？在环境评价中的地位和作用是什么？
5. 什么是环境影响评价？环境影响评价有哪些主要类型？
6. 环境影响预测有哪些方法？
7. 简述我国水环境影响评价的工作程序。
8. 用水生生物指数法评价水质的主要原理是什么？
9. 建立环境影响评价工作程序的目的是什么？具体程序如何？
10. 已知某水体丰水期污染物监测数据见表 6.24：

（1）用 S. L. Ross 水质指数评价。

（2）评价标准用地面水环境标准，用北京西郊水质指数 *P* 进行评价。

资源 6.1

资源 6.2

表 6.24　　某水体丰水期污染物监测数据

悬浮固体 /(mg/L)	BOD_5 /(mg/L)	NH_3—N /(mg/L)	DO /(mg/L)	DO /(饱和度%)
50	12	0.4	4	50

11. 某监测点监测数据见表 6.25，用 *W* 值分级法评价该水体。

表 6.25　　某监测点监测数据

BOD_5	COD_{Mn}	DO	Cd	Cr^{6+}	Cu	As	石油	酚
13	9	8	0.005	0.06	0.6	0.05	0.04	0.01

第 7 章

水环境保护规划与管理

7.1 概　　述

7.1.1 水环境系统组成

水环境系统是由污染物发生系统、污染物承纳系统和污染物控制系统组成的综合系统。该系统中各个子系统之间由水环境的质量要求把它们紧密地联结在一起，由于自然条件和经济条件的不同，水环境系统的组成也不尽相同。如图 7.1 所示为一般情况下的水环境系统。

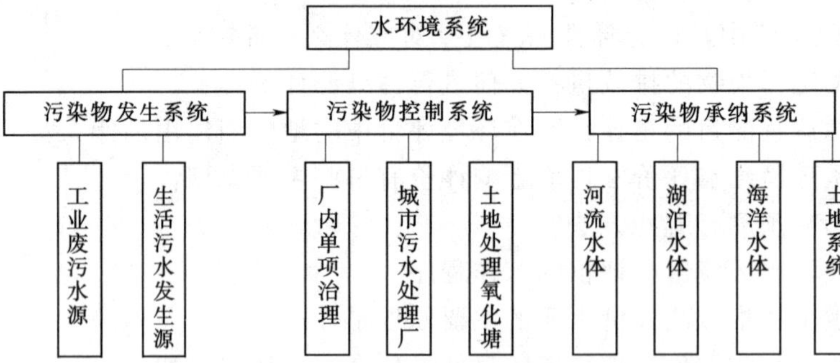

图 7.1　水环境系统示意图

7.1.1.1 水污染发生系统

水污染发生系统是造成水环境污染的来源系统。该系统是由人为污染（如工业区、矿区、住宅居民区、农田径流等）和自然污染源（如自然侵蚀、水土流失等）两种子系统组成，如图 7.2 所示。水污染发生系统中包括点源污染（如工业废水）和非点源污染（如农田径流）。

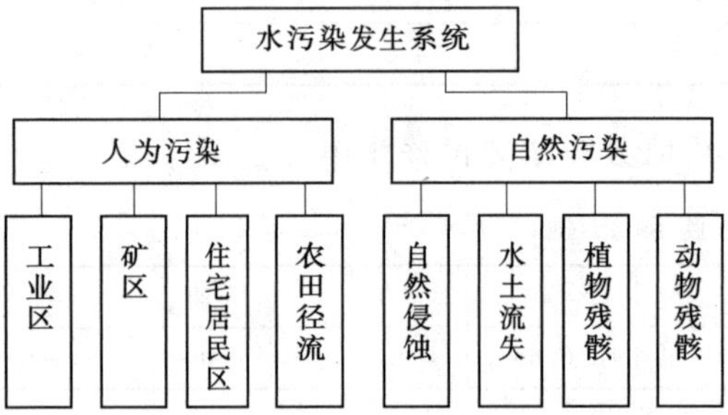

图 7.2　水污染发生系统示意图

污染发生系统的核心是资源和能源的流失，这种流失造成了水环境的污染。

7.1.1.2 污染物承纳系统

污染物承纳系统一般是指天然的或人工的水体，如河流、湖泊、水库、海洋和地下水等。污染物承纳系统内部，发生着物质的迁移转化和能量的传递过程。水污染物的承纳系统的质量是我们追求的目标和规划的出发点，因为它是我们保护水环境的主体。

7.1.1.3 水污染控制系统

水污染控制是一个非常广泛的概念。从广义来说，它可以涉及人类的资源开发、人口规划、经济发展与水环境质量之间的协调平衡问题。从地域上来说，可以在一条河流的整个流域上进行水资源开发、利用和水污染防治规划，也可以在一个小区域（或城市、或工业区）内进行水质与污水处理，乃至一个具体的污水处理设施的规划、设计及运行。研究问题的范围与性质不同，可以得出不同的系统。

水污染控制系统是保护水环境质量的措施系统，包括生产工艺革新、污染物治理工程、水土保持、行政管理措施和法规等。水污染控制系统的主要依据是污染发生系统的性质、规模和污染物承纳系统的质量目标要求。

7.1.2 水环境保护系统规划的分类

水环境保护系统规划是根据经济社会发展以及生态环境系统对水体质量的要求，以水环境承载能力和污染物排放状况为基础，通过总量控制，对各种污染源和污染物的排放作出安排，以达到控制污染改善水环境的目的。其目标是协调系统内部各组成或部分之间的关系，以最低的水污染控制费用满足水环境质量要求。

7.1.2.1 不同层次的规划类型

水环境保护系统的具体内容与所涉及的范围有密切的关系，按照层次的不同，水环境保护系统规划有不同的类型。一般来说，规划的层次越高、其规模越大、所涉及的因素越多，技术越复杂。按照规划的层次，可以将水环境保护系统规划分为流域规划、区域规划和设施规划。

1. 流域规划

流域规划的任务是在一个流域范围内确定水污染控制的战略目标，包括环境质量目标和经济目标。流域规划的主要内容是在流域范围内协调各个重要污染源（城市或区域）之间的关系，以保证流域范围内的各个河段和支流满足水质要求。水质要求是根据河流所处的空间、时间条件所确定的功能制定的。

流域规划的结果可以作为各个污染源（城市或区域）进行排放总量控制的依据，是区域规划和设施规划的基础。

流域规划是高层次的规划，要求相应的高层次的有关部门主持。图 7.3 表示一个流域的水污染控制系统。

2. 区域规划

区域规划是指流域范围内具有复杂的污染源的城市或工业区的水污染控制规划。区域规划是在流域规划的指导下进行的，其目的是将流域规划的结果——排放总量分配给各个污染源，并为此制定具体的方案，作为环境管理部门可以执行的方案。图 7.4 是区域水污染控制系统。

区域规划既要满足上层规划——流域规划对该区域提出的限制，又要为下一层次的规划——设施规划提供依据。

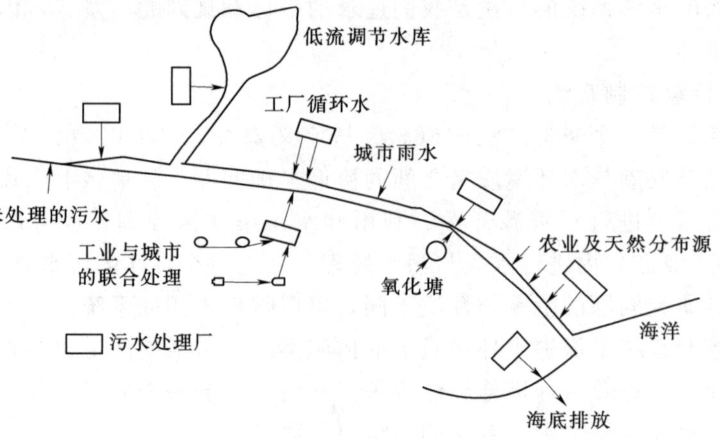

图 7.3　流域水污染控制系统

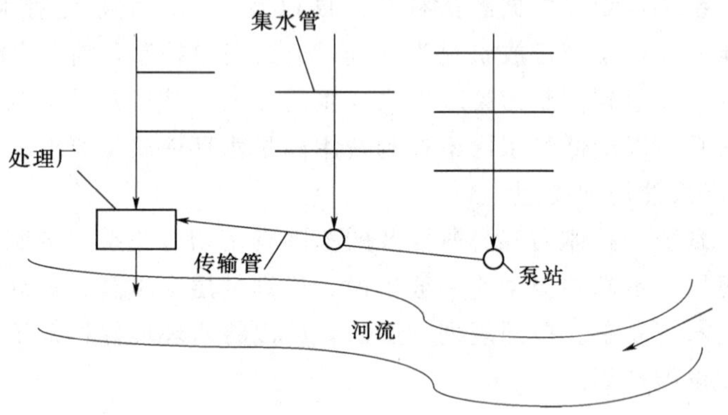

图 7.4　区域水污染控制系统

3. 设施规划

设施规划的目的是按照区域规划的结果来选择合理的污水处理设施，所选的污水处理设施既要满足污水处理效率的要求，又要使污水处理的费用最低。

7.1.2.2　不同解决途径的规划类型

从水污染控制系统规划问题的不同解决途径来看，它可以分成两大类。第一类是水污染控制系统的最优规划问题，第二类是可选比方案的模拟规划问题。在这里我们只讨论最优规划问题。

最优规划问题简单来说是：应用数学系统分析方法，科学地组织污染物的排放或科学地协调各个治理环节，以便用尽量小的投入达到规定的水质目标。

对于不同范围、不同组成因素的水污染控制系统，可以形成不同特点和内容的最优规划问题，目前已经得到不同程度应用的最优化规划问题主要有以下 3 类。

1. 排放口处理最优规划

排放口处理最优规划以每个小区的污水排放口为基础，在水体水质条件的约束下，求解各排放口的污水处理效率的最佳组合，目标是各排放口的污水处理费用之和最低。在做排放口最优规划时，各个污水处理厂的规模不变，它等于各小区收集的污水量。

2. 均匀处理最优规划

均匀处理最优规划的目的是在区域范围内寻求最佳的污水处理厂的位置与规模的组合，在相同的污水处理效率的条件下，追求全区域的污水处理费用最低。

均匀处理最优规划又称为污水处理的厂群规划问题。在某些工业发达国家或地区，法律规定所有排入水体的污水都必须经过二级处理（即机械处理＋生化处理），尽管有的水体具有充裕的自净能力，也不允许降低污水的处理程度。这就是均匀处理最优规划的基础。

3. 区域处理最优规划

区域处理最优规划是排放口处理最优规划和均匀处理最优规划的综合。在区域处理最优规划中，既要寻求最佳的污水处理厂的位置和容量，又要寻求每座污水处理厂的最佳处理效率的组合。采用区域处理最优规划方法既充分发挥污水处理系统的经济效能，又合理利用水体的自净能力。

7.1.2.3 不同管理目的的规划类型

针对水质管理的不同目的，水环境规划可以分为水环境综合整治规划、水污染物总量控制规划、水污染系统规划、城市饮用水水源保护规划等类型。

水环境综合整治规划是指根据经济社会发展需要和水资源开发利用现状编制的开发、利用、节约、保护水资源和防治水害的总体部署。因此，要在既定的规划区域内，发现当前和规划期内水环境存在或可能出现的问题并找出原因，初步确定环境保护目标，提出实现该目标的备选方案，进行方案评价及优选，将环境与经济相协调，综合分析后最终确定目标与方案。

水污染总量控制规划、水污染系统规划以及城市引用水源保护规划属专业规划范畴。水污染总量控制规划包括水环境容量计算、分配、工程措施方案的制定。水污染系统规划包括给排水工程规划设计、污水处理厂规划设计、考虑工程规划与水质目标、经济技术优化组合，以及如何优化确定水处理工程处理量、排放地点与方式。城市饮用水水源保护规划包括城市集中式供水水源地的水源保护区划分，水源地保护目标的确定，水源地污染物控制排放量和削减量的计算，以及水源地保护方案、管理监督措施的制定等。

7.1.3 水环境保护规划的基本原则和步骤

7.1.3.1 基本原则

水环境保护规划是一个反复协调决策的过程，一个最佳的规划方案应是整体与局部、主观与客观、近期与长远、经济与环境效益等各方面的统一。因此，要想制定一个好的、切实可行的水环境规划并使之得到最佳的效果，必须按照一定的原则，合理规划，正确执行。应考虑的主要原则如下：

（1）以经济、社会可持续发展的战略思想为依据，明确水环境保护规划的指导思想。

（2）水环境目标要切实可行，要有明确的时间要求和具体指标。

（3）在制定区域经济社会发展规划的同时，制定区域水环境保护规划，两者要紧密结合，经济目标和环境目标之间要综合平衡后加以确定。

（4）要进行全面的效益分析，实现环境效益与经济效益、社会效益的统一。

（5）区域水污染物的排放实现总量控制。

7.1.3.2　水环境保护规划的过程与步骤

水环境保护规划往往要协调社会各部门、各阶层之间的关系并达到统一，实际上整个规划过程就是在寻求一个最佳的折中方案。它的一般过程与步骤可用图 7.5 所示的方框图来表达。总体来说，可分为四个阶段，即规划目标、建立模型、模拟优化、评价决策。每个阶段有各自相应的规划工作和规划准备工作。在模拟优化阶段又可以分为最优规划和模拟规划（即方案优选）两种途径来进行。显然各阶段和各步骤不是机械的，而是根据需要相互穿插反复进行的。

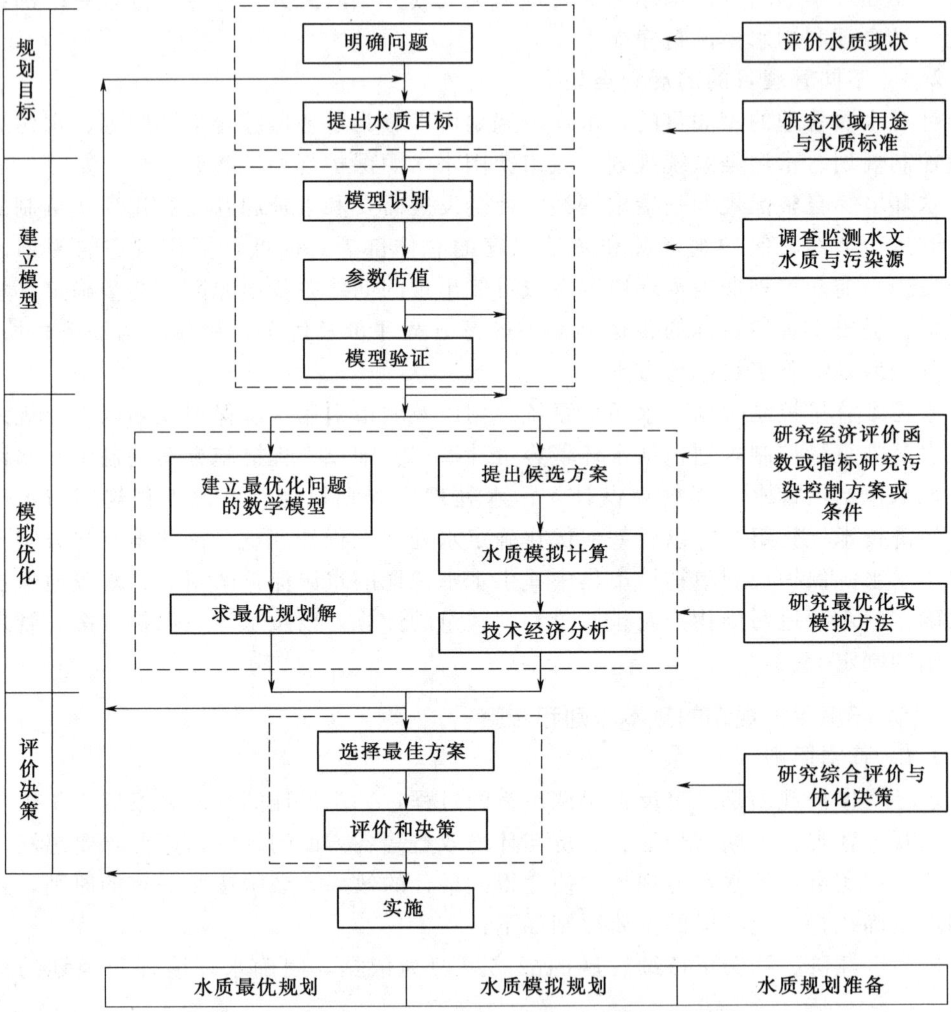

图 7.5　水污染控制系统规划过程

1. 确定规划目标

整个规划工作首先应从明确目标开始。所谓规划目标是指规划范围、水体使用功能、水质标准、技术水平等。

每一个水体的使用目标是由它的特定功能决定的。一条具有最理想功能的河流是能同时满足各种用途，如航运、灌溉、美化环境、水产养殖、工业用水和饮用等，但这样做同时必然要求维持很高的水质标准，并要求采取十分严格的污染控制措施。然而在实践中由于河流各个河段的污染状况、人类活动的分布不同，以及在污染控制技术上的限制，不可能甚至也不需要同时满足各种用途。因此，我们必须从当地的社会、经济和技术条件出发，针对不同的地区、不同的河段分别提出不同的使用功能与相应的水质标准，形成该水体的目标组合，以满足人类对水体的使用要求。为此我们需要进行河流水文、水质及气象资料的收集；污染源的调查；市政、环境及城建规模的了解；被研究河段水文、水质、原型实验数据的分析；有关污水处理厂费用资料、河流水质及污染源的评价等前期工作，以便确定出既能满足水环境使用功能，又在技术和经济上可行的规划目标。

2. 建立模型

为了进行水污染控制规划的优化处理，需要建立污染源发生系统、水环境（污水承纳）系统水质与污染物控制系统之间的定量关系，亦即水环境数学模式，包括污染量计算模式、水质模拟模式、优化计算模式等。同时包括模式的概念化、模式结构识别、模式参数估计、模式灵敏度分析、模式可靠性验证及应用等步骤。

3. 模拟和优化

寻求优化方案是规划的核心内容，是协调环境与经济的根本途径。是采用最优化方法，还是采用方案优选的方法进行规划，则要根据具体条件而定。最优规划的特点是根据污染源、水体、污水处理厂和输水管线等方面的信息，一次求出水污染控制的最佳方案，只有在资料详尽、技术具备的地方才能顺利地应用最优规划方法。由最优规划得出的方案是理想化的方案。在很多情况下，最优规划的条件不尽具备，或者由于采用了某种特殊污水处理方法，致使问题的目标函数和约束条件中不能反映这种特殊情况，最优规划方法的应用就受到限制。这时，方案优选的规划方法就成为水污染控制规划的主要方法了。

方案优选与最优规划不同，它的工作程序是首先进行污水收集与处理系统的设计，作出各种规划方案，然后对各种方案的污水排放与水体水质之间的关系进行水质模拟，检验规划方案的可行性，最后通过损益分析或其他决策分析方法来进行方案优选。

4. 评价决策

对于水污染控制系统的规划问题，用数学方法得出的最优解往往并不能成为一个可以付诸实施的方案。因为水质改善而带来的促进水生生态平衡、人体健康、旅游观光等效益，往往不容易定量和用货币来衡量。另外水质目标虽然可以作为问题的一个重要方面，但同时其他诸如政治、经济和技术等目标或条件的制约也是规划的重要因素。因此需要对各种目标进行统一的协调，做出各方满意的决策，形成一个能够付诸实施的“最佳使用方案”。

7.2　水环境保护规划

水环境系统的控制包括水量控制和水质控制。前者例如，洪水防御和枯水补给，这种水量过多和过少引起的问题往往在一个地区同时存在，这取决于年径流量的时间分布特征。侧重水量、兼顾水质控制的规划为水资源规划，一般由水利部门来制定。水质控制则分为点源和非点源污染控制。点污染源主要包括生活和工业污染，它通过污水处理系统排入河道。点污染源比较容易监测和控制，而非点源则比较难以直接控制，它的因果关系与过程复杂，影响因素很多。

水环境保护是一项十分重要、十分迫切也是十分复杂的工作。水环境综合整治措施主要包括污染源控制、工程控制、管理控制和法律法规控制四大方面。水环境系统的控制可采取独立的控制措施，也可以采取多种措施的组合。但我们解决问题不能仅仅考虑水质控制这一个方面，同时还必须研究采取这措施对工农业生产和经济发展的影响。水环境保护规划的主要目的就在于协调环境与经济的统一，所谓最优化就是在水质和社会经济技术的约束下，使得整个水环境系统的控制费用最低。因而系统分析是优化规划中的一个重要工具，常用的系统分析方法有线性数学规划法、非线性数学规划法和非线性迭代方法等。

一个规划方案的“好”与“坏”，除了要考察他们的费用及其对水质的影响外，还要通过费用-收益分析来衡量其经济合理性。

7.2.1　水环境保护规划的经济评价

7.2.1.1　经济分析与评价的重要性

1. 环境工程必须提高经济效益

环境工程是环境保护的一条重要途径，即通过工程技术等措施控制污染和改善环境。只有提高环境工程的经济效益，才能真正发挥其控制污染、保护环境与保障人民身体健康的目的。因此，环境工程和其他工程项目一样，必须把根本出发点放在提高经济效益上。

但是，环境问题又有它自身的特点，即在保证环境质量的前提下来提高其经济效益，具有公益性。按照这样的要求，就必须对环境问题进行全面的、合理的规划，并对规划方案的环境影响与效益进行分析预测；只有在技术上、经济上均可行时，才能实施这一规划方案。

提高环境工程的经济效益应注意以下几方面问题：处理好宏观经济和微观经济的关系；不同生产力布局对环境的影响及其经济效益问题；水资源的开发、保护与合理利用对环境的影响及其经济效益，以及提高投资的经济效益等。

2. 提高经济效益必须进行经济分析与评价

环境工程涉及面广，包括政治、社会、经济、环境、文化等诸多方面，是一个非常复杂的系统。如果仅凭直觉进行决策，往往会造成巨大损失及难以挽回的严重后果。经济分析与评价就是采用工程经济学和环境经济学的基本原理和方法，识别和计算环境规划或工程方案的费用与效益，采用经济评价指标定量衡量环境规划或工程方案的经济效果，进行经济合理性评价，达到以最小的投入费用获得最大的效益的目的，提出经济上最优的方案，为环境规划或工程方案的科学决策提供依据。因此，进行经济分析与评价，是提高环境规划或工程方案经济效益的重要途径。

7.2.1.2　规划的基本经济分析

以最小的经济代价改善水环境质量，这是水污染控制规划的核心思想，也就是说经济合理性是评价水污染控制系统规划好坏的基本依据。

以收益-费用分析来看，水污染控制所去除污染物的总量与收益和费用之间存在如下关系：去除污染物量越大，临界费用越大，临界收益越小。临界费用和收益是指去除单位污染物所需费用价格和所得的收益价格，如图 7.6 所示。其中存在一个最佳水平点 Q_0，当污染物去除量为 Q_0 时，净收益（即收益减去费用）为最大。最佳水平点相当于图中两条曲线的切线平行时，这两个切点连线在横轴上的交点。因此我们有必要来寻求和研究社会总的净收益为最大时的污染控制状态。

污染控制的收益和费用，总的可分为两大部分：第一，有关人为活动的收益和费用，包括污染源的回收、处理活动，管道输送活动，污水处理活动以及其他河流治理活动；第二，有关水资源的污染及其控制所造成的社会收益与费用。水污染的社会影响又可以分为直接影响和间接影响两种。直接影响如：鱼种减少、水体丧失天然再生能力、渔场破坏、农业用水受阻、给水受阻碍等，这部分损失费用一般可以通过补偿或替代的方法来推算为污染控制的收益，当然在估算中也有不少难于定量化和货币化的困难。间接影响则包括人们生活环境的受害与社会环境变化的影响，例如，人体健康与生命，自然风光与估计等，目前还不易进行定量估算，是国际上共同关心的研究内容。

人为活动的收益和费用影响因素包括如下几个方面：

（1）污水处理活动的费用与污水处理的规模和处理效率相关，可由图 7.7 表示三者的关系，这是一种三维的结构。

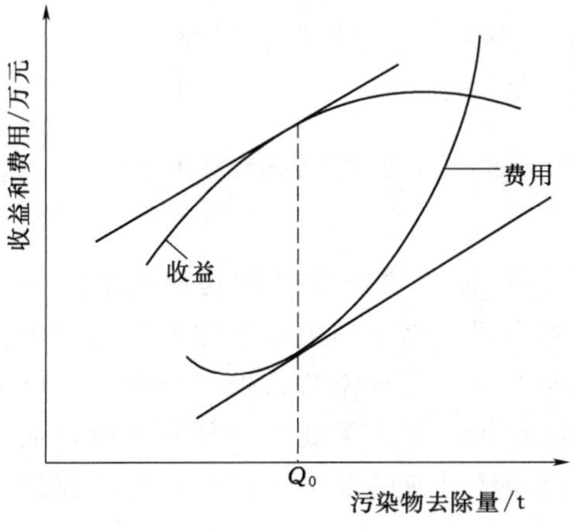

图 7.6　污染物去除量与单价

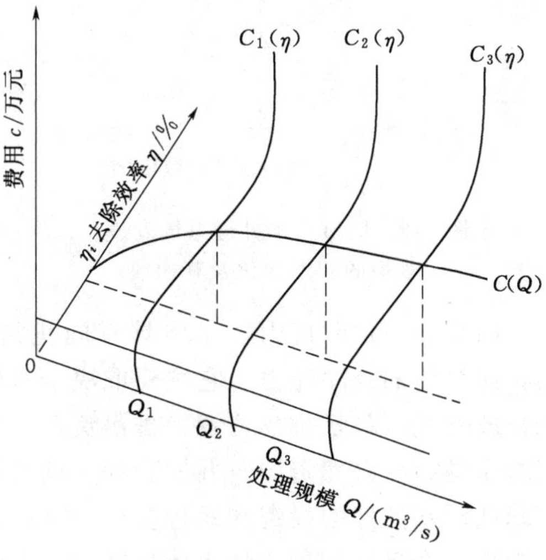

图 7.7　污水处理费用的规模与处理效率的经济效应

(2) 当污水处理去除效率固定时，规模的经济效应如图 7.7 中的 $C(Q)$ 曲线所示。也就是当处理水量（m^3/d）增加时，总费用随之增加，但处理污水的单价[万元/(m^3·d)]却降低，相当于图中曲线 $C(Q)$ 的斜率随 Q 增加而由大变小。这就是说处理相同的水量，集中处理的费用小于分散处理的费用。

但是从污水处理与管道输水这两种活动来说，它们的分散与集中对费用又有相互的制约关系。如果以污水处理厂的数目 n 作为变量，当 n 由大变小时，即由分散处理逐步过渡到集中处理，污水处理的费用将不断下降；同时由于输水管线总长度的增加，输水费用将不断上升。这两种费用的消长与合成关系如图 7.8 所示，图中总费用曲线最低的点也就是污水处理厂的最优设置数（或最优位置）。

(3) 当污水处理厂的规模固定时，处理效率与费用的关系如图 7.7 中的 $C_1(\eta)$、$C_2(\eta)$、$C_3(\eta)$。这种处理效率的经济效应还可以用图 7.9 来表示，处理效率提高，污水处理总费用增加，但处理单位污染物的污水处理单价［万元/(kg·d)］，即相应图 7.9 中曲线段的斜率却迅速增长（$t_3>t_2>t_1$）。由此可见去除同样的污染物量，采用低级处理要比高级处理经济。我们在规划区域污水处理系统时，从全局来看首先应该考虑的是对那些尚未进行处理的污水进行低级处理，而不是对那些已有了一定处理程度的污水进行更高的处理。

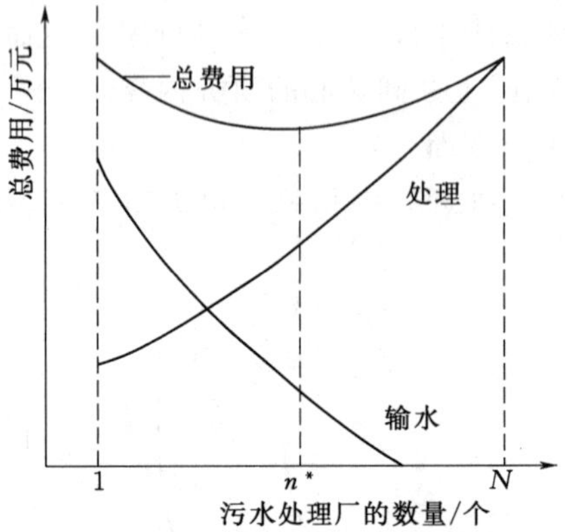

图 7.8　区域污水处理系统处理厂规模的费用变化及其构成

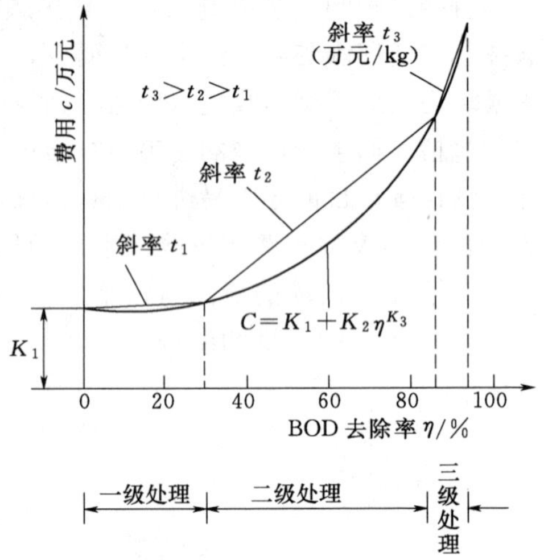

图 7.9　污水处理效率的经济性

(4) 在一定限度内，水体具有同化污染物质而保证水质满足某种功能要求的能力，即水体的自净能力。它主要取决于水体自身的物理、化学和生物特性，也与污水的排放方式（包括排放位置、排污负荷）和水质要求有关。水体的这种自净能力，可以看作是一种自然资源。开发和利用这种资源可以替代污水人工处理的部分负荷，从而降低污水处理的投资和运行费用。这就是水体自净所具有的经济效应。我们应提倡科学地、合理地利用这种水体自净的经济性。

在一个水污染控制系统中，工业污染源回收污染物的经济效应、污水输送距离的经济效应、污水处理规模的经济效应、污水处理效率的经济效应和水体自净的能力相互影响、相互制约。在一定的约束条件下，协调好这些关系，可以既满足水体水质要求，又使系统的总费用最低，这就是研究水污染控制系统规划问题的出发点与归宿。

7.2.1.3 主要评价指标与方案类型

经济评价是水环境保护规划的核心内容之一，而评价规划的经济效果的优劣必须借助于科学的评价指标。经济效果评价指标包括静态评价指标和动态评价指标两大类。

1. 主要评价指标

所谓静态评价指标是指不考虑资金时间价值的评价指标，主要包括投资利润率、投资收益率、投资收入率、投资回收期与抵偿年限等。

所谓动态评价指标是在考虑了资金时间价值及项目在整个寿命期内收入与支出的全部经济数据后所得到的评价指标，因此比静态评价指标更全面、更合理。动态评价指标很多，主要包括净现值（*NPV*）、净现值率（*NPVR*）、净年值（*NAV*）、内部收益率（*IRR*）、动态投资回收年限、效益费用比等。

限于篇幅，这些静态与动态评价指标的含义、计算、评价准则、特点等，可参见工程经济学方面的书籍，本书不再具体介绍。

2. 方案的类型与评价

在生产实践中，为了解决水环境保护问题，往往会提出不止一个规划方案，因而常常需要进行多方案的评价与选择。在多方案的评价与选择过程中，由于方案的性质、类型不同，使得经济效果评价工作具有一定的复杂性。因此，本节在划分方案类型的基础上，简述如何正确运用各种评价指标进行多方案的评价与选择问题。

（1）独立型方案的评价与选择。独立型方案是指方案的采纳与否只受方案自身条件的制约（如自身经济效果），方案之间不具有排斥性。一个国家、一个地区，或一个大企业，一定时期的投资计划有时很多，采纳 A 方案并不要求放弃 B 方案。确定应该采纳哪些投资方案，其实质就是对独立型方案的评价和选择。独立型方案的评价和选择可分资金不受限制和资金有限两种情况。

1）资金不受限制的情况。在资金不受限制的情况下，独立型方案的采纳与否，只取决于方案自身的经济效果如何。这样，凡是方案通过了自身的“绝对经济效果检验”，即可以认为它们在经济效果上是可以接受的，否则应予以拒绝。

2）资金有限的情况。对于独立型方案，如果资金预算总额有限，将可能导致并不是所有通过“绝对经济效果检验”的方案都能采用的情况，即可能不得不放弃一些可行的方案。方案评价和选择的最终结果应达到：在符合预算资金总额限制的前提下，取得最好经济效果。这类方案的评价及选择，一般采用净现值率排序法和互斥方案组合法这两种方法。限于篇幅，可参见有关专门书籍。

（2）互斥方案的评价与选择。互斥方案是指方案之间的关系具有互不相容、互相排斥的性质，即在多个互斥方案中只能选择一个，在选择某一个方案的同时，必须放弃所有其余方案。

互斥方案的评价与选择通常包括两大步骤：首先，评价各个方案自身的经济效

活动和人体健康。环境资源的功能是多方面的，为了核算环境问题带来的经济损失，首先要弄清研究对象的功能是什么。例如，森林的功能有提供木材、林产品、固结土壤、涵养水源、调节气候、保护动植物资源等；河流的功能有为工农业、人民生活提供水源、发展渔业、航运、观赏、娱乐、防洪等。要对这些功能进行定量的评价。例如，森林的涵水能力，据云南省测定值为 $6000m^3/hm^2$，河北省测定值为 $4078m^3/hm^2$。通常这种功能因地而异，需要实地测定或调查确定。

3. 确定环境破坏的程度与环境功能损害的关系，即剂量-反应关系

环境破坏或被破坏，环境功能就受到了损害，两者之间的定量关系是进行费用-效益分析的关键。通常可以采用科学试验或统计对比调查（与未被污染的地方或本地污染前比较）等方法进行分析。我国在剂量-反应关系方面还处于探索研究阶段。

4. 弄清各种对策方案改善环境的程度

对策方案改善环境功能的效益取决于方案改善环境的程度，这是方案对比的一个重要依据。

5. 计算各个对策方案的环境保护效益

根据方案可以改善环境和由此带来的使环境功能改善程度，来计算各方案环境改善的效益。环境效益的识别与定量计算是费用效益分析的关键，由于环境效益的复杂性，定量计算比较困难，具体可参考环境经济学中的相关内容。此外，还要计算各种方案可以获得的直接经济效益，例如，综合利用、各种资源回收的效益等。

6. 计算各种对策方案的费用

对策方案的费用包括投资和运行管理费用。

7. 费用与效益现值的计算

在确定的计算期内，按费用和效益发生的时间计算费用现值与效益现值。

8. 费用与效益的比较

费用与效益的比较通常有以下两种方式：

(1) 净现值法。一项环境规划方案的实施需要一定的费用，实施后会产生效益，可采用净效益的现值来评价该方案的效益，计算公式如下：

$$PVNB = PVDB + PVEB - PVC - PVEC \tag{7.1}$$

式中：$PVNB$ 为环境保护方案净效益的现值，万元；$PVDB$ 为环境保护方案直接经济效益的现值，万元；$PVEB$ 为环境保护方案使环境改善效益的现值，万元；PVC 为环境保护方案费用的现值，万元；$PVEC$ 为环境保护方案带来新的污染损失的现值，万元。

比较各方案的净效益现值，以其中净效益现值最大者为最优方案。

(2) 效益费用比。效益与费用比为方案效益现值与费用现值的比值，计算公式为

$$\delta = \frac{PVDB + PVEB}{PVC + PVEC} \tag{7.2}$$

进行单项方案评价时：$\delta > 1$ 或 $\delta = 1$ 时，方案可行；$\delta < 1$，方案不可行。

进行多项互斥方案评价时，不能直接按照效益费用比的大小进行方案评价，而应在可行方案中采用增量效益费用比进行逐步比较，最终获得最优方案。所谓增量效益

费用比是指两方案的增量效益现值与增量费用现值的比值。当增量效益费用比大于 1 时，表明增加的投资费用是合理的，应选择费用较大的方案；反之，选择费用较小的方案。

7.2.2　排放口最优化处理规划

排放口最优化处理是目前水污染控制系统规划中研究最多、技术上最为成熟的一类处理方法。它以每个小区的污水处理厂为基础，在水环境水质条件的约束下，求解出各个污水处理厂的最佳处理效率组合，使得整个系统水处理总费用最低。排放口最优化处理的数学模式为

$$\min Z = \sum_{i=1}^{n} C_i(\eta_i) \tag{7.3}$$

满足

$$U\vec{L} \pm \vec{m} \leqslant \vec{L}^0$$

$$V\vec{L} + \vec{n} \geqslant \vec{O}^0$$

$$\vec{L} \geqslant \vec{O}$$

$$\eta_i^1 \leqslant \eta_i \leqslant \eta_i^2$$

式中：$C_i(\eta_i)$ 为第 i 小区污水处理厂的污水处理费用，是污水处理效率的单值函数；$\vec{L}$ 为输入河流的 BOD_5 向量；$\vec{L}^0$ 为由河流各断面 BOD_5 的水质约束组成的 n 维向量；$\vec{O}^0$ 为由河流各断面的 DO 约束组成的 n 维向量；$\vec{O}$ 为由零组成的 n 维向量；η_i^1 和 η_i^2 为第 i 小区污水处理厂处理效率的下限和上限约束；U 为河流的 BOD_5 响应矩阵；V 为河流的 DO 响应矩阵。

为了便于理解，在这只讨论了污水处理厂排入河流的 BOD_5，在一维河流中的水质约束方程。在一般情况下，这是一个非线性规划问题，其目标函数是非线性的费用函数，约束条件则是线性的。对目标函数进行线性化或分段线性化处理，上述问题可以转换成一个线性规划问题。

求解这类问题，目前应用较多的方法是线性规划法、灰色线性规划和动态规划法等。

7.2.2.1　线性规划

对目标函数进行分段线性化处理，可把式 (7.3) 变成线性规划问题。

$$\min Z = \sum_{i=1}^{n} \left[a_{i0} + \sum_{j=1}^{m} a_{ij}\eta_{ij} \right] \tag{7.4}$$

$$U\vec{L} \leqslant \vec{L}^0 - \vec{m}$$

$$V\vec{L} \geqslant \vec{O}^0 - \vec{n}$$

$$\vec{L} \geqslant \vec{O}$$

$$\eta_{ij} \leqslant \eta_{ij}^0$$

式中：a_{i0} 为第 i 个小区污水处理厂费用函数的常数项；a_{ij} 为第 i 个费用函数的第 j 直线段的斜率；η_{ij} 为第 i 个费用函数第 j 个直线段的函数值（即处理效率）；$i(i=1, 2, \cdots, n)$ 为污水处理厂编号；$j(j=1, 2, \cdots, m)$ 为费用函数线性化的区间编号；

η_{ij}^0为第 ij 区间的污水处理效率约束。

将约束条件中的$\vec{L}$变化成η，或者将目标函数中的η变换成$\vec{L}$。其变换公式为

$$\eta_i = \frac{L_{i0} - L_i}{L_{i0}} \tag{7.5}$$

或
$$L_i = L_{i0}(1 - \eta_i) \tag{7.6}$$

式中：L_{i0}为第 i 个污水处理厂的进水中 BOD_5 浓度，mg/L；L_i 为第 i 污水处理厂的出水中 BOD_5 浓度，mg/L。

将式（7.5）代入式（7.4），得到新的线性规划数学模式：

$$\min Z = \sum_{i=1}^{n}\left[a_{i0} + \sum_{j=1}^{m} a_{ij}\eta_{ij}\right] \tag{7.7}$$

$$U'\vec{\eta} \geqslant \vec{m}' - \vec{L}^0$$

$$V'\vec{\eta} \leqslant \vec{n}' - \vec{O}^0$$

$$\vec{\eta} \geqslant \vec{O}$$

$$\eta_{ij} \leqslant \eta_{ij}^0$$

或
$$\min Z = \sum_{i=1}^{n}\left[a'_{i0} + \sum_{j=1}^{m} a'_{ij}(-L_{ij})\right]$$

$$U\vec{L} \leqslant \vec{L}^0 - \vec{m}$$

$$V\vec{L} \geqslant \vec{O}^0 - \vec{n}$$

$$\vec{L} \geqslant \vec{O}$$

$$L_{ij} \leqslant L_{ij}^0$$

该线性规划模式可以用单纯形法求解。

7.2.2.2 灰色线性规划

1. 模型建立

前面介绍的式（7.7）是传统的污水流量 Q 为常数时的线性规划模型。这里设污水流量为区间灰度 $\Omega(Q)$，且 $\Omega(Q)=[\underline{Q},\overline{Q}]$，$\underline{Q}$ 为 $\Omega(Q)$ 的下限，$\overline{Q}$ 为 $\Omega(Q)$ 的上限。分别把 $\underline{Q}$、$\overline{Q}$ 代入上述线性规划模型就成为灰色线性规划模型，即目标函数的价值系数、约束方程中的约束系数和右端项均变成区间灰数：

$$\min Z = \sum_{i=1}^{n}\left[\Omega(a_{i0}) + \sum_{j=1}^{m}\Omega(a_{ij})L_{ij}\right] \tag{7.8}$$

$$\Omega(U)\vec{L} \leqslant \vec{L}_c - \Omega(m)$$

$$\Omega(V)\vec{L} \leqslant \vec{L}_c - \Omega(n)$$

$$L_{ij} \leqslant L_{ij}^0$$

$$L_{ij} \geqslant 0$$

其中
$$\Omega(a_{i0})=[\underline{a_{i0}},\overline{a_{10}}];\Omega(a_{ij})=[\underline{a_{ij}},\overline{a_{1j}}];$$

$$\Omega(U)=\begin{bmatrix}\Omega(U_{11}) & \Omega(U_{12}) & \cdots & \Omega(U_{1m})\\ \Omega(U_{21}) & \Omega(U_{22}) & \cdots & \Omega(U_{2m})\\ \vdots & \vdots & \ddots & \vdots\\ \Omega(U_{n1}) & \Omega(U_{n2}) & \cdots & \Omega(U_{nm})\end{bmatrix}$$

$$\Omega(U_{ij})=[\underline{u_{ij}},\overline{u_{ij}}]$$

$$\Omega(m)=[\Omega(m_1)\Omega(m_2)\cdots\Omega(m_n)]^{\mathrm{T}}$$

$$\Omega(m_i)=[\underline{m_i},\overline{m_i}]$$

$\Omega(V)$ 与 $\Omega(n)$ 类似于 $\Omega(U)$ 与 $\Omega(m)$ 写出，不再赘述。

2. 模型求解

上述式（7.8）灰色线性规划模型实际上是所谓的漂移型灰色线性规划。灰色系统解具有非唯一性，满意解是一个确定的白化解，因为模型系数为区间灰数，则目标函数及基本变量的解也应为区间灰数。所以应设法求出目标函数与基本变量的灰数阶（即上、下限值）。

（1）具有不同类型约束条件的极小值问题。

设灰色线性规划模型为

$$\left.\begin{aligned}\min Z = \sum_{j=1}^{k}\Omega(C_j)x_j\\ \Omega(A_1)X \leqslant \Omega(B_1)\\ \Omega(A_2)X \leqslant \Omega(B_2)\\ \Omega(A_3)X \leqslant \Omega(B_3)\\ x_j \geqslant 0,\ \forall j\end{aligned}\right\} \tag{7.9}$$

为了便于讨论，设式（7.9）模型中的所有灰系数均为正。各区间灰数的白化值可表示为

$$\hat{\Omega}(c_j)=\alpha_c\overline{c}_j+(1-\alpha_c)\underline{c}_j$$

$$\hat{\Omega}(a_{ij})=\alpha_{ij}\overline{\alpha}_{ij}+(1-\alpha_{ij})\underline{\alpha}_{ij}$$

$$\hat{\Omega}(b_i)=\alpha_B\overline{b}_i+(1-\alpha_B)\underline{b}_i$$

式中：α_c、α_{ij}、α_B 分别为灰数 $\hat{\Omega}(c_j)$、$\hat{\Omega}(a_{ij})$、$\hat{\Omega}(b_j)$ 的白化摄取系数。

当 α_c 取 1 和 0 时，$\hat{\Omega}(c_j)=\overline{c}_j$ 和 $\underline{c}_j$，即分别取 $\Omega(c_j)$ 的上、下界。同理可得 $\Omega(a_{ij})$ 和 $\Omega(b_i)$ 的边界值，记目标函数的上下限值分别为 $Z_{\sup}$ 和 $Z_{\inf}$。

1）灰色线性规划模型的 $Z_{\inf}$ 及相应的基本变量解 $X_{j(\inf)}$。

为求得 $Z_{\inf}$ 应取 $\alpha_c=\alpha_{cj}=0$ 并使 $X_j\rightarrow\min X_j$。

为使 $X_j\rightarrow\min X_j$，经分析，应要求：

对于“$\leqslant$”型约束：$\alpha_A=\alpha_{ij}=1$ 及 $\alpha_B=\alpha_{Bi}=0$；

对于“$\geqslant$”型约束：$\alpha_A=\alpha_{ij}=1$ 及 $\alpha_B=\alpha_{Bi}=0$；

对于“＝”型约束：$\alpha_A=\alpha_{ij}=1$ 及 $\alpha_B=\alpha_{Bi}=0$。
即各类约束均要求 $\alpha_A=1$，$\alpha_B=0$。

所以对灰色线性规划模型，取 $\alpha_c=0$，$\alpha_A=1$，$\alpha_B=0$ 就可得出一个白化的线性规划模型，解此模型，即可得到解及相应的基本变量解的下限值 $X_{j(\inf)}$。

2）模型的 $Z_{\sup}$ 及相应的 $X_j \rightarrow X_{j(\sup)}$，这时应使 $\alpha_c=1$ 及 $X_j \rightarrow \max X_j$。仿照上面的讨论，只要取 $\alpha_c=1$，$\alpha_A=0$，$\alpha_B=1$，即可解出 $Z_{\sup}$ 和 $X_{j(\sup)}$。

（2）具有不同类型约束条件的极大值问题。这时的模型只需将模型中的目标函数换为求 $\max Z$ 即可，其他均相同。类似于求极小值的讨论，结果如下：

取 $\alpha_c=0$，$\alpha_A=1$，$\alpha_B=0$，得 $Z_{\inf}$ 及 $X_{j(\inf)}$；

取 $\alpha_c=1$，$\alpha_A=0$，$\alpha_B=1$，得 $Z_{\sup}$ 及 $X_{j(\sup)}$。

即白化方法与求极小值的情况相同。

综上所述，求目标函数与基本变量的灰数解时，极大值与极小值问题的白化方法相同，并且约束类型的影响不大，这样一来，由实际问题得出的模型就可很容易的直接求解，而不需要化成标准型后再求解。更重要的是，这样得到的灰数解，对于科学决策具有重要意义，如允许在整个（区间）灰数解范围内决策，这样就可以比较灵活而充分的考虑模型（包括水质模型）中无法描述的因素的作用以及有关实际问题的特点与具体要求等。而根据一个确定的白化解决策就不易做到这一点。

需要说明的是，以上是假定模型中所有灰系数均为正值进行的讨论。当区间灰数有正有负时，情况比较复杂，因在水质灰色规划中较少遇到，这里不再进一步讨论。

【例 7.1】 给定河段划分和原始数据如图 7.11 所示。

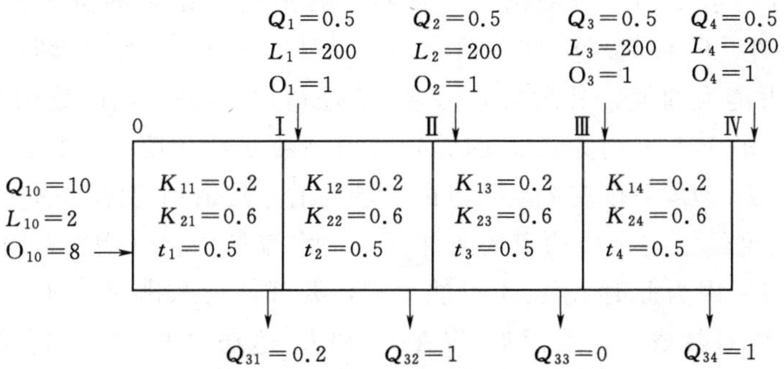

图 7.11　河段划分和原始数据图

已知河流水质约束为：$\vec{L}_c=(5,5,5,5)^{\mathrm{T}}$，$\vec{O}_c=(6,6,6,6)^{\mathrm{T}}$，污水处理费用函数为：$C=200Q^{0.8}+1000Q^{0.8}\eta^2$，饱和溶解氧浓度为 10mg/L，试用灰色线性规划方法求解。

解： 按照前述分析，污水流量为区间灰数，即 $\Omega(Q_i)=[\underline{Q}_i,\overline{Q}_i]$，并取下界 $\underline{Q}_i=0.5Q_{0i}$，上界 $\overline{Q}_i=1.5Q_{0i}$，其中 Q_{0i} 为各排污口的污水流量（一般为污水流量的平均值）。当然对于实际问题可根据有关具体情况来分析确定 $\Omega(Q_i)$ 的上、下界。

本例为 4 个河段，对费用函数分为 3 段线性化，则形成一个具有 12 个变量，16 个约束方程（仅考虑 BOD 约束）的灰色线性规划问题。16 个约束条件中有 5 个属

“≥”型约束，其余均为“≤”型约束。限于篇幅，例题的模型及其灰系数的上、下界数值不再列出。求解结果见表 7.1。

表 7.1　　灰色线性规划模型计算结果

变量[a]	L_{11}	L_{12}	L_{13}	L_{21}	L_{22}	L_{23}	L_{31}	L_{32}	L_{33}	L_{41}	L_{42}	L_{43}	min$Z$
下界	60.0	6.5	0.0	60.0	56.8	0.0	60.0	75.4	0.0	60.0	91.5	0.0	661.0
上界	60.0	95.4	0.0	60.0	110.0	0.0	60.0	110.0	0.0	60.0	110.0	8.4	2406.5
中点[b]	60.0	49.3	0.0	60.0	82.1	0.0	60.0	94.3	0.0	60.0	104.8	0.0	1403.1
LP 解[c]	60.0	70.7	0.0	60.0	94.8	0.0	60.0	107.0	0.0	60.0	110.0	0.0	1565.8

注　a 指本行的变量与目标函数均为灰色量；b 指 $\alpha_A=\alpha_B=\alpha_C=0.5$ 时的白化解；c 指一般线性规划模型（LP）的计算结果。

为对比明显起见，再把应去除的 BOD 浓度 L 折算成各污水处理厂的处理效率，结果见表 7.2。

表 7.2　　各污水处理厂的处理效率（%）及费用

变量	η^1	η^2	η^3	η^4	min$Z$
下界	33.24	58.41	67.69	75.73	661.0
上界	77.70	85.00	85.00	89.21	2406.5
中点	54.66	71.04	77.17	82.4	1403.1
LP 解	65.37	77.41	83.52	85.00	1565.8

由表 7.1 可见，当污水流量 $(Q_i)=[0.5Q_{0i}, 1.5Q_{0i}]$ 时，$(Z)=[661.0, 2406.5]$。对于基本变量（污水 BOD_5 去除浓度）的解，可由线性化后的费用函数来说明。如 $Q_{0i}=0.25\text{m}^3/\text{s}$ 时，$C_1=65.98+0.371L_{11}+1.771L_{12}+4.051L_{13}$，则在求费用极小值时，$L_{11}$ 应取尽可能大的值，其次为 L_{12}，最后为 L_{13}，因为它们的费用系数依次增大。计算结果为：L_{i1} 的上下界均为 60，即达到费用函数线性化第一区段的约束上限；L_{i2} 的上下界变化较大，L_{i3} 中仅有 L_{43} 的上下界有变化，其余均为零，这实际上反映了在保证河流水质满足给定的水质约束的条件下，污水流量变化（增大）对污水处理效率的影响（表 7.2），因为此时 L_{i1} 已不可能增大，要降低污水排放浓度，只有增大 L_{i2} 和 L_{i3}，但 L_{i3} 的费用系数最大，所以 L_{i3} 仅在 L_{i1} 和 L_{i2} 达到约束上限而仍需降低污水浓度的情况下才增大如 L_{43}。

表中“中点”解为白化摄取系数 α 取值一致（取 0.5）情况下的白化解，因 $\alpha=0.5$ 相当于区间灰系数的中点值，因此在这里把这种情况下的解称为中点解。显然，这里的中点解并不等于灰数解上、下界的平均值，因为所讨论的实际上是非线性问题（只是通过显性化的方法来求解而已）。

为便于比较，表 7.1、表 7.2 中还列出了本例的一般线性规划模型（LP）的计算结果。由表可见，LP 解与中点白化解并不相同。

根据表 7.1、表 7.2 中的灰数解作水质控制决策时，可综合考虑各种因素的影响，使决策更加符合实际问题的需要，如可做下述分析与选择：第一，当河流水质与经济因素（处理费用）的重要程度相当时，可基于中点解决策，以综合考虑这两方面的要求；第二，从长远的观点来看，为有效的解决经济发展与水体污染之间的矛盾，防治污染和改善环境质量是促使社会经济持续发展和实现经济发展与生态环境良性循环的关键，因此决策应尽量接近灰色解的上界；第三，如暂时经费困难，并且排放污水不至于造成河流水质严重超标时，可偏向于灰数界的下界决策。

7.2.2.3 动态规划法

对于一条河流，沿岸有若干污水处理厂，可将该河流分成若干个河段，上一个河段的输出将是紧邻下一个河段的输入。因此河流的水污染控制系统是一个典型的多级串联系统，应用动态规划法进行最优化处理是适宜的。

1. 动态规划基本概念

动态规划中描述多段决策过程的基本概念有：阶段和阶段变量；状态和状态变量；决策、决策变量和决策序列；状态转移方程；阶段效应和目标函数等。

在多段决策中，一个阶段就是需要做出一个决策的子问题部分。通常阶段是按照决策进行的时间或空间上的先后顺序划分的，用阶段变量来表示。阶段数等于多段决策过程中从开始到结束所需做出决策的数目。

状态是描述系统情况所必需的信息。描述多段决策过程要求引入与阶段变量相应的状态变量，状态变量必须包含在给定的阶段上确定全部允许决策所需要的信息。状态变量的取值有一定的允许集合或范围，称为状态可能集，它是关于状态的约束条件。

决策是确定系统过程发展的方案。多段决策过程的发展是用各阶段的状态演变描述的。决策的实质就是关于状态的选择。决策变量是状态变量的函数，也称为决策函数。它的取值也有一定的允许范围，称为允许决策集合，是决策的约束条件。

系统在某一阶段处于某一状态，执行某一决策的结果是系统状态的转移，描述这种转移的方程称为状态转移方程。

多段决策过程中，在某阶段的状态执行某一决策时，不仅带来系统状态的转移，而且也必然要对决策目的所指的效应函数，即目标函数给予影响。阶段效应就是执行阶段决策时所带来的目标函数的增量。

在一维河流水污染控制系统规划中，以 BOD－DO 水质模式为基础时，河流中的 BOD_5 和 DO 浓度是系统的状态。相应的水量、水质连续方程和 BOD－DO 方程就是状态方程。其决策序列就是各阶段输入河流污水的处理程度，其返回就是各段污水处理的费用。对于一个含有 n 个河段河流的水污染控制系统的动态规划问题，其多段串联情形如图 7.12 所示。

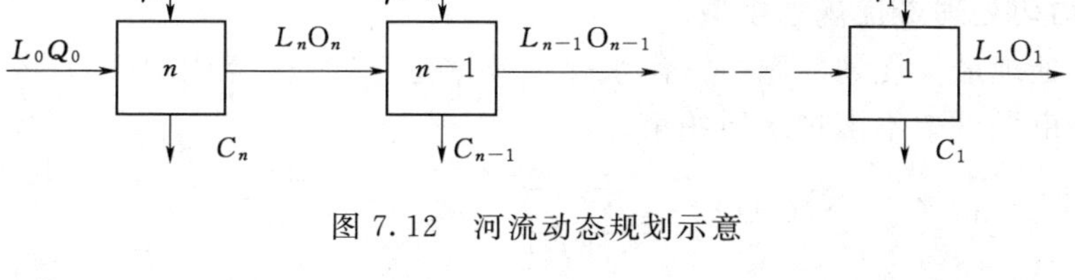

图 7.12 河流动态规划示意

图 7.12 中，L_0，L_1，…，L_n 分别表示河流各段输出的 BOD_5 值；O_0，O_1，…，O_n 分别表示河流各段输出的 DO 值；η_0，η_1，…，η_n 分别表示各段污水处理厂的污水

处理程度；C_0，C_1，…，C_n 分别表示各段污水处理所需的费用。在污水处理厂的位置和容量都固定的情况下，污水处理费用仅是处理效率的函数，即可写成

$$C_i = f(\eta_i) \tag{7.10}$$

因此，系统的决策变量仅仅是污水处理程度序列，最优策略就是污水处理程度的最优组合。

2. 求解步骤

按照动态规划的方法，决策需从最后一段开始，依次地求出各阶段的条件最优目标函数值集合和条件最优决策集合。因此对于一个多段串联的河流污染控制系统，求解最优污水处理程度组合的过程步骤如下。

(1) 第一个子问题——最后一段（最下游）。对于给定的输入 $(L_2, O_2)^T$，选择适当的处理效率 η_1，使 $C_1(L_1, O_1, L_2, O_2, \eta_1)$ 为最优，以 Z_1 表示 C_1 的最优，则有

$$Z_1(L_2, O_2) = \min_{\eta_1}[C_1(L_1, O_1, L_2, O_2, \eta_1)] \tag{7.11}$$

图7.12最后一段（最下游）的输出是水质约束。

(2) 第二个子问题——倒数第二段（最后二级）。对最后两级来说，其输入为 $(L_3, O_3)^T$，其目标最优值为 Z_2，即

$$Z_2 = \min_{\eta_1, \eta_2}[C_1(L_1, O_1, L_2, O_2, \eta_1) + C_2(L_2, O_2, L_3, O_3, \eta_2)] \tag{7.12}$$

将式（7.11）和式（7.12）两个子问题合并：

$$Z_2(L_3, O_3) = \min_{\eta_2}[Z_1(O_2, L_2) + C_2(L_3, O_3, L_2, O_2, \eta_2)] \tag{7.13}$$

根据状态方程，最后两级的输出 L_2，O_2 是它本身的输入（即最后3级的输入）L_3，O_3，…及它的决策变量 η_2 的函数，因此式（7.13）可写成：

$$Z_2(L_3, O_3) = \min_{\eta_2}\{Z_1[f_2(L_3, O_3, \eta_2)] + C_2[f_2(L_3, O_3, \eta_2), L_3, O_3, \eta_2]\} \tag{7.14}$$

第 n 个子问题——最上游河段：

$$Z_n = \min_{\eta_n}\{Z_{n-1}[f_n(L_0, O_0, \eta_n)] + C_n[f_n(L_0, O_0, \eta_n), L_0, O_0, \eta_n]\} \tag{7.15}$$

为了求得 Z_n 的最优值 Z_n^*，可用单变量最优化的方法进行求解。求得 Z_n^* 和 η_n^*，再返回依次求 η_{n-1}^*，η_{n-2}^*，…，η_1^*。这样就可以求得系统的最优决策序列 η_n^*，η_{n-1}^*，…，η_1^*。

将动态规划方法应用于水污染控制系统，实际上是将一个含有 n 个河段的河流分成 n 个子问题，每一次只需对一个污水处理厂的处理程度进行决策，这使问题大为简化。但是，在高维的情况下和状态变量高于两个时，动态规划法的应用就比较困难。

7.2.3　最优化均匀处理规划

7.2.3.1　均匀处理最优规划模型

在均匀处理最优规划问题中，污水处理效率是已知值，费用函数为污水处理规模函数；在约束条件中不出现水质约束。

$$\begin{cases} \min Z = \sum_{i=1}^{n} C_i(Q_i) + \sum_{i=1}^{n}\sum_{j=1}^{n} C_{ij}(Q_{ij}),\ Q_i, q_i \geqslant 0 \\ \text{满足}: q_i + \sum_{i=1}^{n} Q_{ji} - \sum_{i=1}^{n} Q_{ij} - Q_i = 0,\ Q_{ji},\ Q_{ij} \geqslant 0, \forall\, i, j \end{cases} \tag{7.16}$$

式中：$C_i(Q_i)$ 为第 i 个污水处理厂的污水处理费用，它是污水处理规模的单值函数；$C_{ij}(Q_{ij})$ 为由 i 地输往 j 地的污水输送费用，它是输水量 Q_{ij} 的函数；Q_{ij} 为由 i 地输往 j 地的污水量，$Q_{ji}=-Q_{ij}$；q_i 为在 i 地收集的污水量；Q_i 为在 i 地处理的污水量。

由于费用函数是非线性函数，均匀处理最优化规划模型是非线性模型。

7.2.3.2　“全部处理或全不处理”的策略

由于污水处理规模经济效应的存在，一个小区的污水不可能被“分裂”成两部分或多部分进行处理，对一个小区来说，它本身的污水加上由其他小区转输来的污水，只存在两种可能的选择：全部就地处理或者全部转输到其他小区去处理。这就是“全部处理或全不处理”的策略。

假设一个水污染控制系统包括 n 个小区，每个小区设有一个潜在的污水处理厂，各小区之间可以互相转输污水。图 7.13 表示其中第 i 个小区与第 $i+1$ 个小区，方框表示相应的污水处理厂。

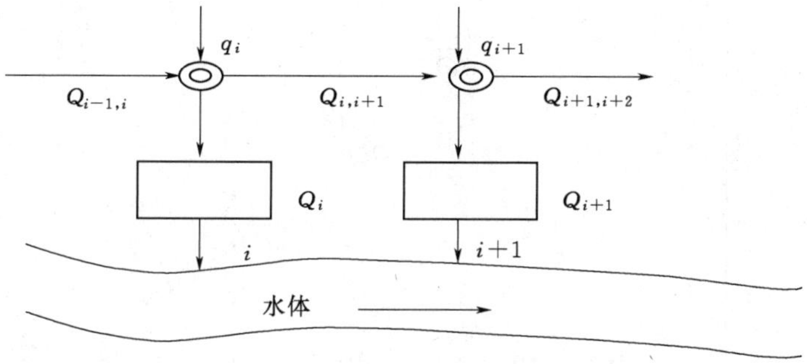

图 7.13　相邻处理厂的关系

对第 i 小区来说，污水处理费用为

$$C_{i1}=K_1Q_i^{K_2}+K_3Q_i^{K_2}\eta_i^{K_4} \tag{7.17}$$

式中：C_{i1} 为第 i 小区的污水处理费用，万元；Q_i 为第 i 小区日处理的污水量，万 m^3/d；η_i 为第 i 小区的污水处理效率。

在第 i 小区没有处理而转输到 $i+1$ 小区的污水所需的输水费用为

$$C_{i2}=K_5Q_{i,i+1}^{K_6}l_{i,i+1} \tag{7.18}$$

式中：C_{i2} 为第 i 小区的污水转输费用，万元；$Q_{i,i+1}$ 为由 i 小区转输至 $i+1$ 小区的日污水量，万 m^3/d；$l_{i,i+1}$ 为转输管线的长度，m。

对一个包含 n 个小区的水污染控制系统，总费用可以表示为

$$Z=\sum_{i=1}^{n}(C_{i1}+C_{i2}) \tag{7.19}$$

或

$$Z=\sum_{i=1}^{n}[(K_1Q_i^{K_2}+K_3Q_i^{K_2}\eta_i^{K_4})+K_5Q_{i,i+1}^{K_6}l_{i,i+1}]$$

式（7.16）约束条件可以写成

$$Q_{i,i+1}=Q_{i-1,i}+q_i-Q_i \tag{7.20}$$

$$Q_{n,n+1}=0$$

式中：q_i 为第 i 个小区的当地日产生的污水量，万 m^3/d。

对任意一个小区，确定就地处理的污水量和转输的污水量，首先定义下述拉格朗日（Lagrange）函数：

$$L=\sum_{i=1}^{n}(C_{i1}+C_{i2})+\sum_{i=1}^{n}\Phi_i(Q_{i-1,i}+q_i-Q_{i,i-1})+\Phi_n(Q_{n-1,n}+q_n-Q_n) \tag{7.21}$$

式中：$\Phi_i(i=1, \cdots, n)$ 为拉格朗日乘子。

为了检验 Q_i 和 $Q_{i,i+1}$ 的变化对目标函数的影响，计算拉格朗日函数的海赛（Hessian）矩阵

$$\frac{\partial^2 L}{\partial h^2}=\begin{bmatrix} \frac{\partial^2 L}{\partial Q_1^2} & 0 & \cdots & \cdots & \cdots & \cdots & \cdots & 0 \\ 0 & \frac{\partial^2 L}{\partial Q_2^2} & \ddots & & & & & \vdots \\ \vdots & \ddots & \ddots & \ddots & & & & \vdots \\ \vdots & & \ddots & \frac{\partial^2 L}{\partial Q_n^2} & \ddots & & & \vdots \\ \vdots & & & \ddots & \frac{\partial^2 L}{\partial Q_{1,2}^2} & \ddots & & \vdots \\ \vdots & & & & \ddots & \frac{\partial^2 L}{\partial Q_{2,3}^2} & \ddots & \vdots \\ \vdots & & & & & \ddots & \ddots & 0 \\ 0 & \cdots & \cdots & \cdots & \cdots & \cdots & 0 & \frac{\partial^2 L}{\partial Q_{n-1,n}^2} \end{bmatrix} \tag{7.22}$$

海赛矩阵中，除对角线元素外全部为 0。由于污水处理和输送的规模经济效应的存在，$K_2<1$，$K_6<1$，所以

$$\frac{\partial^2 L}{\partial Q_{i,i+1}^2}=\frac{\partial^2 C_{i2}}{\partial Q_{i,i+1}^2}<0$$

$$\frac{\partial^2 L}{\partial Q_i^2}=\frac{\partial^2 C_{i1}}{\partial Q_i^2}<0$$

由于海赛矩阵主对角线上的元素全部小于 0，其余全部为 0，因此海赛矩阵的奇数阶主子式全部小于 0，而偶数阶主子式则全部大于 0。根据多元函数的极值定理，原函数（即区域水污染控制系统的总费用）在区间 $0<Q_i<(Q_{i-1,i}+q_i)$ 内取得极大值。这意味着对 i 小区来说，将全部污水（包括当地收集的污水和其他小区转输来的污水）分成两部分，一部分处理，另一部分转输到其他小区处理的策略是不经济的。只有在 $Q_i=0$（全不处理），或 $Q_i=Q_{i-1,i}+q_i$（全部处理）时，水污染控制系统的总费用才取得极小值（图 7.14）。根据这种性质确定污水处理厂规模的策略称为“全部处理或全不处理”的策略。

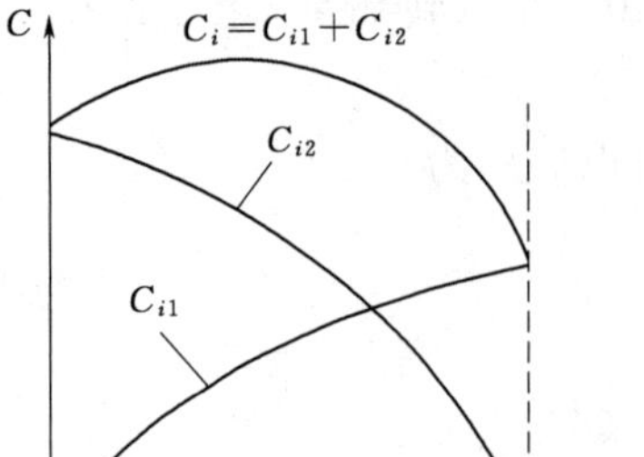

图 7.14　全部处理与全不处理

“全部处理或全不处理”的策略对水污染控制系

统的规划有着重要意义。运用这个结论来研究水污染控制系统内部结构的分解组合，可以大大缩小问题的解的数目，把一个具有无穷多组流量组合的问题变成一个有限组解的问题。

当一个小区的污水被作为一个整体，或者就地全部处理，或者全部转输到其他小区去处理时，对一个包括 n 个小区的系统，可能的污水流量组合方案为 2^n-1。若 n 的数值较小，可以用枚举法列举所有可能的方案；而当 n 增大时，方案的数目急剧增加，例如，当 $n=5$ 时，方案的数目增大后，枚举法的应用遇到困难。这时可以采用混合整数规划法求解。

7.2.3.3 混合整数规划模型

对于均匀处理问题，因为处理效率 η 为常数，污水处理的费用可以写作

$$C_i=K_1Q_i^{K_2} \tag{7.23}$$

污水输送的费用为

$$C_{ij}=K_5Q_{ij}^{K_6} \tag{7.24}$$

由于存在规模经济效应，$K_2<1$，$K_6<1$。对污水处理和输送的费用函数分别实施三段线性化（图 7.15 和图 7.16）。a_1，a_2 和 a_3 分别为污水处理费用函数三段直线的斜率，a_1^0，a_2^0 和 a_3^0 为相应的截距；b_1，b_2 和 b_3 分别为污水输送费用函数三线直线的斜率，b_1^0，b_2^0 和 b_3^0 为相应的截距。

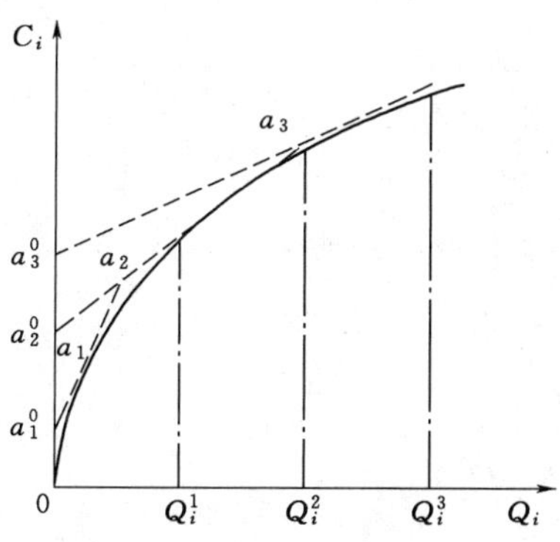

图 7.15 处理费用线性化

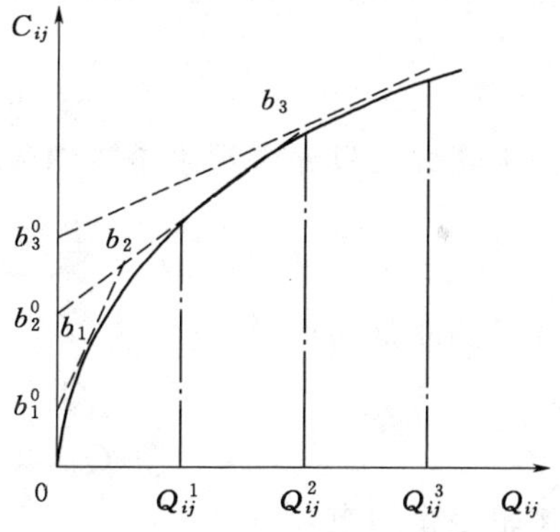

图 7.16 输水费用线性化

线性化以后的系统污水处理费用可以写作

$$\sum_{i=1}^{n}\sum_{k=1}^{3}a_{ik}Q_{ik}+\sum_{i=1}^{n}\sum_{k=1}^{3}a_{ik}^0\gamma_{ik} \tag{7.25}$$

污水输送的费用可以写作

$$\sum_{i=1}^{n}\sum_{j=1}^{n}\sum_{k=1}^{3}b_{ijk}Q_{ijk}+\sum_{i=1}^{n}\sum_{j=1}^{n}\sum_{k=1}^{3}b_{ijk}^0\delta_{ijk} \tag{7.26}$$

式中：γ_{ik} 和 δ_{ijk} 为逻辑变量，有如下特征：

$$\gamma_{ik}=\begin{cases}0,若\ Q_{ik}\neq 0\\1,若\ Q_{ik}\neq 0\end{cases}\qquad \delta_{ijk}=\begin{cases}0,若\ Q_{ijk}\neq 0\\1,若\ Q_{ijk}\neq 0\end{cases}$$

下角标 k 表示费用函数线性化的分段区间。

均匀处理的水污染控制系统最优规划的目标函数就是污水处理费用式（7.25）和输送费用式（7.26）之和，即

$$\min Z = \sum_{i=1}^{n}\sum_{k=1}^{3}(a_{ik}Q_{ik} + a_{ik}^{0}\gamma_{ik}) + \sum_{i=1}^{n}\sum_{j=1}^{n}\sum_{k=1}^{3}(b_{ijk}Q_{ijk} + b_{ijk}^{0}\delta_{ijk}) \tag{7.27}$$

目标函数式（7.27）的最优化必须满足下列约束条件。

（1）节点流量平衡：

$$q_i + \sum_{j=1}^{n}\sum_{k=1}^{3}Q_{jik} - \sum_{j=1}^{n}\sum_{k=1}^{3}Q_{ijk} - \sum_{k=1}^{3}Q_{ik} = 0, \forall i$$

（2）在某小区建设的污水处理厂的规模应不大于允许在该区排入水体的流量：

$$\sum_{k=1}^{3}Q_{ik} \leqslant \mu_{ik}\gamma_{ik}, \forall i$$

（3）管线的输水能力约束：

$$\sum_{k=1}^{3}Q_{ijk} \leqslant V_{ijk}\delta_{ijk}, \forall i,j$$

（4）每一小区最多建设一座污水处理厂约束：

$$\sum_{k=1}^{3}\gamma_{ik} \leqslant 1, \forall i$$

（5）污水管线上只允许污水单方向流动：

$$\sum_{k=1}^{3}\delta_{ijk} + \sum_{k=1}^{3}\delta_{jik} \leqslant 1, \forall i,j$$

（6）变量的非负约束：

$$Q_{ik} \geqslant 0, \forall i,k$$

$$Q_{ijk} \geqslant 0, \forall i,j,k$$

（7）逻辑变量约束：

$$\gamma_{ik}, \delta_{ijk} = 0 \text{ 或 } 1, \forall i,j,k$$

由式（7.27）目标函数和上述约束条件构成一个混合整数规划问题，求解这个模型可以得到系统的总费用（包括污水处理费用和输水费用）最低的污水处理厂的位置、规模和输水管线的走向与输水量。

均匀处理最优规划也可以用试探法求解，试探法介绍见 7.2.4.2。

7.2.4　区域最优化处理规划

7.2.4.1　区域最优化模型的一般形式

区域处理最优规划是排放口处理最优规划与均匀处理最优规划的综合，一般形式为

$$\min Z = \sum_{i=1}^{n}C_i(Q_i, \eta_i) + \sum_{i=1}^{n}\sum_{j=1}^{n}C_{ij}(Q_{ij}) \tag{7.28}$$

$$\left.\begin{aligned}U\vec{L}+\vec{m}\leqslant\vec{L}^0\\V\vec{L}+\vec{n}\geqslant\vec{O}^0\\q_i+\sum_{j=1}^{n}Q_{ji}-\sum_{j=1}^{n}Q_{ij}-Q_i=0,\forall i\\\vec{L}\geqslant 0\\\eta_i^1\leqslant\eta_i\leqslant\eta_i^2,\forall i\\Q_i,Q_{ij}\geqslant 0,\forall i,j\end{aligned}\right\}$$

式中：$C_i(Q_i,\eta_i)$ 为污水处理费用，万元，它既是污水处理规模的函数，又是处理效率的函数。

区域处理最优规划既要确定污水处理厂的位置和容量，又要确定污水处理的效率，它既要考虑水体自净能力，又要考虑污水处理规模的经济效应和效率的经济效应。目前还没有比较成熟的技术求解这一类问题，试探分解法是较常见的方法。

7.2.4.2 试探法

试探法的基础是"全部处理或全不处理"的策略。根据这个策略，可以把任一小区的污水作为决策变量，或者就地处理，或者被送到相邻小区去进行共同处理，通过比较系统的总费用，选出当前的最优解，并作为下一次试探的初始目标。

在每一次试探后，原问题就被分解为两个新的子问题：排放口处理最优规划和输水管线的计算。这是两个可以独立计算的问题，它们的费用之和就是系统的总费用，将总费用返回到原问题，与上一次试探的结果比较，舍劣存优。按一定的步骤重复试探过程，直至预定程序结束，选出满意的解。图 7.17 表示这种试探分解协调过程。

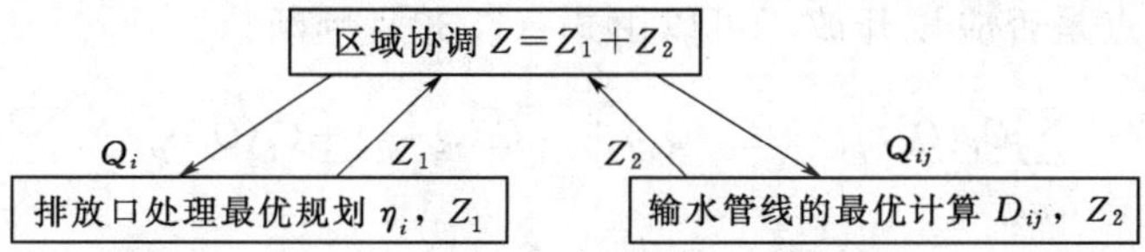

图 7.17 试探分解协调

Q_i—污水处理厂的规模；Q_{ij}—污水转输的流量；η_i—污水处理的效率；Z_1—排放口处理最优规划的费用；Z_2—污水转输的费用；Z—区域处理最优规划的总费用；D_{ij}—输水管的直径

试探法是一种直接优化方法，它没有固定的运算程序，其目标就是力求在试探过程中包含尽可能多的组合方案。试探法从任意一个初始可行解开始，例如，从排放口处理最优规划开始，通过开放节点试探、封闭节点试探和输水路线试探，求出系统的满意解。

1. 开放节点试探

开放节点是指那些建有污水处理厂的小区，一个小区的污水处理厂负责处理本小区的污水和由其他小区转输来的污水。开放节点试探就是将上一次试探中确定建设的污水处理厂关闭掉，将其污水转输到相邻的开放节点去共同处理。如果试探的结果导致总费用下降，则以新的方案取代原方案，作为当前的最优解，否则仍维持原方案。试探的结果用下式判断：

$$\left[C_i(Q_i,\eta_i)+C_j(Q_j,\eta_j)+\sum_{\substack{k=1\\k\neq i,j}}^{n}C_k(Q_k,\eta_k)\right]-\left[C'_j(Q_i+Q_j,\eta'_j)+\sum_{\substack{k=1\\k\neq i,j}}^{n}C'_k(Q_k,\eta'_k)+C_{ij}(Q_{ij})\right]>0 \tag{7.29}$$

式中：i 为试探开放节点的编号；j 为相邻开放节点的编号；k 为其余节点的编号；C_{ij} 为污水转输的费用，万元；C_i、C_j、C_k 为污水处理的费用，万元；Q_i、Q_j、Q_k 为污水处理的规模，万 m^3/d；η_i、η_j、η_k 为污水处理的效率；Q_{ij} 为污水转输的流量，m^3/s。

式（7.29）左边第一个方括号内表示试探前的污水处理的总费用，第二个方括号内表示试探后的污水处理费用和转输费用。试探过程不仅改变了流量的组合，也使污水处理效率的组合发生了变化。C'_j和 C'_k可以由排放口处理最优规划求解计算，C_{ij} 由转输管线的费用函数计算。

若式（7.29）不等式成立，说明节点 i 应该封闭，因为节点 i 封闭之后，系统的总费用将下降；否则节点 i 将继续开放。

开放节点试探根据节点编号依次进行，对系统中的所有开放节点进行一次试探称为开放节点的一次试探循环。若一个循环中产生了费用改进，就返回第一个开放节点继续探索；否则，进入下一个子程序——封闭节点试探。

2. 封闭节点试探

封闭节点是指那些不建污水处理厂，而将污水转输到其他小区去处理的小区，封闭节点试探是开放节点试探的逆过程，它的任务是试探开放原先封闭的节点的可能性，一个封闭节点是否应该开放，可以由式（7.30）判断：

$$\left[C'_j(Q_i+Q_j,\eta'_j)+\sum_{\substack{k=1\\k\neq i,j}}^{n}C_k(Q_k,\eta'_k)+C_{ij}(Q_{ij})\right]-\left[C_i(Q_i,\eta_i)+C_j(Q_j,\eta_j)+\sum_{\substack{k=1\\k\neq i,j}}^{n}C_k(Q_k,\eta_k)\right]>0 \tag{7.30}$$

若式（7.30）不等式成立，则节点 i 应该开放，否则应继续封闭。

与开放节点试探一样，封闭节点试探也根据节点编号依次进行。若在一次封闭节点试探循环中产生了任何的目标改进，就返回到开放节点试探，否则进入下一个子程序——输水路线试探。

7.2.4.3 输水线路试探

在开放节点试探和封闭节点试探中，各个节点的污水输送都是按节点编号顺序进行的。在实际地理环境中，一个节点的污水输送到另一个节点，有可能不必经由中间节点转输。在两个节点之间有可能存在捷径（图 7.18）。假设 i 和 k 是两个封闭节点，j 是开放节点。根据开放节点试探和封闭节点试探

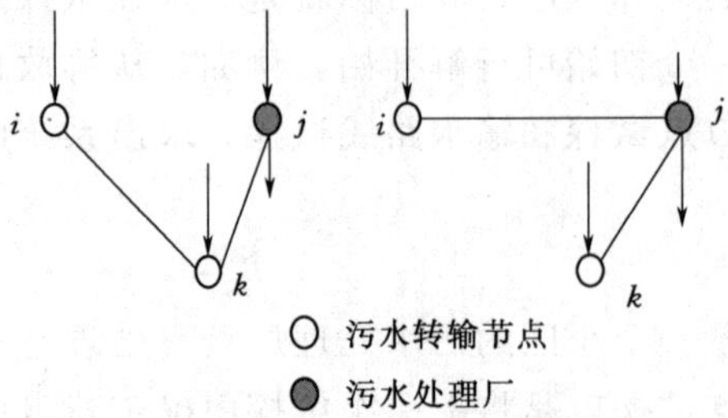

图 7.18 最优输水路线试探

的结果，i 节点的污水经由 k 节点，与 k 节点的本地污水汇合以后共同输往 j 节点。现在问题是如果由 i 节点到 j 节点存在捷径，那么 i 节点的污水是直接输往 j 节点还是原先的路径好呢？其判别原则为

$$[C_{ik}(Q_i)+C_{kj}(Q_i+Q_k)]-[C_{ij}(Q_i)+C_{kj}(Q_k)]>0 \tag{7.31}$$

若式（7.31）不等式成立，表明 i 节点的污水应直接输送到 j 节点，否则仍需经由 k 节点转输至 j 节点。

输水线路试探对每一个封闭节点依次进行，计算结束，输出系统满意解及其相应的费用。图 7.18 是应用试探法进行区域处理最优规划的主要程序框图。

作为一种直接最优化方法，试探法有许多优点。它的原理简单，方法易行，试探法本身对目标函数的形式没有特殊要求，应用十分灵活。根据图 7.19 编制的程序不仅可以用于区域处理最优规划，也可以用于排放口处理最优规划和均匀处理规划。

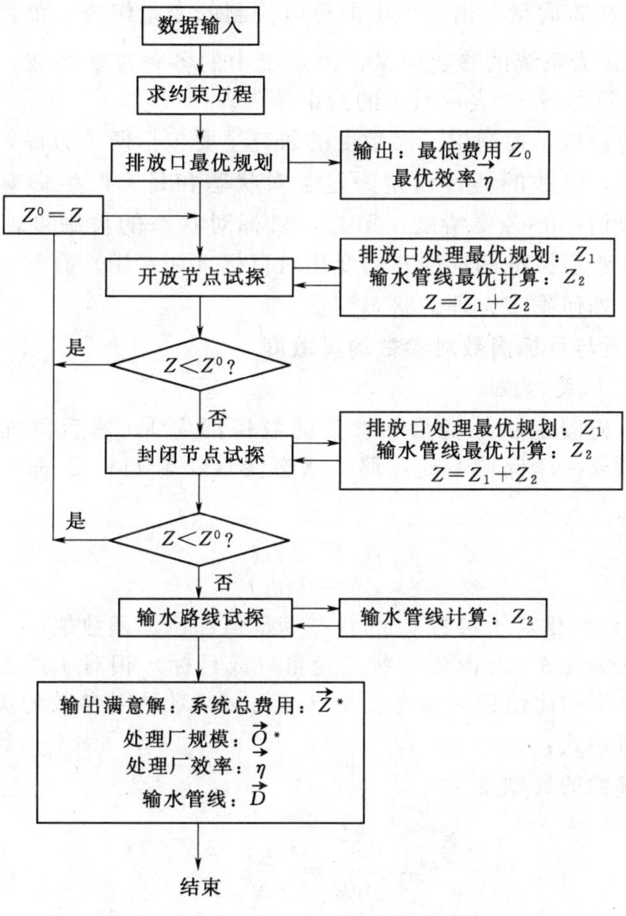

图 7.19　区域处理最优规划计算框图

7.2.5 规划模型的灵敏度分析

7.2.5.1 灵敏度分析的意义

环境是一个开放性的系统，自然因素和人类活动都会对环境产生影响。由于这种

影响非常复杂，很难精确定量；其次，在环境模拟和规划中应用的各种数学模型存在着不确定性，模型中的参数也有误差。因此，利用数学模型进行的模拟和规划的真实性、可靠性究竟如何，如何对此做出估计，是一个必须回答的问题。

通过对模型的灵敏度分析可以估计模型计算结果的偏差；同时，灵敏度分析还有助于建立低灵敏度系统，这种系统在运行上比较可靠；有助于确定合理的设计裕量，这比盲目给定安全系数要合理得多。

一个优化模型通常是由状态方程和目标函数构成的，状态方程表达周围环境条件的约束。它的一般形式为

$$\min Z=f(\vec{x},\vec{u},\vec{\theta}) \tag{7.32}$$

$$\text{S. t. } G(\vec{x},\vec{u},\vec{\theta})=0 \tag{7.33}$$

式中：$\vec{x}$ 为系统的状态向量，由描述系统的各种状态组成，如大气中的 SO_2、TSP 浓度等；$\vec{u}$ 为系统的决策向量，由系统中的可以控制的变量组成，如污染源排放的中的 SO_2、TSP 的量；$\vec{\theta}$ 为系统的参数向量，由系统中的各种参数组成，如大气湍流弥散系数 D_y、D_z 等；符号 S. t. 表示系统的约束条件。

在环境系统的模拟、控制中，灵敏度的研究主要包括两个方面：第一，状态与目标对参数的灵敏度，参数的估计误差一定会对状态和目标产生影响，这种影响有多大，如何确定参数估计的必要精度；第二，目标对状态的灵敏度，在污染控制规划中，状态变量（如水质标准的选择）的变化对目标（如费用）有很大影响，如何确定这种影响的大小，如何确定合理的状态变量。

7.2.5.2 状态变量与目标函数对参数的灵敏度

1. 单个变量时的灵敏度

为便于讨论，先假定状态变量和参数的数目都为 1，然后再推广到多参数的情形。如果决策变量 $u=u^*$ 保持不变，那么状态变量 x 和目标 Z 都可以表示为参数 θ_0 的函数：

$$x^*=f(\theta_0) \tag{7.34}$$

$$Z^*=F(\theta_0)$$

式中：x^*、Z^* 分别为相对于参数 θ_0 的状态变量值和目标函数值。

灵敏度的定义为在 $\theta=\theta_0$ 附近，状态变量（或目标）相对于原值的变化率和参数 θ 相对于 θ_0 的变化率的比值称为状态变量（或目标函数）对参数的灵敏度。由此可写出灵敏度的数学表达式：

状态变量对参数的灵敏度

$$S_0^x=\frac{\dfrac{\Delta x}{x^*}}{\dfrac{\Delta\theta_0}{\theta_0}}=\left(\frac{\Delta x}{\Delta\theta}\right)\frac{\theta_0}{x^*} \tag{7.35}$$

目标函数对参数的灵敏度

$$S_0^z=\frac{\dfrac{\Delta Z}{Z^*}}{\dfrac{\Delta\theta_0}{\theta_0}}=\left(\frac{\Delta Z}{\Delta\theta}\right)\frac{\theta_0}{Z^*} \tag{7.36}$$

式中：$\Delta x = x - x^*$，$\Delta Z = Z - Z^*$，$\Delta\theta = \theta - \theta_0$。

当 $\Delta\theta \to 0$ 时，忽略高阶微分项，得

$$S_0^x = \left(\frac{\mathrm{d}x}{\mathrm{d}\theta}\right)_{\theta_0} \frac{\theta_0}{x^*} \tag{7.37}$$

$$S_0^z = \left(\frac{\mathrm{d}Z}{\mathrm{d}\theta}\right)_{\theta_0} \frac{\theta_0}{Z^*} \tag{7.38}$$

式中：$\left(\frac{\mathrm{d}x}{\mathrm{d}\theta}\right)_{\theta_0}$ 和 $\left(\frac{\mathrm{d}Z}{\mathrm{d}\theta}\right)_{\theta_0}$ 分别为状态变量和目标函数对参数的一阶灵敏度系数，它可以反映系统的灵敏度特征。

2. 多变量时的灵敏度

设一个最优化模型为

$$\min Z = f(\vec{x}, \vec{u}, \vec{\theta}) \tag{7.39}$$

$$\text{S. t. } G(\vec{x}, \vec{u}, \vec{\theta}) = 0 \tag{7.40}$$

式中：G 为 n 维向量函数（即包括 n 个约束函数）；$\vec{x}$ 为 n 维状态变量；$\vec{u}$ 为 m 维决策变量；$\vec{\theta}$ 为 p 维参数向量。

根据多元函数的微分方法，状态变量（n 维）对参数向量（p 维）的一阶灵敏度系数组成一个 $n \times p$ 阶矩阵：

$$\frac{\partial \vec{x}}{\partial \theta} = \begin{bmatrix} \frac{\partial x_1}{\partial \theta_1} & \cdots & \cdots & \frac{\partial x_1}{\partial \theta_p} \\ \vdots & \ddots & & \vdots \\ \vdots & & \ddots & \vdots \\ \frac{\partial x_n}{\partial \theta_1} & \cdots & \cdots & \frac{\partial x_n}{\partial \theta_p} \end{bmatrix} \tag{7.41}$$

目标函数对参数向量的一阶灵敏度系数则组成 p 维行向量

$$\frac{\partial Z}{\partial \theta_1} = \left(\frac{\partial Z}{\partial \theta_1} \quad \cdots \quad \frac{\partial Z}{\partial \theta_p}\right) \tag{7.42}$$

参数的变化除直接影响目标函数外，还通过状态变量作用于目标函数，将状态方程对参数微分：

$$\left(\frac{\partial G}{\partial \vec{x}}\right)\left(\frac{\partial \vec{x}}{\partial \vec{\theta}}\right) + \left(\frac{\partial G}{\partial \vec{\theta}}\right) = (0) \tag{7.43}$$

如果 $\left(\frac{\partial G}{\partial \vec{x}}\right)$ 的逆存在，则由上式得

$$\left(\frac{\partial \vec{x}}{\partial \vec{\theta}}\right) = -\left(\frac{\partial G}{\partial \vec{x}}\right)^{-1}\left(\frac{\partial \vec{x}}{\partial \vec{\theta}}\right) \tag{7.44}$$

将目标函数对参数微分，得

$$\left(\frac{\partial Z}{\partial \vec{\theta}}\right) = \left(\frac{\partial f}{\partial \vec{\theta}}\right) - \left(\frac{\partial f}{\partial \vec{x}}\right)\left(\frac{\partial G}{\partial \vec{x}}\right)\left(\frac{\partial G}{\partial \vec{\theta}}\right) \tag{7.45}$$

3. 目标对约束的灵敏度

一般条件下，约束变量 $\vec{x}$ 是由状态变量 $\vec{V}$ 和决策变量 $\vec{u}$ 组成的，可表示为

$$\vec{u}=(x_1,x_2,\cdots,x_n)^{\mathrm{T}}$$
$$\vec{V}=(x_{n+1},x_{n+2},\cdots,x_{n+m})^{\mathrm{T}} \tag{7.46}$$
$$\vec{x}=(\vec{v},\vec{u})^{\mathrm{T}}$$

式中：$\vec{V}$ 为 n 维状态变量；$\vec{u}$ 为 m 维决策变量；$\vec{x}$ 为 $n+m$ 维约束变量。

约束函数 $G(\vec{x})$ 的变化由状态变量和决策变量的变化所导致，即

$$\mathrm{d}G(\vec{x})=\frac{\partial G(\vec{x})}{\partial \vec{u}}\mathrm{d}\vec{u}+\frac{\partial G(\vec{x})}{\partial \vec{V}}\mathrm{d}\vec{V}=A\mathrm{d}\vec{u}+B\mathrm{d}\vec{V} \tag{7.47}$$

式中：A 为约束函数对决策变量的约束导数矩阵；B 为约束函数对状态变量的约束导数矩阵。

根据多元函数求导方法，可以得到 A、B 的表达式：

$$A=\begin{bmatrix}\frac{\partial g_1}{\partial x_1} & \cdots & \cdots & \frac{\partial g_1}{\partial x_p}\\ \vdots & \ddots & & \vdots\\ \vdots & & \ddots & \vdots\\ \frac{\partial g_n}{\partial x_1} & \cdots & \cdots & \frac{\partial g_n}{\partial x_p}\end{bmatrix}\quad B=\begin{bmatrix}\frac{\partial g_1}{\partial x_{n+1}} & \cdots & \cdots & \frac{\partial g_1}{\partial x_{n+p}}\\ \vdots & \ddots & & \vdots\\ \vdots & & \ddots & \vdots\\ \frac{\partial g_n}{\partial x_{n+1}} & \cdots & \cdots & \frac{\partial g_n}{\partial x_{n+p}}\end{bmatrix} \tag{7.48}$$

式中：$G(\vec{x})=[g_1(\vec{x}),\cdots,g_n(\vec{x})]^{\mathrm{T}}$ 为 n 维函数；$g_i(\vec{x})$ 为包含约束变量的约束函数。

同样由于目标函数中也包含状态变量和决策变量，目标函数的变化也是由状态变量和决策变量的变化所导致

$$\mathrm{d}f(\vec{x})=\frac{\partial f(\vec{x})}{\partial \vec{u}}\mathrm{d}\vec{u}+\frac{\partial f(\vec{x})}{\partial \vec{V}}\mathrm{d}\vec{V}=\vec{C}\mathrm{d}\vec{u}+\vec{D}\mathrm{d}\vec{V} \tag{7.49}$$

式中：$\vec{C}$ 为目标函数对决策变量的梯度向量；$\vec{D}$ 为目标函数对状态变量的梯度向量。

$$\vec{C}=\left(\frac{\partial f(\vec{x})}{\partial x_1}\quad\cdots\quad\frac{\partial f(\vec{x})}{\partial x_n}\right)\quad \vec{D}=\left(\frac{\partial f(\vec{x})}{\partial x_{n+1}}\quad\cdots\quad\frac{\partial f(\vec{x})}{\partial x_{n+m}}\right)$$

由此得到

$$\mathrm{d}\vec{u}=A^{-1}\mathrm{d}G(\vec{x})-A^{-1}B\mathrm{d}\vec{V}$$
$$\begin{aligned}\mathrm{d}f(\vec{x})&=\vec{C}[A^{-1}\mathrm{d}G(\vec{x})-A^{-1}B\mathrm{d}\vec{V}]+\vec{D}\mathrm{d}\vec{V}\\&=\vec{C}A^{-1}\mathrm{d}G(\vec{x})+(\vec{D}-\vec{C}A^{-1}B)\mathrm{d}\vec{V}\end{aligned} \tag{7.50}$$

在最优点 $\vec{x}^*$ 处，$\vec{D}-\vec{C}A^{-1}B=0$，所以 $\mathrm{d}f(\vec{x})\big|_{\vec{x}=\vec{x}^*}=\vec{C}A^{-1}\mathrm{d}G(\vec{x})$。

因此可以得到目标对约束的一阶灵敏度系数 $\left.\dfrac{\mathrm{d}f(\vec{x})}{\mathrm{d}G(\vec{x})}\right|_{\vec{x}=\vec{x}^*}=CA^{-1}$。

【例 7.2】 给定最优化模型如下：

$$\min f(\vec{x})=-10x_1-4x_2+x_1^2+x_2^2-x_1x_2 \tag{7.51}$$
$$\text{S. t. } g_1(\vec{x})=6-x_1\geqslant 0$$
$$g_2(\vec{x})=4-x_2\geqslant 0$$

试求目标对约束的一阶灵敏度系数，并计算当 g_1 变化 $+10\%$，g_2 变化 -5% 时目标值的变化幅度。已知上述问题的解为 $x_1^*=6, x_2^*=4, f(\vec{x})=-48$。

解：将式（7.51）最优化问题标准化：

$$\min f(\vec{x})=-10x_1-4x_2+x_1^2+x_2^2-x_1x_2$$

$$\text{S. t. } x_1+x_3=6$$

$$x_2+x_4=4$$

目标对决策变量的梯度向量：

$$\vec{C}=\left(\frac{\partial f(\vec{x})}{\partial x_1} \quad \cdots \quad \frac{\partial f(\vec{x})}{\partial x_n}\right)\bigg|_{\vec{x}=\vec{x}^*}=(-2,-2)$$

计算约束函数对决策变量的约束导数矩阵：

$$A=\begin{bmatrix}\dfrac{\partial g_1(\vec{x})}{\partial x_1} & \dfrac{\partial g_1(\vec{x})}{\partial x_2}\\ \dfrac{\partial g_2(\vec{x})}{\partial x_1} & \dfrac{\partial g_2(\vec{x})}{\partial x_2}\end{bmatrix}=\begin{bmatrix}1 & 0\\0 & 1\end{bmatrix} \qquad A^{-1}=A=\begin{bmatrix}1 & 0\\0 & 1\end{bmatrix}$$

计算目标对约束的一阶灵敏度系数：

$$\frac{\mathrm{d}f(\vec{x})}{\mathrm{d}G(\vec{x})}\bigg|_{\vec{x}=\vec{x}^*}=CA^{-1}=(-2,-2)\begin{bmatrix}1 & 0\\0 & 1\end{bmatrix}=(-2,-2)$$

当约束条件的变化为＋10％和－5％时，即

$$\Delta G(\vec{x})=(0.6,-0.2)^{\mathrm{T}}$$

式中：0.6 为 $g_1(\vec{x})$ 的约束值 6 乘以＋10％；－0.2 为 $g_2(\vec{x})$ 的约束值 4 乘以－5％的值。

于是得到目标的增值为

$$\Delta f(\vec{x})=(-2,-2)\begin{pmatrix}0.6\\-0.2\end{pmatrix}=-0.8$$

目标值的变化幅度为$\dfrac{-0.8}{-48}=1.67\%$。

7.2.6 水污染控制规划实例

实际中如何运用相应的模型寻求在一定条件下的优化规划，即建立适当的模型以及对模型中的各种参数进行估值是整个规划过程中的关键。考虑到国内的水环境保护规划主要针对点源污染，而非点源污染的控制管理问题显得日益重要和迫切，本节介绍一个非点源污染的控制规划，作为实例。

以美国纽约杰非森（Jefferson）县的一个有代表性的农场为例来讨论。该农场的土地比较贫瘠，坡度平缓，可耕地面积 124hm^2，农场设施的饲养能力为奶牛 150 头。农场主要为非点源污染，因此要求分析非点源污染控制措施对该农场净收入的影响，进而对水环境进行控制管理。

农场包括许多相关的组成部分，但土地、作物和牲畜是主要部分。土地通常可分为适合于不同作物的多种类型，它们的肥沃程度、排水特性、坡度以及作物产量等各不相同。在选择作物时，要考虑牲畜对热能和蛋白质的需求以及各类土地的生产能力。在农场的生产活动中，牲畜管理是最复杂的，因为需要对许多问题进行决策，如饲养方案、繁殖育种、牲畜更新以及保持牲畜健壮等。粪肥的处理也是农场的一个重

要问题。尽管粪肥是一种很好的肥料，但使用不方便，并且还与作物种类有关，所以全靠农田来处理粪便，有时是困难的。

农场的非点源污染主要是泥沙、氮和磷的流失。这种流失很难彻底清除，但通过采取措施可以减少流失量，采取任何措施都会对农场的生产活动和经济收入产生影响，如农田粪肥使用量减少，就会相应减少牲畜饲养规模，减少农场收入。因此建立系统优化模型，寻求使污染最小与农场净收入最大的最优解。

为了与现有资料条件相一致，忽略掉那些对泥沙和营养物流失影响不大的因素，将农场概化为一个由两部分组成的系统（图7.20）。图7.20中，牲畜部分把输入的养料和饲料转化成产品（肉类、奶类等）和废料（粪）。生长在农田里的作物消耗肥料和粪肥为牲畜生产饲料。耕作产生的废料是被侵蚀的土壤（泥沙）和未被作物利用的氮和磷。

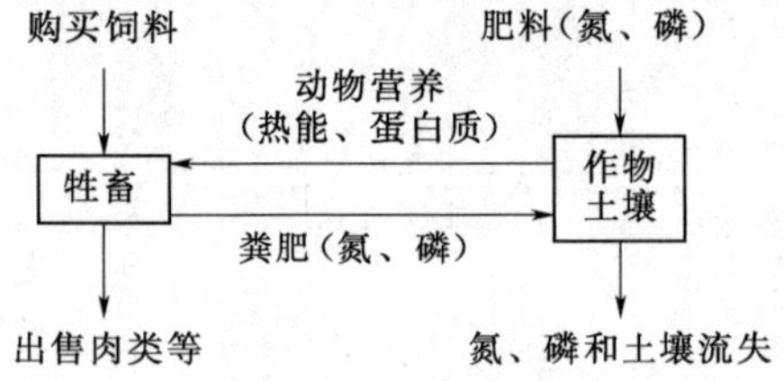

图7.20　农场系统的简化表示

对图7.20所示的系统，进行优化模拟的目标如下：农场净收入最大，限制径流中的溶解氮流失量DN；限制径流中的溶解磷流失量DP；限制径流中的固态氮流失量SN；限制径流中的固态磷流失量SP；限制从农田流失的总氮量N和限制从农田流失的泥沙量S。

7.2.6.1　优化模型建立

为简单起见采用线性规划模型来求解上述问题，模型结构如下。

1. 决策变量

模型中包括的基本决策变量是耕地面积、粪肥和氮肥的施肥强度以及牲畜数量。即 X_{ij} 为第 i 种土壤种植第 j 种作物的面积，hm^2；M_{ij} 为在 X_{ij} 上施用的粪肥，t；N_{ij} 为在 X_{ij} 上施用的氮肥，kg；H 为农场的牲畜头数。

设共有 i 种土壤和 j 种作物，并且第 j 种即 X_{ij} 种植牧草。对每种作物，只有一定的土壤/作物组合是可行的或合理的，所以有

$$(1-\alpha_{ij})X_{ij}=0, \forall i,j$$

其中对可行的组合（i，j）取 $\alpha_{ij}=1$，反之 $\alpha_{ij}=0$。此外，各类土壤的耕地面积要受该类土壤可耕作面积 $L_i(hm^2)$ 的限制，即

$$\sum_{i=1}^{I} X_{ij} \leqslant L_i, \forall i$$

施粪肥也要受到一定限制

$$(1-\beta_{ij})M_{ij}=0, \forall i,j \tag{7.52}$$

式中：如在地块 X_{ij} 上可施粪肥，$\beta_{ij}=1$，反之 $\beta_{ij}=0$。施粪肥的第二个约束是应保证：一旦 $X_{ij}=0$，则 $M_{ij}=0$，即

$$-1000X_{ij}+M_{ij}\leqslant 0, \forall i,j \tag{7.53}$$

式中："1000"是任意给定的大数，其值应大于粪肥的最大可能使用量，t/hm^2。

粪肥的质量平衡由下式给出

$$\sum_{i=1}^{I}\sum_{j=1}^{J}M_{ij}-mH=0 \tag{7.54}$$

式中：m 为平均每头牲畜产生的粪肥量，t。

牲畜头数不应超过某一最大头数 H_{max}（由现有饲养设施等条件确定）：

$$H\leqslant H_{max}$$

2. 牲畜喂养

虽然牲畜需要多种不同的养料，但我们假定以本场种植的作物为主来供给牲畜所需要的热能和易消化的蛋白质。牲畜的净能量和蛋白质平衡方程分别为

$$\sum_{i=1}^{I}\sum_{j=1}^{J}e_{ij}Y_{ij}X_{ij}-EH\geqslant 0 \tag{7.55}$$

$$\sum_{i=1}^{I}\sum_{j=1}^{J}d_{ij}Y_{ij}X_{ij}-DH\geqslant 0 \tag{7.56}$$

式中：E 为需要由本场作物提供的净能量，J/头；D 为需要由本场作物提供的易消化的蛋白质，kg/头；Y_{ij} 为第 i 种土壤上第 j 种作物的产量，t/hm^2；e_{ij} 为 Y_{ij} 的净热能含量，J/t；d_{ij} 为 Y_{ij} 的易消化的蛋白质，kg/t。

此外考虑草场牧草的季节变化及离开牲口棚的距离，有必要限制牧草的可供养料量。即

$$\sum_{i=1}^{I}\sum_{j=1}^{J}e_{ij}Y_{ij}X_{ij}-ep\frac{EH}{100}\leqslant 0 \tag{7.57}$$

式中：ep 为牧草可提供净能量的最大百分数。

3. 作物需氮量

对作物的营养平衡这里只研究氮的平衡，因为钾不是潜在的污染物，土壤中的含磷总量通常不受施用化肥和粪肥的影响。但作物对钾和磷的需求量还是要计算的，因为钾肥和磷肥的费用已包括在目标函数中。

为供给作物需要的氮，有下式

$$-NR_{ij}X_{ij}+\left(1-\frac{nl_{ij}}{100}\right)nmM_{ij}+\left(1-\frac{nl_{ij}}{100}\right)N_{ij}\geqslant 0,\forall i,j \tag{7.58}$$

式中：NR_{ij} 为第 i 种土壤上第 j 种作物对氮的需求量，kg/hm^2；nm 为粪肥的含氮量，kg/t；nl_{ij} 为施用的氮损失于大气（由氮的挥发和脱氮作用引起）的百分数。式(7.58) 为土壤中氮平衡的简化表示。

4. 污染物流失

对每个耕作区，下列环境因素需要由相应的模型来计算：①总氮流失量：施氮量与作物吸收的氮之间的差值；②土壤流失量；③侵蚀的土壤携带的固态氮和磷；④径流中的溶解氮和磷。

各项流失量都应限制在容许的最大值范围内。如总氮流失的约束为

$$-\sum_{i=1}^{I}\sum_{j=1}^{J}NR_{ij}X_{ij}+\sum_{i=1}^{I}\sum_{j=1}^{J}nmM_{ij}+\sum_{i=1}^{I}\sum_{j=1}^{J}N_{ij}\leqslant N\sum_{i=1}^{I}L_i \tag{7.59}$$

式中：N 为氮的最大允许潜在流失量，kg/hm^2。

侵蚀或土壤流失约束为

$$\sum_{i=1}^{I}\sum_{j=1}^{J}S_{ij}X_{ij} \leqslant S\sum_{i=1}^{I}L_i \tag{7.60}$$

式中：S_{ij} 为 X_{ij} 面积上的侵蚀量，t/hm²，可由许多方法（如 USLE）来确定；S 为最大允许的每公顷土壤流失量。

固态营养物流失约束为

$$\sum_{i=1}^{I}\sum_{j=1}^{J}P_iS_{ij}X_{ij} \leqslant SP\sum_{i=1}^{I}L_i \tag{7.61}$$

$$\sum_{i=1}^{I}\sum_{j=1}^{J}N_iS_{ij}X_{ij} \leqslant SN\sum_{i=1}^{I}L_i \tag{7.62}$$

式中：P_i 为第 i 种土壤的含磷量，kg/t；N_i 为第 i 种土壤的含氮量，kg/t；SP 为最大允许的固态磷流失量，kg/hm²；SN 为最大允许的固态氮流失量，kg/hm²。

溶解营养物流失约束为

$$0.1\sum_{i=1}^{I}\sum_{j=1}^{J}(rs_{ij}ns_j + rw_{ij}nw_j)X_{ij} \leqslant DN\sum_{i=1}^{I}L_i \tag{7.63}$$

$$0.1\sum_{i=1}^{I}\sum_{j=1}^{J}(rs_{ij}ps_j + rw_{ij}pw_j)X_{ij} \leqslant DP\sum_{i=1}^{I}L_i \tag{7.64}$$

式中：rs_{ij} 为 X_{ij} 面积上形成的夏季径流，cm；rw_{ij} 为 X_{ij} 面积上形成的冬季径流，cm；ns_j 为从种植第 j 种作物的土地上产生的夏季径流中的溶解氮浓度，mg/L；nw_j 为从种植第 j 种作物的土地上产生的冬季径流中的溶解氮浓度，mg/L；ps_j 为从种植第 j 种作物的土地上产生的夏季径流中的溶解磷浓度，mg/L；pw_j 为从种植第 j 种作物的土地上产生的冬季径流中的溶解磷浓度，mg/L；DN 为径流中的最大允许溶解态氮流失量，kg/hm²；DP 为径流中的最大允许溶解态磷流失量，kg/hm²。

5. 目标函数

农场的目标是净收入 Z(美元) 最大，所以优化模型的目标函数为

$$\max Z = rH - \sum_{i=1}^{I}\sum_{j=1}^{J}C_{ij}X_{ij} - C_m\sum_{i=1}^{I}\sum_{j=1}^{J}M_{ij} - C_n\sum_{i=1}^{I}\sum_{j=1}^{J}N_{ij} \tag{7.65}$$

式中：r 为每头牲畜的平均净收入，美元，但未扣除固定费用以及作物种植、粪肥处理和氮肥的费用；C_{ij} 为在第 i 种土壤上种植第 j 种作物的费用，但不包括固定费用、氮肥和粪肥处理的费用，美元/hm²；C_m 为粪肥处理的费用，美元/t；C_n 为氮肥处理的费用，美元/kg。

综上所述，可得该问题的线性规划模型，其目标为：max$Z$；约束条件中决策变量（H、X_{ij}、M_{ij}、N_{ij}）非负。

该模型可按年求解，作物产量、价格等采用年平均或某一特定年份的值。一般情况下，模型需要的输入资料为：土壤调查资料、农场收支资料，以及计算径流量（如 SCS 法）、土壤流失（如 USLE 方程）与氮磷流失所需要的相关资料和参数等。

7.2.6.2　数据输入

通过大量的调查、分析和计算，可得到该线性规划模型的系数与方程，见表 7.3，表中略去了为零值的项以及松弛变量和剩余变量，相应于那些不可行的作物、粪肥、肥料组合的决策变量也已略去。例如，X_{11}、X_{12}、X_{23}、X_{31} 和 X_{43} 为不可行的

表 7.3 线性规划模型的系数与方程表

X_{13}	X_{21}	X_{22}	X_{32}	X_{33}	X_{41}	X_{42}	M_{21}	M_{22}	M_{32}	M_{41}	M_{42}	N_{13}	N_{21}	N_{22}	N_{32}	N_{33}	N_{41}	N_{42}	H	公式号
−20	−350	−370	−380	−80	−360	−380	−3.0	−3.0	−3.0	−3.0	−3.0	−0.8	−0.8	−0.8	−0.8	−0.8	−0.8	−0.8	500＝Z	7.65
1																			⩽26	7.52
	1	1																	⩽5	7.52
			1	1															⩽9	7.52
					1	1													⩽84	7.52
	−1000						1												⩽0	7.53
		−1000						1											⩽0	7.53
			−1000						1										⩽0	7.53
				−1000						1									⩽0	7.53
					−1000						1								⩽0	7.53
						1	1	1	1	1	1								−19＝0	7.54a
																			1⩽150	7.54b
2900	5000	4200	4200	2900	6700	5700													−4000⩾0	7.55
300	400	220	220	300	540	300													−350⩾0	7.56
2900				2900															−600⩽0	7.57
	−30						3.25						0.65						⩾0	7.58
		−40						3.25						0.65					⩾0	7.58
			−70						3.25						0.65				⩾0	7.58
				−20						3.25						0.65			⩾0	7.58
					−60						3.25						0.65		⩾0	7.58
						−70												0.65	⩾0	7.58
	−30	−40	−70	−20	−60	−70	5	5	5	5	5	1	1	1	1	1	1	1	⩽1.24N	7.59
1.0	3.0	2.4	2.2	0.5	6.0	4.8													⩽124S	7.60
0.9	2.7	2.16	0.26	0.06	5.64	4.51													⩽124SP	7.61
2.0	6.0	4.8	1.76	0.4	13.2	10.56													⩽124SN	7.62
3.10	3.53	2.93	0.12	0.03	3.53	2.93													⩽124DN	7.63
0.35	0.38	0.31	0.01	0.00	0.38	0.31													⩽124DP	7.64

作物/土壤组合，所以模型中未包括。本例中，线性规划模型共有 45 个变量（20 个决策变量，松弛变量与剩余变量 25 个）和 26 个约束条件。

7.2.6.3　计算结果及分析

线性规划模型计算结果见表 7.4。

表 7.4　　线性规划模型计算结果

项　目		不限制污染物流失	总氮的不同约束水平/(kg/hm²)			土壤流失的不同约束/(t/hm²)		
			60	40	20	3	2	1
决策变量	H(头)a	150	118	78	39	111	74	38
	X_{13}/(hm²)a	26	24	16	8	23	16	8
	X_{21}/(hm²)a	—	—	—	—	—	—	—
	X_{33}/(hm²)a	5	—	—	—	—	—	—
	X_{41}/(hm²)a	80	63	42	21	56	36	17
	M_{21}/(hm²)a	—	—	—	—	9	9	9
	M_{41}/(hm²)a	36	36	36	36	37	38	41
	N_{33}/(hm²)a	31	—	—	—	—	—	—
影响	净含量/(美元/a)b	36610	29155	19437	9178	27073	18084	9095
	产沙量/(t/hm²)c	4.1	3.2	2.2	1.1	3.0	2.0	1.0
	总氮流失/(kg/hm²)c	75.7	60	40	20	57	39	20
	营养负荷/(kg/hm²)c							
	溶解氧	2.9	2.4	1.6	0.8	2.3	1.6	0.8
	溶解磷	0.32	0.26	0.17	0.09	0.25	0.17	0.09
	固态氮	9	7.1	4.7	2.4	6.5	4.4	2.2
	固态磷	3.8	3.0	2.0	1.0	2.8	1.9	0.9

注　a—四舍五入取整；b—不包括固定费用；c—124hm² 的平均值。

表 7.4 列出了三组解，并给出了非零决策变量的值。第一组解是在不限制污染物流失的情况下使农场收入最大化得到的，列出了最大收入和相应的污染物流失量。如果这些流失量是可以接受的，就没有改变管理措施的必要。在泥沙和污染物流失约束方面，收入最大是在下述假定条件下的得到的：S（泥沙）≥4.1t/hm²，N（总氮）≥76.7kg/hm²，DN（溶解氮）≥2.9kg/hm²，DP（溶解磷）≥0.32kg/hm²，SN（固态氮）≥9.0kg/hm²，以及 SP（固态磷）≥3.8kg/hm²。如果改变这些约束中的任意一项（减小流失量），则管理措施和收入都要相应改变。

第二组解表明允许总氮流失量由 76.7kg/hm² 分别减小到 60kg/hm²、40kg/hm² 和 20kg/hm² 时所产生的影响。解答是在分别令 $N=60$kg/hm²、40kg/hm² 和 20 kg/hm²，并且不限制其他污染物流失的条件下得出的。主要影响是减少牲畜数量，因而实质上减少了农场的收入。这是因为要降低氮的流失量，就要减小耕作规模，这样饲料产量就要降低，所以牲畜数量减少。这组解虽然没有限制其他污染物的流失量，但很明显，与第一组解相比，它们的流失量也相应降低，因为减少氮流失量的管理措施也可减少其他污染物的流失。

第三组解是在限制土壤流失量（$S=3t/hm^2$，$2t/hm^2$，$1t/hm^2$）的条件下得出的。除一部分COAA（玉米—燕麦—苜蓿—苜蓿）轮作被转移到低侵蚀性的土地（X_{21}）上，所得结果与控制氮流失（第二组解）的情况相似。

虽然这里没有列出，但限制溶解态的氮和磷的模型计量结果与总氮控制的结果（第二组解）类似，限制固态氮和磷的结果与控制土壤流失的结果（第三组解）相似。

表7.4中的净收入未扣除农场的固定费用，当这些费用被扣除后，净收入将会更低。模型计算结果，即削减农场非点源污染所需要的费用也可以用图来表示，如图7.21所示，这里的费用也就是农场的收入损失。例如，总氮流失量由$76.7kg/hm^2$减小到$60kg/hm^2$（降低22%），相应费用为36610－29155＝7455(美元/a)（也就是收入损失）。泥沙与氮的图线基本相同，所以图中以一根线表示。这条线是环境和经济问题相互协调的一个典型例子，当各自的目标不一致时就必须进行权衡与协调。因此，如果不增加费用（减少收入），就不能减小污染物流失量。图7.21表明每削减1%的氮或土壤的流失量，费用约为365美元。可见对农场来说控制非点源污染的代价是相当高的。总之，上述计算结果清楚地表明了控制非点源污染对农场收入的影响。有了这些结果，决策者就可根据有关具体条件合理确定非点源污染的控制水平（如削减百分数），进而采取适当的控制管理措施。这样，就为解决经济发展与水环境保护之间的矛盾提供了决策的科学依据。

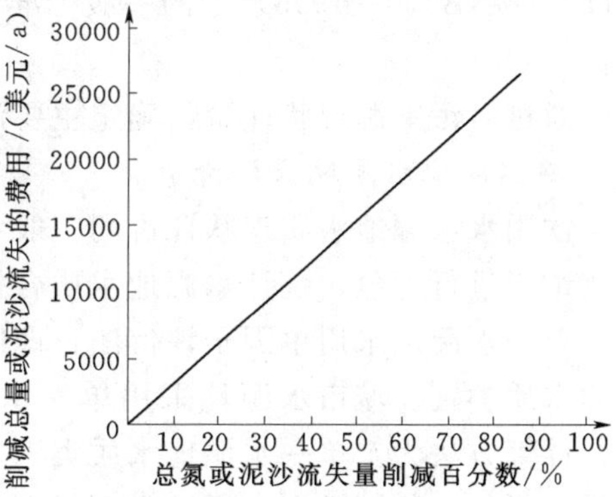

图7.21 削减总氮或泥沙流失量对奶牛场收入的影响

7.2.7 城镇饮用水源保护规划

饮用水水源保护规划是现代水资源保护规划的重点内容之一。饮用水水源保护规划主要针对各地方政府已划定的或规划中的城市集中供水水源进行。

饮用水水源保护规划过程包括：全面搜集流域内重点城市供水水资源利用及保护状况、水源地环境及水质状况的基本资料，详细调查供水区污染源分布及排放情况，对水源地水质现状进行评价，划分水源保护区，拟定水源地保护目标，计算水源地污染物控制排放量和削减量，提出水源地保护方案及管理监督措施等。

7.2.7.1 饮用水水源地现状调查和评价

1. 饮用水水源地规划控制范围

饮用水水源地具体的水陆域、水质及污染规划控制范围，需要在充分收集资料和调查研究的基础上，因地制宜地划定各个水源地的规划控制范围。原则上，对于河流型水源地的规划控制范围，以取水口上下一定河长内的河道管理范围（包括河道及岸边的适当陆域）为界线，对汇入水源地河道内的支流，其控制范围应包括支流水功能区划分中缓冲区或过渡区的适当河长。对于湖库型水源地的规划控制范围，可分为小型湖库和大中型湖库两种情况考虑。其中，小型湖库的水源地规划控制范围包括湖库周边陆域及上游主要支流；大中型湖库的水源地规划控制范围包括湖库周边陆域及上游入库河流缓冲区内的适当河长。

2. 水源地基本情况调查

调查工作需要收集有关资料、实地查勘和调查了解有关情况，必要时还需要进行水量和水质监测。主要调查内容包括：水源地概况；水源地河（湖、库）水文特征；取水管理单位、取水量、供水对象及其实际用水量；水源地城市的社会经济概况；集中供水以外的其他取水情况；水源地开发的近期计划和中长期规划；水源地的现有保护措施等。

3. 水源地污染源现状调查评价

污染源调查内容及评价方法参阅第6章相关内容。评价标准采用《综合污水排放标准》(GB 8978—1996) 中的一级标准；污染源评价指标同河道（湖、库）水质检出指标。

通过对污染源现状评价，确定主要污染源、排污口和主要污染因子。

4. 水源地水质现状评价

饮用水水源地水质现状评价同一般水质现状评价，可参阅第6.2节。评价按单次监测结果进行评价，统计水源地水质合格率；并按年平均值评价水源地的水质状况。

单一水源地采用单因子评价法，即以单项评价最差的项目的水质类别作为该水源地的水质类别。城市水源地采用单一水源地日供水量加权，评价城市水源地质量状况。计算方法为：单一水源地水质类别×(单一水源地日供水量/城市主要水源日供水总量)(%)。相同类别水源地供水量百分数累加，即为评价数。

7.2.7.2 保护区划分及水质目标确定

1. 保护区划分

饮用水水源保护区包括一定的水域和陆域，地表水供水水源地范围的划分应按照城市规划的总体要求，并兼顾不同水域的水质现状发展趋势以及各地区对水质水量的近期和远期需求，保护区的水质能达到相应的标准。地下水供水水源地范围的划分应根据水源地所处地理位置、水文地质条件、供水的数量、开采方式和污染源的分布划定。

地表水饮用水水源，分河流、湖泊（水库）两种类型。集中式供水的饮用水水源地，应按照不同的水质标准和防护要求，分级划分水源保护区。饮用水水源保护区一般划分为一级保护区和二级保护区，必要时可增设准保护区。各级保护区应有明确的地理界线。在饮用水地表水源取水口附近划定一定的水域和陆域作为饮用水地表水源一级保护区和二级保护区。

按照有关规定，水源保护区按以下要求划分。

以河流为饮用水水源地，一级保护区为取水口上游1000m至下游100m水域。受回水及潮汐影响的河段，取水口下游范围，根据实际情况适当向下游延长，并在一级保护区外划定一定范围为二级或其他等级保护区，保证一级保护区水质目标的实现。

以湖泊（水库）为饮用水水源地，一级保护区为取水口周围至少1000m水域，并在一级保护区外划定更大的区域为二级或其他等级保护区。

地下水源一级保护区位于开采井的周围，其作用主要是保证供水安全；二级保护区位于一级保护区外，其作用是保证集水有足够的滞后时间，以防止病原菌以外的其他污染。

2. 水质目标

地表水一级保护区的水质标准不得低于国家规定的《地表水环境质量标准》（GB 3838—2002）Ⅱ类标准。二级保护区的水质标准不得低于国家规定的《地表水环境质量标准》（GB 3838—2002）Ⅲ类标准，并应保证一级保护区的水质能满足规定的标准。准保护区的水质标准应保证二级保护区的水质能满足规定的标准。

7.2.7.3　水源地污染物排放量控制

按照有关规定，原则上饮用水水源地应该严格保护，不允许直接向作为饮用水源地的水体排放污染物，这是对饮用水源地保护的一个基本认识。因此，一般不进行水源地允许纳污能力的计算。对于水源地（河、湖、库）支流的水质实行目标管理，即各入河（湖、库）支流在入河前应达到规划确定的水质标准（地面水Ⅱ类或Ⅲ类标准）。如果入河支流在饮用水水源的规划范围内，或确实因为在一定时期尚不能完全避免向饮用水水源地排污，应考虑利用纳污能力的方法，进行污染物削减量计算。这里应当明确的是，一级保护区内严禁排污，所进行的纳污能力分析及污染物削减量计算是在二级保护区、基准保护区开展的。

纳污能力的计算决定于水源地的水文条件、水质目标以及水质监测断面（点）的具体位置等。

水文条件：河流设计流量采用95%保证率的最枯月平均流量；湖库设计流量采用95%保证率的最枯月平均水位。

监测断面（点）位置：一般与一级保护区的控制断面（点）相一致；河流的监测断面选在一级保护区上边缘；若取水口位于河口地区和感潮河段，应在一级保护区的下边缘增设断面；湖泊（水库）的监测点选在一级保护区的边缘离排污口最近点。

纳污能力计算的具体方法可参阅7.3节相关内容，包括模型及参数确定，若水源地为河流则计算方法同河流；若水源地为湖（库）则计算方法同湖（库）。

7.2.7.4　饮用水水源地保护对策及管理监督措施

1. 水源地保护对策和工程措施

资源7.1

对于已经出现污染的水源地，根据水源保护区的防护要求和污染物总量控制的要求，限期治理工业污染源，重视治理生活污染源和非点源污染；对分级划分的饮用水水源保护区，根据《饮用水水源保护区污染防治管理规定》实行分级防护。饮用水水源保护区的设置和污染防治应纳入当地的社会经济发展规划和水污染防治规划。跨地区的饮用水水源保护区的设置和污染防治应纳入有关流域、区域、城市的社会经济发展规划和水污染防治规划。

保护饮用水水源地水质的工程措施主要有：水源地优选和迁移措施；排污口和污染源的迁移措施、治理措施；非点源污染控制管理措施；工业用水和饮用水分流措施；限制工业取用地下水；建设城镇污水处理厂；在主要排污沟设置部分曝气装置等。

2. 管理监督措施

主要内容包括：加强水源地水质监测和动态跟踪能力；推行总量控制与排污许可证制度；建立健全水源保护的法律、法规；倡导水源地保护公众参与和监督；建立城市饮用水源保护目标责任制和定量考核管理办法；注重科学研究，为饮用水源保护与管理提供技术支持等。

7.3　水环境质量管理

7.3.1　水环境质量管理内容、标准与方法

7.3.1.1　水环境管理

水是自然环境的要素之一，水环境管理是环境管理的重要组成部分。对环境管理，目前有多种界定方式，一般是从手段、目标角度出发将环境管理分为狭义和广义两种：①狭义的环境管理主要是指采取各种措施控制污染的行为，例如，通过制定法律、法规和标准，实施各种有利于环境保护的方针、政策，控制各种污染物的排放。②广义的环境管理是指运用经济、法律、技术、行政、教育等手段，限制人类损害环境质量的活动，通过全面规划使经济发展与环境相协调，达到既要发展经济满足人类的基本需要，又不超出环境的容许极限。其核心是实现经济、社会与环境的协调发展。

水环境管理，是指与“水”这一环境要素相关的环境管理。水环境管理是一个大范畴，它涉及与水环境有关的一切要素和行为。水环境管理是一个非常综合的概念，它包括了水污染治理、水资源保护与水源涵养等多方面的内容。

7.3.1.2　水环境管理的目的和内容

水环境管理的目的是减少水环境质量恶化带来的环境污染及污染损失，合理利用水环境的承载力，最终保证水环境资源的可持续利用，实现水环境的可持续发展。

水环境管理的内容既包括一系列法律、法规、方针、政策、标准等战略性目标的制定和颁布，也包括环境管理计划、命令等的发布与执行、监督等日常管理活动。作为环境管理依据的环境质量监测与评价、环境规划也是环境管理研究必不可少的部分。具体来说包括：①水质监测站网规划、水质日常监测；②监测资料整编与汇编；③水域功能区域划分；④水质评价；⑤水质预测与预报；⑥水量分配；⑦水质规划；⑧污染源监测；⑨污染源评价；⑩水环境容量研究；⑪污染源与水质的输入-响应关系的建立与污染负荷的削减；⑫污染源治理与控制；⑬污染事故应急处理；⑭污染源追踪；⑮水污染纠纷调解；⑯配套政策与法规的制定；⑰政策与法规的监督实施；⑱水环境管理信息系统的建立、维护与数据更新等。

7.3.1.3　水环境质量管理标准与方法

水环境质量标准可参阅6.2节。

水环境质量管理的对象是水环境活动，即为保障一定范围内生产或生活活动对水资源的需求，以防止水环境状况恶化或改善水环境状况为目标，对水资源利用及其他

可能对水环境质量产生影响的活动进行的一系列调整、控制和协调活动。水环境质量管理所涉及的理论方法很多，主要包括以下几个方面。

1. 可持续发展理论

可持续发展是指在不牺牲未来几代人需要的情况下，满足我们这代人的需要的发展。可持续发展要求保护和维护资源满足后代人的需要，不降低自然环境质量。根据可持续发展的基本思想观点，水的开发、利用、保护等一切水事活动，应该遵守下列基本原则。

(1) 公平性原则。从发展的时间尺度考虑，要求水事活动既能满足当代人的用水需求，又要不对满足后代人需求的能力构成危害；从发展的空间尺度考虑，特定区域的用水需求，不危害其他区域的需求能力。

(2) 持续性原则。可持续性包括生态环境可持续性、经济可持续性和社会可持续性三个方面。任何水事活动都应坚持以生态环境可持续为基础，以经济持续发展为任务，以社会持续发展为目的的持续性原则。

(3) 共同性原则。要求人的再生产、物质再生产和环境再生产共同发展、共存共荣。具体地说，是指控制人口数量、提高人口素质、改变传统的消费模式；提高社会生产力和资源利用率水平，倡导清洁生产；开展环境建设，增强环境的容纳力和资源生产力。这三方面的生产缺一不可。特别需要指出，环境建设不同于传统的第一、第二、第三产业，它的根本任务不是为人的再生产这个环节提供生活资料，而在于协调三种再生产之间的关系，保证环境能够持续地提供生产生活资料，进而从根本上克服人类社会发展的不可持续性，最终实现三种再生产的共同发展。

(4) 协调性原则。人口增长、经济发展、资源开发和环境保护之间的协调，是可持续发展的先决条件。水的可持续利用，在不同层次和规模上，应体现如下的协调性：在社会生产层次上，指区域经济产业结构、空间结构与区域水环境系统相协调；在社会动态发展层次上，指水环境系统与人口、经济、资源、社会发展相协调；在社会关系层次上，强调人与自然的和谐统一，人类开发利用水资源，应遵守自然规律，适度干预自然，实现人与自然的协调发展。

2. 最优规划理论

数学上把研究给定目标函数在若干变量约束条件限制之下的最优值问题称为规划理论。其中心问题是研究如何统筹安排，以利用最少的资源来取得最佳的效果。前面所述的三类最优规划问题都属于此理论体系。

3. 水环境承载力

研究水环境承载力，就是为保护现实的或拟定的水环境结构不发生明显的不利于人类生存发展的方向性改变、保证水环境系统功能的可持续正常发挥提供理论体系和评价方法，根据水环境可持续承载理论对区域性的人类社会活动进行规范，对人类经济发展行为在规模、强度或速度上提出限制。从上述意义出发，反映对人类活动进行限制的水环境承载力可以理解为：水环境系统功能可持续正常发挥前提下接纳污染物的能力（即纳污能力）和承受对其基本要素改变的能力（系统调节能力）。水环境承载力在水环境管理领域具有重要的地位，是水环境管理体系中环境决策的重要手段。

4. 多学科理论

水环境与自然、生态、社会、经济等许多方面密切相关，因而，水环境管理需要多学科的理论指导与知识运用，也就是说应有多学科的专家参与，强调多学科的综合。水环境管理所涉及的主要学科领域包括环境科学、资源科学、生态学、地理科学、环境经济学、水文学、气象学、环境工程学、系统科学、信息科学、管理科学、政策与法律科学等。

7.3.2　水体功能分区与水域纳污能力

7.3.2.1　水功能区划

1. 水功能区划的目的

目前水资源短缺和水污染日益严重，已成为经济社会可持续发展的制约因素。水资源的保护必须从以往孤立的、被动的防治转为综合的、主动的控制，在注重水资源开发利用的同时，更要重视水资源的节约和保护，通过水资源优化配置提高用水的效率，实现水资源的可持续利用。

水功能区划的目的是依据国民经济发展规划和水资源综合利用规划，结合区域水资源开发利用现状和社会需求，科学合理地在相应水域划定具有特定功能、满足水资源开发利用和保护要求并能够发挥最佳效益的区域（即水功能区）；确定各水域的主导功能及功能顺序，制定水域功能不遭破坏的水资源保护目标；通过各功能区水资源保护目标的实现，保障水资源的可持续利用。因此，水功能区划是全面贯彻《水法》，加强水资源保护的重要举措，是水资源保护措施实施和监督管理的依据，对实现以水资源的可持续利用保障经济社会可持续发展的战略目标具有重要意义。

2. 水功能区划指导思想及原则

（1）指导思想。结合流域、区域水资源开发利用规划及经济社会发展规划，根据水资源的可再生能力和自然环境的可承受能力，科学、合理地开发和保护水资源，既满足当代和本区域对水资源的需求，又不损害后代和其他区域对水资源的需求。促进经济、社会和生态的协调发展，实现水资源可持续利用，保障经济社会的可持续发展。

（2）区划原则。

1）前瞻性原则。水功能区划应具有前瞻性，要体现社会发展的超前意识，结合未来经济社会发展需求，引入本领域和相关领域研究的最新成果，为将来的发展留有余地。

2）统筹兼顾、突出重点的原则。水功能区划应将流域作为一个系统，统筹兼顾，充分考虑上下游、左右岸、近远期以及经济社会发展需求对水域功能的要求；与水资源综合开发利用相协调，发展与保护相协调。建立区划体系和选取区划指标时既要把握和考虑全国共同性特点，又要符合不同水资源分区的具体特点。在划定水功能区的类型和范围时，以饮用水源地为优先保护对象。

3）分级与分类相结合的原则。通过水功能区划分在宏观上对流域水资源的保护和利用进行总体控制，协调地区间的用水关系；在整体功能布局确定的前提下，再在重点开发利用水域内详细划分各种用途的功能类别和水域界线，协调行业间的用水关系，建立功能区之间横向的并列关系和纵向的层次体系。

4）便于管理、实用可行的原则。为便于管理，水功能的分区界线尽可能与行政区界一致；类型划分中选用目前实际使用的、易于获取和测定的指标，定量和定性指标相结合。区划方案的确定既要反映实际需求，又要考虑技术经济现状和发展，力求实用、可行。

5）水质水量并重的原则。水功能区划分，既要考虑对水量的需求，又要考虑对水质的要求。水功能区类型的确立，应综合考虑水资源数量与质量，对常规情况下仅对水资源单一属性（数量或质量）有要求的功能不做区划，如发电、航运等。

3. 水功能区划技术体系

我国江、河、湖、库水域的地理分布、空间尺度有很大差异，其自然环境、水资源特征、开发利用程度等具有明显的地域性。遵照水功能区划的指导思想和原则，通过对各类型水功能内涵、指标的深入研究、综合取舍，我国水功能区划分采用两级体系（图 7.22），即一级区划和二级区划。

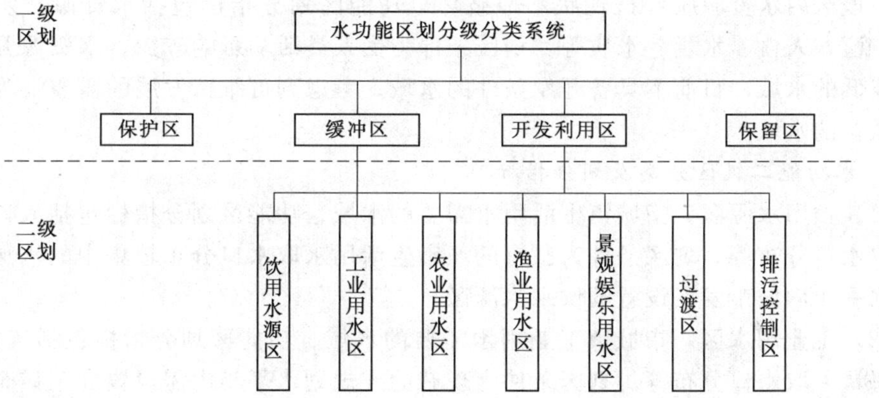

图 7.22 水功能区划分级分类体系

水功能一级区分 4 类，即保护区、缓冲区、开发利用区、保留区；水功能二级区划在一级区划的开发利用区内进行，分 7 类，包括饮用水源区、工业用水区、农业用水区、渔业用水区、景观娱乐用水区、过渡区、排污控制区。一级区划宏观上解决水资源开发利用与保护的问题，主要协调地区间关系，并考虑发展的需求；二级区划主要协调用水部门之间的关系。

4. 水功能一级区分类及划分指标

（1）保护区。指对水资源保护、饮用水保护、生态环境及珍稀濒危物种的保护具有重要意义的水域，指标包括集水面积、保护级别、调（供）水量等。划分条件如下：

1）源头水保护区，系指以保护水资源为目的，在重要河流的源头河段划出专门涵养保护水源的区域。

2）国家级和省级自然保护区范围内的水域。

3）已建和规划水平年内建成的跨流域、跨省区的大型调水工程水源地及其调水线路，省内重要的饮用水源地。

4）对典型生态、自然生境保护具有重要意义的水域。

（2）缓冲区。指为协调省际间、矛盾突出的地区间用水关系；协调内河功能区划与海洋功能区划关系；以及在保护区与开发利用区相接时，为满足保护区水质要求需划定的水域。功能区划分指标包括跨界区域及相邻功能区间水质差异程度。划区条件为跨省（自治区、直辖市）行政区域河流、湖泊的边界水域；省际边界河流、湖泊的边界附近水域；水污染矛盾突出地区之间水域。

（3）开发利用区。主要指具有满足工农业生产、城镇生活、渔业、游乐和净化水体污染等多种需水要求的水域和水污染控制、治理的重点水域。功能区划分指标包括水资源开发利用程度、产值、人口、水质及排污状况等。划区条件为取（排）水口较集中，取（排）水量较大的水域（如流域内重要城市河段、具有一定灌溉用水量和渔业用水要求的水域等）。

（4）保留区。指目前开发利用程度不高，为今后开发利用和保护水资源而预留的水域。该区内水资源应维持现状不遭破坏。功能区划分指标包括水资源开发利用程度、产值、人口、水量、水质等。划区条件为受人类活动影响较少，水资源开发利用程度较低的水域；目前不具备开发条件的水域；考虑到可维持发展的需要，为今后的发展预留的水域。

5. 水功能二级区分类及划分指标

（1）饮用水源区。指城镇生活用水需要的水域。功能区划分指标包括人口、取水量、取水口分布等。划区条件为已有的城市生活用水取水口分布较集中的水域，或在规划水平年内城市发展设置的供水水源区。

（2）工业用水区。指城镇工业用水需要的水域。功能区划分指标包括工业产值、取水总量、取水口分布等。划区条件为现有的或规划水平年内需设置的工矿企业生产用水取水点集中的水域。

（3）农业用水区。指农业灌溉用水需要的水域。功能区划分指标包括灌区面积、取水总量、取水口分布等。划区条件为已有的或规划水平年内需要设置的农业灌溉用水取水点集中的水域。

（4）渔业用水区。指具有鱼、虾、蟹、贝类产卵场、索饵场、越冬场及洄游通道功能的水域，养殖鱼、虾、蟹、贝、藻类等水生动植物的水域。功能区划分指标为渔业生产条件及生产状况。划区条件为具有一定规模的主要经济鱼类的产卵场、索饵场、洄游通道，历史悠久或新开辟人工放养和保护的渔业水域；水文条件良好，水交换畅通；有合适的地形、底质。

（5）景观娱乐用水区。指以景观、疗养、度假和娱乐需要为目的的水域。功能区划分指标为休闲、度假、娱乐、运动场所涉及的水域；水上运动场；风景名胜区所涉及的水域。

（6）过渡区。指为使水质要求有差异的相邻功能区顺利衔接而划定的区域。功能区划分指标为水质与水量。划区条件为下游用水要求高于上游水质状况；有双向水流的水域，且水质要求不同的相邻功能区之间。

(7) 排污控制区。指接纳生活、生产污废水比较集中，所接纳的污废水对水环境无重大不利影响的区域。功能区划分指标为排污量、排污口分布。划区条件为接纳废水中污染物可稀释降解，水域的稀释自净能力较强，其水文、生态特性适宜于作为排污区。

7.3.2.2 水域纳污能力

纳污能力是指水体在设计水文状态、规定环境保护目标和排污口位置条件下，所能容纳的最大污染物数量。水环境容量是指在给定的水环境保护目标、设计水文条件和水域自然背景值条件下，水域能够容纳污染物的最大数量。两者虽然都表示一定条件下水体能够容纳污染物的最大数量，但严格来说，两者之间也有一定差别，主要体现在：纳污能力考虑排污口的位置与排放方式，而水环境容量一般不考虑排污口情况，可以认为水环境容量是纳污能力的最大值。

需要指出的是：近年来在将环境容量应用于实际污染物总量控制时，主要目的是针对特定的排污口，制定总量控制目标，而不是根据环境容量来设计排污口位置。因此，在实际工作中，也是计算在特定排污口位置下的水环境容量。显然，这时的水环境容量也就是指水体纳污能力，即水环境容量与水体纳污能力具有相同的内涵。一般而言，我国环保系统多采用"水环境容量"一词，而水利系统习惯称"纳污能力"，本书中对二者不严格区分，主要采用"纳污能力"，视需要也采用"水环境容量"的说法。

影响水域纳污能力的主要因素有：

(1) 水质标准，从保护和改善水资源质量的要求出发，依据水功能区划确定的水质目标。

(2) 水体稀释自净规律，影响水体稀释作用的差值容量及各种自净作用的同化容量。

(3) 水量及其时间变化，水量的大小决定着差值容量的大小，也影响水体的自净作用，另外水量的交换速度对同化容量有影响。

(4) 水域的自然背景值，所谓自然背景值，即在天然情况下的水域污染物浓度，自然背景值越高，纳污量越小，由于目前除在偏僻地区的水体呈自然背景浓度外，其他水域都受到不同程度的污染影响，背景值在计算纳污量时的意义已不大，往往采用来水中污染物的浓度作为考虑纳污量的下限值。

(5) 排污口的位置和方式，当排污口分布较均匀，推算的纳污量较大，当排污口较集中，水域的纳污量就相应减少。

水域纳污能力应按不同的水功能区确定计算方法。开发利用区和缓冲区水域纳污能力主要采用数学模型计算法，保护区和保留区水域纳污能力主要采用污染负荷计算法。

污染负荷法计算水域纳污能力，具体采用实测法、调查统计法或估算法，可根据实际情况确定。实测法以调查收集或实测入河排污口资料为主；调查统计法以调查收集工矿企业、城镇废污水排放资料为主；估算法以调查收集工矿企业和第三产业产量、产值以及城镇人口资料为主。根据管理和规划的要求，用实测法、调查统计法和估算法计算得到的污染物入河量作为水域纳污能力。在实际工作中，水污染控制问题主要集中在开发利用区，再考虑到篇幅限制，下面主要介绍水域纳污能力的数学模型计算法，不同类型水体的水质数学模型及模型参数确定参见第 5 章。

7.3.2.3　河流纳污能力计算模型

根据污染物扩散特性，结合我国河流具体情况，计算河段按多年平均流量 Q 划分为三种类型：大型，$Q \geqslant 150m^3/s$ 的河段；中型，$15m^3/s < Q < 150m^3/s$ 的河段；小型，$Q \leqslant 15m^3/s$ 的河段。河道特征和水力条件可按具体情况进行适当简化，对河道特征和水力条件有显著变化的河段，应在显著变化处分段，有较大支流汇入或流出时，应以汇入或流出的断面为节点，分段计算水域纳污能力。

1. 河流零维模型

适用于污染物均匀混合的小型河段，河段的污染物浓度按式（7.66）计算：

$$c=(c_pQ_p+c_0Q)/(Q_p+Q) \tag{7.66}$$

式中：c 为污染物浓度，mg/L；Q_p 为废污水排放流量，m^3/s；Q 为初始断面的入流流量，m^3/s。c_p 为排放的废污水污染物浓度，mg/L；c_0 为初始断面的污染物浓度，mg/L，由紧邻的上一个水功能区的水质目标浓度值 c_s 确定，c_s 则根据水功能区的水质目标限值等条件确定。

相应的水域纳污能力按下式计算：

$$M=(c_s-c_0)(Q+Q_p) \tag{7.67}$$

式中：M 为水域纳污能力，kg/s；其余符号意义同前。

2. 河流一维模型

适用于污染物在横断面上均匀混合的中、小型河段，污染物浓度按下式计算：

$$c_x=c_0\exp\left(-K\frac{x}{u}\right) \tag{7.68}$$

式中：c_x 为流经 x 距离后的污染物浓度，mg/L；x 为沿河段的纵向距离，m；u 为设计流量下河道断面的平均流速，m/s；K 为污染物降解衰减系数，1/s，参考第 4 章、第 5 章，可由专门试验、监测资料优化或公式估算等方法确定；其余符号意义同前。

相应的水域纳污能力按下式计算：

$$M=(c_s-c_x)(Q+Q_p) \tag{7.69}$$

式中：符号意义同前。

当入河排污口位于计算河段的中部（即 $x=L/2$）时，水功能区下断面的污染物浓度及其相应的水域纳污能力分别按式（7.70）和式（7.71）计算：

$$c_{x=L}=c_0\exp(-KX/u)+\frac{m}{Q}\exp(-Kx/u) \tag{7.70}$$

$$M=(c_s-c_{x=L})(Q+Q_p) \tag{7.71}$$

式中：m 为污染物入河速率，g/s；$c_{x=L}$ 为水功能区下断面的污染物浓度，mg/L；L 为计算河段长，m；其余符号意义同前。

3. 河流二维模型

适用于污染物非均匀混合的大型河段。对于顺直河段，忽略横向流速及纵向离散

作用，且污染物排放不随时间变化时，二维对流扩散方程为

$$u\frac{\partial c}{\partial x}=\frac{\partial}{\partial y}\left(E_y\frac{\partial c}{\partial y}\right)-Kc \tag{7.72}$$

式中：E_y 为污染物的横向扩散系数，m^2/s；y 为计算点到岸边的横向距离，m；其余符号意义同前。

基本方程式（7.72）可用解析法求解，如河道断面为矩形，其解析解为

$$c(x, y)=\left[c_0+\frac{m}{h\sqrt{\pi E_y x v}}\exp\left(-\frac{v}{4x}\frac{y^2}{E_y}\right)\right]\exp\left(-K\frac{x}{v}\right) \tag{7.73}$$

式中：$c(x, y)$ 为计算水域代表点的污染物平均浓度，mg/L；其余符号意义同前。

以岸边污染物浓度作为下游控制断面的控制浓度时，即 $y=0$，岸边污染物浓度按下式计算：

$$c(x, 0)=\left(c_0+\frac{m}{h\sqrt{\pi E_y x v}}\right)\exp\left(-K\frac{x}{v}\right) \tag{7.74}$$

式中：$c(x, 0)$ 为纵向距离为 x 的断面岸边（$y=0$）污染物浓度，mg/L；v 为设计流量下计算水域的平均流速，m/s；h 为设计流量下计算水域的平均水深，m；其余符号意义同前。

相应的水域纳污能力按式（7.75）或式（7.76）计算：

$$M=[c_s-c(x,y)]Q \tag{7.75}$$

当 $y=0$ 时，

$$M=[c_s-c(x,0)]Q \tag{7.76}$$

式中：符号意义同前。

基本方程式（7.72）也可采用数值法求解。当污染物为非恒定排放，也可按差分法推求数值解。用数值法求得计算水域代表点的污染物平均浓度 $c(x, y)$，按式（7.75）计算水域纳污能力。

4. 河口一维模型

对于受潮汐影响的河口水域，河口一维模型的基本方程为

$$\frac{\partial c}{\partial t}+u_x\frac{\partial c}{\partial x}=\frac{\partial}{\partial x}\left(E_x\frac{\partial c}{\partial x}\right)-Kc \tag{7.77}$$

式中：u_x 为水流的纵向流速，m/s；E_x 为纵向离散系数，m^2/s；其余符号意义同前。

潮汐河段的水力参数可按高潮平均和低潮平均两种情况，简化为稳态流进行计算。如果污染物排放不随时间变化，涨潮与落潮的污染物浓度分别按式（7.78）和式（7.79）计算。

涨潮（$x<0$，自 $x=0$ 处排入）

$$c(x)_{上}=\frac{c_p Q_p}{(Q+Q_p)N}\exp\left(\frac{u_x x}{2E_x}(1+N)\right)+c_0 \tag{7.78}$$

落潮（$x>0$）

$$c(x)_{下}=\frac{c_p Q_p}{(Q+Q_p)N}\exp\left(\frac{u_x x}{2E_x}(1-N)\right)+c_0 \tag{7.79}$$

其中 N 为中间变量，按式（7.80）计算：

$$N=\sqrt{1+4KE_x/u_x^2} \tag{7.80}$$

式中：$c(x)_{上}$、$c(x)_{下}$分别为涨、落潮的污染物浓度，mg/L；其余符号意义同前。

相应的水域纳污能力按下式计算：

$$M=\begin{cases}Q_{上}[c_s-c(x)_{上}], & x<0\\ Q_{下}[c_s-c(x)_{下}], & x>0\end{cases} \tag{7.81}$$

式中：$Q_{上}$、$Q_{下}$ 分别为计算水域涨潮、落潮的平均流量，m^3/s；其余符号意义同前。

7.3.2.4　湖泊（水库）纳污能力计算模型

对于不同类型的湖泊（水库），应采用不同的数学模型计算水域纳污能力。根据湖（库）特征，按不同情况将湖（库）区分为以下类型：

(1) 平均水深不小于10m时：水面面积大于25km^2 的为大型湖（库），水面面积2.5～25km^2 的为中型湖（库），水面面积小于2.5km^2 的为小型湖（库）。

(2) 平均水深小于10m时：水面面积不小于50km^2 的为大型湖（库），水面面积5～50km^2 的为中型湖（库），水面面积小于5km^2 的为小型湖（库）。

营养状态指数不小于50的湖（库），宜采用富营养化模型计算湖（库）水域纳污能力；平均水深大于10m、水体交换系数α小于10的分层型湖（库），宜采用分层模型计算水域纳污能力。

计算水域纳污能力时，如果入湖（库）排污口比较分散，可根据排污口分布进行适当简化。对于均匀混合型湖（库），入湖（库）排污口可简化为一个排污口。

1. 湖（库）均匀混合模型

适用于污染物均匀混合的小型湖（库），污染物平均浓度按下式计算：

$$c(t)=\frac{m+m_0}{K_hV}+\left(c_h-\frac{m+m_0}{K_hV}\right)\exp(-K_ht) \tag{7.82}$$

其中

$$K_h=\frac{Q_L}{V}+K \tag{7.83}$$

$$m_0=c_0Q_L \tag{7.84}$$

式中：K_h 为中间变量，1/s；c_h 为湖（库）现状污染物浓度，mg/L；m_0 为湖（库）入流污染物速率，g/s；V 为设计水文条件下的湖（库）容积，m^3；Q_L 为湖（库）出流量，m^3/s；t 为计算时段长，s；$c(t)$ 为计算时段 t 内的污染物浓度，mg/L；其余符号意义同前。

当流入和流出湖（库）的水量平衡时，小型湖（库）的水域纳污能力按下式计算：

$$M=(c_s-c_0)Q \tag{7.85}$$

式中：符号意义同前。

2. 湖（库）非均匀混合模型

对于污染物非均匀混合的大型、中型湖（库），当污染物入湖（库）后，污染仅出现在排污口附近水域时，采用相应模型计算出距排污口 r 处的污染物浓度 c_r 后，则受影响水域的纳污能力为 $M=(c_s-c_r)Q_p$，即

$$M=(c_s-c_r)\exp\left(-\frac{K\Phi h_Lr^2}{2Q_p}\right)Q_p \tag{7.86}$$

式中：Φ 为扩散角，由排放口附近地形决定。排放口在开阔的岸边垂直排放时，$\Phi=\pi$；湖（库）中排放时，$\Phi=2\pi$；h_L 为扩散区湖（库）平均水深，m；r 为计算水域外边界到入河排污口的距离，m；Q_p 为污废水的排放流量；其余符号意义同前。

3. 湖（库）富营养化模型

对于富营养化湖（库），可采用狄龙模型计算氮、磷的水域纳污能力

$$P=\frac{L_p(1-R_p)}{\beta h_p} \tag{7.87}$$

其中

$$R_p=1-\frac{W_{出}}{W_{入}} \tag{7.88}$$

$$\beta=\frac{Q_a}{V} \tag{7.89}$$

式中：P 为湖（库）中氮、磷的平均浓度，g/m^3；L_p 为年湖（库）氮、磷单位面积负荷，$g/(m^2 \cdot a)$；β 为水力冲刷系数，1/a；Q_a 为湖（库）年出流水量，m^3/a；R_p 为氮、磷在湖（库）中的滞留系数；h_p 为湖（库）的平均水深，m；$W_{出}$ 为年出湖（库）的氮、磷量，t/a；$W_{入}$ 为年入湖（库）的氮、磷量，t/a；其余符号意义同前。

对于水流交换能力较弱的湖（库）湾水域，氮或磷的水域纳污能力按下式计算：

$$M_N=L_sA \tag{7.90}$$

其中

$$L_s=\frac{P_sh_pQ_a}{(1-R_p)V} \tag{7.91}$$

式中：M_N 为氮或磷的水域纳污能力，t/a；L_s 为单位湖（库）水面积氮或磷的水域纳污能力，$mg/(m^2 \cdot a)$；A 为湖（库）水面积，m^2；P_s 为湖（库）中磷（氮）的年平均控制浓度，g/m^3；其余符号意义同前。

对于湖（库）湾的水域纳污能力计算可采用合田健模型，按下式计算：

$$M_N=2.7\times10^{-6}c_sh_p(Q_a/V+10/Z)S \tag{7.92}$$

式中：2.7×10^{-6}为换算系数；Z 为湖（库）计算水域的平均水深，m；S 为不同年型平均水位相应的计算水域面积，km^2；其余符号意义同前。

4. 湖（库）分层模型

对于水温水质分层的湖（库），可采用分层模型计算湖（库）水域纳污能力。计算时，应按分层期和非分层期分别计算水域的纳污能力：分层期，按湖（库）分层模型计算；非分层期，可按相应的湖（库）模型进行计算。

分层期（$0<t/86400<t_1$）

$$c_{E(l)}=\frac{c_{PE}Q_{PE}/V_E}{K_{hE}}-\frac{c_{PE}Q_{PE}/V_E-K_{hE}c_{M(l-1)}}{K_{hE}}\exp(-K_{hE}t) \tag{7.93}$$

$$c_{H(l)}=\frac{c_{PH}Q_{PH}/V_E}{K_{hE}}-\frac{c_{PH}Q_{PH}/V_E-K_{hE}c_{M(l-1)}}{K_{hE}}\exp(-K_{hH}t) \tag{7.94}$$

$$K_{hE}=\frac{Q_{PE}}{V_E}+K \tag{7.95}$$

$$K_{hH}=\frac{Q_{PH}}{V_H}+K \tag{7.96}$$

非分层期（$t_1<t/86400<t_2$）

$$c_{M(l)}=\frac{c_pQ_p/V}{K_p}-\frac{[c_pQ_p/V-K_pc_{T(l)}]}{K_p}\exp(-K_pt) \tag{7.97}$$

式中

$$c_{M(0)}=c_h \tag{7.98}$$

$$K_p=\frac{Q_p}{V}+K \tag{7.99}$$

式中：c_E 为分层湖（库）上层污染物的平均浓度，mg/L；c_{PE} 为向分层湖（库）上层排放的污染物浓度，mg/L；Q_{PE} 为排入分层湖（库）上层的废水量，m^3/s；V_E 为分层湖（库）上层体积，m^3；K_{hE}、K_{hH} 为中间变量，1/s；c_M 为分层湖（库）非分层期污染物平均浓度，mg/L；t 为从分层期起始时间开始计算的时间，d；t_1 为分层期的天数，d；t_2 为非分层期的天数，d；c_H 为分层湖（库）下层污染物的平均浓度，mg/L；c_{PH} 为向分层湖（库）下层排放的污染物浓度，mg/L；Q_{PH} 为排入分层湖（库）下层的废水量，m^3/s；V_H 为分层湖（库）下层体积，m^3；K_p 为中间变量，1/s；c_T 为分层湖（库）上、下层混合后污染物的平均浓度，mg/L；c_h 为湖（库）中污染物现状浓度，mg/L；下标（l）为时间序列号；其余符号意义同前。

湖泊、水库 t_1、t_2 即分层期和非分层期时段的确定，可参见第5章的有关内容，在此不再赘述。

相应的水域纳污能力按下式计算：

$$M=\begin{cases}(c_{E(l)}+c_{H(l)})V, & \text{分层期}\\ c_{M(l)}V, & \text{非分层期}\end{cases} \tag{7.100}$$

式中：符号意义同前。

7.3.3 污染物总量控制管理

7.3.3.1 实施污染物总量控制的必要性

我国在先前水污染防治中，曾执行浓度控制的政策，所颁布的各种水质标准，都只规定了相应的浓度限值。在一定的经济和技术条件下，实施污染物浓度控制，对水环境污染现状的改善，确实起到了一定的作用。但是，它存在着一个很大的弊端，即没有考虑受纳水体的环境容量。尽管一些单位所排放废水的污染物浓度并未超标，但由于企业的发展，人民生活水平的提高，废水排放量大大增加，排入水域中的污染物总量相应增加，在超出水体自净能力的情况下，导致水体质量下降和水质恶化。而有些单位为满足排污的浓度要求，甚至采用清水稀释污水的做法，这不仅增大了排污量，也使生产成本提高。我国有部分企业的耗水量之所以大大超过发达国家相应企业的耗水量，除了生产工艺水平有待改进和提高外，单独满足废水排放时的浓度要求而逃避环境管理部门的排污超标收费，不能不说也是一个原因。

实施污染物排放总量控制，可以避免上述弊病。宏观上，可以有效地控制污染；微观上，能使企业增强参与意识，积极主动地削减污染物排放量。

7.3.3.2 污染物总量控制类型

环境污染总量控制类型按环境质量目标的不同表达方式，可分为容量总量控制、目标总量控制和行业总量控制三种类型。

容量总量控制是将允许排放的污染物总量控制在受纳水体给定功能所确定的水质标准范围内。它是从环境质量要求出发，运用环境质量模型计算，根据环境允许纳污量，反推允许排污量；通过技术经济可行性分析、优化分配污染负荷，确定出切实可行的总量控制方案。容量总量控制的特点是将污染源的控制水平与环境质量直接联系，适用于确定总量控制的最终目标，也可以作为总量控制阶段性目标可达性分析的依据。

目标总量控制是将允许排放的污染物总量控制在管理目标所规定的污染负荷削减范围内。目标总量控制的总量基于源排放的污染物不超过人为规定的、管理上能达到的允许限额。目标总量控制的特点是将环境规划管理根据实际情况制定的环境目标作为总量控制的基础。

行业总量控制是从工艺着手，通过控制生产过程中的资源和能源的投入以及控制污染源的产生，使其排放的污染物总量控制在管理目标所规定的限额内。行业总量控制的总量是基于资源、能源的利用水平以及“少废”“无废”的工艺发展水平。其特点是将污染控制与生产工艺的改革及资源、能源的利用紧密联系起来。

7.3.3.3 污染物总量分配原则与方法

当一个控制区域的允许负荷确定后，可以按下列原则之一进行总量分配与削减。

1. 等比例分配

在承认各污染源排污现状的基础上，将总量控制系统内的允许排污总量等比例的分配到各个污染源，各污染源分担等比例排放责任。

具体分配方法有：

(1) 一般等比例分配，所有参与排污总量分配的污染源，以现状排污为基础，按相同的削减比例分配允许排污量。

(2) 排污标准加权分配，考虑各行业排污情况的差异，以污水综合排污标准所列各行业的污水排放标准为依据，按不同权重分配各行业的允许排放量，同行业按等比例分配。

(3) 分区加权分配，将所有参与排污总量分配的污染源划分为若干控制区或控制单元，根据与区域或单元相应的水环境目标要求，确定出各区域或单元的削减权重，将排污总量按权重分配至各区或单元，区域内仍按等比例分配方法将总量负荷指标分配到各污染源。

这种等比例分配实际上是不平等的。分配方法可进一步分为一般等比例分配、同行业等比例分配和分区加权分配。

等比例分配削减污染物计算公式为

$$R=\max(1-C_{js}/c_j),\ j=1,2,\cdots,n \tag{7.101}$$

式中：R 为各污染源排放削减率；C_{js} 为 j 控制点环境质量目标，mg/L；c_j 为 j 控制点的现状浓度值，mg/L。

等比例分配模型方法简单、易操作，但各污染源无论影响大小均以等比例削减，必然产生不公平性，且对生产力布局缺乏环境质量和经济制约，因而此法仅限于小区域范围的初步估算。

2. 费用最小分配

以治理费用作为目标函数，以环境目标值作为约束条件，使系统的污染治理费用总和最小，求得各污染源的允许排放负荷。分配模型为

$$\min Z = \sum_{i=1}^{n} C_i(Q_i,\eta_i) + \sum_{i=1}^{n}\sum_{j=1}^{n} C_{ij}(Q_{ij}) \tag{7.102}$$

约束条件：

$$U\vec{L} + \vec{m} \leqslant \vec{L_0} \tag{7.103}$$

$$q_i + \sum_{j=1}^{n} Q_{ji} - \sum_{i=1}^{n} Q_{ij} - Q_i = 0 \tag{7.104}$$

$$Q_{ij}, Q_{ji} \geqslant 0 \tag{7.105}$$

$$\eta_i^1 \leqslant \eta_i \leqslant \eta_i^2 \tag{7.106}$$

式中：Z 为治理费用；Q_i 为污水处理量；η_i 为污水处理率；q_i 为第 i 节点收集的污水量；Q_{ij} 为 i 节点输往 j 节点的转输流量；Q_{ji} 为 j 节点输往 i 节点转输流量；$\vec{L}$ 为输入河流的污染物向量；$\vec{L_0}$ 为污染物排放标准组成的向量（即水质目标）；U 为污染物响应矩阵；$\vec{m}$ 为 n 维向量。

3. 按贡献率削减排放量

按各个污染源对环境总量控制区域内水质影响程度的大小，按照污染物的贡献率大小来削减污染负荷，对水质影响大的污染物要多削减，反之则少削减。

分配方法为：使用浓度排放标准和等标污染负荷率控制标准，对各污染源进行基础平权，求得各污染源的基础允许排放量和基础削减量；以各污染源的基础允许排放量为初值，使用按贡献率大小的分配原则，求解目标函数，得出各污染源的平权允许排放量和平权削减量。

该方法体现了每个排污者平等享受水环境容量资源、同时平等承担超过其允许负荷的责任，但它不涉及不同行业污染治理费用的差异，因而在污染治理费用方面存在一定的不公平性。此外，该方法中所引起的下述不公平问题也应给予足够的关注：不同地理位置的企业对同一控制断面，其污染影响是不一致的。靠近控制断面的污染源排放污染物在水体中稀释扩散转化的时间和过程较少，其污染贡献必然比远距离的污染源大。按贡献削减排放量时，势必要较多地削减近距离的污染源污染物排放量。从水环境容量资源共享角度而言，这是公平的。但如果近地源早已存在，而且当初设置时并未划定水源控制区域对污染进行严格控制，那么现在要求近地源在承受较多的污染排放量也是不公平的。

4. 其他分配原则

除上述原则外，还有一些分配原则可供参考：

（1）按污染范围和程度大小进行分配，由于在功能区或污染控制单元内污染源的位置不同，有的污染源污染距离长、面积大，有的污染源污染距离短、面积小，这意味着各污染源的污染影响的范围和程度不同，应当作为确定污染责任分担率的重要因素加以考虑。

（2）按污染物毒性大小承担污染责任分担率的原则，在排污总量和排污责任分担

率的分配中，对毒性大，危害严重的危险污染物应提高其污染责任，加大其污染责任的分配比例。

(3) 按企业污染治理的先进性考虑污染责任分担率和削减率的分配原则。

7.3.3.4 总量控制最优治理方案的确定过程

实施总量控制的目的是有效地进行水污染的区域防治，它必须建立在掌握环境容量的基础上，因此，首先要调查研究区域内水域的污染现状和规律，计算出水体的环境容量，即水体对某一污染物在相应水质标准限值时的极限容纳量，进而确定各种污染物的容许排放总量。容许排放总量应小于水体的环境容量，然后对控制区域中的各个污染源，通过对不同治理方案的技术、经济比较，确定出最优排污分配与治理方案。这一过程可由图 7.23 说明。

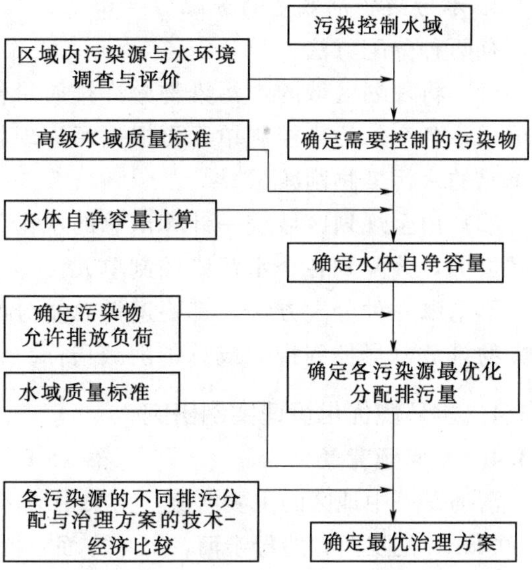

图 7.23 总量控制及其最优治理方案的确定示意图

7.3.3.5 污染物的最大允许排放量

总量控制的核心问题是要弄清楚水环境质量与受纳污染物的响应关系，确定在特定水域到底允许排入多少污染物。7.3.2.2 中已指出了水环境容量与水域纳污能力的异同，准确定量纳污能力或水环境容量是科学合理制定水污染控制规划的基础，也是校核水功能区划的依据。而计算方法的不同，所得到的水体纳污能力或水环境容量可能会有很大差异，尽管不同计算方法得到的纳污能力可能用于不同的目的。以三峡建库后库区环境容量为例，采用一维水质模型计算得到的三峡库区“整体环境容量”是通过二维水质模型计算得到的“管理环境容量”的若干倍。同样，以零维（均匀混合型）水质模型计算得到的太湖水环境容量远远大于采用二维水质模型计算得到的环境容量。由于水环境容量和水体纳污能力与水体的动力特性密切相关，在确定计算方法时必须充分考虑到水体的水动力条件。

水域纳污能力的计算模型见 7.3.2。一般是在对水污染现状调查分析的基础上，根据受纳水体的纳污能力计算最大允许排放量，然后将最大允许排放量分割成若干个排放口的排放量。一般情况下，水功能区对应的陆域范围内的污染源所排放的污染物，仅有一部分能最终流入江河水域，进入河流的污染物量占污染物排放总量的比例即为污染物入河系数。水污染物最大允许排放总量等于点源最大允许入河量除以入河系数，点源最大允许入河量等于环境容量扣除非点源污染入河量。

7.3.3.6 水污染物削减量计算及分配

1. 一般计算方法

$$水污染削减量=预测排放量-允许排放量$$

预测排放量即在源强变化中所做的警告性预测。按照原始运行状态（技术水平、管理水平等维持原有水平）预测随着经济增长、人口增长而产生的水污染物排放量的增长数量。

允许排放量即功能水域（水环境功能区）保持规定的环境目标值，所能允许的某种污染物的最大排放量。通过纳污能力分析可计算出水污染物允许排放量。

2. 水污染物削减量的分配

有两种分配方法：

(1) 将规划区域的水污染物允许排放量作为总量控制目标，分配到各个水污染控制单元。各个水污染控制单元再根据污染现状和源强变化预测，分别计算各个污染控制单元的水污染物削减量。

(2) 由全规划区域统一计算出总的水污染物削减量，作为主要水污染物排放总量削减指标，分配到各个水污染控制单元。

不论哪一种分配方法，都要遵循总量分配原则，公开、公平、公正地分配主要水污染物排放总量控制指标或总量削减指标。

7.3.4 水环境优化管理实例研究

7.3.4.1 问题背景

渭河是关中地区的主要河流，为关中地区的主要供水水源。渭河在陕西境内的河长为502km，是陕西省的母亲河，另一方面，渭河的水污染也是陕西省最严重的，其干流13个监测断面，控制河长400多km，大多为Ⅴ类或超Ⅴ类水，基本丧失了使用功能。可见，对渭河进行水环境优化管理成为发展陕西经济社会可持续发展的重点之一。

水环境优化管理是在合理确定河流水环境容量的基础上，将环境容量在各个污染源之间进行了合理分配。选取渭河宝鸡段为研究对象，以2000年该段的社会、经济、水文、水质等资料为基础，综合考虑流域的点源污染和非点源污染，进行水环境的最优化管理研究。本例中水环境容量的含义与纳污能力的含义相同。

7.3.4.2 水环境容量

1. 点源污染负荷

渭河宝鸡段西起林家村，东到石头河入渭口，全长61.35km。渭河宝鸡段共有点源污染排放口38个，其中支流排放口18个。38个污染排放口将河流分成38段，按照点源污染负荷估算的排放口实测法，宝鸡段2000年 NH_3—N 的排放量见表7.5。

表7.5　2000年渭河宝鸡段点源污染负荷排放量

排放口类型	支　流	污水排放口	合　计
氨氮/(t/a)	438	1111	1549

2. 非点源污染负荷

利用输出系数法（也称单位面积负荷法）对渭河宝鸡段的非点源污染排放量（即产污量）进行了计算，结果见表7.6，其中各项数据统计不包括宝鸡市的凤县和太白县。由表7.6可知，宝鸡段2000年氨氮输出量为9554t/a。流域上产生的非点源污染物在向河流迁移过程中，只有一部分污染物能够入河，其余部分为迁移损失，若迁移损失按70%计，则考虑迁移损失后氨氮输入渭河的量为2296t/a。

表7.6　2000年宝鸡非点源污染负荷排放量

类　别	土地利用类型/hm^2			牲畜/头				合计
	种植用地	城镇用地	自然地	大牲畜	猪	羊	家禽	
数量	380715	80260	666333	387440	711644	322068	74200	2622660
输出系数	13.18	11	8.56	10.21	0.74	0.4	0.04	44.13
TN输出量/(t/a)	5018	883	5704	3956	527	129	3	16220
折算氨氮量/(t/a)	2956	520	3360	2330	310	76	2	9554

3. 水环境容量

河流环境容量是在一定水质目标条件下所容纳的污染物量，它与水体特征（功能、流量、流速等）、水质目标和污染物特征有关。

(1) 水环境功能区划分。在确定环境容量前，首先要对渭河各河段的水环境功能有所明确，渭河宝鸡段功能区划见表7.7。

表7.7　渭河中下游河段水环境功能区划及其控制标准

编号	水域范围	起止距离/km	主要功能	适用国家标准类（级）别	
				环境标准	排放标准
0	林家村以上至省界	−109～0	水源补给及源头	Ⅱ类	不许新建排口
1	林家村至千河入渭口	0～26.8	市区饮用水源地	Ⅲ类	一级
2	千河入渭口至蔡家坡	26.8～60.2	工业用水	Ⅳ类	二级

依据《地表水环境质量标准》(GB 3838—2002) 规定，氨氮（NH_3—N）的Ⅲ类（林家村至千河入渭口）和Ⅳ类（千河入渭口至蔡家坡）标准分别为1.0mg/L和1.5mg/L。

(2) 流量确定。河流水环境容量与上游来水量有关，不同频率条件下林家村断面径流量见表7.8。

表7.8　林家村断面不同频率下年径流量表

断面 \ 频率	10%	50%	75%	90%
林家村年径流量/(m^3/s)	91.8	51.7	38.5	30.4

(3) 流速确定。在河流断面一定的条件下，流速和流量之间存在一定的相关关系。根据实测资料经回归分析得林家村断面流速 u 和流量 Q 以及水深 h 与流量 Q 之间的关系为

$$u=0.1473Q^{0.4328},R=0.934 \tag{7.107}$$

$$h=0.2499Q^{0.2963},R=0.867 \tag{7.108}$$

(4) 衰减系数。根据陕西省水文水资源勘测局的研究成果，渭河各段有机物综合

降解系数 $k=0.46\mathrm{d}^{-1}$。有关文献指出，硝化反应的衰减系数 K_N 要比有机物衰减系数小得多，由于渭河硝酸盐氮的衰减系数缺乏实测资料，据此暂定 $K_N=0.10\mathrm{d}^{-1}$。

（5）环境容量计算。水环境容量根据降解机理的不同可以分为稀释容量和自净容量两部分。根据渭河宝鸡段河道的实际情况结合现有资料，本例水环境容量计算选用一维纵向离散方程。

1）稀释容量。根据节点物质平衡原理，第 i 功能区段污染物排入河流后的混合浓度为

$$c_i=(Q_{i,p}c_{i,p}+Q_{i,0}c_{i,0})/(Q_{i,p}+Q_{i,0}) \tag{7.109}$$

式中：c_i 为第 i 功能区段污染物混合浓度；$Q_{i,p}$、$Q_{i,0}$ 分别为第 i 功能区段污水排放流量和上游河段的来水流量；$c_{i,p}$、$c_{i,0}$ 分别为第 i 功能区段的污水污染物浓度和上游河段来水的污染物浓度。

令混合浓度 c_i 为该河段的水质标准 $L_{i,0}$，则第 i 功能段稀释容量 $W_{1,i}$：

$$W_{1,i}=Q_{i,p}c_{i,p}=L_{i,0}(Q_{i,p}+Q_{i,0})-Q_{i,0}c_{i,0} \tag{7.110}$$

2）自净容量。根据一维纵向离散方程得

$$c(t)=c\exp(-kx/u) \tag{7.111}$$

令第 i 功能段段首浓度为水质标准 $L_{i,0}$，则第 i 功能段自净容量 $W_{2,i}$ 为

$$W_{2,i}=L_{i,0}[1-\exp(-k_ix_i/u_i)](Q_{i,p}+Q_{i,0}) \tag{7.112}$$

3）环境总容量。河流第 i 段的环境容量 W_i 为

$$\begin{aligned} W_i &=W_{1,i}+W_{2,i} \\ &=L_{i,0}(Q_{i,p}+Q_{i,0})-Q_{i,0}c_{i,0}+L_{i,0}[1-\exp(-k_ix_i/u_i)](Q_{i,p}+Q_{i,0}) \\ &=L_{i,0}[2-\exp(-k_ix_i/u_i)](Q_{i,p}+Q_{i,0})-Q_{i,0}c_{i,0} \end{aligned} \tag{7.113}$$

河流总容量 W：

$$W=\sum W_i \tag{7.114}$$

根据上述分析，渭河宝鸡段不同频率条件下的环境容量见表 7.9。

表 7.9　不同频率条件下渭河宝鸡段 NH_3—N 环境容量

保证率/%	上游来水量/(m^3/s)	NH_3—N 环境容量/(t/a)
10	91.8	5019
50	51.7	3413
75	38.5	2854
90	30.4	2499

4. 水环境容量分配

渭河流域非点源污染比较严重，在进行该流域最优化规划管理时需考虑非点源污染的影响。因此在本例中，非点源需要分配一定环境容量。

为简单起见，在公平性原则下，一般将非点源污染单独作为一个排放源，与点源污染一起参与环境容量的分配，其分配得的环境容量（允许排放量）或削减量为

$$W_{i,n}=L_{i,n}W_i/(L_{i,p}+L_{i,n}) \tag{7.115}$$

式中：$W_{i,n}$为河流第 i 功能段非点源污染负荷允许排放量；$L_{i,n}$为河流第 i 功能段产生的非点源污染负荷；$L_{i,p}$为河流第 i 功能段排放的点源污染负荷；W_i 为第 i 功能段环境容量。

考虑到非点源污染量大、面广和难以治理的特点，加之对河流的环境容量的开发利用应该是合理利用，而不是充分利用，对式（7.115）进行修正：

$$W_{i,n}=(1+\alpha)L_{i,n}/(L_{i,p}+L_{i,n})W_i\lambda \tag{7.116}$$

式中：α 为非点源污染削减难度系数，$\alpha=0.3\sim0.5$；λ 为环境容量利用系数，$\lambda=0\sim1$，完全利用为 1。

本例非点源污染削减难度系数取 $\alpha=0.3$，环境容量利用系数取 $\lambda=0.8$。则不同保证率下两类污染负荷允排量和削减量计算结果见表 7.10。

表 7.10　　不同保证率下两类污染负荷允排量和削减量分配表

保证率/%	环境容量/t	点源负荷/t			非点源负荷/t		
		总排放量	允排量	削减量	总排放量	允排量	削减量
10	5019	1549	898	651	2296	3117	0
50	3413	1549	611	938	2296	2120	176
75	2854	1549	511	1038	2296	1772	524
90	2499	1549	447	1102	2296	1552	744

7.3.4.3 水环境优化管理

由表 7.10 可知，以 2000 年污染排放来看，枯水年（90%）和平水年（50%）点源和非点源的污染负荷均需要削减，因此在总量控制基础上对两类污染源分别进行优化管理。

1. 非点源污染负荷削减量分配

非点源污染物质进入渭河的方式大致有以下三种：一是随暴雨径流沿渭河两岸的坡地进入渭河；二是随暴雨径流先进入渭河的各级支流，然后随支流进入渭河；三是随各大灌区的灌溉退水进入支流然后进入渭河，或直接进入渭河。根据渭河的实际情况，渭河干流两岸沿线基本上都有堤岸和护坡，因而可以认为沿两岸坡地进入渭河的非点源污染负荷量很少，基本上都是先进入各级支流，然后通过支流进入渭河。经统计，渭河宝鸡段从林家村至魏家堡水文站出口共有主要支流 18 条，其中南岸支流 14 条，北岸 4 条。

根据前述环境容量分配原则，90%保证率下渭河宝鸡段非点源污染负荷削减量为 744t/a，这些污染负荷原本基本上通过上述 18 条支流进入渭河。按照各支流现有流量比例将这些非点源污染负荷在各支流之间进行分配，则支流输入的非点源负荷削减量见表 7.11。

2. 点污染排放源的优化规划

渭河宝鸡段两岸共有 38 个污水排放口，其中南岸 21 个，北岸 17 个。在同一水质目标下，对两岸排放口分别进行区域最优化规划。具体分析可以发现，南岸 21 个排放口中支流有 14 条，其他 7 个排放口夹杂其间。由于非点源污染被视为通过支流进入渭河，因此支流污染负荷在区域最优化中不参与转输。鉴于此，南岸就没有必要

表7.11　　90%保证率下2000年各支流入渭非点源污染负荷削减量

序号	入渭口名称	入渭号	$Q_{河}/(m^3/s)$	非点源负荷/(kg/a)
1	峡石河入渭口	N01	0.89	112307
2	塔梢河入渭口	S01	0.154	19433
3	玉涧河入渭口	N03	0.484	61075
4	清姜河入渭口	S05	0.36	45427
5	金陵河入渭口	N05	0.4	50475
6	石坝河入渭口	S08	0.193	24354
7	龙山河入渭口	S10	0.067	8455
8	荫湘河入渭口	S11	0.143	18045
9	清水河入渭口	S12	0.195	24607
10	马尾河入渭口	S13	0.144	18171
11	千河入渭口	N13	0.072	9085
12	潘溪河入渭口	S15	0.99	124925
13	伐鱼河入渭口	S16	0.58	73189
14	午河入渭口	S17	0.123	15521
15	疙瘩河入渭口	S18	0.311	39244
16	瓮峪河入渭口	S19	0.24	30285
17	同峪河入渭口	S20	0.428	54008
18	石头河入渭口	S21	0.122	15395
合计			5.896	744000

进行区域最优化规划，仅对北岸做最优规划，南岸排放口在北岸进行最优规划时当作约束条件对待。在38个污水排放口中，将相邻间距小于200m的排放口不再分为一段，视为在同一地点排放，则这些排放口共将渭河宝鸡段分为34段。北岸17个排放口中有支流4条，支流负荷不参与转输，13个排放口参与最优规划。初始规划时每个排放口设一座潜在的污水处理厂，其规模和处理率分别为 Q_i 和 η_i，各厂之间设有转输流量 $Q_{i,i+1}$。

(1) 模型建立。点污染排放源采用费用最小分配原则进行分配。在考虑非点源污染负荷占有环境容量 $W_n(W_n=\sum W_{i,n})$ 的前提下，点源污染负荷所能占有的环境容量（污染负荷削减量）$W_{i,p}$ 为

$$W_{i,p}=W_i\lambda-W_{i,n} \tag{7.117}$$

模型目标函数和流量关系均不变，约束条件中应该扣除一部分非点源污染负荷量。因而优化模型为

$$\begin{aligned}\min Z &= \sum_{i=1}^{n} c_i(Q_i,\eta_i)+\sum_{i=1}^{n}\sum_{j=1}^{n} c_{ij}(Q_{ij})\\ &= \sum_{i=1}^{13}(1615.3Q_i^{0.7878}+5159.41Q_i^{0.7878}\eta_i^{1.234})\end{aligned}$$

$$+0.83169(1.05Q_{i,i+1}^{0.75}+6.89Q_{i,i+1}^{0.375}+8.46)L_i+c \tag{7.118}$$

$$c_{i,p}\leqslant[L_{i,0}(Q_{i,n}+Q_{i,p}+Q_{i,0})-c_{i,0}Q_{i,0}-W_{i,n}]/Q_{i,p} \tag{7.119}$$

$$q_i+\sum_{i=1}^{13}Q_{i,i+1}-Q_i=0 \tag{7.120}$$

$$q_i,Q_i\geqslant 0 \tag{7.121}$$

$$Q_{i,i+1}\geqslant 0 \tag{7.122}$$

$$0\leqslant\eta_i\leqslant 1 \tag{7.123}$$

$$c=27.2978Q_{i,i+1}^{0.6255}L_i,Q_{i,i+1}<3.70\text{m}^3/\text{s} \tag{7.124}$$

$$c=23.9686Q_{i,i+1}^{0.8399}L_i,Q_{i,i+1}\geqslant 3.70\text{m}^3/\text{s} \tag{7.125}$$

（2）模型求解。区域最优化处理数学模型是一个非线性规划模型，多采用将目标函数分段线性化，然后用试探法来求解，这样就难以确保所得的解是全局最优解。这里采用遗传算法（Genetic Algorithm，GA）来求得问题的最优解。具体步骤如下：

1）模型整理。区域最优化处理模型为一有约束的非线性规划模型，而GA一般只能直接求解无约束优化问题，采用罚函数的办法将约束条件纳入原目标函数中，得出新的目标函数，以 Z 表示原目标函数，S 表示约束集中的第一个约束条件，后面的约束将在随后的编码步骤中考虑。这样可得一个新目标函数。

$$\min\left\{Z'=Z+\sum_{i=1}^{13}M_i\right\} \tag{7.126}$$

对任意的 i 值，如果满足约束条件 S_i，则 $M_i=0$，否则 $M_i=\infty$。

2）编码。GA处理的是变量集合的编码而不是具体变量，上述模型中共有12个转输流量和13个处理率为决策变量，其余变量均可由它们推导而得。根据“全部处理或全不处理”策略，转输流量只有三种取值可能0、1和2，0代表不转输，1代表上游污水处理厂污水全部转输至下游污水处理厂，2代表下游污水全部转输至上游污水处理厂。又由约束条件可知，$0\leqslant\eta_i\leqslant 1$，因此处理率可用［0，1］之间的随机数来表示。若某排放口流量全部转输，则处理率为0。因此，一条染色体（代表一种污水处理方案）由转输基因 U 和处理率基因 V 两部分组成，其中前部基因表示各排放口之间污水转输情况，后部基因表示污水处理率。如

染色体：$\underbrace{0\ 1\ 0\ 1\ 1\ 0\ 2\ 0\ \cdots\ 1\ 0}_{\text{转输基因}U}\ \|\ \underbrace{0.85\ 0\ 0.76\ 0\ 0\ \cdots\ 0\ 0.9}_{\text{处理率基因}V}$

3）产生初始种群。$t=0$ 时，随机产生popsize＝100条染色体（方案）的初始种群。

4）解码。对popsize＝100条染色体的基因进行解码，将基因信息转换成相应的污水量、污水浓度、转输流量、处理率等具体信息。

5）评价。将解码后所得具体信息，代入目标函数 Z' 中，根据适应度大小，对popsize＝100条染色体进行排序。

6）选择。保留适应度最大的一条染色体，并与前一次最优染色体比较，保留优者。如果最优染色体连续若干代保持不变，且种群的平均适应度在连续若干代中变化

小于 10^{-6}，则转至第10）步，否则转至第7）步。

7）杂交。以杂交概率 $P_c=0.3$ 随机选取30条染色体（$U_1^nV_1^n$，$U_2^nV_2^n$，…，$U_{30}^nV_{30}^n$），并将其组成15对染色体（$U_1^nV_1^n$，$U_2^nV_2^n$），（$U_3^nV_3^n$，$U_4^nV_4^n$），…，（$U_{29}^nV_{29}^n$，$U_{30}^nV_{30}^n$）做父代，然后对15对父代染色体中的基因做如下处理产生 R 条新的子代染色体（$U_1^{n+1}V_1^{n+1}$，$U_2^{n+1}V_2^{n+1}$，…，$U_{30}^{n+1}V_{30}^{n+1}$）：

$$U_{1,i}^{n+1}V_{1,j}^{n+1}=U_{2,i}^n[rV_{1,j}^n+(1-r)V_{2,j}^n]$$
$$U_{2,i}^{n+1}V_{2,j}^{n+1}=U_{1,i}^n[(1-r)V_{1,j}^n+rV_{2,j}^n]$$
$$\vdots$$
$$U_{29,i}^{n+1}V_{29,j}^{n+1}=U_{30,i}^n[rV_{29,j}^n+(1-r)V_{30,j}^n]$$
$$U_{30,i}^{n+1}V_{30,j}^{n+1}=U_{29,i}^n[(1-r)V_{29,j}^n+rV_{30,j}^n]$$

式中：$U_{k,i}$，$V_{k,j}$分别为第 k 条染色体中第 i 个转输基因和第 j 个处理率基因；i 为［1，13］中的任意一个整数；j 为［1，13］中的任意一个整数；r 为［0，1］上的随机数。

8）变异。从 popsize=100 条染色体中随机选取 m 条染色体进行基因突变操作。对转输基因，以 $P_m=0.05$ 的概率进行突变，即原来为0的基因突变为1或2等等；对处理率基因，同样以 $P_m=0.05$ 的概率进行突变，处理率由（0，1）之间的随机数产生。

9）$t=t+1$，转到第4）步。

10）得出最优解，计算终止。

（3）最优化结果。点污染排放源的最优化结果见表7.12。由表7.12可以看出：在浓度控制条件下，渭河宝鸡段每年需削减氨氮981t，直接排放568t，处理总费用为32961.17万元。考虑到污水处理的规模效应，如果按污水流量达到1.2万t/d即建设污水处理厂，则需建设6座污水处理厂，总处理水量26万t/d，削减氨氮1908kg/d，总投资19721.60万元（表7.13）。

表7.12　　渭河宝鸡段90%保证率下区域最优化计算结果

序号	入渭口名称	排污量/(m³/d)	氨氮排放量/(kg/d)	处理方式	氨氮削减量/(kg/d)
1	峡石河入渭口	77638	113	削减	75.99
2	塔梢河入渭口	15161	94	削减	51.90
3	秦机北排污口	3959	30	直接排放	0.00
4	宝氮北排污口	0	0	转输至钢管厂	0.00
5	福临堡排口	6186	86	削减	48.05
6	钢管厂北排口	61857	420	削减	356.96
7	玉涧河入渭口	42560	35	直接排放	0.00
8	清姜河入渭口	31599	16	直接排放	0.00
9	老桥东排口	6309	83	削减	64.75

续表

序号	入渭口名称	排污量/(m^3/d)	氨氮排放量/(kg/d)	处理方式	氨氮削减量/(kg/d)
10	新桥东排口	10392	111	削减	81.84
11	河滨路排口	40176	547	削减	481.89
12	金陵河入渭口	53241	261	削减	217.37
13	石坝河入渭口	28339	151	削减	108.93
14	石油厂南排口	11134	116	削减	83.16
15	商校北排口	14722	333	削减	298.12
16	龙山河入渭口	5789	3	直接排放	0.00
17	103 仓库排口	4949	23	直接排放	0.00
18	变电站南排口	23506	112	削减	50.81
19	荫湘河入渭口	12355	5	直接排放	0.00
20	电机段南排口	0	0	转输至棉纺厂	0.00
21	棉纺厂南排口	36991	233	削减	191.60
22	纤维板厂排口	2845	38	直接排放	0.00
23	清水河入渭口	37261	55	削减	0.61
24	应化厂南排口	2969	11	直接排放	0.00
25	马尾河入渭口	12442	11	直接排放	0.00
26	千河入渭口	6221	2	直接排放	0.00
27	清溪宫排口	1113	1	直接排放	0.00
28	潘溪河入渭口	93825	71	直接排放	0.00
29	虢镇排口	85116	570	削减	528.12
30	伐鱼河入渭口	50112	41	直接排放	0.00
31	午河入渭口	12359	137	削减	48.45
32	东风村排口	13361	25	直接排放	0.00
33	疙瘩河入渭口	32314	89	直接排放	0.00
34	瓮峪河入渭口	22097	58	直接排放	0.00
35	黄家庙排口	16702	86	直接排放	0.00
36	陕汽技校排口	17320	89	直接排放	0.00
37	同峪河入渭口	44897	177	直接排放	0.00
38	石头河入渭口	10541	0	直接排放	0.00
合计/(t/a)			1549		981
费用/万元		32961.17			

表 7.13　　污水处理厂建设投资规划方案

污水处理厂位置	污水处理量/(m^3/d)	入厂氨氮量/(kg/d)	削减量/(kg/d)	处理率	费用/万元
钢管厂北	61857	420	357	0.85	4489.29
河滨路	40176	547	482	0.88	3297.13
商校北	14722	333	298	0.90	1518.34
变电站南	23506	112	51	0.45	1274.95
棉纺厂南	36991	233	192	0.82	2910.49
虢镇	85116	570	528	0.93	6231.39
合　计	262369	2215	1908		19721.60

思考题与习题

资源 7.2

资源 7.3

1. 水污染控制系统通常由哪几部分组成？他们之间存在什么关系？

2. 水污染控制规划的基本原则、分类方法和规划步骤是什么？

3. 水环境保护规划的经济评价依据及主要评价指标有哪些？

4. 环境费用效益分析的一般步骤有哪些？

5. 规划模型的灵敏度分析的意义是什么？

6. 何谓试探法？在水污染控制系统规划中有什么作用？

7. 多目标规划方法与水污染控制规划有什么关系？在水污染控制规划中通常要考虑哪些目标？

8. 水功能区划分的目的及原则是什么？

9. 河流的纳污能力如何计算？

10. 污染物总量与削减量如何计算？

11. 何谓“全部处理或全不处理”的策略？

12. 建造污水处理厂有两个方案。第一个方案是一次建成，需要投资 100 万元，可使用 25 年，每年运行费 12 万元。第二方案是先建一半，需要投资 60 万元，可使用 25 年，每年运行费为 7.2 万元。10 年后再建另一半，需要投资 80 万元，可使用 25 年，每年运行费也是 7.2 万元，15 年后残余价值为 20 万元。设利率 $i=8\%$，试比较两个方案。

13. 已知费用函数为

$$C=200Q^{0.78}+1000Q^{0.78}\eta^{2.5}$$

数据如下：

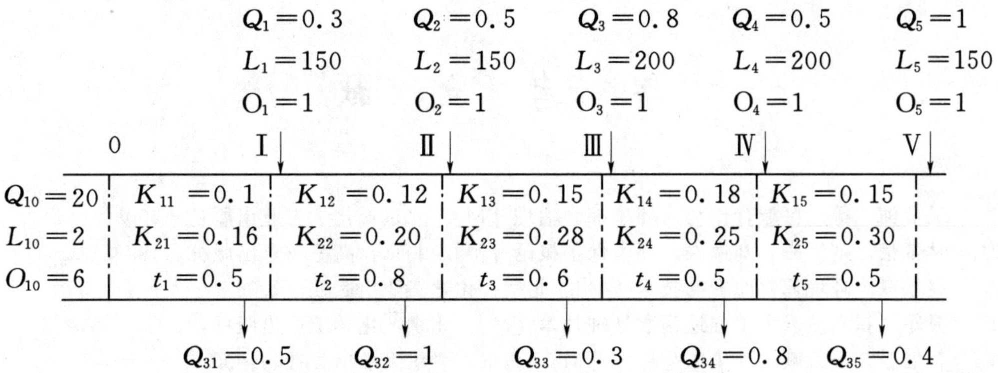

单位：Q为m^3/s；K为d^{-1}；t为d；O为mg/L；L为mg/L。

给定的水质约束是：$\vec{L}_2^0\leqslant 6$；$\vec{O}_2^0\geqslant 7$，河流水温 $T=20$℃。试用线性规划和动态规划法求解 5 个河段的排放口最优规划问题。

14. 有两组污水处理费用函数：

$$C_1=200Q^{0.78}+1000Q^{0.78}\eta^{2.5}$$

$$C_2=180Q^{0.92}+1000Q^{0.92}\eta^{2.2}$$

若上题的其他条件不变，采用 C_1 和 C_2 作为费用函数进行区域处理最优规划时，可能出现什么样的不同结果？

参 考 文 献

[1] 吴群河，等. 区域合作与水环境综合治理 [M]. 北京：化学工业出版社，2005.
[2] 林肇信，刘天齐，刘逸农. 环境保护概论 [M]. 北京：高等教育出版社，1999.
[3] 赵景联. 环境修复原理与技术 [M]. 北京：化学工业出版社，2006.
[4] 尹军，崔玉波. 人工湿地污水处理技术 [M]. 北京：化学工业出版社，2006.
[5] 蒋展鹏，祝万鹏. 环境工程监测 [M]. 北京：清华大学出版社，1990.
[6] 奚旦立，等. 环境监测 [M]. 2版. 北京：高等教育出版社，1995.
[7] 谢贤群，等. 水环境要素观测与分析 [M]. 北京：中国标准出版社，1998.
[8] 叶常明. 水污染理论与控制 [M]. 北京：学术书刊出版社，1989.
[9] 雒文生，宋星原. 水环境分析及预测 [M]. 武汉：武汉大学出版社，2004.
[10] 沈晋，等. 环境水文学 [M]. 合肥：安徽科学技术出版社，1992.
[11] 高廷耀，顾国维. 水污染控制工程 [M]. 2版. 北京：高等教育出版社，1999.
[12] 周群英，高廷耀. 环境工程微生物学 [M]. 北京：高等教育出版社，1999.
[13] 李怀恩，等. 黑河流域磷迁移转化过程连续模拟研究 [J]. 环境科学，2006，27 (7)：1292-1298.
[14] Neitsch S. L., Arnold J. G., Kiniry J. R., et al. Soil and Water Assessment Tool User's Manual Version 2000 [Z]. Texas Water Resources Institute, Texas, USA, 2002.
[15] 张永良，刘培哲. 水环境容量综合手册 [M]. 北京：清华大学出版社，1991.
[16] 叶守泽，等. 水库水环境模拟预测与评价 [M]. 北京：中国水利水电出版社，1998.
[17] 徐小平. 环境水力学 [M]. 北京：水利电力出版社，1991.
[18] 李炜. 环境水力学进展 [M]. 武汉：武汉水利电力大学出版社，1999.
[19] 武汉水利电力学院河流泥沙工程学教研室. 河流泥沙工程学 [M]. 北京：水利电力出版社，1993.
[20] 顾夏声. 废水生物处理数学模式 [M]. 北京：清华大学出版社，1993.
[21] 黄平. 水环境数学模型及其应用 [M]. 广州：广州出版社，1996.
[22] Novotny V，Chesters G. 面源污染管理与控制手册 [M]. 芳荣，等译. 广州：科学普及出版社广州分社，1987.
[23] Eckhardt K，Haverkamp S，Fohrer N and Frede H G. SWAT-G，a version of SWAT99.2 modified for application to low mountain range catchments [J]. Physics and Chemistry of the Earth，Parts A/B/C，2002，27 (9-10)：641-644.
[24] 王中根，等. SWAT模型的原理、结构及应用研究 [J]. 地理科学进展，2003，12 (1).
[25] 张征. 环境评价学 [M]. 北京：高等教育出版社，2004.
[26] 张从. 环境评价教程 [M]. 北京：中国环境科学出版社，2002.
[27] 彭文启，等. 现代水环境质量评价理论与方法 [M]. 北京：化学工业出版社，2005.
[28] 丁桑岚. 环境评价概论 [M]. 北京：化学工业出版社，2004.
[29] 陆雍森. 环境评价 [M]. 2版. 上海：同济大学出版社，1999.
[30] 王开章. 现代水资源分析与评价 [M]. 北京：化学工业出版社，2006.
[31] 张宝莉，徐玉新. 环境管理与规划 [M]. 北京：中国环境科学出版社，2004.
[32] 赵毅. 环境质量评价 [M]. 保定：华北电力大学，1997.

[33] 方子云. 水资源保护工作手册［M］. 南京：河海大学出版社，1988.
[34] 中华人民共和国环境保护部. 环境影响评价技术导则（HJ/T 2.1～2.3—93）［S］. 北京：中国环境科学出版社，1994.
[35] 史宝忠. 建设项目环境影响评价［M］. 北京：中国环境科学出版社，1999.
[36] 高健磊，等. 水资源保护规划理论方法与实践［M］. 郑州：黄河水利出版社，2002.